简明电力系统分析

主　编：刘学军　孙玉梅
副主编：王选诚　杨　明　贾振江

电子工业出版社
Publishing House of Electronics Industry
北京·BEIJING

内 容 简 介

本书包括电力系统稳态分析和暂态分析两部分内容。全书共有 8 章，主要内容包括电力系统的基本概念，电力系统元件的参数及等效电路，简单电力系统的潮流分析，电力系统潮流的计算机算法，电力系统功率平衡、频率调整和电压调整，电力系统对称故障分析，电力系统不对称故障分析，电力系统的稳定性分析。

为了便于读者自学和应用，在书后附录中给出了短路电流运算曲线和部分习题参考答案，并附有与教材配套课件。为便于教师教学和读者自学还有电子版的教案、习题详解、自测题、期末复习提要和电力系统综合实验指导书。

本书可以作为电力系统及其自动化专业和电气工程及其自动化专业的本科教材，也可以供从事电力系统规划、设计运行和研究的工程技术人员参考。

图书在版编目（CIP）数据

简明电力系统分析 / 刘学军，孙玉梅主编. —北京：电子工业出版社，2016.12
ISBN 978-7-121-30872-7

Ⅰ. ①简… Ⅱ. ①刘… ②孙… Ⅲ. ①电力系统－系统分析－高等学校－教材 Ⅳ. ①TM711.2

中国版本图书馆 CIP 数据核字（2017）第 020209 号

策划编辑：贺志洪
责任编辑：贺志洪　　　　　　特约编辑：王 纲
印　　刷：北京七彩京通数码快印有限公司
装　　订：北京七彩京通数码快印有限公司
出版发行：电子工业出版社
　　　　　北京市海淀区万寿路 173 信箱　邮编　100036
开　　本：787×1 092　1/16　印张：19.75　字数：500 千字
版　　次：2016 年 12 月第 1 版
印　　次：2023 年 8 月第 4 次印刷
定　　价：48.00 元

序

——加快应用型本科教材建设的思考

一、应用型高校转型呼唤应用型教材建设

"教学与生产脱节，很多教材内容严重滞后现实，所学难以致用。"这是我们在进行毕业生跟踪调查时经常听到的对高校教学现状提出的批评意见。由于这种脱节和滞后，造成很多毕业生及其就业单位不得不花费大量时间"补课"，既给刚踏上社会的学生无端增加了很大压力，又给就业单位白白增添了额外培训成本。难怪学生抱怨"专业不对口，学非所用"，企业讥讽"学生质量低，人才难寻"。

2010 年，我国《国家中长期教育改革和发展规划纲要（2010—2020 年）》指出：要加大教学投入，重点扩大应用型、复合型、技能型人才培养规模。2014 年，《国务院关于加快发展现代职业教育的决定》进一步指出：要引导一批普通本科高等学校向应用技术类型高等学校转型，重点举办本科职业教育，培养应用型、技术技能型人才。这表明国家已发现并着手解决高等教育供应侧结构不对称问题。

转型一批到底是多少？据国家教育部披露，计划将 600 多所地方本科高校向应用技术、职业教育类型转变。这意味着未来几年我国将有 50%以上的本科高校（2014 年全国本科高校 1202 所）面临应用型转型，更多地承担应用型人才，特别是生产、管理、服务一线急需的应用技术型人才的培养任务。应用型人才培养作为高等教育人才培养体系的重要组成部分，已经被提上我国党和国家重要的议事日程。

兵马未动、粮草先行。应用型高校转型要求加快应用型教材建设。教材是引导学生从未知进入已知的一条便捷途径。一部好的教材既是取得良好教学效果的关键因素，又是优质教育资源的重要组成部分。它在很大程度上决定着学生在某一领域发展起点的远近。在高等教育逐步从"精英"走向"大众"直至"普及"的过程中，加快教材建设，使之与人才培养目标、模式相适应，与市场需求和时代发展相适应，已成为广大应用型高校面临并亟待解决的新问题。

烟台南山学院作为大型民营企业南山集团投资兴办的民办高校，与生俱来就是一所应用型高校。2005 年升本以来，其依托大企业集团，坚定不移地实施学校地方性、应用型的办

学定位；坚持立足胶东，着眼山东，面向全国；坚持以工为主，工管经文艺协调发展；坚持产教融合、校企合作，培养高素质应用型人才；初步形成了自己校企一体、实践育人的应用型办学特色。为加快应用型教材建设，提高应用型人才培养质量，今年学校推出的包括"应用型系列教材"在内的"百部学术著作建设工程"，可以视为南山学院升本10年来教学改革经验的初步总结和科研成果的集中展示。

二、应用型本科教材研编原则

编写一本好教材比一般人想象的要难得多。它既要考虑知识体系的完整性，又要考虑知识体系如何编排和建构；既要有利于学生学，又要有利于教师教。教材编得好不好，首先取决于作者对教学对象、课程内容和教学过程是否有深刻的体验和理解，以及能否采用适合学生认知模式的教材表现方式。

应用型本科作为一种本科层次的人才培养类型，目前使用的教材大致有两种情况：一是借用传统本科教材。实践证明，这种借用很不适宜。因为传统本科教材内容相对较多，理论阐述繁杂，教材既深且厚。更突出的是其忽视实践应用，很多内容理论与实践脱节。这对于没有实践经验，以培养动手能力、实践能力、应用能力为重要目标的应用型本科生来说，无异于"张冠李戴"，严重背离了教学目标，降低了教学质量。二是延用高职教材。高职与应用型本科的人才培养方式接近，但毕竟人才培养层次不同，它们在专业培养目标、课程设置、学时安排、教学方式等方面均存在很大差别。高职教材虽然注重理论的实践应用，但"小才难以大用"，用低层次的高职教材支撑高层次的本科人才培养，实属"力不从心"，尽管它可能十分优秀。换句话说，应用型本科教材贵在"应用"二字。它既不能是传统本科教材加贴一个应用标签，也不能是高职教材的理论强化，其应有相对独立的知识体系和技术技能体系。

基于这种认识，我以为研编应用型本科教材应遵循三个原则：一是实用性原则，即教材内容应与社会实际需求相一致，理论适度、内容实用。通过教材，学生能够了解相关产业企业当前的主流生产技术、设备、工艺流程及科学管理状况，掌握企业生产经营活动中与本学科专业相关的基本知识和专业知识、基本技能和专业技能，以最大限度地缩短毕业生知识、能力与产业企业现实需要之间的差距。烟台南山学院研编的《应用型本科专业技能标准》就是根据企业对本科毕业生专业岗位的技能要求研究编制的基本文件，它为应用型本科有关专业进行课程体系设计和应用型教材建设提供了一个参考依据。二是动态性原则。当今社会科技发展迅猛，新产品、新设备、新技术、新工艺层出不穷。所谓动态性，就是要求应用型教材应与时俱进，反映时代要求，具有时代特征。在内容上应尽可能将那些经过实践检验成熟或比较成熟的技术、装备等人类发明创新成果编入教材，实现教材与生产的有效对接。这是克服传统教材严重滞后生产、理论与实践脱节、学不致用等教育教学弊端的重要举措，尽管某些基础知识、理念或技术工艺短期内并不发生突变。三是个性化原则，即教材应尽可能适应不同学生的个体需求，至少能够满足不同群体学生的学习需要。不同的学生或学生群体之间存在的学习差异，显著地表现在对不同知识理解和技能掌握并熟练运用的快慢及深浅程度上。根据个性化原则，可以考虑在教材内容及其结构编排上既有所有学生都要求掌握的基本理论、方法、技能等"普适性"内容，又有满足不同的学生或学生群体不同学习要求的"区别性"内容。本人以为，以上原则是研编应用型本科教材的特征使然，如果能够长期得到坚持，则有望逐渐形成区别于研究型人才培养的应用型教材体系特色。

三、应用型本科教材研编路径

1. 明确教材使用对象

任何教材都有自己特定的服务对象。应用型本科教材不可能满足各类不同高校的教学需求，其主要是为我国新建的包括民办高校在内的本科院校及应用技术型专业服务的。这是因为：近 10 多年来我国新建了 600 多所本科院校（其中民办本科院校 420 所，2014 年）。这些本科院校大多以地方经济社会发展为其服务定位，以应用技术型人才为其培养模式定位。它们的学生毕业后大部分选择企业单位就业。基于社会分工及企业性质，这些单位对毕业生的实践应用、技能操作等能力的要求普遍较高，而不刻意苛求毕业生的理论研究能力。因此，作为人才培养的必备条件，高质量应用型本科教材已经成为新建本科院校及应用技术类专业培养合格人才的迫切需要。

2. 加强教材作者选择

突出理论联系实际，特别注重实践应用是应用型本科教材的基本质量特征。为确保教材质量，严格选择教材研编人员十分重要。其基本要求：一是作者应具有比较丰富的社会阅历和企业实际工作经历或实践经验。这是对研编人员的阅历要求。不能指望一个不了解社会、没有或缺乏行业企业生产经营实践体验的人，能够写出紧密结合企业实际、实践应用性很强的篇章。二是主编和副主编应选择长期活跃于教学一线、对应用型人才培养模式有深入研究并能将其运用于教学实践的教授、副教授等专业技术人员担纲。这是对研编团队负责人的要求。主编是教材研编团队的灵魂。选择主编应特别注意理论与实践结合能力的大小，以及"研究型"和"应用型"学者的区别。三是作者应有强烈的应用型人才培养模式改革的认可度，以及应用型教材编写的责任感和积极性。这是对写作态度的要求。实践中一些选题很好却质量平庸甚至低下的教材，很多是由于写作态度不佳造成的。四是在满足以上三个条件的基础上，作者应有较高的学术水平和教材编写经验。这是对学术水平的要求。显然，学术水平高、教材编写经验丰富的研编团队，不仅可以保障教材质量，而且对教材出版后的市场推广将产生有利的影响。

3. 强化教材内容设计

应用型教材服务于应用型人才培养模式的改革，应以改革精神和务实态度，认真研究课程要求，科学设计教材内容，合理编排教材结构。其要点包括：

（1）缩减理论篇幅，明晰知识结构。编写应用型教材应摒弃传统研究型人才培养思维模式下重理论、轻实践的做法，确实克服理论篇幅越来越多、教材越编越厚、应用越来越少的弊端。一是基本理论应坚持以必要、够用、适用为度，在满足本学科知识连贯性和专业课需要的前提下，精简推导过程，删除过时内容，缩减理论篇幅；二是知识体系及其应用结构应清晰明了、符合逻辑，立足于为学生提供"是什么"和"怎么做"；三是文字简洁，不拖泥带水，内容编排留有余地，为学生自我学习和实践教学留出必要的空间。

（2）坚持能力本位，突出技能应用。应用型教材是强调实践的教材，没有"实践"、不能让学生"动起来"的教材很难产生良好的教学效果。因此，教材既要关注并反映职业技术现状，以行业企业岗位或岗位群需要的技术和能力为逻辑体系，又要适应未来一定期间内技术推广和职业发展要求。在方式上应坚持能力本位、突出技能应用、突出就业导向；在内容上应关注不同产业的前沿技术、重要技术标准及其相关的学科专业知识，把技术技能标准、方法程序等实践应用作为重要内容纳入教材体系，贯穿于课程教学过程的始终，从而推动教材改革；在结构上形成区别于理论与实践分离的传统教材模式，培养学生从事与所学专业紧密相关的技术开发、管理、服务等必需的意识和能力。

（3）精心选编案例，推进案例教学。什么是案例？案例是真实典型且含有问题的事件。这个表述的含义：第一，案例是事件。案例是对教学过程中一个实际情境的故事描述，讲述的是这个教学故事产生、发展的历程。第二，案例是含有问题的事件。事件只是案例的基本素材，但并非所有的事件都可以成为案例。能够成为教学案例的事件，必须包含问题或疑难情境，并且可能包含解决问题的方法。第三，案例是典型且真实的事件。案例必须具有典型意义，能给读者带来一定的启示和体会。案例是故事但又不完全是故事。其主要区别在于故事可以杜撰，而案例不能杜撰或抄袭。案例是教学事件的真实再现。

案例之所以成为应用型教材的重要组成部分，是因为基于案例的教学是向学生进行有针对性的说服、思考、教育的有效方法。研编应用型教材，作者应根据课程性质、课程内容和课程要求，精心选择并按一定书写格式或标准样式编写案例，特别要重视选择那些贴近学生生活、便于学生调研的案例。然后根据教学进程和学生理解能力，研究在哪些章节，以多大篇幅安排和使用案例。为案例教学更好地适应案例情景提供更多的方便。

最后需要说明的是，应用型本科作为一种新的人才培养类型，其出现时间不长，对它进行系统研究尚需时日。相应的教材建设是一项复杂的工程。事实上从教材申报到编写、试用、评价、修订，再到出版发行，至少需要 3~5 年甚至更长的时间。因此，时至今日完全意义上的应用型本科教材并不多。烟台南山学院在开展学术年活动期间，组织研编出版的这套应用型系列教材，既是本校近 10 年来推进实践育人教学成果的总结和展示，更是对应用型教材建设的一个积极尝试，其中肯定存在很多问题，我们期待在取得试用意见的基础上进一步改进和完善。

2016 年国庆前夕于龙口

前　言

　　电力系统分析是电气工程及其自动化专业一门重要的专业课程，同时也是学习其他专业课程的基础。通过该课程的学习，既可让学生系统地学习电力系统的有关基础理论，为后续专业课程及相关专题学习奠定基础，又可以培养学生综合运用基础知识解决工程实际的能力。

　　本书阐述了电力系统的基本理论知识，内容包括电力系统稳态分析和暂态分析。本书的特点体现了综合性和工程性，突出了电力系统的基本理论和基本运算的讲解，适当降低了理论深度，注意讲清楚研究问题的思路和解决问题的方法，启发学生创新思维和主动学习。用电磁学、磁路和电路的物理概念深入浅出讲解电力系统的专业知识，减少烦琐的公式推导。在保证体系完整，理论严谨的基础上，保证基础、分清主次、突出重点、力求简明、加强应用。为培养学生综合应用基础理论解决电气工程实际问题的能力，增强创新思维能力，在每章后有丰富的思考题和习题，并附有部分习题参考答案。为便于读者自学和教师教学附有与教材配套的课件和电子版的教案、习题详解、自测题和复习提要等教学参考资料。本书还有电子版电力系统分析综合实验指导书，可供实践能力的培训。

　　本书共分 8 章，主要内容包括电力系统的基本概念，电力系统元件的参数及等效电路，简单电力系统的潮流分析，电力系统潮流的计算机算法，电力系统有功率平衡和无功功率平衡、频率调整、电压调整，电力系统对称故障分析，电力系统不对称故障分析，电力系统的稳定性分析。

　　本书参考教学时数：理论学时 64 学时左右，实验学时 8 学时左右。

　　编写分工：烟台南山学院孙玉梅编写了第 1、2 章，王选诚编写了第 5 章，杨明编写了第 3、4 章及附录，其余部分由刘学军编写。

　　本书由刘学军、孙玉梅担任主编，王选诚、杨明、贾振江担任副主编。全书由刘学军教授统稿。

　　北华大学段惠达教授仔细阅读了书稿，并提出了宝贵意见。南山电力总公司东海电厂高级工程师王家明也阅读了书稿，提出了宝贵意见，并提供了有价值的参考资料。

　　在本书的编写过程中，参考、引用了国内外许多专家、学者的著作文献，马凤军女士参与了本书的插图绘制和文字录入工作，刘畅和杜洋参加了部分章节的编写工作，在此一并表示衷心感谢。

　　本书为电气工程及其自动化专业的本科教材，也可供电气类其他专业使用，还可以供从事电力系统规划、设计运行和研究的工程技术人员参考。

　　由于编者水平和实践经验有限，书中难免存在疏漏和不妥之处，敬请读者批评指正。

编　者

2016 年 12 月

目　　录

第1章 概　　述

内容提要

本章讲述了电力系统的组成、运行特点和要求，介绍了电力系统负荷曲线和年最大负荷小时数等概念，分析了电力系统的电压等级及额定电压及电能的质量评价，最后介绍了国内外电力系统发展概况。

学习目标

①了解电力系统的组成及接线方式。

②理解电力系统负荷和负荷曲线的概念。

③了解电力系统运行特点和要求。

④掌握电力系统的电压等级和设备的额定电压。

1.1　电力系统的组成及接线方式

电能可以方便地转化为其他形式的能，同时使用方便，易于精确控制。电能传输效率高，易于分配和输送，以电能代替其他的能源，可以提高能源的利用效率，是节能的一个重要途径。

电能是二次能源，是由一次能源经加工转换而成的能源，一次能源中煤、石油、天然气统称化石能源，化石能源不可再生，严重污染环境，破坏生态平衡。人们已认识到必须利用新能源和可再生能源以谋求电力工业可持续发展。新能源和可再生能源是指除常规化石能源和大中型水电之外的太阳能、风能、地热能、海洋能、生物质能、小水电、核能等。

1. 电力系统、电力网和动力系统

发电厂内发电机把各种形态的能源转换成电能，电能经过变压器和不同电压等级的电力线路输送并分配到用户，再通过各种用电设备转换成机械能、热能、光能和化学能等。这些生产、变换、输送、分配和消耗电能的发电机、变压器、变换器、电力线路及各种用电设备连接在一起组成的统一整体称为电力系统。电力系统加上发电厂的动力部分称为动力系统。动力系统包括火力发电厂的锅炉、汽轮机、热力网及用热设备，水力发电厂的水库和水轮机，核电厂的核反应堆等。电力系统中除发电机和用电设备外的部分称为电力网。它包括各级升降压变电站和各级输电线路。可见电力网是电力系统的组成部分，而电力系统又是动力系统的组成部分。三者之间关系如图1-1所示。

2. 一次接线和二次接线

在电力系统中，发电机、变压器、架空线路、电缆和用电设备等直接参与生产、输送、分配和使用电能的电气设备称为主设备或一次设备。由它们组成的系统又称一次系统，或称

一次接线或电气主接线。对主设备进行测量、监视、保护和控制的设备称为二次设备，由二次设备组成的系统称为二次系统或二次接线。

3. 电力系统的接线图

电力系统的接线图分为电气接线图和地理接线图两种。电力系统的地理接线图反映了各发电厂和变电所的相对地理位置以及电力线路的路径。如图 1-2 所示为一幅简单电力系统地理接线图。电气接线图是用标准的电气元件符号将一次设备按设计要求连接的电路。它能够详细地描述电力系统各元件之间的电气联系，但不能反映各个发电厂和变电所的地理位置关系。如图 1-1 即为某电力系统主接线图。

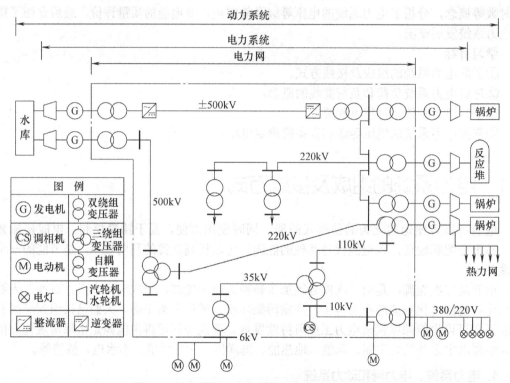

图 1-1　动力系统、电力系统和电力网的示意图

4. 电力系统的基本参量和电力网的结构及接线图

（1）电力系统的基本参量

电力系统的基本参量有装机容量、年发电量、最大负荷、额定频率和最高电压等级。

①装机容量。电力系统总装机容量是指系统中实际安装的发电机组额定有功功率总和，以千瓦（kW）、兆瓦（MW）、吉瓦（GW）计。

②年发电量。电力系统的年发电量是指该系统中所有发电机组全年实际发出电能的总和，以兆瓦时（MWh）、吉瓦时（GWh）、太瓦时（TWh）计。

③最大负荷。最大负荷一般指规定时间，如一天、一月或一年内，电力系统总有功功率负荷的最大值，以千瓦（kW）、兆瓦（MW）、吉瓦（GW）计。

④额定频率。按国家标准，我国所有交流电力系统的额定频率均为 50Hz。国外也有 60Hz 的。

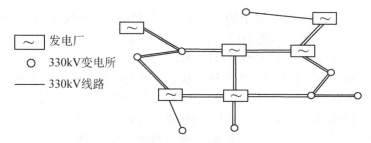

图 1-2 电力系统的地理接线图

⑤最高电压等级。如图 1-1 所示，同一电力系统中的电力线路往往有几种不同电压等级。所谓最高电压等级是指该系统中最高电压等级的电力线路的额定电压，以千伏（kV）计。例如，图 1-1 所示系统最高电压等级为 500kV。

（2）电力网的结构与接线方式

1）电力网的结构

电力网主要由变压器和不同电压等级的电力线路组成。一个大的电力网（联合电力网）由许多子电力网互连组成。如美国和加拿大电力传输系统互相连接形成一个大电网，称为北美互连电网。

电力网采用分层结构，一般可以划分为一级输电网、二级输电网、高压配电网和低压配电网，如图 1-3 所示。

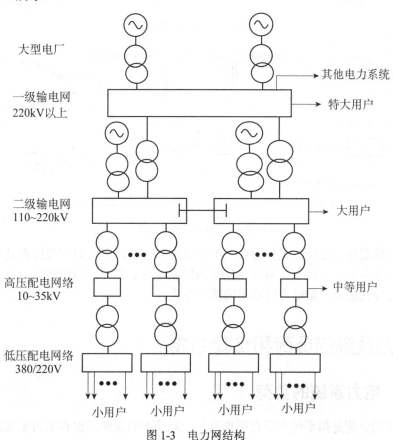

图 1-3 电力网结构

一级输电网由电压为 220kV 以上的主干电力线路组成，它连接大型发电厂、特大容量用户及相邻子电力网。二级输电网的电压一般为 110~220kV，它上接一级输电网，下接高压配电网，是一区域性电网，连接较大型发电厂和较大容量用户。配电网是向中等用户和小用户供电的网络。6~35kV 电网称为高压配电网，1kV 以下电网称为低压配电网。35kV 高压配电网适用于农村和城市，也可以用于工业企业内部电网。10kV 电网是较常用的电压较低一级的高压配电网。只有负荷中 6kV 高压电动机比重较大时，才考虑使用 6kV 配电方案，3kV 配电网只限于工业企业内部使用，已被 6kV 配电网所代替。220/380V 低压配电网使用最为广泛。

2）电力网的接线方式

电力网的接线方式大致可以分为无备用接线和有备用接线两类。如图 1-4 所示，无备用接线包括单回路放射式、干线式和链式网络。如图 1-5 所示，有备用接线包括双回路放射式、干线式、链式和环式及两端供电网络。环式和两端供电网络又称闭式网络，其他则称为开始网络。

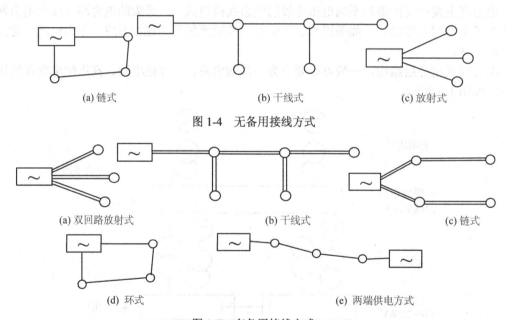

(a) 链式　　　　　　　　(b) 干线式　　　　　　　　(c) 放射式

图 1-4　无备用接线方式

(a) 双回路放射式　　　　　(b) 干线式　　　　　　　(c) 链式

(d) 环式　　　　　　　　　　　(e) 两端供电方式

图 1-5　有备用接线方式

无备用接线简单、经济、运行方便，但供电可靠性低，利用架空线路自动重合闸装置，在一定程度上能弥补上述缺点。有备用接线网络供电可靠性高，但投资大，且操作复杂。其中闭式网络可靠性更高，是电力网常用的接线方式。

1.2　电力系统的负荷和负荷曲线

1.2.1　电力系统的负荷

电力系统的负荷是指系统中所有用电设备消耗功率的总和，也称电力系统的综合用电负荷。可分为动力负荷和照明负荷。根据用户性质，可分为工业负荷、农业负荷、交通运输负荷和人民生活用电负荷等。

　　电力系统的供电负荷是指电力系统的综合负荷加上电力网的功率损耗，即发电厂供出的负荷。电力系统的发电负荷是指电力系统的供电负荷加上发电厂的厂用电，即发电机应发出的功率。各用电设备的有功功率和无功功率随电压和系统频率的变化而变化，其变化规律不尽相同。综合用电负荷随电压和频率的变化规律是各用电负荷变化规律的合成。图 1-6（a）和图 1-6（b）所示分别是某电力系统综合用电负荷的电压特性曲线和频率特性曲线。

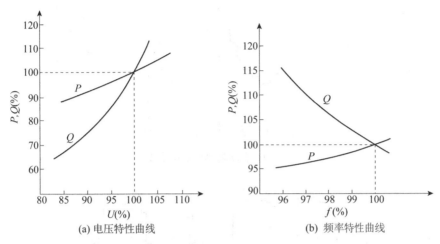

(a) 电压特性曲线　　　　　　　　　(b) 频率特性曲线

图 1-6　某电力系统综合用电负荷的特性曲线

1.2.2　负荷曲线

　　负荷曲线是指某一段时间内负荷随时间变化的规律。按负荷种类可以分为有功功率负荷曲线和无功功率负荷曲线；按时间长短可以分为日负荷曲线和年负荷曲线；按计量地点可以分为个别用户、电力线路、变电所、发电厂以致整个电力系统的负荷曲线。

　　图 1-7 所示为电力系统的负荷曲线，用来描述一天 24 小时负荷的变化情况。曲线最大值称为日最大负荷，最小值称为最小负荷。有功负荷曲线所包围的面积称为电力系统的日用电量。即

$$W_{\mathrm{d}} = \int_0^{24} p \mathrm{d}t \qquad (1\text{-}1)$$

平均负荷为：

$$P_{\mathrm{av}} = \frac{W_{\mathrm{d}}}{24} = \frac{1}{24} \int_0^{24} p \mathrm{d}t \qquad (1\text{-}2)$$

　　负荷率定义为平均负荷 P_{av} 与最大负荷 P_{max} 之比 K_{m}，表示负荷曲线平坦的程度，即

$$K_{\mathrm{m}} = P_{\mathrm{av}} / P_{\mathrm{max}} \qquad (1\text{-}3)$$

　　不同行业的有功负荷曲线差别很大，三班制连续生产的重工业负荷曲线如图 1-8（a）所示，负荷曲线平坦，最小负荷达最大负荷的 85%；一班制生产的轻工业负荷，如图 1-8（b）所示。负荷变化幅度较大。最小负荷仅为最大负荷的 13%~14%；图 1-8（c）为农业加工负荷，每天用电 12 小时，但在夏季出现排灌负荷时，负荷曲线较为平坦。图 1-8（d）为市政生活负荷曲线，其特点是存在照明电力高峰。尽管不少行业的负荷曲线有较大的变化幅度，

但整个电力系统的负荷曲线还是比较平坦的。这是因为不同行业负荷曲线上的最大值不是在同一时刻出现的，而电力系统负荷曲线是各行业负荷曲线相加得到的。因此电力系统负荷曲线最大值恒小于各行业负荷曲线的最大值。在实际计算时，各行业最大负荷相加后，应乘以一个小于1的同时系数才能得到电力系统的最大综合负荷。

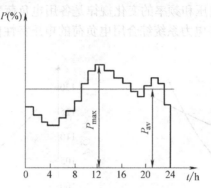

图 1-7　有功功率日负荷曲线

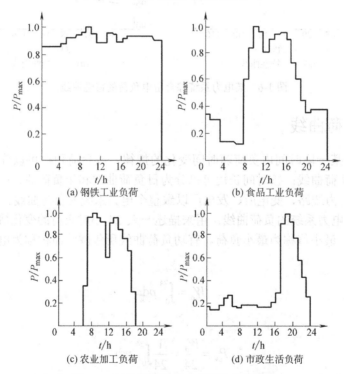

(a) 钢铁工业负荷　　　　　　　(b) 食品工业负荷

(c) 农业加工负荷　　　　　　　(d) 市政生活负荷

图 1-8　四种行业的有功功率日负荷曲线

　　负荷曲线对电力系统运行有重要意义，依据它安排日发电计划和确定系统运行方式。如图 1-9（a）所示，年最大负荷曲线是描述一年内每月或每日最大有功功率负荷变化情况。它主要用来安排发电设备检修，同时也为制定发电机组或发电厂的扩建或新建计划提供依据。

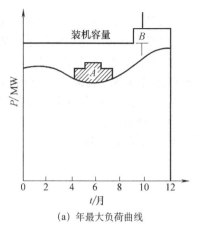

（a）年最大负荷曲线

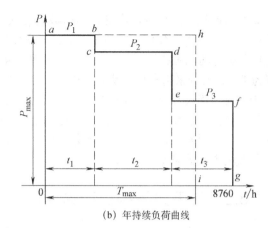

（b）年持续负荷曲线

图 1-9　年最大负荷曲线和年持续负荷曲线

年持续负荷曲线由一年中系统负荷按其数值大小及其持续时间由大到小排列而成，如图 1-9（b）所示。在安排发电计划时，进行可靠性估算和电网规划与运行的能量损耗计算等方面常用该曲线。根据该曲线可以计算系统负荷的全年耗电量。即

$$W_d = \int_0^{8760} p\,\mathrm{d}t \tag{1-4}$$

如果负荷等于最大值 P_{max}，经过 T_{max} 小时后所消耗的电能恰好等于全年实际耗电量，则称 T_{max} 为年最大负荷损耗利用小时数，即

$$T_{max} = \frac{W_d}{P_{max}} = \frac{1}{P_{max}}\int_0^{8760} p\,\mathrm{d}t \tag{1-5}$$

T_{max} 为年最大负荷利用小时数，随负荷性质和特点各类负荷的 T_{max} 可查表 1-1。

表 1-1　各类用户的年最大负荷利用小时数

负荷类型	T_{max}（h）	负荷类型	T_{max}（h）
市政生活	2 000~3 000	二班制企业用电	6 000~7 000
一班制企业用电	1 500~2 200	农灌用电	1 000~1 500
二班制企业用电	3 000~4 500		

在设计电网时，用户的负荷曲线往往未知，但如果知道用户的性质，可以通过查有关技术手册选择适当 T_{max} 值，即可以估算出用户全年耗电量为

$$W_d = P_{max}T_{max} \tag{1-6}$$

1.3　电力系统运行特点和要求

1.3.1　电力系统运行的特点

①电能不能大量存储。电能的生产、输送、分配和使用是同时进行的。发电厂在任何时刻生产的电能必须等于该时刻用电设备消耗的电能与变换、输送和分配过程中电能损耗的电能总和。即发电容量和用电容量随时保持平衡。

②暂态过程十分短暂。电能以电磁波的形式传播，传播速度为 3×10^5 km/s。电力系统正常运行时，负荷不断变化，发电量跟踪作相应变化，以适应负荷的需要。电力系统运行情况发生变化所引起的电磁和机电暂态过程十分短暂。电力系统从一种运行状态过渡到另一种运行状态极为迅速，必须采用多种自动装置和保护装置来迅速而准确地完成各项调整和操作任务。

③电能与国民经济各部门和人民日常生活关系密切。由于电能是洁净的能源具有使用灵活、易于转换、控制方便、易于远距离输送等优点，在国民经济各部门广泛使用电能作为生产的动力，在日常生活中人们广泛使用各种家用电器的用电。因此，电能生产与国民经济各部门和人民生活关系密切，息息相关。

1.3.2 对电力系统运行的要求

从电力系统上述特点出发，根据电力工业在国民经济中的地位和作用，决定对电力系统运行有以下的要求。

1. 保证安全可靠地供电

电力系统供电中断将使生产停顿，人民生活混乱，甚至危及人身和设备安全，给国民经济带来严重损失。因此，对电力系统的运行首先要保证供电的可靠性。但是要保证所有用户的供电绝对可靠是困难的。考虑到不同用户因中断供电造成的损失相差甚远。按照用户对供电可靠性的要求区别对待，以便在事故情况下把给国民经济造成的损失限制到最小，通常可以将负荷分为三类。

①一类负荷。这类负荷停电将造成人身危险、重要设备损坏，产生大量废品，生产秩序长期不能恢复，给国民经济带来巨大损失或造成重大的政治影响。

②二类负荷。该类负荷停电将造成大量减产，主设备损坏，人民生活受到较大影响。

③三类负荷。不属于一类、二类的其他负荷称为第三类负荷。

2. 保证良好的电能质量

电力系统不但要为用户提供充足的电力，而且要保证电能质量。衡量电能质量的三个指标是电压、频率和波形。

当系统的电压、频率、波形不符合电气设备额定值要求时，会影响设备正常工作，损耗增加，使设备绝缘加速老化甚至损坏，危及设备和人身安全，影响用户的产品质量。因此，要求系统提供的电能电压、频率、波形必须符合其额定值的规定。

频率主要取决于系统中有功功率的平衡。如频率偏低表示发电出力不足，电压则取决于系统中无功功率平衡，无功功率不足将引起电压偏低。我国额定频率 f_N=50Hz，其允许偏移值见表 1-2。用户电压偏移允许值见表 1-3。

表 1-2 系统频率允许偏差

运行情况		允许频率偏移（Hz）	允许标准时钟误差（s）
正常运行	中、小系统	±0.5	40
	大系统	±0.2	30
事故运行	30 分钟以内	±1	
	15 分钟以内	±1.5	
	不允许低于	−4	

表 1-3　用户电压允许偏移

线路额定电压	电压允许变化范围
35kV 及以上	±5%
10kV 及以下	±7%
低压照明	±5%～-10%
农业用户	±5%～-10%

正弦波形畸变由三相不平衡负载、晶闸管或非线性元件等形成的谐波所致,反过来它又影响用户的正常运行,并对通信系统产生干扰。波形质量指标由畸变率不超过给定的允许值限定。所谓畸变率是指各次谐波有效值平方和的方根值与基波有效值的百分比。电网中的任何一点的电压正弦波形畸变时不得超过表 1-4 所规定的极限值。

表 1-4　电网电压正弦波形畸变极限值（相电压）

用户供电电压（kV）	总电压正弦波形畸变率极限值（%）	各奇、偶次谐波电压正弦波形畸变率极限值（%）	
		奇次	偶次
0.38	5.0	4.0	2.0
6 或 10	4.0	3.2	1.5
35 或 66	3.0	2.4	1.2
110	2.0	1.6	0.8

3. 提高电力系统运行的经济性

电能的生产规模很大,电能生产消耗的能源在国民经济总消耗中占的比重很大,而且电能在生产、输送、分配时的损耗的绝对值也相当可观,因此,提高电能生产和电力系统运行的经济性具有十分重要的意义。电力系统经济性的指标有煤耗、网损率和厂用电率。煤耗是指火力发电厂生产 1kWh 电能所消耗的标准煤量,网损率是指电力网中损耗电量占电力网供电量的百分比,厂用电率是指发电厂自用电量占发电量的百分比。

除此以外,人们日益关注环境保护问题。在火力发电厂中产生的各种污染物质,包括氧化硫、氧化氮、飞灰等排放量的限制也将成为限制电力系统运行的要求。

1.4　电力系统的电压等级和额定电压

当传输功率一定时,所采用的输电电压越高,电流越小,导线等载流导体部分的截面积就越小,投资也越小;但电压越高,对绝缘要求越高,从而使杆塔、变压器和断路器所需要的投资越大。综合考虑这些因素,对应一定的输送功率和输送距离必定有一个最合适的线路电压。但从设备制造角度考虑,为保证生产的系列化、规格化,不宜有过多的额定电压等级。为此,我国规定了一定数量的标准电压等级,见表 1-5。

实际上各种电气设备都是按照自己额定电压设计和制造的,当设备在其额定电压下运行时,它的性能最好,效率最高,并能保证预期寿命。但由于变压器和线路流过电流时要产生电压降落,使同一电压等级的系统中各处的电压并不相同。为了使设备的额定电压尽量接近于实际运行电压,应对于工作在电压较高处的设备采用稍高一些的额定电压（如发电设备），而经常运行于电压较低处的设备采用较低一些的额定电压（如用电设备）。这就是为什么同一电压等级设备的额定电压并不相同。

表 1-5　我国规定的电压等级

电网线路及用电设备的额定电压（kV）	交流发电机的额定电压（kV）	变压器的额定电压（kV）	
		一次侧	二次侧
0.38/0.22	0.40	0.38/0.22	0.40/0.23
0.66/0.38	0.69	0.66/0.38	0.69/0.40
3	3.15	3.0 及 3.15	3.15 及 3.3
6	6.3	6.0 及 6.3	6.3 及 6.6
10	10.5	10.0 及 10.5	10.5 及 11.0
	13.8、15.75、18、20、22、24、26	13.8、15.75、18、20、22、24、26	
35		35	37 及 38.5
110		110	115 及 121
220		220	231 及 242
330		330	345 及 363
500		500	525 及 550
750		750	788 及 825

线路输送功率时，沿线电压分布始端电压高于末端电压。如图 1-10 中沿线 $\overline{ab}$ 的电压分布可用直线 $\overline{U_a - U_b}$ 表示。图中用电设备 1~5 端电压各不相同。线路额定电压即为线路的平均电压 $(U_a + U_b)/2$，而各用电设备的额定电压则与线路额定电压相等。使所有用电设备都能在接近额定电压下运行。用电设备允许电压偏移 ±5%，这就要求线路电压降落不超过 10%。因此线路始端电压应为 $105\%U_N$，以使其末端电压不低于 $95\%U_N$。发电机接在线路始端，因此发电机额定电压应为 $105\%U_N$，即 $U_{GN} = 105\%U_N$。

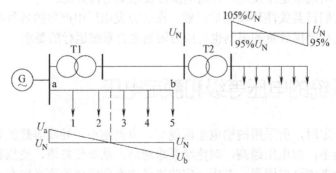

图 1-10　电力网络中电压分布

变压器一次侧接电源，相当于用电设备，二次侧接负荷，相当于发电设备。因此，变压器一次侧电压应等于用电设备的额定电压。即 $U_{1T} = U_N$，变压器二次侧额定电压规定为变压器的空载电压，由于变压器内部有一定的电压降落，所以二次侧额定电压应高于线路额定电压。升压变压器二次侧额定电压应高于线路额定电压 10%；降压变压器二次侧额定电压应高于线路额定电压10%或5%。对于有分接头的变压器，变压器额定电压是指主接头上的空载电压。

为了适应电力系统运行调节的需要，通常在变压器高压绕组上设计制造分接头。分接头用百分数表示，即表示分接头电压与主抽头电压的差值为主抽头电压的百分之几。对同一电压级的变压器，升压变压器和降压变压器即使分接头百分值相同，分接头的额定电压也不相同，如图 1-11 所示是用线电压表示的 SF31500/220±2×2.5% 型变压器的抽头定额电压。对于±5%抽头，升压变压器为 242kV×1.05=254kV，降压变压器则为 220kV×1.05=231kV。

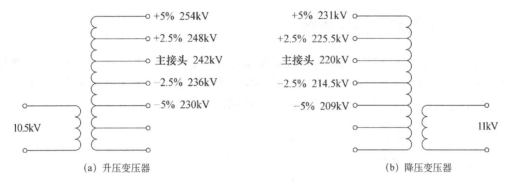

（a）升压变压器　　　　　　　　　　　　　　　　（b）降压变压器

图 1-11　用线电压表示的抽头额定电压

表 1-5 中，3kV 仅限于工业企业内使用，正在被 6kV 代替。10kV 为常用城乡配电电压。当负荷中高压电动机所占比例大时，可用 6kV 作为配电电压。13.8~26kV 为发电机的额定电压。35kV 可以用于城市和农村配电网，也可以用于大工业企业内部电网。习惯称 110kV 和 220kV 为高压，330kV、500kV、750kV 称为超高压，1 000kV 以上则称为特高压。

不同电压等级线路所适宜输送功率和距离的大致范围见表 1-6。

表 1-6　电力线路不同电压等级下输送功率和距离的大致范围

线路电压（kV）	输送功率（MW）	输送距离（km）	线路电压（kV）	输送功率（MW）	输送距离（km）
3	0.1	1~3	220	100.0~500.0	100~300
6	0.1~0.12	4~15	330	200.0~800.0	200~600
10	0.2	6~20	500	1 000.0~1 500.0	150~850
35	2.0~10	20~50	750	2 000.0~2 500.0	500 以上
110	10.0~50.0	50~150			

1.5　电力系统中性点运行方式

电力系统的中性点是指电力系统中作为电源的发电机、变压器的中性点，中性点接地方式对电力系统的运行有很大影响，特别是系统发生单相故障时有明显影响，是一个综合性的技术问题。电力系统中性点接地方式分两大类。

一类是电源中性点不接地，或经消弧绕组接地，称为小接地电流系统。另一类是中性点直接接地或经低阻抗接地，称为大接地电流系统。

①我国电力系统中 3~66kV 系统由于设备绝缘水平按线电压考虑对设备造价影响太大，为提高供电可靠性，一般采用中性点不接地运行方式，如果单相接地电流大于一定数值时（3~6 kV 电网大于30A；6~20kV 电网大于20A；20kV 及以上电网大于10A）则应采用中性点

经消弧绕组接地运行方式。

②我国 110kV 及以上系统主要考虑降低设备绝缘水平，简化继电保护装置则都采用中性点直接接地运行方式。

③1kV 以下电网中性点采用不接地运行方式。但电压为 380/220V 三相四线制，电网中性点为适应受电设备取得相电压的需要而直接接地。

1.5.1 中性点不接地系统

如图 1-12 为中性点不接地三相系统正常运行时的电路图和相量图。电力系统中每相对地有电容，它们分布在输电线全长和电气设备中，为简化分析，设三相系统是完全对称的，并将分布的相对地电容用集中电容 C 表示，而相间电容忽略不计。

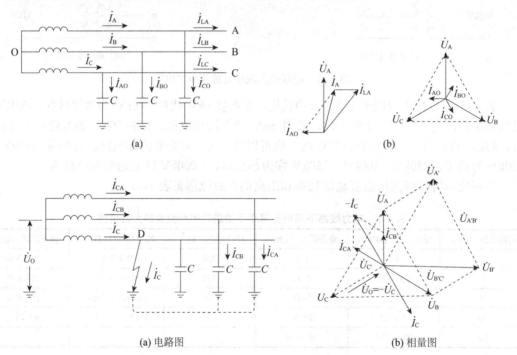

图 1-12 中性点不接地的三相系统正常运行时的电路图和相量图

在正常运行时，电网相对地电压对称，$\dot{U}_A + \dot{U}_B + \dot{U}_C = 0$，电源各相中电流 $\dot{I}_A$、$\dot{I}_B$、$\dot{I}_C$ 分别等于各相负荷电流 $\dot{I}_{LA}$、$\dot{I}_{LB}$、$\dot{I}_{LC}$ 和各相对地电容电流 $\dot{I}_{AO}$、$\dot{I}_{BO}$、$\dot{I}_{CO}$ 的相量和，如图 1-12（b）所示，此时 $\dot{I}_{AO} + \dot{I}_{BO} + \dot{I}_{CO} = 0$，流经地中电流为零。中性点对地电压 $\dot{U}_O = 0$。

如图 1-13（a）所示，设 C 相 D 点发生金属性接地，接地故障点 D 电压为零，即 $\dot{U}_D = 0$。按故障条件写出电压方程，即

$$\dot{U}_C + \dot{U}_O = \dot{U}_D = 0 \tag{1-7}$$

$$\dot{U}_O = -\dot{U}_C \tag{1-8}$$

式中，$\dot{U}_C$——C 相电源对地电压，即在数值上等于相电压，$U_C = U_{ph}$；

$\dot{U}_O$——中性点对地电压。

上式说明 C 相金属性短路时，中性点对地电位不为零而是 $-\dot{U}_C$。

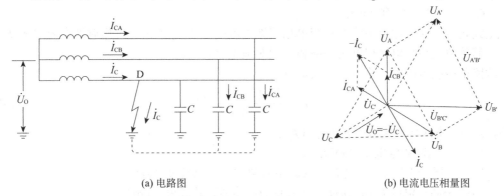

(a) 电路图   (b) 电流电压相量图

图 1-13　中性点不接地系统 C 相接地

因 $\dot{U}_O = -\dot{U}_C$ 所以可得出 A、B 和 C 相对地电压 $\dot{U}'_A$、$\dot{U}'_B$ 和 $\dot{U}'_C$ 为：

$$\dot{U}'_A = \dot{U}_A + \dot{U}_O = \dot{U}_A - \dot{U}_C = \dot{U}_{AC} \tag{1-9}$$

$$\dot{U}'_B = \dot{U}_B + \dot{U}_O = \dot{U}_B - \dot{U}_C = \dot{U}_{BC} \tag{1-10}$$

$$\dot{U}'_C = \dot{U}_D = 0$$

C 相接地短路后，各线电压为：

$$\dot{U}_{C'A'} = \dot{U}'_A = \sqrt{3}\dot{U}_C e^{-j150°} \tag{1-11}$$

$$\dot{U}_{B'C'} = \dot{U}'_B = \sqrt{3}\dot{U}_C e^{j150°} \tag{1-12}$$

$$\dot{U}_{A'B'} = \dot{U}_{A'} - \dot{U}_{B'} = \sqrt{3}\dot{U}_C e^{-j90°} \tag{1-13}$$

从图 1-13（b）所示相量关系可知，原有线电压三角形 *ABC* 平移到 *A'B'C'* 的位置，这说明 C 相接地后，三相线电压大小不变，相位上保持对称关系，而故障相对地电压为零，非故障相 A 和 B 相对地电压升高 $\sqrt{3}$ 倍，所以在中性点不接地系统中各种用电设备的对地绝缘应按线电压设计，才能保证设备绝缘的安全。

C 相接地时，C 相对地电流被短接，对地电容电流 $\dot{I}_{CC} = 0$，非故障相对地电压分别升高为 $\dot{U}'_A$、$\dot{U}'_B$，其对地电容电流为

$$\dot{I}_{CA} = \frac{\dot{U}'_A}{-jx_C} = j\sqrt{3}\omega C\dot{U}_C e^{-j150°} = \sqrt{3}\omega C\dot{U}_C e^{-j60°} \tag{1-14}$$

$$\dot{I}_{CB} = \frac{\dot{U}'_B}{-jx_C} = j\sqrt{3}\omega C\dot{U}_C e^{j150°} = \sqrt{3}\omega C\dot{U}_C e^{-120°} \tag{1-15}$$

经过 C 相接地点 D 流入地中电容电流（即短路电流 $\dot{I}_D^{(1)}$）为

$$\dot{I}_C = \dot{I}_D^{(1)} = (\dot{I}_{CA} + \dot{I}_{CB}) = \sqrt{3}\omega C\dot{U}_C \left(e^{-j60°} + e^{-j120°}\right) = j3\omega C\dot{U}_C \tag{1-16}$$

在正常运行时，各相对地电容电流大小相等。

$$I_{CO} = \frac{U_{ph}}{X_C} = \omega C U_{ph} \tag{1-17}$$

单相接地时，　　　　$I_C = 3\omega C U_{ph} = 3I_{CO}$　（A）　　$(1-18)$

式中，U_{ph}——相电压（V）；

ω——电角频率（rad/s）；

C——相对地电容（F/相）。

上式表明，在中性点不接地系统单相接地电容电流 I_C 等于正常时相对地电容电流 I_{CO} 的三倍。其数值大小与电网相电压频率和一相对地电容有关。

线路单相接地电容电流可用下式估算：

$$I_C = \frac{U_N(l_{ch} + 35l_{cab})}{350} \tag{1-19}$$

式中，I_C——电网单相接地电容电流（A）；

U_N——电网额定电压（kV）；

l_{ch}——同一电压 U_N 的具有电气联系的架空线路总长度（km）；

l_{cab}——同一电压 U_N 的具有电气联系的电缆线路总长度（km）。

为简便计算，6～10kV 电缆线路单相接地电容电流 I_C 可采用表 1-7 所列数值加表 1-8 所列变电设备所引起的接地电容电流的增值。

表 1-7　6～10kV 电缆线路单相接地电容电流（A/km）

电缆截面/mm²		10	16	25	35	50	70	95	120	150	185
电网电压/kV	6	0.33	0.37	0.46	0.52	0.59	0.71	0.82	0.89	1.1	1.2
	10	0.46	0.52	0.62	0.69	0.77	0.9	1.0	1.1	1.3	1.4

表 1-8　变电设备所引起接地电容电流的增值

电网电压/kV	6	10	15	31	60	110	154	220
I_e 增值/%	18	16	15	13	11～12	9～10	8	7

水轮发电机一相对地电容电流由制造厂提供或通过试验取得，也可用下式估算：

$$C_G = \frac{KS_{N \cdot G}^{3/4}}{3(U_{NG} + 3.6)n^{1/3}}(\mu F/相) \tag{1-20}$$

式中，K—系数，B 级绝缘的发电机取 0.04；

$S_{N \cdot G}$——发电机额定容量（kV·A）；

U_{NG}——发电机额定电压（kV）；

n——转速（r/min）。

发电机一相接地电容电流为：

$$I_{C \cdot G} = 3\frac{U_{N \cdot G}}{\sqrt{3}}\omega C_F \times 10^{-3} = 2\sqrt{3}\pi f U_{N \cdot G} C_F \times 10^{-3} = 0.544 U_{N \cdot G} C_F(A) \tag{1-21}$$

发电机电压母线一相对地电容电流可取 0.05～0.1A/100m，升压变压器绕组一相接地电容电流可取 0.1～0.2A。

由以上分析可知中性点不接地电网发生一相接地时，接在相间电压上的电气设备供电情况并未改变，可以继续运行，但是不允许电网长期单相接地运行，因为非故障相电压升高，使绝缘薄弱点很可能被击穿，引起两相接地短路，相间短路电流很大，将严重损坏电气设备。所以，在中性点不接地电网中，必须设专门的监察装置，以便使运行人员及时发现单相接地故障，从而切除电网中故障部分。

在中性点不接地系统中，当接地电容电流较大时，单相接地为不稳定的电弧接地，即接地点的电弧间歇地熄灭和重燃，由于电网具有电感和电容，可形成一个 RLC 串联谐振电路，形成高频振荡，振荡过程中产生危险的过电压（可达线路额定电压 2.5～3 倍）。

电压 3～10kV 电力网中，单相接地的电容电流不允许大于 30A，否则电弧不能自行熄灭。20～60kV 电网，由于电压较高电弧更不能自行熄灭，规定单相接地电容电流不得大于 10A。在与发电机或调相机直接电气连接的 6～20kV 回路中，可防止单相接地时烧坏发电机铁芯，允许单相接地电容电流更小，见表 1-9。

表 1-9　发电机回路单相接地电容电流允许值

发电机额定电压（kV）	6.3	10.5	13.8	15.75	18	20
额定电压下一相接地电流允许范围（A）	<5.00	3.00～5.00	2.27～3.38	2.00～3.30	1.75～2.9	1.57～2.6

1.5.2　中性点经消弧绕组接地系统

当单相接地电容电流超过允许值时，可以用中性点经消弧绕组接地的方法来解决，称为中性点经消弧绕组接地系统。消弧绕组主要由带气隙的铁芯和套在铁芯上的绕组组成，绕组和铁芯放在充满变压器油的油箱内，绕组电阻很小，电抗很大。消弧绕组电感可用改变接入绕组匝数加以调节，显然在正常情况下，由于电网中性点的三相电压对称，$U_O=0$，$I_L=0$，当发生单相接地时，$U_O=U_{ph}$，通过消弧绕组的电感电流为

$$I_L = \frac{U_{ph}}{X_h} = \frac{U_{ph}}{\omega L_h} \tag{1-22}$$

式中，L_h、X_h——消弧绕组的电感和电抗。

通过接地点 D 的接地电流 $I_D^{(1)} = \dot{I}_C + \dot{I}_L$。

电感电流和电容电流相差 180° 相位差（图 1-14），所以在接地处互相补偿，使总的接地电流减小，可以有效地避免电弧的产生。有以下三种补偿方式。

①全补偿，即 $I_L=I_C$，故障点的电流为非常小的电阻性泄漏电流。实际上这种补偿方式是不允许的，因为对地电容电流受各种因素影响是变化的，且线路数目也会增减，很难做到各相电容完全相等。为此消弧绕组不能处于全补偿工作状态，以免引起谐振过电压。

②欠补偿，即 $I_L<I_C$，故障点流过电容电流，当运行中部分线路退出运行可能形成全补偿，产生较大中性点电压偏移，有可能引起电网严重的铁磁谐振过电压（2.5～3U_{ph}）。

③过补偿，即 $I_L>I_C$，故障点处流过感性电流。即使系统电容电流突然减小（如某回路切除）也不会引起谐振，而是离谐振点更远。因此在电力网中一般采用过补偿方式。

选择消弧绕组的容量，考虑到电网五年左右发展规划，并按过补偿方式考虑，其容量按下式计算：

$$S=1.35I_C U_{ph} （kV \cdot A） \tag{1-23}$$

式中，I_C——电网一相接地电容电流（A）；

U_{ph}——电网额定相电压（kV）。

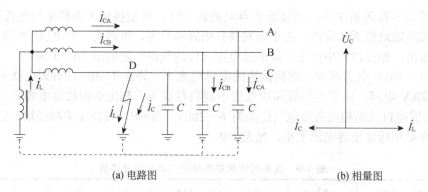

(a) 电路图　　　　　　　　　　　　(b) 相量图

图 1-14　中性点经消弧绕组接地电力系统发生单相接地

中性点经消弧绕组接地系统发生单相接地时，结论和中性点不接地系统发生单相接地时一样，即故障相对地电压为零，非故障相对地电压升高 $\sqrt{3}$ 倍。三相线电压保持对称和大小不变。所以允许暂时运行两小时，消弧绕组对瞬时性故障接地尤为重要，它使接地处电流减小，电弧能自动熄灭，接地电流小还可减轻对附近弱电线路的干扰。消弧绕组通过隔离开关接在相应电网的发电机、变压器专用接地变压器的中性点上，其原理接线如图 1-15 所示。

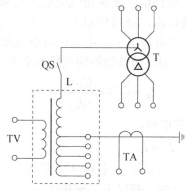

TV—电压互感器；TA—电流互感器；
L—消弧绕组；QS—隔离开关；T—电力变压器

图 1-15　消弧绕组原理接线

1.5.3　中性点直接接地系统

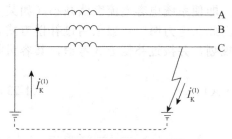

图 1-16　单相接地时的中性点直接接地电
力系统

中性点直接接地运行方式如图 1-16 所示，当发生单相接地时，这一相直接通过接地点和接地中性点，单相接地短路电流 $I_\mathrm{K}^{(1)}$ 数值很大，因而可保证继电保护装置动作，将故障部分切除。

为限制单相接地短路电流值过大，可将中性点经过电抗器接地。另外可采用系统中一部分变压器中性点直接接地，另一部分中性点不接地以减小单相接地电流。中性点直接接地系统，中性点电位在电网任何状态下均保持为零。发生单相接地故障时，非故障相电压不会升高，因而各相对地绝缘可按相对地电压考虑，在高电压级电网可大大降低电器设备绝缘水平和电网的建设费用，电压越高，经济效果越显著。

在中性点不接地或经消弧绕组接地电网中，单相接地电流往往比负荷电流还小，要实现有选择性接地保护比较困难，而在中性点接地系统中单相接地短路电流很大，接地保护能迅速准确地切除故障线路，灵敏性高，保护装置简单，可靠性高。

运行经验表明，在 1 000V 以上电网中，大多数架空线路发生单相接地故障多属于瞬时性故障。在故障切除后，绝缘迅速恢复，因此输电线路可立即恢复供电，为了提高供电可靠性，可采用自动重合闸装置（AAR），在系统发生单相接地故障时，故障线路切除后，立即重合闸，瞬时性故障则重合闸成功缩短了停电时间，提高了供电可靠性，如永久故障则再按继电保护整定时限跳闸，将故障线路切除。

电源中性点经小电阻接地是国外（美国为主的一些国家）6～35kV 中压电网常采用的运行方式，近年来我国某些城市（如北京市等）和工业企业的配电网中开始得到应用。

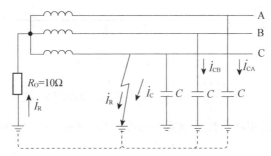

图 1-17　单相接地时的中性点经小电阻接地电力系统

图 1-17 所示，在中性线上接电阻 R_O，当 C 相接地时，由于 R_O 存在，使中性点对地电位 $\dot{U}_O$ 较小，使 A、B 相对地电压升高幅度不大，基本维持原有相电压水平，从而抑制了电网过电压，使变压器绝缘水平要求降低。另一方面由于中性点电阻 R_O 的限流作用，使这种接地系统接地电流比电源直接接地系统要略小，故对邻近通信线路干扰减弱，同时又可以使继电保护装置快速可靠动作，迅速切除故障线路，启动系统备用电源自动投入装置，恢复对重要负荷供电，提高了城市供电的可靠性。

1.6　柔性交流输电系统

1.6.1　基本概念

1. 柔性交流输电系统

柔性交流输电系统（Flexible AC Transmission System，FACTS）是美国电力科学院 N.G Higorani 博士于 1988 年提出的。它定义为装有电力电子型或其他静止型控制器以加强可控性和增大电力传输能力的交流输电系统。

FACTS 用于电力系统潮流的灵活控制和系统传输能力的提高。传统的电力系统，稳态运行方式的调整和控制主要依靠调节发电机的有功功率和无功功率，它们的调节范围受到很大限制。改变带负荷调压变压器的分接头或者投入和切除并联电容器和并联电抗器，虽然可以起到一定调节和控制作用，但它们都是依靠开关和机械动作完成的，其动作既缓慢又不连续，而且频繁动作将影响它们自身的寿命。

随着电力系统容量和规模不断扩大，运行的安全性和稳定性问题日益严重，在一些经济发达国家，新建高压输电线路受到各方面的限制，因此就更须要提高现有电力系统的传输能力。

2. FACTS 的功能

由图 1-18 可知电力系统运行中有三个主要参数，即电压幅值、线路阻抗和功角。如果要实现按系统需要进行潮流控制，就要对这些参数进行调整和控制。

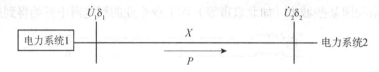

图 1-18　输电系统示意图

由图 1-19 中传输功率 $P = \dfrac{U_1 U_2}{X}\sin(\delta_1 - \delta_2)$ 可知，FACTS 能使电力系统中主要电气参数：电压幅值、线路阻抗和功角按系统需要迅速调整。根据这个原理来设计和制造各种形式的 FACTS 器件。

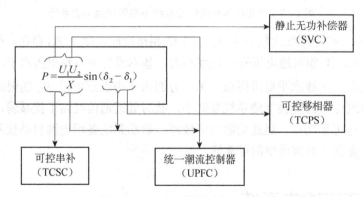

图 1-19　FACTS 控制功能示意图

在电力系统中，FACTS 的主要功能如下：
①较大范围地控制潮流，使之按指定路径流动；
②保证输电线路的负荷接近热稳定极限而又不过负荷；
③在所控制区域内传输更多功率，减少发电机的热备用；
④依靠限制短路或设备故障的影响，防止线路的越级跳闸；
⑤阻尼可能损坏设备或限制输电容量的各种振荡。

FACTS 可在不改变网络结构的前提下，发掘现有网络的潜力，使网络功率传输能力及潮流和电压的可控性大大提高。

1.6.2　典型 FACTS 器件介绍

1. 静止补偿器

静止补偿器（Static Synchronous Compensator，STATCOM），又称静止无功发生器（Static Var Generator，SVC），是一种用变流器组成的无功补偿装置，既可以发出无功功率也可以吸收无功功率，调节灵活方便。静止同步补偿器 SVC 采用可关断的晶闸管（Gate Tun Off，GTO）Thyristor，组成三相电压源型变流器，通过变压器连接到变电所高压母线上。原理接线如图 1-20 所示。

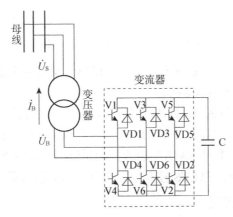

图 1-20　静止同步补偿器的原理接线图

变流器用 6 个 GTO（可关断晶闸管）V1~V6 和 6 个续流二极管 VD1~VD6 所组成，它实际上相当于电压源型逆变器。当 V1~V6 依次施加正负相间、间隔为 1/6 周期的电流脉冲时，在变流器的交流侧将输出对称三相电压，其大小与电容器上的电压成比例，相位决定于电流脉冲发出的时刻。变流器交流侧的电流决定于交流母线的电压和变压器的漏阻抗。

变流器交流侧输出电压为 $\dot{U}_B = U_B \angle \theta_B$，交流母线电压为 $\dot{U}_S = U_S \angle \theta_S$，变压器漏阻抗为 $Z_T = R_T + jX_T$ 时，由变流器输出电流为

$$\dot{I}_B = (\dot{U}_B - \dot{U}_S) / (R_T + jX_T)$$

显然，这一电流将决定于变流器交流输出电压的大小和相位。对它们进行适当控制，将可以改变变流器输出的电流和相应的功率。变流器中的电容只能起到稳定直流电压的作用。如果让变流器不断吸收有功功率，即不断吸收能量，则这些能量只好存储在电容器中，其结果使电容器两端电压不断升高；反之，若变流器向系统送出有功功率，则所需要能量将靠电容器释放所存储能量，结果使电容器两端电压不断下降。因此，静止同步补偿器只能发出或吸收无功功率，即变流器的输出电流 $\dot{I}_B$ 的相位只能超前或滞后于其输出电压 $\dot{U}_B$ 的相位 90°，这两种情况下的相量图如图 1-21 所示。由于变压器的漏抗远大于电阻，因此，变流器交流侧输出电压与交流母线电压相位相近。交流侧电压越高，输出无功功率越大，当交流侧电压与母线电压相同时，输出无功功率为零，而交流侧电压越小，则吸收无功功率越大。

在三相对称时，由于三相功率瞬时值之和为零，其大小等于无功功率，因此，无论静止同步补偿器发出还是吸收无功功率，在一个周期内都无须通过电容器来进行能量的存储和释放。而电容器的任务就是提供和稳定直流电压。与补偿器本身吸收或发出无功功率相比，电容器所需要容量很小。这一方面，与静止无功补偿器相比，静止同步补偿器具有很大优越性。

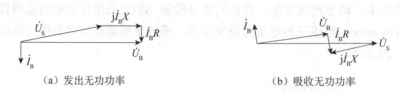

（a）发出无功功率　　　　　　　　　　　　（b）吸收无功功率

图 1-21　静止同步补偿器的相量图

静止同步补偿器所存在的谐波问题，可以采用桥式变流电路的多重化和多电平技术或者应用脉冲宽度（PWM）技术加以解决。

缺点是高电压、大容量的 GTO 价格比较昂贵，工程造价高，限制了广泛应用。另外 FACTS 还需要进一步完善。目前，FACTS 只局限于个别工程，如果大规模使用，还要解决一些全局性技术问题。例如多个 FACTS 装置控制系统的协调问题，FACTS 装置与有的常规控制、继电保护的衔接问题，FACTS 控制纳入现有电网的调度系统的问题等。

2. 晶闸管控制串联电容器

晶闸管控制串联电容器（Thyristor Controlled Series Capacitor，TCSC）简称可控串补。它由可以调节的电容器和晶闸管控制电抗器并联而成，通过改变可调节电容或电感的数值，实现对电力系统的控制。它串联在输电线路上，其原理结构如图 1-22 所示。图中 C_F 为串联电容的补偿部分，为固定值，$C_1 \sim C_n$ 为可变部分，可以借电容器所并联的晶闸管的关断或导通来改变电容电抗值。在晶闸管支路串有电感，通过改变晶闸管的触发角，使串联补偿连续可调，即可以在容性和感性之间连续调节。

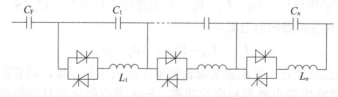

图 1-22　TCSC 的结构示意图

由于电容器所承受的基波电压是可控串补两端的基波电压，它等于流过线路的总电流与可控串补等值电抗的乘积。可控串补等值电抗越大，电容器承受电压越高，即要求电容器容量越大，这是不经济的。因此要限制可控串补的最大等值容抗，并且要远离并联谐振点。

3. 晶闸管控制的移相器（TCPS）

可控移相器的主要功能是通过改变输入端和输出端之间的相位角来调整输电线上潮流的大小。这种调节是通过改变移相器的分接头位置来实现的。其结构示意图如图 1-23 所示。

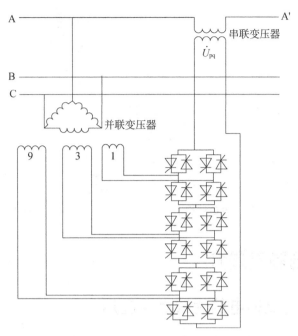

图 1-23　TCPS 的结构示意图

同机械分接头移相器一样，晶闸管控制的移相器也是在线路上产生一个与有关线电压垂直的电压，从而使首末端电压产生移相。该电压大小可以通过触发角的控制连续变化。TCPS 的移相调节原理如图 1-24 所示。

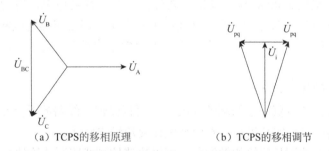

（a）TCPS 的移相原理　　　　　　　（b）TCPS 的移相调节

图 1-24　TCPS 的移相调节原理

4. 统一潮流控制器（UPFC）

上述几种 FACTS 装置，其功能专一，如果系统某一局部同时有多种要求，即同时考虑几种装置。UPFC 的基本思路是用一种统一的晶闸管装置，仅通过控制规律的变化就能分别或者同时实现并联补偿、串联补偿和移相多种功能。其主要功能是有功控制、无功控制、电压控制、功角控制，从而实现潮流控制，并且能提高系统的暂态稳定。UPFC 结构示意图如图 1-25 所示。

UPFC 的工作方式有多种形式，可以分别或同时控制节点电压、改变所在线路的阻抗和线路两端的相角差。即可以单独通过并联补偿、串联补偿和移相调节实现电压幅值、线路阻抗和功角的改变，也可以同时达到以上目的。当 UPFC 同时实现上述三种功能时，其串联电压等效于前三种 FACTS 器件输出电压的相量和，如图 1-26 所示。

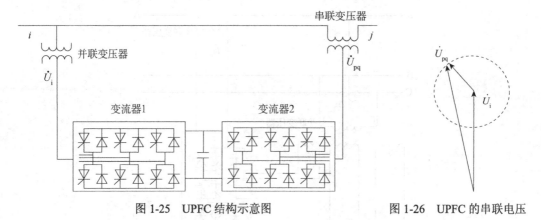

图 1-25　UPFC 结构示意图　　　　　图 1-26　UPFC 的串联电压

1.7　高压直流输电简介

1.7.1　高压直流输电的优缺点及应用

　　近年来电力电子技术得到飞跃发展，使高压直流输电（High Voltage Direct Crennt，HVDC）在国际上得到广泛应用，在我国已经投入运行的有舟山、嵊泗两个海底直流输电工程，以及葛洲坝到上海±500kV、1 080km 和天生桥到广州，±500kV、980km 两条高压直流输电线路。三峡—上海±500kV 直流输电工程由湖北宜都至上海青浦区华新镇，共 1 076km。承担着三峡向上海输送 3 000MW 电能的重要任务，是三峡右岸电厂电力外送的主要通道之一；同时实现了华中和华东两大电网的互连；也是国家电网公司推进电网骨干网络建设，提高国家能源的优化配置，实现直流输电工程自主化建设的重要工程。它的建成具有重大的社会意义和经济效益。

　　高压直流输电的优点如下：

　　①直流输电的主要投资在于两端的换流站，而直流输电线路的投资比交流输电线路少，因此，当输电距离超过一定长度后，直流输电比交流输电经济。

　　②直流输电通过控制晶闸管的触发角，可以快速控制线路所传输的功率。

　　③交流输电线路，长距离输电或作为区域之间的联络线，存在比较严重的稳定性问题，而直流输电则不存在或者减轻了稳定性的问题。

　　④应用直流输电线路，不会增大系统的短路容量，而应用交流输电线路将使短路容量增大。甚至使短路电流过大，需要采取限制短路电流的措施。

　　直流输电的缺点如下：

　　①换流站造价高。直流线路比交流线路造价低，但直流系统的换流站则比交流变电所造价要高很多。

　　②换流装置在运行中要消耗无功功率，并产生谐波。为了提供无功功率和吸收谐波，必须装设无功补偿装置和滤波装置。

　　③由于直流电流不过零，开断时电弧较难熄灭，因此，直流高压断路器的制造较困难。

　　根据上述特点，高压直流输电系统的适用条件为：

①远距离大功率输电；

②用海底电缆隔海输电或地下电缆向负荷密度高的大城市供电；

③用于不同步或不同频率的两个交流系统互连；

④用于限制互连系统的短路容量。

1.7.2 高压直流输电系统的结构

高压直流输电系统多数采用双极式，其中一极为正极，另一极为负极。它们的电气结构原理图如图 1-27 所示，各元件介绍如下。

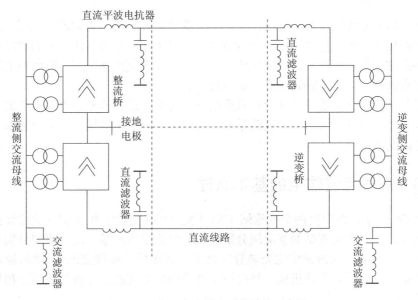

图 1-27 高压直流输电系统结构示意图

1. 换流器

换流器包括整流器和逆变器两种，分别设置在输电线路两端的整流站和逆变站中，用于交流-直流和直流-交流的转换。每个换流器由换流变压器和三相可控桥式电路组成。在整流站和逆变站中，两组换流器在直流侧相串联，其连接点可以通过电极接地，其他两端分别为正极和负极。

2. 直流输电线路

直流输电线路由正极导线和负极导线组成。在正常情况下，它们分别与两个换流站的正极和负极相连。当整流站和逆变站都通过电极接地时，直流电流经大地形成回路。在此情况下，整个直流系统将由两个独立回路组成。一个是从整流站正极出发，经正极导线流向逆变站正极，再经过正极逆变器后由大地流回；另一个从整流站的接地极流出，经过大地流向逆变站的接地极，在经过负极逆变器后由负极导线流回。由于这两个回路中通过大地的两个电流方向相反。所以，在换流站正、负极完全对称时，它们相互抵消从而大地中电流为零。在不完全对称时，流过大地中的电流也很小。只有在某一极导线（或某一极换流器）发生故障或检修情况下，才由另一极导线（或者将两极导线并联）与大地组成的回路，短时间继续运行。

3. 平波电抗器

平波电抗器的作用如下：
①减少直流线路上的谐波和电流；
②防止逆变器换相失败；
③避免负载较小时直流电流不连续；
④在直流线路发生短路时，限制换流器中的峰值电流。

4. 交流滤波器和直流滤波器

由于换流器的非线性，在其交流侧将产生大量的谐波电流，它们流入交流系统后在各节点上产生谐波电压，使电压波形畸变而造成电能质量下降。在直流侧产生的谐波可能对临近的通信线路造成干扰。因此，在两侧交流系统中需要设置交流滤波器，吸收换流器产生的谐波电流。在直流侧，需要设置滤波器，减小通信干扰。

需要说明，有些直流系统中并没有直流线路，而是通过整流和逆变完成交流—直流—交流的变换，这种系统称为背靠背的直流系统。它们主要应用于连接两个额定频率不同或两个不同步运行的交流系统。

1.7.3 高压直流输电的基本原理

如图 1-28 所示，图中有两个换流站 CS1（交流转换直流）和 CS2（直流转换交流）以及直流输电线路。两个换流站的直流端分别接在直流输电线两端，而交流端分别接在两个交流电力系统 I 和 II 上。换流站中主要装置换流器，其作用是实现交流-直流转换，换流器由一个或多个换流桥串联或并联组成，目前用于直流输电系统的换流桥均采用三相桥式整流电路，每个桥具有 6 个桥臂。

图 1-28　高压直流输电系统原理图

从交流系统 I 向系统 II 输送电能时，换流站 CS1 把送端系统 I 送来三相交流电流转换成直流电流，通过直流输电线路把直流功率输送到换流站 CS2，再由 CS2 把直流电流转换成三相交流电流。通常把交流变直流称为整流，所以 CS1 也称整流站；把直流变交流称为逆变，所以 CS2 也称逆变站。

设整流站 CS1 直流输出电压为U_{d1}，逆变站 CS2 电压为U_{d2}，则直流输电线路电流为I_d：

$$I_d = \frac{U_{d1} - U_{d2}}{R}$$

式中，U_{d1}——整流站 CS1 的直流输出电压；

　　　U_{d2}——整流站 CS2 的直流输入电压；

　　　I_d——直流线路的电流；

　　　R——直流线路的电阻。

直流线路只输送有功功率，换流站 CS1 送到直流电路的功率为

$$P_{d1}=U_{d1}I_d$$

换流站 CS2 从直流线路接受的功率为

$$P_{d2}=U_{d2}I_d$$

直流线路功率损耗为

$$\Delta P=P_{d1}-P_{d2}=（U_{d1}-U_{d2}）I_d$$

由上式可知，改变换流器两端电压，就可以调节直流线路的电流，从而改变直流线路的传输功率。

1.8　我国电力系统发展概况

我国电力工业起步较早，1882 年我国第一个火力发电厂开始发电，它是由英国人在上海投资兴办的，机组容量为 12kW。到 1949 年全国发电装机容量为 1 850MW，年发电量约 4.3TW·h。截至 2013 年年底，全国发电装机容量达到 12.5 亿 kW，年发电量达 4.8 万亿千瓦时，居世界第一位。

我国电力工业发展的基本方针是以科技创新为动力，以转变电力发展方式为主线，坚持节约优先，优先开发水电，优化发展煤电，大力发展核电，积极推进新能源发电，适度发展天然气集中发电，因地制宜发展分布式发电，促进绿色和谐发展。

在输电线路建设方面，1982 年 1 月我国第一条 500kV 线路（河南平顶山到武昌）投入运行以来，500kV 线路已成为各大电力系统的骨架。自行设计和建造的第一条 ±100kV 直流高压输电线路已于 1988 年投入运行，该线路从浙江镇海到舟山群岛，全长 53.lkm （海底电缆 11km）。自葛洲坝水电站到上海南桥的 ±500kV 高压直流输电线路已于 1989 年建成，全长 1 080km，将华中和华东两大系统连接起来。2005 年 9 月，我国第一个超高压 750kV 输变电工程（官厅至兰州东）正式投入运行，这是我国电力工业发展史上一个新的里程碑。750kV 输变电工程是当时国内电压等级最高的电网工程，也是西部大开发的又一项重点工程。2006 年 8 月 19 日，我国特高压试验示范工程 1 000kV 晋东南-南阳-荆门工程正式奠基。这是我国首个特高压交流试验示范工程，是我国能源发展的一次跨越。随着特高压试验示范工程的奠基，能源新格局初露端倪，全国范围内的能源资源高效配置成为可能。

全国电网连网与直流连网"背靠背"工程。

按照西电东送、南北互连、全国连网的方针，全国互连电网的基本格局是：全国将以三峡输电系统为主体，向东、西、南、北四个方向辐射，形成以北、中、南送电通道为主体，南北电网间多点互连，纵向通道联系较为紧密的全国互连电网格局。北、中、南三大片电网之间原则上采用直流背靠背或常规直流隔开，以控制交流同步电网的规模。

"十五"期间全国连网是以三峡工程为契机，并以三峡电站为中心，向东、西、南、北四个方向辐射，建设东、西、南、北四个方向的连网和送电线路，并在条件成熟的电网间实

现周边连网。除已建成的东北与华北连网工程、拟开工建设的福建与华东连网工程外，其他项目的实施顺序是华中与华北连网工程、华中与华东连网工程（三峡至华东第一回直流工程）、山东与华北连网工程（德州—沧州）、华中与南方连网工程（三峡至广东直流工程）、华中与川渝连网工程（通过三万线）、华中与西北连网工程、川渝与西北连网工程、山东与华北连网工程、山东与华东连网工程等。

截至 2013 年年底，全国电网 220 千伏及以上输电线路长度达 53.98 万千米。其中，交流输电线路 51.81 万千米，直流输电线路 2.17 万千米。变电设备容量达 26.23 亿千伏安。

我国的电力生产一直以火电为主，发电装机总量中火电占比一直在 70%以上，发电量中火电占比一直在 80%左右。近年来，随着风电、太阳能的发展，火电占比有所下降，装机容量占比从 2000 年的 74.4%下降至 2014 年的 71.5%；发电量占比从 2000 年的 81%下降至 2014 年的 78.6%。火电的绝大部分为燃煤火电，燃煤火电在火电装机中的占比在 95%左右。

随着新能源技术的发展，核电、风电、太阳能等新能源和可再生能源发电快速发展。我国 2015—2050 年发电装机容量构成预测见表 1-10。

表 1-10　我国 2015—2050 年发电装机容量构成预测（万千瓦）

	2015 年	2020 年	2050 年
总装机容量	149 000	200 000	380 000
火电（煤电/气电）	101 150（95 550/5 600）	124 650（11 650/6 000）	154 700（132 700/22 000）
水电	29 000	42 000	47 000
核电	4 000	5 800	34 000
风电	10 400	20 000	80 000
太阳能	2 100	5 000	60 000
其他	2 350	2 550	4 300
火电占比	67.9%	62.3%	40.7%
煤电占比	64.1%	58.3%	34.9%

小　结

本章讲述了电力系统的几个基本问题。

①电力系统的组成及接线。掌握电力网、电力系统和动力系统的构成。电力系统的接线图有两种，电力系统的电气接线图是用单线图表示的，地理接线图反映了各发电厂和变电所的相对地理位置以及电力线路的路径。电力系统的接线通常分为开式和闭式，开式包括放射式、干线式、链式，闭式包括两端供电网络和环式。闭式比开式供电的可靠性高。

②电力系统的负荷和负荷曲线。电力系统的负荷根据供电的可靠性分为三级，各级有不同的要求。负荷曲线反映了负荷随时间变化的规律。不同企业负荷变化规律不同。负荷曲线为发电厂制定发电规划、安排检修计划和工厂、企业进行供电设计提供依据。

③电力系统的电压等级和额定电压。电力系统的额定电压等级与输送容量、输送距离有关，输送容量越大、输送距离越远，则电压等级越高。我国电力系统额定电压等级有0.38/0.22、0.66/0.38、3、6、10、35、110、220、330、500、750kV。

电气设备的电压与线路的额定电压相同。发电机的额定电压比线路额定电压高 5%，变压器一次绕组额定电压有两种，如和线路连接则与线路额定电压相同。如直接与发电机连接，则与发电机额定电压相同。变压器二次侧额定电压根据配电半径不同有两种，长线路输电取线路额定电压 1.1 倍，短线路配电取线路额定电压的 1.05 倍。

④电力系统运行特点和要求。电力系统运行特点是电能不能大量存储、暂态过程短暂、电能与国民经济各部门和人民日常生活关系密切。运行要求是保证安全可靠供电、供电质量和提高经济性。

⑤电力系统中性点运行方式。我国电力系统中性点运行方式有三种，即中性点不接地系统、中性点直接接地系统和中性点经消弧绕组接地系统。为限制单相接地电容电流过大，引起电网中性点偏移，产生高压过电压，采用中性点经消弧绕组接地用电感电流进行补偿。补偿方式有完全补偿、欠补偿和过补偿，实际应用过补偿方式。

⑥柔性交流输电系统和直流输电。柔性交流输电系统用于电力系统潮流的灵活控制和系统传输能力的提高，是交流输电系统的发展方向。简要介绍了高压直流输电的优缺点和基本工作原理。高压直流输电在我国已大量应用。

思考题与习题

1-1　电力网、电力系统和动力系统的定义是什么？

1-2　电力系统接线图有几种？区别是什么？

1-3　电力系统的接线方式有几种？

1-4　电力系统运行特点和基本要求是什么？

1-5　如何评价电能质量？电能质量的三个指标是什么？

1-6　为什么要规定电力系统的电压等级？简述主要电压等级。

1-7　电力系统的各个元件（设备）的额定电压如何确定？

1-8　什么是电力系统的负荷曲线？最大负荷利用小时数的物理意义是什么？

1-9　某电力系统的典型日负荷曲线如图 1-29 所示，试计算日平均负荷和负荷率。

1-10　某一负荷的年持续负荷曲线如图 1-30 所示，试求最大负荷利用小时数 $T_{\max}$。

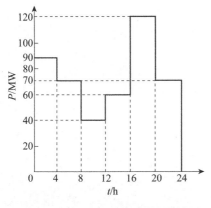
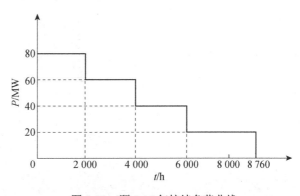

图 1-29　题 1-9 的日负荷曲线　　　图 1-30　题 1-10 年持续负荷曲线

1-11　我国电力系统的中性点接地方式主要有哪几种？各有什么特点？

1-12　消弧绕组有哪些作用？

1-13 中性点不接地系统发生金属性单相接地故障，各相对地电压有什么变化？

1-14 直流输电与交流输电相比有什么特点？

1-15 简述 FACTS 各种控制器的工作原理。

1-16 试确定图 1-31 所示的电力系统中发电机和变压器的额定电压（图中标示电力系统的额定电压）。

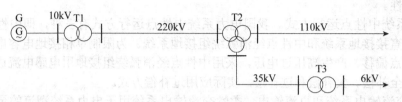

图 1-31 题 1-16 电力系统接线图

1-17 试求图 1-31 中各变压器的额定变比，当变压器 T1 运行于+5%抽头，T2 运行于主抽头，T3 运行于−2.5%抽头时，各变压器的实际变比是多少？

1-18 试确定图 1-32 所示的电力系统中变压器的额定电压（图中标示电力系统的额定电压）。

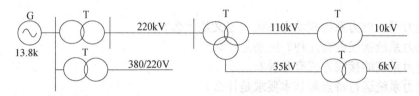

图 1-32 题 1-18 电力系统接线

第 2 章　电力系统元件的参数和等效电路

内容提要

本章将介绍电力系统的主要元件电力线路、变压器、发电机和负荷的电气参数和等效电路，然后介绍具有多个电压等级的电力网络形成等效电路的方法。电力系统等效电路的参数计算对于简单网络可以采用有名制，在复杂网络中应采用标幺制。在进行电力系统稳态分析计算时常采用精确计算，在电流系统故障分析计算时常采用近似计算。

本章讨论的电气元件的参数和等效电路是假设在电力系统正常运行时，系统三相结构和负荷都对称，系统中只有正序分量情况下得出的，因此可以称为正序参数和正序等效电路。

学习目标

1. 电力线路的参数和等效电路

①理解电力线路每相单位长度正序参数电阻、电抗、电导和电纳的物理意义。

②短线路用集中参数、串联阻抗表示，中长线路用Π型等效电路、集中参数表示，长线路采用Π型等效电路、分布参数表示。

③理解长线路运行特点，掌握线路自然功率的物理意义。

2. 电力网络的等效电路

等效电路的参数有用有名值表示和标幺值表示两种方法，采用有名值时对于多级等效电路，要归算到基本级上进行运算；对于采用标幺值则要归算到基准电抗标幺值上来计算。

3. 变压器的参数和等效电路

①掌握双绕组变压器的电阻、电导和电纳计算公式。

②掌握利用变压器额定数据或短路、空载数据计算变压器Γ型等效电路参数。

4. 电力网络的等效电路

①理解多级电压网络进行参数和变量计算的意义和方法。

②理解标幺制在高压电力系统网络计算中的优点，掌握各元件基准标幺值的计算，掌握近似计算和准确计算的标幺值阻抗的计算公式的运用。

2.1　电力线路的参数和等效电路

2.1.1　电力线路的结构

电力线路按结构分为架空线路和电缆线路。

1. 架空线路

架空线路由导线、避雷线、杆塔、绝缘子和金具等构成。

（1）架空线路的导线

导线是电力线路的主体，承担传输电能的作用，它架设在电杆上面要承受自重和各种外力作用，并要承受大气中各种有害物质的侵蚀，因此导线不但要有良好的导电性而且要具有一定的机械强度、耐腐蚀性和质轻价廉。导线材料有铜、铝和钢。铜导电性最好（电导率53MS/m）机械强度也高（380MPa），然而铜属于贵重金属应尽量节约，铝的导电性也比较好（电导率为32MS/m），但机械强度较差（160MPa），且有质轻价廉等优点，应尽量采用铝导线。钢的机械强度最高（1 200MPa），但导电性最差（7.52MS/m），且价廉，因此，在架空线上用钢导线作为避雷线，而且规定使用截面不能小于35mm²的镀锌钢绞线。

架空线路一般采用绞合的多股导线，多股绞线型号为"J"，铜绞线为"TJ"，铝绞线为"LJ"。其结构如图 2-1（c）所示，每股芯线截面相等时，多股导线安排是中心一股，由内向外第一层6股，第二层12股，第三层18股，以此类推。为加强多股导线机械强度将铝线和钢线组合制成钢芯铝绞线。将铝线绕在单股或多股钢线外层做主要载流部分，机械负荷由钢线和铝线共同承担。根据铝线和钢线部分面积的比值不同，机械强度则不同，因此，可以分成三类，见表2-1。

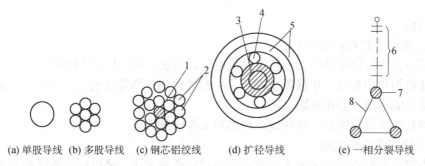

(a) 单股导线　(b) 多股导线　(c) 钢芯铝绞线　(d) 扩径导线　(e) 一相分裂导线

1—钢线；2—铝线；3—多股钢芯线；4—支撑层6股铝线；5—外层多股铝线；6—绝缘子串；
7—多股绞线；8—金属间隔棒

图 2-1　架空线路导线结构示意图

表 2-1　钢芯铝绞线分类

导线名称	型号	铝线和钢线部分截面的比值
普通型钢芯铝绞线	LGJ	5.2～6.1
加强型钢芯铝绞线	LGJJ	4.0～4.5
轻型钢芯铝绞线	LGJQ	7.6～8.3

为改善输电线路参数和减少电晕损耗，常采用特殊结构的导线，例如扩径导线和每相由多根多股标准导线构成的分裂导线等，如图 2-1（d）、（e）所示。

（2）架空线路的杆塔

杆塔是用来支承导线和避雷线，并使导线与导线之间、导线与杆塔之间、导线与避雷线之间以及导线与大地之间保持一定的安全距离（图 2-2）。杆塔按受力大小可分为直线杆塔、耐张杆塔、转角杆塔、终端杆塔和换位杆塔。按使用材料分为钢筋混凝土杆、木杆和铁塔。在木杆上装置横担，其作用是用来安装绝缘瓷瓶并固定导线。横担按材料分为木横担、铁横担和瓷横担等。

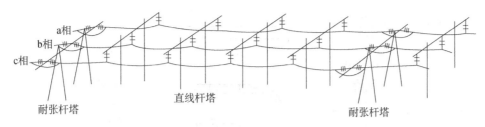

图 2-2　架空线路示意图

（3）架空线路的金具

架空线路使用的绝缘子有针式绝缘子和悬式绝缘子，如图 2-3 所示，针式绝缘子用在电压 35kV 级以下，35kV 级以上采用悬式绝缘子。线路的金具是用来连接导线安装横担和绝缘瓷瓶的一些金属部件。金具种类较多，常用的有安装针式绝缘子瓷瓶的铁脚，组装悬式绝缘瓷瓶串的球头挂环、碗头挂板、悬垂线夹和耐张线夹，组装蝶式绝缘瓷瓶的曲形拉板和穿芯螺钉，固定横担的 U 形包箍、垫座和调节拉线松紧的花篮螺钉等，如图 2-4 所示。

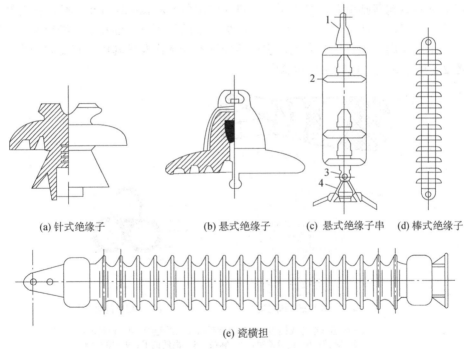

(a) 针式绝缘子　　(b) 悬式绝缘子　　(c) 悬式绝缘子串　(d) 棒式绝缘子

(e) 瓷横担

图 2-3　高压线路绝缘子

2. 电缆线路

电缆线路与架空线路相比，投资较大，敷设维修困难，但它运行可靠，一般埋地敷设时不占空间，而且电缆外皮具有良好保护作用。所以，在有些不宜架设架空线路的地方，如矿井井下，地面建筑物稠密以及酸碱化学腐蚀严重及易燃、易爆场所，多采用电缆线路。

电缆的导体通常采用多股铜绞线或铝绞线，以增加电缆的柔性，使之能在一定程度内弯曲而不变形，根据电缆中导体数目不同，可以分为单芯、三芯和四芯电缆。单芯电缆的导体截面是圆形的，三芯或四芯电缆的导体截面除圆形外，还有扇形的。

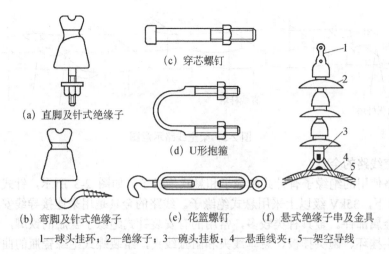

(c) 穿芯螺钉

(a) 直脚及针式绝缘子

(d) U形抱箍

(b) 弯脚及针式绝缘子

(e) 花篮螺钉　　(f) 悬式绝缘子串及金具

1—球头挂环；2—绝缘子；3—碗头挂板；4—悬垂线夹；5—架空导线

图 2-4　架空线路的金具

电缆的基本结构包括电芯、绝缘层、铅包（或铝包）和保护层几个部分。按芯数又可分为单芯、双芯、三芯及四芯等，按绝缘层和保护层不同又可分为油浸纸绝缘铅包（或铝包）电缆，橡胶绝缘电缆、塑料绝缘电缆，它包括聚氯乙烯绝缘及护套电缆和交联聚氯乙烯护套电缆。图 2-5 所示为电力电缆结构示意图。

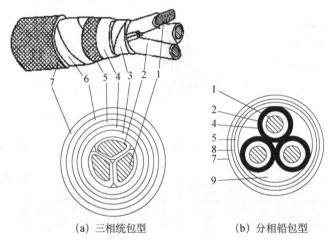

(a) 三相统包型　　　　　　　　(b) 分相铅包型

1—缆芯（铜芯或铝芯）；2—相绝缘；3—纸绝缘；4—铅包皮；
5—麻被；6—钢带铠甲；7—麻被；8—钢丝铠甲；9—填充物

图 2-5　电力电缆结构示意图

由于电力线路以架空线路为主，故以下主要讨论架空线路的参数和等效电路，并且只讨论以铜和铝为导体的电力线路。

2.1.2　电力线路的参数

电力线路的参数有四个，反映电力线路发热效应的电阻 R，反映线路磁效应的电抗 X，反映线路电场效应的电纳 B，反映电力线路的电晕现象和泄漏现象的电导。电力线路这些参数可认为是沿全长均匀分布的。下面介绍根据线路结构和导线材料确定线路的四个电气参数，并用电阻 r_1、电抗 x_1、电导 g_1、电容 b_1 来表示线路单位长度的正序参数。

1. 线路的电阻

有色金属导线的直流电阻按下式计算

$$r_1 = \frac{\rho}{S} \tag{2-1}$$

式中，r_1——导线单位长度的电阻，Ω/km；

　　　ρ——导线材料的电阻率，$\Omega \cdot mm^2/km$；

　　　S——导线载流部分的截面积，mm^2。

铜和铝的直流电阻率分别为 $28.5\Omega \cdot mm^2/km$ 和 $17.5\Omega \cdot mm^2/km$。铜和铝的交流电阻率略大于直流电阻率，分别为 $31.5\Omega \cdot mm^2/km$ 和 $18.8\Omega \cdot mm^2/km$。这是因为在实际计算时要考虑以下因素：

①导线通过三相交流电流时，由于集肤效应和邻近效应，交流电阻比直流电阻略大。

②由于多股绞线的扭绞，每股导线实际长度比导线长度增长 2%~3%。

③一般导线的实际截面积比导线型号中的标称截面略小。

在工程计算中，各种型号导线的电阻可以从有关手册（如《电力工程设计手册》等）中查到。按公式（2-1）计算所得或从手册查到的电阻值都是指温度在 20° 时的值。当计算精度要求较高时，可以根据实际温度按下式进行修正，即

$$r_t = r_{20} \left[1 + \alpha(t-20) \right] \tag{2-2}$$

式中，r_t、r_{20}——分别为 t（单位为℃）和 20℃时的电阻，Ω/km；

　　　α——电阻温度系数，对于铜，$\alpha=0.003\,82/℃$，铝为 $\alpha=0.003\,6/℃$。

2. 三相线路的电抗

线路电抗是由于交流电通过导线时，在导线周围及导线内产生交变磁场而产生的。如果线路的三相电抗相同，则每相导线单位长度的等效电抗可以用下式计算：

$$x_1 = 2\pi f \left(4.6 \lg \frac{D_m}{r} + 0.5\mu \right) \times 10^{-4} \tag{2-3}$$

式中，x_1——导线单位长度的正序电抗，Ω/km；

　　　r——导线外半径，mm；

　　　μ——导线材料的相对导磁系数，铜和铝的 $\mu=1$，钢的 $\mu=1$；

　　　D_m——三相导线间的几何平均距离，简称几何均距，mm。

几何均距与导线的具体布置方式有关，如图 2-6（a）所示，当三相导线间的距离分别为 D_{ab}、D_{bc}、D_{ca} 时，其几何均距 D_m 为

$$D_m = \sqrt[3]{D_{ab} D_{bc} D_{ca}} \tag{2-4}$$

如图 2-6（b）所示，若三相导线在杆塔上呈等边三角形布置，$D_m=D$，D 为等边三角形的边长。如图 2-6（c）所示，若呈水平布置，$D_m = \sqrt[3]{2D^3} = 1.26D$。

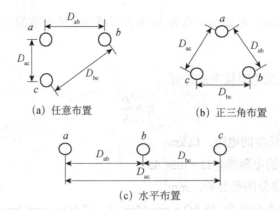

(a) 任意布置　　　　　　　(b) 正三角布置

(c) 水平布置

图 2-6　三相导线的布置方式

将 $f=50\text{Hz}$，$\mu=1$ 代入式（2-3），可得每相导线单位长度电抗的计算公式为

$$x_1 = 0.06238\ln\frac{D_m}{r} + 0.0157(\Omega/\text{km}) \tag{2-5}$$

写成常用对数形式为

$$x_1 = 0.14451\lg\frac{D_m}{r} + 0.0157(\Omega/\text{km}) \tag{2-6}$$

在高压及超高压架空线路上，为减小线路电晕损耗及线路电抗，以增加线路输送能力，常采用分裂导线。如图 2-7 所示，分裂导线是用几根型号相同的导线并联构成的复合导线，各根导线每隔一定长度用金具支撑固定。所用导线根数称为分裂数，一般不超过 4 根，布置在正多边形的顶点上，这样相当于等效地扩大了导线半径。分裂导线每相单位长度的电抗为

$$x_1 = 0.14451\lg\frac{D_m}{r_{eq}} + \frac{0.0157}{n} \tag{2-7}$$

式（2-27）中 n 为每相分裂数；r_{eq} 为分裂导线的等效半径，mm。

r_{eq} 用下式计算：

$$r_{eq} = \sqrt[n]{r\prod_{i=2}^{n}d_{1i}} \tag{2-8}$$

n 为分裂导线的分裂根数，$\prod$ 为连乘运算符号。d_{1i} 为一相分裂导线中第一根与第 i 根之间距离，$i=2$，3，4，…，n。

图 2-7　分裂导线的布置

对于二分裂导线，$r_{eq}=\sqrt{rd}$；对于三分裂导线，$r_{eq}=\sqrt[3]{rd^2}$；对于四分裂导线，$r_{eq}=\sqrt[4]{r\sqrt{2}d^3}=1.09\sqrt[4]{rd^3}$。显然分裂根数 n 越多，电抗 x_1 越小，不过 $n>3$ 以后，减小越不明显，因此一般只取 $n=2\sim4$。

在同杆架设双回或多回三相线路时，由于在导线中流过三相对称电流时各回路之间的互感磁通相对很小，因此，在工程计算中仍可以用公式（2-5）或式（2-7）计算各回路正序电抗。

电缆线路三相导线距离很近，导线截面有圆形和扇形，导线的绝缘介质不是空气，绝缘层外有铝包和铅包，最外层还有钢铠。结构复杂，因此电缆的参数计算较复杂，一般从设计手册上查取或实测。由于电缆截面尺寸很小，所以其单位长度电抗比架空线要小得多，如架空线单导线 $x_1=0.4\Omega/\mathrm{km}$，500kV 三分裂导线 $x_1=0.29\Omega/\mathrm{km}$。而 10.5kV 三芯电缆 $x_1\approx0.08\Omega/\mathrm{km}$，115kV 单相电缆 $x_1\approx0.18\Omega/\mathrm{km}$。

3. 电力线路的电导

线路电导是反映泄漏电流和电晕所引起的功率损耗的参数。对与 110kV 以下的架空线路，与电压有关的有功功率损耗主要是由绝缘子泄漏电流引起的，一般可以忽略不计。110kV 及以上的架空线路，与电压有关的有功功率损耗主要是电晕放电所造成的。

在三相电压对称时，如已知三相线路每公里的电晕有功功率损耗为 ΔP，则可以用下式计算每相等效的对地电导：

$$g_1 = \frac{\Delta P_0}{U^2} \times 10^{-3} \,(\mathrm{S/km}) \tag{2-9}$$

式中，ΔP_0——每公里的电晕有功功率损耗，kW；

U——线路电晕临界线电压，kV。

显然，电晕现象只在线路运行电压超过某一临界值时，才会发生，这一临界值称为电晕起始电压 U_{Cr}，其相电压值近似为：

$$U_{\mathrm{Cr}} = 49.3 m_1 m_2 \delta r \ln \frac{D_{\mathrm{m}}}{r} \,(\mathrm{kV}) \tag{2-10}$$

式中，m_1——导线表面的光滑系数，单股导线取 0.83～1，绞线取 0.83～0.87；

m_2——气象系数，为 0.81～1（晴天、干燥气候取 1）；

δ——空气相对密度，近似估算时取 1。

对于分裂导线线路，电晕临界相电压为：

$$U_{\mathrm{Cr}} = 49.3 m_1 m_2 \delta r f_{\mathrm{na}} \ln \frac{D_{\mathrm{m}}}{r} \,(\mathrm{kV}) \tag{2-11}$$

$$f_{\mathrm{na}} = \frac{n}{1 + 2(n-1)\dfrac{r}{d}\sin\dfrac{\pi}{n} r} \tag{2-12}$$

式中，d——分裂导线中相邻两根导线之间的距离，cm；

n——分裂导线数。

设计线路时，一般规定在正常气候下必须避免发生电晕。防止电晕的有效办法是增大导线半径，以减小导体表面的电场强度或者采用分裂导线。表 2-2 为避免发生电晕的导线和相应的导线型号。

表 2-2　避免发生电晕的导线最小直径和型号（海拔不超过 1 000m）

额定电压（kV）	110	220	330	
导线直径（mm）	9.6	21.28	33.2	2×21.28
对应导线型号	LGJ-50	LGJ-240	LGJ-600	LGJ-2×240

因为在线路设计时已避免在正常天气下产生电晕，故一般在电力系统计算时认为线路电导 $g_1=0$，当线路实际电压超过电晕临界电压时，可以通过实测的方法求取线路电导。

4. 线路的电纳

电力线路运行时，各相间及相对地间都存在着电位差，因而导线间以及导线与大地间必有电容存在，即存在着容性电纳。电纳的大小与相间距离、导线截面、杆塔结构等因素有关。如果三相线路电容相同时，每相导线的等效电容可用下式计算，即

$$C_1 = \frac{0.055\,6 \times 10^{-6}}{\ln \dfrac{D_m}{r}}\,(\text{F/km}) \tag{2-13}$$

用常用对数表示为

$$C_1 = \frac{0.241 \times 10^{-6}}{\lg \dfrac{D_m}{r}}\,(\text{F/km}) \tag{2-14}$$

当频率 $f=50\text{Hz}$，则单位长度的正序电纳为：

$$b_1 = 2\pi f C_1 = \frac{17.45}{\ln \dfrac{D_m}{r}} \times 10^{-6}\,(\text{S/km}) \tag{2-15}$$

用常用对数表示：

$$b_1 = 2\pi f C_1 = \frac{7.58}{\lg \dfrac{D_m}{r}} \times 10^{-6} \tag{2-16}$$

与电抗相似，架空线路电纳的变化范围不大，例如，110kV 电网，普通架空线路单位长度的电纳，对于分裂导线，仍可以用式（2-16）计算电纳，只是导线半径 r 用等效半径 r_{eq} 代替，等效半径 r_{eq} 增大，因此增大导线的电纳。

在同一杆架设多回三相线路中各回路各相导线之间都有部分电容耦合，所以分析复杂，但在三相电压对称时，影响较小，仍可用式（2-15）和式（2-16）计算电纳，误差不大。

具有避雷线的架空线路，各相导线与接地的避雷线之间均有部分电容，而部分电容受避雷线的影响都会发生变化。但在三相电压对称时，每相的正序电容和正序电纳变化很小，所以仍可以用式（2-15）和式（2-16）计算电纳。

关于电缆线路的电容，一般通过测量取得，或者从产品手册中查得典型数据。电缆的横向几何尺寸很小，绝缘的介电常数较大，所以电缆的电容比架空线路大得多。例如 110kV、截面 185mm^2 的电缆，$b_1 \approx 72 \times 10^{-6}\text{S/km}$，而普通架空线路 $b_1 \approx 2.58 \times 10^{-6}\text{S/km}$。

本小节介绍了架空线路的四个参数，现将计算公式汇总如下：

$$\begin{cases} r_1 = \dfrac{\rho}{S}\,(\Omega/\text{km}) \\[2mm] x_1 = 0.144\,5\lg \dfrac{D_m}{r} + 0.015\,7\,(\Omega/\text{km}) \\[2mm] g_1 = \dfrac{\Delta p_0}{U^2} \times 10^{-3} \approx 0 \\[2mm] b_1 = \dfrac{7.58}{\lg \dfrac{D_m}{r}} \times 10^{-6}\,(\text{S/km}) \end{cases} \tag{2-17}$$

四个参数中，$z_1 = r_1 + jx_1$ 为线路的串联阻抗，对电力线路的传输能力产生影响；$y_1 = g_1 + jb_1$ 为

线路并联导纳，表示一个无功功率源（即充电功率 $Q_{C1}=U^2b_1$）对电网运行特性产生的影响。

2.1.3　电力线路的等效电路

电力系统在正常运行时，三相电压和三相电流是对称的，因此，三相参数完全对称，在这种条件下，各相单位长度的线路都可以用等效阻抗 $z_1=r_1+\mathrm{j}x_1$ 和等效导纳 $y_1=g_1+\mathrm{j}b_1$ 表示。因此，电力线路只作为单相等效电路。电力线路的参数是均匀分布的，但对于中等长度以下的电力线路可按集中各参数考虑。

1. 线路稳态方程

电力线路参数沿线均匀分布，如图 2-8 所示，线路因任一处无限小长度 $\mathrm{d}x$ 内都有阻抗 $Z_1\mathrm{d}x$ 和 $Y_1\mathrm{d}x$。距线路末端 x 处的电压为 $\dot{U}$，电流为 $\dot{I}$，$x+\mathrm{d}x$ 处的电压为 $\dot{U}+\mathrm{d}\dot{U}$，电流为 $\dot{I}+\mathrm{d}\dot{I}$，$\mathrm{d}x$ 段的电压降为 $\mathrm{d}\dot{U}$，电流增量 $\mathrm{d}\dot{I}$ 可表示为

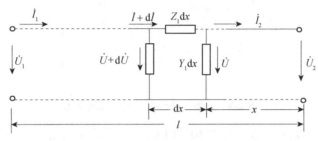

图 2-8　均匀分布参数线路的一相电路图

$$\begin{cases} \mathrm{d}\dot{I} = \dot{U}Y_1\mathrm{d}x \\ \mathrm{d}\dot{U} = \left(\dot{I}+\mathrm{d}\dot{I}\right)Z_1\mathrm{d}x \end{cases} \tag{2-18}$$

将式（2-18）对 x 求导数得稳态分布参数时的微分方程式为：

$$\begin{cases} \dfrac{\mathrm{d}^2\dot{I}}{\mathrm{d}x^2} = Y_1\dfrac{\mathrm{d}\dot{U}}{\mathrm{d}x} = Z_1Y_1\dot{I} = \gamma^2\dot{I} \\ \dfrac{\mathrm{d}^2\dot{U}}{\mathrm{d}x^2} = Z_1\dfrac{\mathrm{d}\dot{I}}{\mathrm{d}x} = Z_1Y_1\dot{U} = \gamma^2\dot{U} \end{cases} \tag{2-19}$$

式（2-19）中，$\gamma = \sqrt{Z_1Y_1} = \alpha + \mathrm{j}\beta$ 称为线路传播系数，α 称为衰减系数，β 称为相位系数。方程式（2-19）的解为：

$$\begin{cases} \dot{U} = \dot{U}_2\cosh\gamma x + \dot{I}_2 Z_{\mathrm{c}}\sinh\gamma x \\ \dot{I} = \dfrac{\dot{U}_2}{Z_{\mathrm{c}}}\sinh\gamma x + \dot{I}_2\cosh\gamma x \end{cases} \tag{2-20}$$

将式（2-21）取 $x=l$（l 为线路长度）得到线路首端电压和电流，并写成二端口网络的矩阵形式，即 ABCD 参数形式：

$$\begin{bmatrix} \dot{U}_1 \\ \dot{I}_1 \end{bmatrix} = \begin{bmatrix} \cosh\gamma l & Z_{\mathrm{c}}\sinh\gamma l \\ \dfrac{1}{Z_{\mathrm{c}}}\sinh\gamma l & \cosh\gamma l \end{bmatrix} \begin{bmatrix} \dot{U}_2 \\ \dot{I}_2 \end{bmatrix} \tag{2-21}$$

2. 线路的自然功率

如果令线路的 $g_1=0$，$r_1=0$，则得到一条无损耗线路。线路末端所接负荷等于波阻抗 $Z_c=\sqrt{L_1/C_1}$ 时，线路末端的功率为纯有功功率 $P_e=U_2^2/Z_c$，称为线路的自然功率。这时，沿线各点的电压和电流为：

$$\begin{cases} \dot{U}=\dot{U}_2e^{j\beta x} \\ \dot{I}=\dot{I}_2e^{j\beta x} \end{cases} \tag{2-22}$$

式（2-22）表明，全线的电压有效值相等，全线的电流有效值相等，而且同一点电压和电流同相位。即通过各点的无功功率为零。这说明线路单位长度中电感消耗的无功功恰等于接地电容发出的无功功率。线路各点电压的相位都不相同。从线路末端起每千米前移 β 弧度，如图 2-9（a）所示。

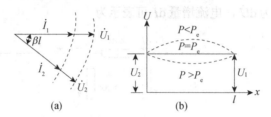

图 2-9　无损线路传输时电压电流变化

50Hz 的三相架空线路，$x_1b_1\approx1.1\times10^{-6}$（1/km²），所以 $\alpha=\sqrt{x_1b_1}\approx1.05\times10^{-3}$（rad/km）$\approx$ 0.06（deg/km），即每一百千米相位改变 6°。所以 50Hz 架空线的波长 $\lambda=2\pi/\beta\approx6\,000$km。线路长度与波长可比时，称为长线路。例如架空线长度为 500～600km。

如图 2-9（b）所示，设线路两端有电源，保持各端口电压不变，当输送功率大于自然功率时线路中间电压降低，线路两端都要输入无功功率；如输送功率小于自然功率，则线路两端电压升高，两端电源都要从线路吸取无功功率。线路长度越长，影响越大。对于短线路，影响较小，所以其输送功率一般都大于自然功率，而轻负荷时的线路中间电压上升不会超出允许范围。通常用自然功率衡量长距离输电线路的输电能力，220kV 及以上电压等级的架空线路的输电能力大致接近自然功率。远距离输电线路由于受稳定性限制，输电能力达不到自然功率，必须采取措施加以提高。表 2-3 列出了超高压架空线路的波阻抗和自然功率。

表 2-3　超高压架空线路的波阻抗和自然功率

额定电压（kV）	导线分裂数	Z_c（Ω）	P_e（MW，三相）
220	1	380	127
220	2	300	161
330	2	309	352
500	3	270	926
750	4	260	2163

3. 等效电路

在电力系统分析中通常只研究电力线路两端的电压和电流，因此可以把电力线路作为无源双端口网络来研究，如图 2-10 所示，用二端口网络的传输参数 A、B、C、D 表示为：

$$\begin{bmatrix} \dot{U}_1 \\ \dot{I}_1 \end{bmatrix} = \begin{bmatrix} A & B \\ C & D \end{bmatrix} \begin{bmatrix} \dot{U}_2 \\ \dot{I}_2 \end{bmatrix} \tag{2-23}$$

将式（2-23）与式（2-21）比较，可知：

$$\begin{cases} A = D = \cosh \gamma l \\ B = Z_c \sinh \gamma l \\ C = \dfrac{1}{Z_c} \sinh \gamma l \end{cases} \tag{2-24}$$

对这样的无源二端口网络，可以用 π 型或 T 型等效电路来代替，电力系统分析计算时用 π 型等效电路如图 2-11 所示。按图中的电路和参数可以推导出两端的电压、电流关系为：

$$\begin{cases} \dot{U}_1 = \left(1 + \dfrac{Z'Y'}{2}\right) \dot{U}_2 + Z' \dot{I}_2 \\ \dot{I}_1 = Y'\left(1 + \dfrac{Z'Y'}{2}\right) \dot{U}_2 + \left(1 + \dfrac{Z'Y'}{2}\right) \dot{I}_2 \end{cases} \tag{2-25}$$

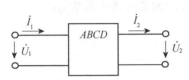

图 2-10　二端口网络表示输电线路

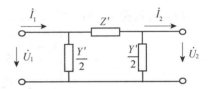

图 2-11　电力线路的等效电路

将式（2-25）与式（2-21）比较可得：

$$\begin{cases} 1 + \dfrac{Z'Y'}{2} = \cosh \gamma l \\ Z' = Z_c \sinh \gamma l \\ Y'\left(1 + \dfrac{Z'Y'}{2}\right) = \dfrac{\sinh \gamma l}{Z_c} \end{cases} \tag{2-26}$$

由式（2-26）可推导出：

$$\begin{cases} Z' = Z_c \sinh \gamma l = \dfrac{\sinh \gamma l}{\gamma l} Z_1 l = K_Z Z_1 l \\ \dfrac{Y'}{2} = \dfrac{(\cosh \gamma l - 1)}{Z_c \sinh \gamma l} = \dfrac{(\cosh \gamma l - 1)}{\gamma l \sinh \gamma l} \times \dfrac{Y_1 l}{2} = K_Y \dfrac{Y_1 l}{2} \\ K_Z = \dfrac{\sinh \gamma l}{\gamma l} \\ K_Y = \dfrac{(\cosh \gamma l - 1)}{\gamma l \sinh \gamma l} = \dfrac{\tanh(\gamma l / 2)}{\gamma l / 2} \end{cases} \tag{2-27}$$

式（2-27）表明，Π 型等效电路的串联阻抗 Z' 等于线路单位长度阻抗的总合（$Z_1 l$）乘以修正系数 K_Z，两端并联导纳（$Y'/2$）等于单位长度导纳总合的一半（$Y_1 l / 2$）乘以修正系数 K_Y。将双曲函数展开为级数为：

$$\begin{cases} \sinh \gamma l = \gamma l + \dfrac{(\gamma l)^3}{3!} + \dfrac{(\gamma l)^5}{5!} + \dfrac{(\gamma l)^7}{7!} \cdots \\ \tanh \dfrac{\gamma l}{2} = \dfrac{\gamma l}{2} - \dfrac{1}{3}\left(\dfrac{\gamma l}{2}\right)^3 + \dfrac{2}{15}\left(\dfrac{\gamma l}{2}\right)^5 - \dfrac{17}{315}\left(\dfrac{\gamma l}{2}\right)^7 + \cdots \end{cases} \tag{2-28}$$

对于不很长的线路，如长度小于 1 000km，$\gamma \approx j10^{-3}$（1/km），$|\gamma l| < 1$，级数收敛很快，只取前三项代入式（2-28）得修正系数为：

$$\begin{cases} K_Z \approx 1 + \dfrac{(\gamma l)^2}{6} = 1 + \dfrac{Z_1 Y_1}{6} l^2 \\ K_Y \approx 1 - \dfrac{(\gamma l)^2}{12} = 1 - \dfrac{Z_1 Y_1}{12} l^2 \end{cases} \tag{2-29}$$

为便于计算，可以将正序阻抗 Z_1 和正序导纳 Y_1 按虚部和实部展开得：

$$\begin{cases} Z' = K_Z(r_1 l + j x_1 l) = k_r r_1 l + j k_x x_1 l \\ \dfrac{Y'}{2} = K_Y\left(\dfrac{g_1 l}{2} + j\dfrac{b_1 l}{2}\right) = k_g \dfrac{g_1 l}{2} + j k_b \dfrac{b_1 l}{2} \end{cases} \tag{2-30}$$

将式（2-29）代入式（2-30）得出电阻、电抗、电导和导纳的实用修正系数为：

$$\begin{cases} k_r = 1 - \dfrac{l^2}{3} x_1 b_1 - \dfrac{l^2}{6} g_1 \left(\dfrac{x_1^2}{r_1} - r_1\right) \\ k_x = 1 - \dfrac{l^2}{6} b_1 \left(x_1 - \dfrac{r_1^2}{x_1}\right) + \dfrac{l^2}{3} r_1 g_1 \\ k_g = 1 + \dfrac{l^2}{6} x_1 b_1 + \dfrac{l^2}{12} r_1 \left(\dfrac{b_1^2}{g_1} - g_1\right) \\ k_b = 1 + \dfrac{l^2}{12} x_1 b_1 - \dfrac{l^2}{12} g_1 \left(2r_1 + g_1 \dfrac{x_1}{b_1}\right) \end{cases} \tag{2-31}$$

上述四个系数均为实数，计算方便，在电力系统分析中通常 $g_1 = 0$，$k_g = 0$，其他三个系数均为两项，计算更方便。在电力系统分析计算时，线路等效电路可以分为以下三种情况。

①当架空线路长度 $l < 100$km，称为短线路，电压 $U \leqslant 35$kV，由于电压不高，线路电导和电纳影响不大，此时 $g_1 \approx 0$，$b_1 l \approx 0$，由式（2-30）可知 $Y'/2 = 0$，$Z' = Z_1 l = r_1 l + j x_1 l$ 仅以串联阻抗表示。

②当架空线 100km $\leqslant l < 300$km 及电缆线 $l < 100$km 时称为中长线，电压为 $110 \sim 330$kV，由于电压较高，线路电纳一般不能忽略。可按集中参数计算，采用 π 型等效电路，取 $Y'/2 = j b_1 l/2$，$Z' = Z_1 l = r_1 l + j x_1 l$。

③当架空线 $l \geqslant 300$km 及电缆线 $l > 100$km 时称为长线，电压 $U \geqslant 330$kV。采用 π 型等效电路，可按式（2-27）精确计算或按式（2-31）近似计算。

【例题 2-1】有一条长度 600km 的 500kV 的架空线路，使用 LGJ—4×300 分裂导线，$r_1 = 0.026\,25\Omega$/km，$x_1 = 0.281\Omega$/km，$b_1 = 3.956 \times 10^{-6}$S/km，$g_1 = 0$。试计算该线路的自然功率和充电功率，并绘制该电力线路的等效电路。要求：①不考虑分布参数特性；②近似考虑分布参数特性；③精确计算分布参数特性。

解：计算该线路的自然功率和充电功率：

式中，ΔP_k——变压器额定短路功率损耗，kW；

$\quad\quad U_k\%$——变压器额定短路电压百分值；

$\quad\quad U_N$——变压器额定电压，kV；

$\quad\quad S_N$——变压器的额定容量，MVA。

2. 变压器的电导 G_T 和电纳 B_T

电导和电纳可以用下式计算：

$$\begin{cases} G_T = \dfrac{P_0}{1\,000U_N^2}(S) \\[3mm] B_T = \dfrac{I_0\%S_N}{100U_N^2}(S) \end{cases} \quad\quad (2\text{-}33)$$

式中，P_0——变压器额定空载功率损耗，kW；

$\quad\quad I_0\%$——变压器空载电流的百分值；

$\quad\quad U_N$——变压器额定电压，kV；

$\quad\quad S_N$——变压器的额定容量，MVA。

【例题 2-2】某变电所有一台型号为 SFL1—20000/110 的电力变压器，其铭牌数据为：额定容量为 $S_N=20\,000$kVA，额定变比 $K_T=U_{1N}/U_{2N}=110/11$kV。短路功率 $P_k=135$ kW，短路电压百分数 $U_k\%=10.5$，空载功率 $P_0=22$kW，空载电流百分值 $I_0\%=0.8$。求出折算到高压侧的等效电路。

解：利用公式（2-32）和公式（2-33）计算电力变压器的高压侧参数：

$$R_T = \frac{P_k U_{1N}^2}{1\,000S_N^2} = \frac{135}{1\,000} \times \frac{110^2}{20^2} = 4.084(\Omega)$$

$$X_T = \frac{U_k\% U_{1N}^2}{100S_N} = \frac{10.5}{100} \times \frac{110^2}{20} = 63.53(\Omega)$$

$$G_T = \frac{P_0}{1\,000U_{1N}^2} = \frac{22}{1\,000} \times \frac{1}{110^2} = 1.818 \times 10^{-6}(S)$$

$$B_T = \frac{I_0\%S_N}{100U_{1N}^2} = \frac{0.8}{100} \times \frac{20}{110^2} = 13.22 \times 10^{-6}(S)$$

$$Z_T = (4.084 + j63.53)(\Omega)$$

变压器等效电路如图 2-15 所示。

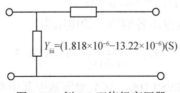

$$Y_{\text{iii}} = (1.818 \times 10^{-6} - 13.22 \times 10^{-6})(S)$$

图 2-15　例 2-2 双绕组变压器

2.2.2 三绕组变压器的参数和等效电路

1. 三绕组变压器的等效电路

正常运行的三绕组变压器的等效电路如图 2-16 所示。图中所有参数均为折算到一次侧的值。R_T、X_{T1} 为 1 侧绕组的电阻和漏电抗；R_{T2}、X_{T2} 和 R_{T3}、X_{T3} 分别为折算到 1 侧的 2 侧和 3 侧绕组的电阻和漏电抗。变比 $K_{12} = \dfrac{U_{1N}}{U_{2N}}$，$K_{13} = \dfrac{U_{1N}}{U_{3N}}$。励磁导纳 $Y_m = G_m - jB_m$。

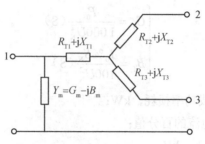

图 2-16 三绕组变压器等效电路

2. 三绕组变压器的参数计算

三绕组变压器的导纳 Y_m 用空载损耗 P_0 和空载电流 $I_0\%$ 计算，与双绕组变压器的导纳计算相同。

三侧绕组的电阻和等效漏电抗用短路试验数据计算，要做三次短路试验。三绕组变压器的三个绕组额定容量比按国家标准规定有 100/100/100，100/100/50，100/50/100 三类。

①容量比为 100/100/100。这类变压器高、中、低压绕组的额定容量都等于变压器的额定容量。这类变压器只作为升压变压器使用。通过三次短路试验可以分别得到对应的两侧绕组短路损耗为：

$$\begin{cases} P_{K(1-2)} = P_{K1} + P_{K2} \\ P_{K(1-3)} = P_{K1} + P_{K3} \\ P_{K(2-3)} = P_{K2} + P_{K3} \end{cases} \tag{2-34}$$

由式（2-34）解出每一侧绕组的短路损耗为：

$$\begin{cases} P_{K1} = \dfrac{1}{2}(P_{K(1-2)} + P_{K(1-3)} - P_{K(2-3)}) \\ P_{K2} = P_{K(1-2)} - P_{K1} \\ P_{K3} = P_{K(1-3)} - P_{K1} \end{cases} \tag{2-35}$$

仿照式（2-32）的推导过程可以得出各侧绕组的电阻为：

$$R_{T \cdot i} = \dfrac{P_{K \cdot i} U_N^2}{1\,000 S_N^2}, \quad i = 1,\ 2,\ 3 \tag{2-36}$$

②容量比 100/100/50 和 100/50/100。这类变压器因其中有一侧绕组的容量为额定容量的 50%，其额定电流为容量 100% 绕组额定电流的 1/2。而短路损耗是容量较小的一侧达到额定电流测得数值，因此应将测得的三个短路损耗折算到额定容量的短路损耗，然后再应用式（2-35）和式（2-36）计算。

对于容量比为 100/100/50，折算公式为：

$$\begin{cases} P_{K(1-2)} = P'_{K(1-2)} \\ P_{K(1-3)} = P'_{K(1-3)}\left(\dfrac{S_N}{S_{3N}}\right)^2 = 4P'_{K(1-3)} \\ P_{K(2-3)} = P'_{K(2-3)}\left(\dfrac{S_N}{S_{3N}}\right)^2 = 4P'_{K(2-3)} \end{cases} \tag{2-37}$$

同理，对于容量比为 100/50/100，折算公式为：

$$\begin{cases} P_{K(1-2)} = P'_{K(1-2)}\left(\dfrac{S_N}{S_{2N}}\right)^2 = 4P'_{K(1-2)} \\ P_{K(1-3)} = P'_{K(1-3)} \\ P_{K(2-3)} = P'_{K(2-3)}\left(\dfrac{S_N}{S_{2N}}\right)^2 = 4P'_{K(2-3)} \end{cases} \tag{2-38}$$

有时产品手册只提供一个短路损耗数据，称为最大短路损耗 $P_{K\cdot max}$，其为两个容量 100% 绕组流过额定电流 I_N 而另一绕组开路时的损耗。此时有：

$$\begin{cases} R_{(100\%)} = \dfrac{1}{2}\times\dfrac{P_{K\cdot max}U_N^2}{1\,000S_N^2} \\ R_{(非100\%)} = R_{(100\%)}\dfrac{S_N}{S_{iN}} \end{cases} \tag{2-39}$$

产品手册提供三绕组变压器短路电压百分值均已折算到额定电压，故可以仿照式（2-35）和式（2-36）计算。

$$\begin{cases} U_{K(1-2)}\% = U_{K1}\% + U_{K2}\% \\ U_{K(1-3)}\% = U_{K1}\% + U_{K3}\% \\ U_{K(2-3)}\% = U_{K2}\% + U_{K3}\% \end{cases} \tag{2-40}$$

$$\begin{cases} U_{K1}\% = \dfrac{1}{2}\left(U_{K(1-2)}\% + U_{K(1-3)}\% - U_{K(2-3)}\%\right) \\ U_{K2}\% = U_{K(1-2)}\% - U_{K1}\% \\ U_{K3}\% = U_{K(1-3)}\% - U_{K1}\% \end{cases} \tag{2-41}$$

$$X_{T\cdot i} = \dfrac{U_{K\cdot i}U_N^2}{100S_N}, \quad i = 1,2,3 \tag{2-42}$$

需要说明，三绕组变压器的漏电抗 X_{T1}，X_{T2}，X_{T3} 中，必有一个最小值，近似为零甚至是一个很小的负值。当为负值时并不意味为容抗，这只是数学上等效的结果，并无实际物理意义。当其对应于中间绕组时，它和相邻绕组的漏抗较小，而内外两绕组相距较远，漏抗较大，使前二者之和小于后者，出现负值。

【例题 2-3】型号为 SFPSL-120000/220 的三绕组变压器，额定电压为 220/121/11kV，额定容量为 120 000/120 000/60 000kVA，$P_{K(1-2)}$=601kW，$P'_{K(1-3)}$=182.5kW，$P'_{K(2-3)}$=132.5kW，$U_{K(1-2)}\%$=14.85，$U_{K(1-3)}\%$=28.25，$U_{K(2-3)}\%$=7.96，$I_0\%$=0.663 求折算到高压侧的变压器参数并作出等效电路。

解：①这是三个绕组容量比为 100/100/50 的三绕组变压器。首先进行短路损耗折算。

$$P_{K(1-2)} = P'_{K(1-2)} = 601(\text{kW})$$

$$P_{K(1-3)} = P'_{K(1-3)}\left(\frac{S_N}{S_{3N}}\right)^2 = 4P'_{K(1-3)} = 4 \times 182.5 = 730(\text{kW})$$

$$P_{K(2-3)} = P'_{K(2-3)}\left(\frac{S_N}{S_{3N}}\right)^2 = 4P'_{K(2-3)} = 4 \times 132.5 = 53$$

②计算各绕组电阻。

$$\begin{cases} P_{K1} = \frac{1}{2}\left(P_{K(1-2)} + P_{K(1-3)} - P_{K(2-3)}\right) = \frac{1}{2}(601 + 730 - 530) = 400.5(\text{kW}) \\ P_{K2} = P_{K(1-2)} - P_{K1} = 601 - 400.5 = 200.5(\text{kW}) \\ P_{K3} = P_{K(1-3)} - P_{K1} = 730 - 400.5 = 329.5(\text{kW}) \end{cases}$$

$$R_{T1} = \frac{P_{K1}U_{1N}^2}{1\,000S_N^2} = \frac{400.5}{1\,000} \times \frac{220^2}{120^2} = 1.346(\Omega)$$

$$R_{T2} = \frac{P_{K2}U_{1N}^2}{1\,000S_N^2} = \frac{200.5}{1\,000} \times \frac{220^2}{120^2} = 0.674(\Omega)$$

$$R_{T3} = \frac{P_{K3}U_{1N}^2}{1\,000S_N^2} = \frac{329.5}{1\,000} \times \frac{220^2}{120^2} = 1.107(\Omega)$$

③计算各绕组的电抗。

$$U_{K1}\% = \frac{1}{2}\left(U_{K(1-2)}\% + U_{K(1-3)}\% - U_{K(2-3)}\%\right) = \frac{1}{2}(14.8 + 28.25 - 7.96) = 17.57$$

$$U_{K2}\% = U_{K(1-2)}\% - U_{K1}\% = 14.8 - 17.57 = -2.77$$

$$U_{K3}\% = U_{K(1-3)}\% - U_{K1}\% = 28.25 - 17.57 = 10.68$$

$$X_{T1} = \frac{U_{K1}\%U_{1N}^2}{100S_N} = \frac{17.57 \times 220^2}{100 \times 120} = 70.87(\Omega)$$

$$X_{T2} = \frac{U_{K2}\%U_{1N}^2}{100S_N} = \frac{-2.77 \times 220^2}{100 \times 120} = -11.17(\Omega)$$

$$X_{T3} = \frac{U_{K3}\%U_{1N}^2}{100S_N} = \frac{10.68 \times 220^2}{100 \times 120} = 43.07(\Omega)$$

④计算变压器的导纳。

$$G_m = \frac{P_0}{1\,000} \times \frac{1}{U_{1N}^2} = \frac{135}{1\,000} \times \frac{1}{220^2} = 2.789 \times 10^{-6}(\text{S})$$

$$B_m = \frac{I_0\%}{100} \times \frac{S_N}{U_N^2} = \frac{0.663}{100} \times \frac{120}{220^2} = 1.644 \times 10^{-5}(\text{S})$$

$$Y_m = G_m - jB_m = (2.789 \times 10^{-6} - 1.644 \times 10^{-5}) \quad (\text{S})$$

⑤折算到高压侧 Γ 型等效电路如图 2-17 所示。

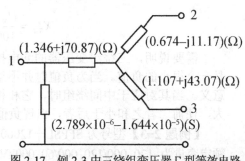

图 2-17　例 2-3 中三绕组变压器 Γ 型等效电路

2.2.3　自耦变压器的参数和等效电路

三绕组自耦变压器的等效电路和参数计算公式与普通变压器相同。自耦变压器高压、中压绕组接成星形（Y_0），为了消除由于铁芯饱和引起的三次谐波，常加上一个三角形接线的第三绕组作为低压负荷绕组。第三绕组在电气上是独立的，容量小。三个绕组容量比为 100/100/50 或 100/100/33.3。因此对短路试验数据要进行折算。在厂家给出的短路试验数据中，不仅短路损耗未折算，甚至短路电压百分数也未折算至额定容量。需要按下式折算：

$$\begin{cases} P_{K(1\text{-}3)} = P'_{K(1\text{-}3)} \left(\dfrac{S_N}{S_{N3}} \right)^2 \\[3mm] P_{K(2\text{-}3)} = P'_{K(2\text{-}3)} \left(\dfrac{S_N}{S_{N3}} \right)^2 \end{cases} \tag{2-43}$$

$$\begin{cases} U_{K(1-3)}\% = U'_{K(1-3)}\% \left(\dfrac{S_N}{S_{N3}} \right) \\[3mm] U_{K(2-3)}\% = U'_{K(2-3)}\% \left(\dfrac{S_N}{S_{N3}} \right) \end{cases} \tag{2-44}$$

式中 P'、U_K 为厂家提供的未折算的短路损耗和短路电压百分值；S_N、S_{N3} 为变压器的额定容量和第三绕组的额定容量。折算后，按普通三绕组变压器求参数计算公式便可求出其参数，并绘出其等效电路。

2.3　发电机的参数及等效电路

发电机是电力系统中的重要元件。发电机的运行特性复杂，这里只讨论发电机的参数和等效电路。

2.3.1　同步发电机稳态运行时的参数和等效电路

根据三相同步发电机的双反应理论，将发电机的电枢磁场分解为直轴电枢反应磁场和交轴电枢反应磁场。把发电机的电枢反应电动势、电枢电流、电枢反应电抗、同步电抗都分解为直轴分量和交轴分量。

①由电机学理论可知，对于隐极发电机的电压方程为

$$\dot{U} = \dot{E}_q - jX_q \dot{I} \tag{2-45}$$

式中，E_q 为同步发电机的交轴电枢反应电动势，X_q 为同步发电机的交轴同步电抗。

根据式（2-45）可以绘制等效电路如图 2-18（a）所示。

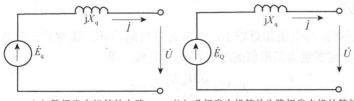

(a) 隐极发电机等效电路　　　(b) 凸极发电机等效为隐极发电机的等效电路

图 2-18　等效隐极发电机的等效电路

②由电机学理论可知，对于凸极发电机的电压方程为

$$\begin{cases} \dot{U} = \dot{E}_Q - jX_q\dot{I} \\ \dot{E}_Q = \dot{E}_q - j(X_d - X_q)\dot{I}_d \end{cases} \tag{2-46}$$

式中，E_Q 为同步发电机的虚构电动势，X_d 为同步发电机的直轴同步电抗，X_q 为同步发电机的交轴同步电抗。

根据式（2-46）可以绘制等效电路如图 2-18（b）所示。

2.3.2 同步发电机暂态运行时的参数和等效电路

1. 无阻尼绕组同步发电机的暂态参数和等效电路

根据电机学理论可知，无阻尼绕组同步发电机暂态电压方程为

$$\begin{cases} \dot{U} = \dot{E}' - jX_d'\dot{I} \\ \dot{E}' = \dot{E}_q' - j(X_q - X_d')\dot{I}_q \end{cases} \tag{2-47}$$

式中 $\dot{E}'$ 为发电机的暂态电动势，X_d' 为发电机的暂态同步电抗，$\dot{E}_q'$ 为发电机的交轴暂态电抗。

根据式（2-47）可以绘制出等效电路如图 2-19 所示。

2. 有阻尼绕组同步发电机的暂态参数和等效电路

根据电机学理论可知，有阻尼绕组同步发电机暂态电压方程为

$$\dot{U} = \dot{E}'' - jX_d''\dot{I}$$

式中，$\dot{E}''$ 为发电机的次暂态电动势，X_d'' 为发电机的次暂态同步电抗。根据上式可以绘制出等效电路如图 2-20 所示。

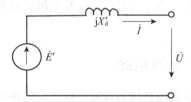
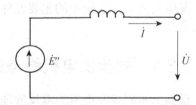

图 2-19　无阻尼绕组同步发电机的暂态等效电路　　图 2-20　有阻尼绕组同步发电机的暂态等效电路

2.3.3 同步发电机的电抗和电动势

通过上述对发电机的分析，可知不同类型同步发电机在各种运行状态下，等效电路的形式都是一样的，因此可以用统一的电压方程和等效电路表示。

1. 发电机的电抗

由于发电机定子绕组的电阻相对较小，一般可以忽略不计，通常只计算其电抗。制造厂家一般提供发电机额定容量为基准值的电抗百分值 $X_G\%$，即

$$X_G\% = \frac{\sqrt{3}I_N X_G}{U_N} \times 100 \tag{2-48}$$

由式（2-45）可得出发电机一相电抗值为：

$$X_G = \frac{X_G\%}{100} \times \frac{U_N}{\sqrt{3}I_N} = \frac{X_G\%}{100} \times \frac{U_N^2\cos\varphi}{P_N} \tag{2-49}$$

式中，U_N，P_N 分别为发电机的额定电压（kV）和额定有功功率（MW），$\cos\varphi_N$ 为发电机的额定功率因数。

2. 发电机的电动势和等效电路

$$\dot{E}_G = \dot{U}_G + j\dot{I}_G X_G \tag{2-50}$$

式中，$\dot{E}_G$、$\dot{U}_G$ 和 $\dot{I}_G$ 分别为发电机的相电动势（kV）、相电压（kV）、定子相电流（kA）。

由式（2-50）可以做出以电压源表示的等效电路，如图 2-21（a）所示。将式（2-50）两边除以 jX_G 后得：

$$\dot{I}_G = \frac{\dot{E}_G}{jX_G} - \frac{\dot{U}_G}{jX_G} \tag{2-51}$$

由式（2-51）可以做出以电流源表示的等效电路，如图 2-21（b）所示。

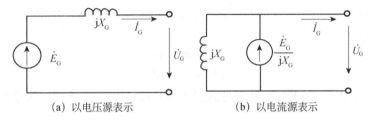

(a) 以电压源表示　　　　　　　(b) 以电流源表示

图 2-21　发电机的等效电路

2.3.4　负荷的功率、阻抗和导纳

1. 电力系统负荷的功率

负荷的一相复数功率为：

$$\begin{aligned}
\tilde{S} &= \dot{U}_L \overset{*}{I} = U_L e^{j\varphi_u} I_L e^{-j\varphi_i} = U_L I_L e^{j(\varphi_u - \varphi_i)} = S_L e^{j\varphi_L} \\
&= S_L(\cos\varphi_L + j\sin\varphi_L) = P_L + Q_L
\end{aligned} \tag{2-52}$$

式中，φ_L 为负荷的功率因数角，感性负荷时负荷电压超前负荷电流，故 $\varphi_L \geqslant 0$；当容性负荷时，负荷电压滞后负荷电流，故 $\varphi_L < 0$，$Q_L < 0$。

2. 负荷的阻抗和导纳

$$\begin{cases} P_L = I_L^2 R_L \\ Q_L = I_L^2 X_L \end{cases} \tag{2-53}$$

将 $S_L = U_L I_L$，$I_L = S_L/U_L$ 代入式（2-52）可得：

$$\begin{cases} R_L = \dfrac{U_L^2}{S_L^2} P_L \\[2mm] X_L = \dfrac{U_L^2}{S_L^2} Q_L \end{cases} \tag{2-54}$$

根据式（2-54）可以做出以阻抗表示的感性负荷的等效电路，如图 2-22（a）所示。

由于 $\dot{I}_L = \dfrac{\overset{*}{S}_L}{\overset{*}{U}_L} = \dot{U}_L Y_L$

于是可得感性负荷的导纳计算公式为：

$$Y_L = \frac{\overset{*}{S}_L}{\overset{*}{U}_L \dot{U}_L} = \frac{S_L}{U_L^2}(\cos\varphi_L - \sin\varphi_L) = \frac{1}{U_L^2}(P_L - jX_L) = (G_L - jB_L)$$

故
$$\begin{cases} G_L = \dfrac{S_L}{U_L^2}\cos\varphi_L = \dfrac{P_L}{U_L^2} \\ B_L = \dfrac{S_L}{U_L^2}\sin\varphi_L = \dfrac{Q_L}{U_L^2} \end{cases} \tag{2-55}$$

根据式（2-55）可做出以导纳表示的感性负荷等效电路，如图 2-22（b）所示。对于容性负荷，由于相电压滞后相电流的相位角为 φ_L，仿照推导感性负荷可推导出容性负荷的阻抗和导纳表示式为：

$$\begin{cases} Z_L = R_L - jX_L \\ Y_L = G_L + jB_L \end{cases} \tag{2-56}$$

式（2-56）中 R_L、X_L、C_L 和 B_L 的表达式同式（2-54）和式（2-55）。其等效电路如图 2-22 和图 2-23 所示。

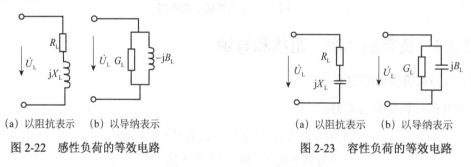

（a）以阻抗表示　（b）以导纳表示　　　　　　　（a）以阻抗表示　（b）以导纳表示

图 2-22　感性负荷的等效电路　　　　　　图 2-23　容性负荷的等效电路

2.4　电力系统的等效电路

本节讨论多电压等级网络的等效电路和参数归算，还介绍标幺制和电力系统等效电路的参数标幺值的计算方法。

2.4.1　多级电压电力网有名制等效电路

电力系统计算时，采用有单位的阻抗、导纳、电压、电流和功率等进行计算的方法称为有名制。在多电压等级的电力网络等效电路中，各元件的参数、各节点电压和各支路电流均要求归算到某一指定的电压等级，该指定的电压等级称为基本级。基本级可任意选取，一般可以选元件数较多的电压等级作为基本级，而基本级的参数不须归算，这样可以减少归算量。

归算的原理是根据变压器参数归算原理，即归算前后功率保持不变。所以归算时功率不需要归算。有名制归算按下式计算：

$$\begin{cases} Z = Z'(k_1 k_2 k_3 \cdots k_n)^2 \\ Y = Y' / (k_1 k_2 k_3 \cdots k_n)^2 \\ U = U'(k_1 k_2 k_3 \cdots k_n) \\ I = I' / (k_1 k_2 k_3 \cdots k_n) \end{cases} \tag{2-57}$$

式中，k_1、k_2、$k_3 \cdots k_n$ 为变压器的变比；Z'、Y'、U'、I'为归算前有名值，Z、Y、U、I 为归算后有名值。如图 2-25 和图 2-26 为一简单多级电压电力网电气接线图和等效电路。取 220kV 为基本级，则 35kV 电压级线路的阻抗、始端电压和电流及导纳的归算值为：

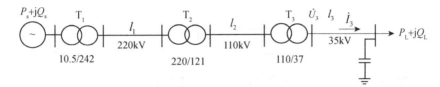

图 2-25　电力网络接线

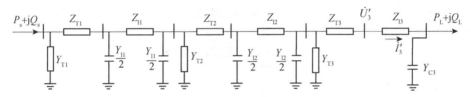

图 2-26　等效电路

$$\begin{cases} Z'_{13} = Z_{13}\left(k_2 k_3\right)^2 \\ U'_3 = U_3\left(k_2 k_3\right) \\ I'_3 = I_3 / \left(k_2 k_3\right) \\ Y'_c = Y_c / \left(k_2 k_3\right)^2 \end{cases} \tag{2-58}$$

式中变压器 T_2 的变比为 $k_2 = 220/121$，变压器 T_3 的变比为 $k_3 = 110/37$。应当指出，在归算时要用变压器的实际变比，如在变压器高压侧某一分接头处运行，则要用该分接头的空载电压计算。因此当某些变压器分接头改变时，等效电路中有关的一批参数要重新归算。

【**例题 2-4**】电力系统接线图如图 2-27（a）所示。图中各元件技术数据如表 2-4 所示。其中变压器的高压侧接在-2.5%分接头上，其他变压器均接在主接头运行，并且 35kV 和 10kV 线路的并联导纳可忽略不计，图中负荷均用三相功率表示。要求绘制归算至 220kV 电力系统的等效电路。

表 2-4　各元件技术数据

名称	符号	容量（kVA）	电压（kV）	U_K%	P_K（kW）	I_0%	P_0（kW）	备注
变压器	T_1	180	13.8/242	13	893	0.5	175	
变压器	T_2	63	110/10.5	10.5	280	0.61	60	

续表

名称	符号	容量（kVA）	电压（kV）	U_K%	P_K（kW）	I_0%	P_0（kW）	备注
自耦变压器	T_3	120	220/121/38.5	9.6（高-中） 35（高-低） 23（中-低）	448（高-中） 1 652（高-低） 1 512（中-低）	0.35	89	

名称	符号	额定电压（kV）	电阻（Ω/km）	电抗（Ω/km）	电纳（S/km）	线路长度（km）
架空线	l_1	220	0.08	0.405	2.80×10^{-6}	150
架空线	l_2	110	0.105	0.383	2.98×10^{-6}	60
电缆线	l_3	10	0.45	0.08		
架空线	l_4	35	0.17	0.38		

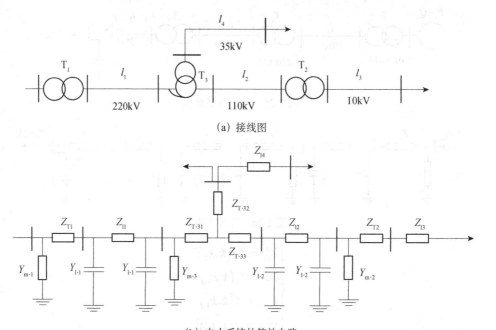

（a）接线图

（b）电力系统的等效电路

图 2-27 例 2-4 电力系统接线与等效电路

解：电力系统的等效电路如图 2-27（b）所示。各元件参数计算如下。

①变压器 T_1 的参数归算到 220kV 侧：

$$R_{T \cdot 1} = \frac{P_K U_{1N}^2}{1\,000 S_N^2} = \frac{893}{1\,000} \times \frac{242^2}{180^2} = 1.614(\Omega)$$

$$X_{T \cdot 1} = \frac{U_K \% U_{1N}^2}{100 S_N} = \frac{13}{100} \times \frac{242^2}{180} = 42.3(\Omega)$$

$$G_{T \cdot 1} = \frac{P_0}{1\,000 U_{1N}^2} = \frac{175}{1\,000} \times \frac{1}{242^2} = 2.99 \times 10^{-6}(S)$$

$$B_{T \cdot 1} = \frac{I_0 \% S_N}{100 U_{1N}^2} = \frac{0.5}{100} \times \frac{180}{242^2} = 15.37 \times 10^{-6}(S)$$

$$Z_{\text{T}\cdot1} = (1.614 + j42.3)\quad (\Omega)$$

$$Y_{\text{m}\cdot1} = G_{\text{m}\cdot1} - jB_{\text{m}\cdot1} = (2.99 - j15.37) \times 10^{-6}$$

②220kV 线路 l_1 的参数：

$$Z_{l1} = (r + jx_1)\,l_1 = (0.08 + j0.46) \times 150 = (12 + j60.9)\quad (\Omega)$$

$$Y_{l1} = jb_1 l_1 / 2 = j2.81 \times 10^{-6} \times 150 / 2 = j2.11 \times 10^{-6}(\text{S})$$

③自耦变压器 T_3 的参数。

计算各绕组电阻：

$$\begin{cases} P_{\text{K1}} = \dfrac{1}{2}\left(P_{\text{K(1-2)}} + P_{\text{K(1-3)}} - P_{\text{K(2-3)}}\right) = \dfrac{1}{2}(448 + 1\,625 - 1\,512\,294) = 294(\text{kW}) \\[2mm] P_{\text{K2}} = P_{\text{K(1-2)}} - P_{\text{K1}} = 448 - 294 = 154(\text{kW}) \\[2mm] P_{\text{K3}} = P_{\text{K(2-3)}} - P_{\text{K2}} = 1\,512 - 154 = 1\,358(\text{kW}) \end{cases}$$

$$R_{\text{T31}} = \frac{P_{\text{K1}}U_{1\text{N}}^2}{1\,000 S_{\text{N}}^2} = \frac{294}{1\,000} \times \frac{220^2}{120^2} = 0.988(\Omega)$$

$$R_{\text{T32}} = \frac{P_{\text{K2}}U_{1\text{N}}^2}{1\,000 S_{\text{N}}^2} = \frac{154}{1\,000} \times \frac{220^2}{120^2} = 0.517(\Omega)$$

$$R_{\text{T33}} = \frac{P_{\text{K3}}U_{1\text{N}}^2}{1\,000 S_{\text{N}}^2} = \frac{1\,358}{1\,000} \times \frac{220^2}{120^2} = 4.56(\Omega)$$

计算各绕组的电抗：

$$U_{\text{K1}}\% = \frac{1}{2}\left(U_{\text{K(1-2)}}\% + U_{\text{K(1-3)}}\% - U_{\text{K(2-3)}}\%\right) = \frac{1}{2}(9.6 + 35 - 23) = 10.8$$

$$U_{\text{K2}}\% = U_{\text{K(1-2)}}\% - U_{\text{K1}}\% = 9.6 - 10.8 = -1.2$$

$$U_{\text{K3}}\% = U_{\text{K(1-3)}}\% - U_{\text{K1}}\% = 23 - (-1.2) = 24.2$$

$$X_{\text{T31}} = \frac{U_{\text{K1}}\% U_{1\text{N}}^2}{100 S_{\text{N}}} = \frac{10.8 \times 220^2}{100 \times 120} = 0.108 \times 403.3 = 43.6(\Omega)$$

$$X_{\text{T32}} = \frac{U_{\text{K2}}\% U_{1\text{N}}^2}{100 S_{\text{N}}} = \frac{-1.2 \times 220^2}{100 \times 120} = -4.84(\Omega)$$

$$X_{\text{T33}} = \frac{U_{\text{K3}}\% U_{1\text{N}}^2}{100 S_{\text{N}}} = \frac{24.2 \times 220^2}{100 \times 120} = 97.6(\Omega)$$

$$Z_{\text{T}\cdot31} = R_{\text{T}\cdot31} + jX_{\text{T}\cdot31} = (0.988 + j43.6)(\Omega)$$

$$Z_{\text{T}\cdot32} = R_{\text{T}\cdot32} + jX_{\text{T}\cdot32} = (0.517 - j4.84)(\Omega)$$

$$Z_{\text{T}\cdot33} = R_{\text{T}\cdot33} + jX_{\text{T}\cdot33} = (4.56 + j97.6)(\Omega)$$

计算变压器的导纳：

$$G_{\text{m}} = \frac{P_0}{1\,000} \times \frac{1}{U_{1\text{N}}^2} = \frac{89}{1\,000} \times \frac{1}{220^2} = 1.84 \times 10^{-6}(\text{S})$$

$$B_{\text{m}} = \frac{I_0\%}{100} \times \frac{S_{\text{N}}}{U_{\text{N}}^2} = \frac{0.35}{100} \times \frac{120}{220^2} = 8.68 \times 10^{-6}(\text{S})$$

$$Y_{\text{m}\cdot2} = G_{\text{m}} - jB_{\text{m}} = (1.84 \times 10^{-6} - j8.68 \times 10^{-6})(\text{S})$$

实际变比：

$$k_{12} = \frac{220(1-0.025)}{121} = \frac{214.5}{121}$$

$$k_{13} = \frac{214.5}{38.5} = 5.571$$

③110kV 线路的参数。

$$Z_{12} = (0.105 + j0.383) \times 60 \times \left(\frac{214.5}{121}\right)^2 = (19.8 + j72.2)(\Omega)$$

$$Y_{12} = j\frac{b_{12}l}{2} = j2.98 \times 10^{-6} \times \frac{60}{2}\left(\frac{121}{214.5}\right)^2 = j2.84 \times 10^{-5}(S)$$

变压器 T_2 的参数：

$$R_{T\cdot2} = \frac{280}{1000} \times \frac{110^2}{63^2}\left(\frac{214.5}{121}\right)^2 = 2.68(\Omega)$$

$$X_{T\cdot2} = \frac{10.5}{100} \times \frac{110^2}{63}\left(\frac{214.5}{121}\right)^2 = 63.4(\Omega)$$

$$G_{T\cdot2} = \frac{60}{1000} \times \frac{1}{110^2}\left(\frac{121}{214.5}\right)^2 = 1.58 \times 10^{-6}(S)$$

$$B_{T\cdot2} = \frac{0.61}{100} \times \frac{63}{110^2}\left(\frac{121}{214.5}\right)^2 = 10.1 \times 10^{-6}(S)$$

$$Y_{m\cdot2} = (1.58 + j10.1) \times 10^{-6}(S)$$

④10kV 线路 l_3 参数。

$$Z_{13} = (0.45 + j0.08) \times 2.5 \times \left(\frac{214.5}{121} \times \frac{110}{10.5}\right)^2 = (388 + j69)(\Omega)$$

⑤35kV 线路 l_4 参数。

$$Z_{14} = (0.17 + j0.38) \times 13 \times \left(\frac{214.5}{38.5}\right)^2 = (68.6 + j153.3)(\Omega)$$

2.4.2 三相标幺制

1. 标幺值的定义

在电力系统计算时，功率、电流、电压和阻抗可以用有名单位制计算，也可以用没有量纲的相对值计算。没有量纲的标幺值系统称为标幺制。标幺值的定义如下：

$$标幺值 = \frac{有名值（任意单位）}{基准值（与有名值同单位）}$$

对同一物理量，当所采用的基准值不同时，其标幺值也不同。因此，对一个物理量的标幺值必须说明它的基准值是什么。

2. 基准值的选取

在电力系统计算中，涉及的主要参数有电压、电流、功率、阻抗、导纳五种物理量，因此需要指定五个基准值，即相电压 $U_{ph\cdot B}$、相电流 $I_{ph\cdot B}$、单相功率 $S_{ph\cdot B}$、阻抗 Z_B 和导纳

Y_B。五个基准值必须满足如下关系：

$$\begin{cases} S_{ph\cdot B} = U_{ph\cdot B} I_{ph\cdot B} \\ U_{ph\cdot B} = I_{ph\cdot B} Z_B \\ Y_B = \dfrac{1}{Z_B} \end{cases} \tag{2-59}$$

对于三相电力系统还要指定三相功率基准值 S_B 和线电压基准值 U_B。并且要满足如下关系式：

$$\begin{cases} S_B = 3S_{ph\cdot B} \\ U_B = \sqrt{3} U_{ph\cdot B} \end{cases} \tag{2-60}$$

上述共有 7 个基准值，5 个约束方程，所以只有任意两个基准值可选。通常选择三相功率 S_B 和线电压 U_B 作为基准值。将式（2-59）代入式（2-60）得：

$$\begin{cases} S_B = 3U_{ph\cdot B} I_{ph\cdot B} = \sqrt{3} U_B I_B \\ U_B = \sqrt{3} I_B Z_B \end{cases} \tag{2-61}$$

由此可得：

$$\begin{cases} I_B = \dfrac{S_B}{\sqrt{3} U_B} \\ Z_B = \dfrac{U_B}{\sqrt{3} I_B} = \dfrac{U_B^2}{S_B} \\ Y_B = \dfrac{1}{Z_B} = \dfrac{S_B}{U_B^2} \end{cases} \tag{2-62}$$

上式中三相功率基准值 S_B 通常选取 100MVA 或 100MVA，线电压基准值 U_B 宜选取额定电压 U_N 或平均额定电压 $U_{av\cdot N}$。在实际计算中通常选取 $U_B = U_{av\cdot N}$。我国常用的各电压等级平均额定电压见表 2-5。

表 2-5　我国常用的各电压等级平均额定电压

电网额定电压（kV）	0.22	0.38	3	6	10	35	110	220	330	500
平均额定电压（kV）	0.23	0.4	3.15	6.3	10.5	37	115	230	345	525

电力系统中某些元件如发电机、变压器等常用三相额定容量 S_N 和额定线电压 U_N 为基准的标幺值表示，如果在电力系统计算中选取的基准容量 S_B 和基准电压 U_B 与 U_N、S_N 不同，则原标幺值要换算为新基准标幺值。换算方法是先求出有名值，然后再求新标幺值。设原额定标幺值为 $Z_{*(N)}$，则以 S_B、U_B 为基准的标幺值为

$$Z_{*(B)} = \left(Z_{*(N)} \dfrac{U_N^2}{S_N} \right) \left(\dfrac{S_B}{U_B^2} \right) \tag{2-63}$$

在近似计算时，取 $U_B = U_{av\cdot N}$，$U_N = U_{av\cdot N}$，则换算公式为

$$Z_{*(B)} = Z_{*(N)} \left(\dfrac{S_B}{S_N} \right) \tag{2-64}$$

3. 各元件电抗标幺值的计算

（1）发电机

通常已知发电机的额定功率、额定功率因数、额定电压和以额定值为基准的电抗百分 $X_G\%$ 值，统一基准电抗标幺值 X_{G*} 用下式计算：

$$\begin{cases} X_{G*} = \dfrac{X_G\%}{100} \times \dfrac{U_{GN}^2}{S_{GN}} \times \dfrac{S_B}{U_B^2} \\ S_{GN} = P_{GN}\cos\varphi_N \end{cases} \tag{2-65}$$

（2）变压器

通常已知变压器的额定功率、额定电压和以额定值为基准的短路电压百分值 $U_K\%$，统一基准电抗标幺值 X_{T*} 用下式计算：

$$X_{T*} = \dfrac{U_K\%}{100} \times \dfrac{U_{GN}^2}{S_{GN}} \times \dfrac{S_B}{U_B^2} \tag{2-66}$$

（3）电抗器

通常已知电抗器的额定电压、额定电流和以额定值为基准的电抗百分值 $U_R\%$，统一基准电抗标幺值 X_{R*} 用下式计算：

$$X_{R*} = \dfrac{X_R\%}{100} \times \dfrac{U_{R\cdot N}}{\sqrt{3}I_{R\cdot N}} \times \dfrac{S_B}{U_B^2} \tag{2-67}$$

（4）电力线路

通常已知线路的额定电压、单位长度的正序电抗 x_1 和线路长度 l，统一基准电抗标幺值 X_{l*} 用下式计算：

$$X_{l*} = x_1 l \times \dfrac{S_B}{U_B^2} \tag{2-68}$$

4. 用标幺值表示的公式

在电力系统计算中用有名值表示的公式都可以用标幺值表示。用标幺值表示这些公式时，可以直接由有名值表示的公式推导得出。如用有名值表示的回路电压方程：$\dot{E}_{ph} = \dot{U}_{ph} + \dot{I}_1 Z_1$，用 $U_{ph\cdot B} = I_B Z_B$ 除方程两边得

$$\dot{E}_{ph\cdot *} = \dfrac{\dot{E}_{ph}}{U_{ph\cdot B}} = \dfrac{\dot{U}_{ph}}{U_{ph\cdot B}} + \dfrac{\dot{I}_1 Z_1}{I_B Z_B} = \dot{U}_{ph*} + \dot{I}_{1*} Z_{1*} \tag{2-69}$$

其他常用公式列于表 2-6 中，读者可以推导证明。

表 2-6　其他常用公式

公式名称	有名值	标幺值
阻抗压降	$\dot{U}_1 - \dot{U}_2 = \sqrt{3}\dot{I}\dot{U}$	$\dot{U}_{1*} - \dot{U}_{2*} = \dot{I}_*\dot{U}_*$
功率表达式	$\tilde{S} = \sqrt{3}\dot{U}\overset{*}{\dot{I}}$	$\tilde{S}_* = \dot{U}_*\overset{*}{\dot{I}}_*$
接地导纳中的功率	$\tilde{S}_Y = U^2\overset{*}{\dot{Y}}$	$\tilde{S}_{Y*} = U^2\overset{*}{\dot{Y}}_*$
阻抗中的功率损耗	$\Delta\tilde{S} = \dfrac{P^2 + Q_2}{U^2}Z$	$\Delta\tilde{S}_* = \dfrac{P_*^2 + Q_*^2}{U_*^2}Z_*$

5. 标幺制的特点

经过长期实践，人们总结出在电力系统计算中应采用不归算的标幺值等效电路。标幺值计算的优点如下。

①易于比较电力系统各元件的特性和参数。如对同一类型电机，尽管它们容量不同，参数的有名值不同，但是换成以各自的额定功率和额定电压为基准的标幺值以后，参数有一定范围。如隐极同步发电机 $X_d=X_q=1.5\sim2$，凸极同步发电机的 $X_d=0.7\sim1.0$，同一类型电机用标幺值绘出的空载特性基本一样。

②能简化计算公式。交流电路中，用标幺值表示的公式如：三相电压、电流、功率、阻抗与单相电压、电流、功率、阻抗的计算公式相同，线电压与相电压的标幺值相等，三相功率与单相功率的标幺值相等。

如选取额定频率 f_N 和额定角速度 $\omega_N=2\pi f_N$ 作为基准值，$f_*=f/f_N$，$\omega_*=\omega/\omega_N=f_*$，用标幺值表示的电抗、磁链和电动势分别为 $X_*=\omega_*L_*$，$\psi_*=I_*L_*$，$E_*=\omega_*\psi_*$。当频率为额定频率时 $\omega_*=f_*=1$，则 $X_*=L_*$，$\psi_*=I_*X_*$，$E_*=\psi_*$。可见计算公式简化了。

③采用标幺值能在一定程度上简化计算。只要基准值选取恰当，许多物理量的标幺值就在一定范围内，用有名值表示不相等的量，在标幺值中却相等。如运行电压与额定电压偏差很小，电压的标幺值 $U_*=1$。此时一些与电压有关的量的标幺值计算公式可以简化。如

$$I_*=1/Z_*=Y_*,\quad S_*=1\times I_*$$

标幺制的缺点主要是没有量纲，因而其物理概念不如有名值明确。

2.4.3 多级电压电力网的标幺值等效电路

1. 多电压级电力网等效电路参数的归算

对于单一电压级的电力网等效电路中各元件参数的标幺值的计算方法是将各个参数的有名值除以相应的基准值求得。多电压等级的等效电路各元件的参数的标幺值计算比较复杂，有多种计算方法。

①将各电压级元件的参数的有名值归算到基本级，在基本级选取统一的基准功率 S_B 和基准电压 U_B，求取标幺值为：

$$\begin{cases} Z_* = \dfrac{Z'}{Z_B} = Z'\dfrac{S_B}{U_B^2} \\[2mm] Y_* = \dfrac{Y'}{Y_B} = Y'\dfrac{U_B^2}{S_B} \\[2mm] U_* = \dfrac{U'}{U_B} \\[2mm] I_* = \dfrac{I'}{I_B} \times \dfrac{\sqrt{3}U_B}{S_B} \end{cases} \tag{2-70}$$

式中，Z'、Y'、U'、I' 为按变压器的实际变比归算至基本级的有名值。Z_B、Y_B、I_B 为与基本级

相对应的各基本值。

②在基本级选取基准功率和基准电压，将基准电压归算到各个电压级，然后在各个电压级将有名值换算成标幺值。计算公式如下：

$$\begin{cases} Z_* = \dfrac{Z}{Z'_B} = Z\dfrac{S_B}{U'^2_B} \\[3mm] Y_* = \dfrac{Y}{Y'_B} = Y\dfrac{U'^2_B}{S_B} \\[3mm] U_* = \dfrac{U}{U'_B} \\[3mm] I_* = \dfrac{I}{I'_B} \times \dfrac{\sqrt{3}U'_B}{S_B} \end{cases} \tag{2-71}$$

式中，Z、Y、U、I 为未归算的有名值；Z'_B、Y'_B、U'_B、I'_B 为由基本级归算至所计算的电压级的基准值。某电压级与基本级之间串联 n 台变比为 $K_1 K_2 \cdots K_n$ 的变压器的基准电压归算值计算公式如下：

$$\begin{cases} U'_B = U_B /(K_1 K_2 \cdots K_n) \\[2mm] I'_B = I_B (K_1 K_2 \cdots K_n) \\[2mm] Z'_B = Z_B /(K_1 K_2 \cdots K_n)^2 \\[2mm] Y'_B = Y_B (K_1 K_2 \cdots K_n)^2 \end{cases} \tag{2-72}$$

③将各个电压级都以其平均额定电压作为基准电压，然后在各电压级将有名值换算成标幺值。这是一种近似计算方法，在工程上常采用。计算公式可以用式（2-72），只是将 U_B 用 $U_{av \cdot N}$ 代替。

【例题 2-5】试计算例题 2-4 多电压级电力网等效电路中各元件的标幺值。

解：方法一，由例题 2-4 中已计算出归算至 220kV 侧的各元件参数有名值，取 $S_B =$ 100MVA，$U_B = 220$kV，$Z_B = \dfrac{U_B^2}{S_B} = \dfrac{220^2}{100} = 484\Omega$，$Y_B = \dfrac{1}{Z_B} = 0.002\,066$，计算各元件参数的标幺值。

①变压器 T_1。

$$R_{T1*} = \frac{R_{T1}}{Z_B} = \frac{1.614}{484} = 0.003\,335$$

$$X_{T1*} = \frac{X_{T1}}{Z_B} = \frac{42.3}{484} = 0.087\,4$$

$$Y_{m1*} = \frac{Y_{m1}}{Y_B} = \frac{(2.99 - j15.37)10^{-6}}{0.002\,066} = (1.45 - j7.44) \times 10^{-3}$$

②220kV 线路 l_1。

$$Z_{l1*} = \frac{Z_{l1}}{Z_B} = \frac{12 + j60.9}{484} = 0.024\,8 + j0.125\,8$$

$$Y_{l1*} = \frac{Y_{l1}}{Y_B} = \frac{j2.11 \times 10^{-4}}{0.002\,066} = j0.102$$

③变压器 T_3。

$$R_{T3\cdot1*} = \frac{R_{T3\cdot1}}{Z_B} = \frac{0.988}{484} = 0.002\,04$$

$$R_{T3\cdot2*} = \frac{R_{T3\cdot2}}{Z_B} = \frac{0.517}{484} = 0.001\,07$$

$$R_{T3\cdot3*} = \frac{R_{T3\cdot3}}{Z_B} = \frac{4.56}{484} = 0.009\,42$$

$$X_{T3\cdot1*} = \frac{X_{T3\cdot1}}{Z_B} = \frac{43.6}{484} = 0.09$$

$$X_{T3\cdot2*} = \frac{X_{T3\cdot2}}{Z_B} = \frac{-4.84}{484} = -0.01$$

$$X_{T3\cdot3*} = \frac{X_{T3\cdot3}}{Z_B} = \frac{97.6}{484} = 0.201\,7$$

④110kV 线路 l_2。

$$Z_{12*} = \frac{Z_{12}}{Z_B} = \frac{19.8 + j72.2}{484} = 0.040\,9 + j\,0.148\,8$$

$$Y_{12*} = \frac{Y_{12}}{Y_B} = \frac{j\,2.84 \times 10^{-5}}{0.002\,066} = j\,0.013\,75$$

⑤变压器 T_2。

$$R_{T2*} = \frac{R_{T2}}{Z_B} = \frac{2.68}{484} = 0.005\,54$$

$$X_{T2*} = \frac{X_{T2}}{Z_B} = \frac{63.4}{484} = 0.131$$

$$Y_{m2*} = \frac{Y_{m2}}{Y_B} = \frac{(1.58 - j10.1)10^{-6}}{0.002\,066} = (0.765 - j4.89) \times 10^{-3}$$

⑥10kV 线路 l_3。

$$Z_{13*} = \frac{Z_{13}}{Z_B} = \frac{388 + j69}{484} = 0.802 + j\,0.142\,6$$

⑦35kV 线路 l_4。

$$Z_{14*} = \frac{Z_{14}}{Z_B} = \frac{68.6 + j153.3}{484} = 0.141\,7 + j0.316\,7$$

方法二，选定 220kV 为基本级，取 S_B=100MVA，U_B=220kV。计算各电压级的电压基准值。

$$110\text{kV级}\,U_{B(110)} = \frac{U_B}{K_{T3(12)}} = 220 \times \frac{121}{214.5} = 124.1\,(\text{kV})$$

$$35\text{kV级}\,U_{B(35)} = \frac{U_B}{K_{T3(13)}} = 220 \times \frac{38.5}{214.5} = 39.5\,(\text{kV})$$

$$10\text{kV级}\,U_{B(10)} = \frac{U_B}{K_{T3(12)}K_{T2}} = 220 \times \frac{121}{214.5} \times \frac{10.5}{110} = 11.85\,(\text{kV})$$

①变压器 T_1。

$$R_{T1*} = \frac{P_K}{1\,000} \times \frac{U_{1N}^2}{S_N^2} \times \frac{S_B}{U_B^2} = \frac{893}{1\,000} \times \frac{242^2}{180^2} \times \frac{100}{220^2} = 0.003\,33$$

$$X_{T1*} = \frac{U_K\%}{100} \times \frac{U_{1N}^2}{S_N} \times \frac{S_B}{U_B^2} = \frac{13}{100} \times \frac{242^2}{180} \times \frac{100}{220^2} = 0.087\,4$$

$$Y_{m1*} = \left(\frac{P_0}{1\,000U_{1N}^2} - j\frac{I_0\%}{100} \times \frac{S_N}{U_{1N}^2} \right) \frac{U_B^2}{S_B}$$

$$= \left(\frac{175}{1\,000 \times 242^2} - j\frac{0.5}{100} \times \frac{180}{242^2} \right) \frac{220^2}{100}$$

$$= (1.45 - j7.44) \times 10^{-3}$$

②220kV 线路 l_1。

$$Z_{l1*} = (r_1 + jx_1)l_1 \left(\frac{S_B}{U_B^2} \right) = (0.08 + j0.406) \times 150 \times \left(\frac{100}{220^2} \right) = 0.248 + j0.125\,8$$

$$Y_{l1*} = j\frac{B_{l1*}}{2} = j\,2.88 \times 10^{-6} \times \frac{150}{2} \times \frac{220^2}{100} = j0.102$$

③变压器 T_3。

$$R_{T3\cdot1*} = \frac{294}{1\,000} \times \frac{220^2}{120^2} \times \frac{100}{220^2} = 0.294 \times \frac{100}{120^2} = 0.002\,04$$

$$R_{T3\cdot2*} = \frac{154}{1\,000} \times \frac{220^2}{120^2} \times \frac{100}{220^2} = 0.154 \times \frac{100}{120^2} = 0.001\,07$$

$$R_{T3\cdot1*} = \frac{1\,358}{1\,000} \times \frac{220^2}{120^2} \times \frac{100}{220^2} = 1.358 \times \frac{100}{120^2} = 0.009\,43$$

$$X_{T3\cdot1*} = \frac{10.8}{1\,000} \times \frac{220^2}{120} \times \frac{100}{220^2} = 0.108 \times \frac{100}{120} = 0.002\,04$$

$$X_{T3\cdot2*} = \frac{-1.2}{1\,000} \times \frac{220^2}{120} \times \frac{100}{220^2} = 0.154 \times \frac{100}{120} = 0.001\,07$$

$$X_{T3\cdot1*} = \frac{1\,358}{1\,000} \times \frac{220^2}{120} \times \frac{100}{220^2} = 1.358 \times \frac{100}{120} = 0.009\,43$$

$$Y_{m3*} = \left(\frac{P_0}{1\,000U_{1N}^2} - j\frac{I_0\%}{100} \times \frac{S_N}{U_{1N}^2} \right) \frac{U_B^2}{S_B}$$

$$= \left(\frac{89}{1\,000 \times 242^2} - j\frac{0.35}{100} \times \frac{120}{220^2} \right) \frac{220^2}{100}$$

$$= (0.89 - j4.2) \times 10^{-3}$$

④110kV 线路 l_2。

$$Z_{l2} = (r_1 + jx_1)\,l_2 \frac{S_B}{U_{B(110)}^2} = (0.105 + j0.383) \times 60 \times \frac{100}{124.1^2} = 0.040\,9 + j0.149\,2$$

$$Y_{12 \cdot \mathrm{j}} = \mathrm{j}\frac{B_{12*}}{2} = \mathrm{j}\frac{b_1 l}{2} \times \frac{U_{\mathrm{B(110)}}^2}{S_{\mathrm{B}}} = \mathrm{j}2.98 \times 10^{-6} \times \frac{60}{2} \times \frac{124.1^2}{100} = \mathrm{j}0.013\,77$$

⑤变压器 T_2。

$$R_{\mathrm{T2*}} = \frac{280}{1\,000} \times \frac{110^2}{63^2} \times \frac{100}{124.1^2} = 0.005\,54$$

$$X_{\mathrm{T2*}} = \frac{10.5}{100} \times \frac{110^2}{63} \times \frac{100}{124.1^2} = 0.130\,9$$

$$Y_{\mathrm{m2*}} = \left(\frac{60}{1\,000 \times 110^2} - \mathrm{j}\frac{0.61}{100} \times \frac{63}{110^2}\right)\frac{124.1^2}{100}$$
$$= (0.765 - \mathrm{j}4.89) \times 10^{-3}$$

⑥10kV 线路 l_3。

$$Z_{13} = (r_1 + \mathrm{j}x_1)\, l_3 \frac{S_{\mathrm{B}}}{U_{\mathrm{B(10)}}^2} = (0.45 + \mathrm{j}0.08) \times 2.5 \times \frac{100}{11.85^2} = 0.801 + \mathrm{j}0.142\,4$$

⑦35kV 线路 l_4。

$$Z_{14} = (r_1 + \mathrm{j}x_1)\, l_4 \frac{S_{\mathrm{B}}}{U_{\mathrm{B(35)}}^2} = (0.17 + \mathrm{j}0.38) \times 13 \times \frac{100}{39.5^2} = 0.141\,6 + \mathrm{j}0.317$$

方法三，近似计算，取 S_{B}=100MVA，电压基准值取各级平均额定电压 U_{B}=U_{avN}，计算各元件参数标幺值。

取基本级 220kV 则各级平均额定电压为：

$$U_{\mathrm{av(220)}} = 230\mathrm{kV}, \quad U_{\mathrm{av(110)}} = 115\mathrm{kV}, \quad U_{\mathrm{av(35)}} = 37\mathrm{kV}, \quad U_{\mathrm{av(10)}} = 10.5\mathrm{kV}$$

①变压器 T_1。

$$R_{\mathrm{T1*}} = \frac{P_{\mathrm{K}}}{1\,000} \times \frac{S_{\mathrm{B}}}{S_{\mathrm{N}}^2} = \frac{893}{1\,000} \times \frac{100}{180^2} = 0.002\,76$$

$$X_{\mathrm{T1*}} = \frac{U_{\mathrm{K}}\%}{100} \times \frac{S_{\mathrm{B}}}{S_{\mathrm{N}}} = \frac{13}{100} \times \frac{100}{180} = 0.072\,2$$

$$Y_{\mathrm{m1*}} = \left(\frac{P_0}{1\,000} - \mathrm{j}\frac{I_0\%}{100} \times S_{\mathrm{N}}\right)\frac{1}{S_{\mathrm{B}}} = \left(\frac{175}{1\,000} - \mathrm{j}\frac{0.5}{100} \times 180\right)\frac{1}{100} = (1.75 - \mathrm{j}9) \times 10^{-3}$$

②220kV 线路 l_1。

$$Z_{11*} = (r_1 + \mathrm{j}x_1)\, l_1 \left(\frac{S_{\mathrm{B}}}{U_{\mathrm{av(220)}}^2}\right) = (0.08 + \mathrm{j}0.406) \times 150 \times \left(\frac{100}{230^2}\right) = 0.227 + \mathrm{j}0.115\,1$$

$$Y_{11*} = \mathrm{j}\frac{B_{11*}}{2} = \mathrm{j}\frac{b_1 l_1}{2}\left(\frac{U_{\mathrm{av(220)}}^2}{S_{\mathrm{B}}}\right) = \mathrm{j}2.88 \times 10^{-6} \times \frac{150}{2} \times \frac{230^2}{100} = \mathrm{j}0.114\,3$$

③变压器 T_3。

$$R_{\mathrm{T3 \cdot 1*}} = \frac{P_{\mathrm{K1}}}{1\,000} \times \frac{S_{\mathrm{B}}}{S_{\mathrm{N}}^2} = \frac{294}{1\,000} \times \frac{100}{120^2} = 0.294 \times \frac{100}{120^2} = 0.002\,04$$

$$R_{\mathrm{T3 \cdot 2*}} = \frac{154}{1\,000} \times \frac{100}{120^2} = 0.154 \times \frac{100}{120^2} = 0.001\,07$$

$$R_{T3 \cdot 1*} = \frac{1\,358}{1\,000} \times \frac{100}{120^2} = 1.358 \times \frac{100}{120^2} = 0.009\,43$$

$$X_{T3 \cdot 1*} = \frac{U_{K1\%}}{100} \times \frac{S_B}{S_N} = \frac{10.8}{100} \times \frac{100}{120} = 0.108 \times \frac{100}{120^2} = 0.002\,04$$

$$X_{T3 \cdot 2*} = \frac{-1.2}{100} \times \frac{100}{120} = -0.012 \times \frac{100}{120} = -0.01$$

$$X_{T3 \cdot 1*} = \frac{24.2}{100} \times \frac{100}{120} = 0.242 \times \frac{100}{120} = 0.202$$

$$Y_{m3*} = \left(\frac{P_0}{1\,000} - j\frac{I_0\%}{100} \times S_N \right) \frac{1}{S_B} = \left(\frac{89}{1\,000} - j\frac{0.35}{100} \times 120 \right) \frac{1}{100}$$

$$= (0.89 - j4.2) \times 10^{-3}$$

④110kV 线路 l_2。

$$Z_{l2} = (r_1 + jx_1)\, l_2 \frac{S_B}{U_{av\,(110)}^2} = (0.105 + j0.383) \times 60 \times \frac{100}{115^2} = 0.0476 + j0.173\,8$$

$$Y_{l2 \cdot j} = j\frac{B_{l2*}}{2} = j\frac{b_1 l}{2} \times \frac{U_{av\,(110)}^2}{S_B} = j2.98 \times 10^{-6} \times \frac{60}{2} \times \frac{115^2}{100} = j0.011\,82$$

⑤变压器 T_2。

$$R_{T2*} = \frac{P_K}{1\,000} \times \frac{S_B}{S_N^2} = \frac{280}{1000} \times \frac{100}{63^2} = 0.007\,05$$

$$X_{T2*} = \frac{U_K\%}{100} \times \frac{S_B}{S_N} = \frac{10.5}{100} \times \frac{100}{63} = 0.167$$

$$Y_{m2*} = \left(\frac{60}{1\,000} - j\frac{0.61}{100} \times 63 \right) \frac{1}{100} = (0.6 - j3.843) \times 10^{-3}$$

⑥10kV 线路 l_3。

$$Z_{l3} = (r_1 + jx_1)\, l_3 \frac{S_B}{U_{av\,(10)}^2} = (0.45 + j0.08) \times 2.5 \times \frac{100}{10.5^2} = 1.02 + j0.181\,4$$

⑦35kV 线路 l_4。

$$Z_{l4} = (r_1 + jx_1)\, l_4 \frac{S_B}{U_{av\,(35)}^2} = (0.17 + j0.38) \times 13 \times \frac{100}{37^2} = 0.161\,4 + j0.361$$

2. 具有非标准变比变压器的多级电力网等效电路

上述讨论的等效电路，当变压器分接头改变时，有关电压级电力网的电压、电流和阻抗等的有名值和标幺值都要改变，需要重新计算。工作量很大。为解决这个问题，可采用变压器实际变比与两侧额定电压（基准电压）之比不同的等效电路，简称非标准变比变压器的等效电路。下面介绍采用这种等效电路时，电力网等效电路中各元件参数的计算方法。

（1）带变比变压器的等效电路

将变压器用一种带变比的等效电路来反映其各侧的真实电压和电流。这样，不同电压等级电网之间就无须再进行参数折算。如图 2-28（a）所示为折算到一次侧的变压器等效电路。图中 $\dot{U}_2'$ 和 $\dot{I}_2'$ 为变压器二次侧折算到一次侧的电压和电流值，如果要求二次侧实际的电压和电流值则还需要通过变比折算回去。实际变压器变比为两侧匝数比，因此，额定变比就等于额定电压之比。显然，只要在图 2-28（a）二次侧连接一个只反映变比关系而无励磁电流和漏阻抗的理想变压器，理想变压器的输出电压和电流正是变压器二次侧的真实电流和电压，如图 2-28（b）所示。

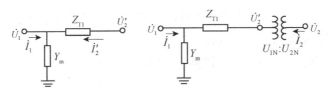

（a）一般形式的等效电路　　　（b）带理想变压器的等效电路

图 2-28　变压器等效电路

（2）带变比变压器的标幺值等效电路

对图 2-28（b）所示理想变压器一次侧（左侧）取所在网络额定电压作为基准电压 U_{1B}，将一次侧各参数转换成标幺值如下：

$$\begin{cases} Z_{T1*} = Z_{T1} \dfrac{S_B}{U_{1B}^2}, \quad Y_{1B*} = Y_{1B} \dfrac{U_{1B}^2}{S_B} \\ \dot{U}_{1*} = \dfrac{\dot{U}_1}{\dot{U}_{1B}}, \quad \dot{I}_{1*} = \dfrac{\sqrt{3}\dot{U}_{1B}}{S_B} \end{cases} \tag{2-73}$$

对理想变压器二次侧（右侧）取其所在网络额定电压作为二次侧基准电压 U_{2B}，并将 $\dot{I}_2$ 和 $\dot{U}_2$ 转换成标幺值。

$$\begin{cases} \dot{U}_{2*} = \dfrac{\dot{U}_2}{\dot{U}_{2B}} \\ \dot{I}_{2*} = \dfrac{\sqrt{3}\dot{U}_{2B}}{S_B} \end{cases} \tag{2-74}$$

将理想变压器的变比 $U_{1N} : U_{2N}$ 也转换成标幺值，得出标幺值表示变比为

$$U_{1N*} : U_{2N*} = \frac{U_{1N}}{U_{1B}} : \frac{U_{2N}}{U_{2B}} \tag{2-75}$$

由于理想变压器的变比只反映两侧匝数关系，因此上述变比的标幺值可以用 $1 : k_*$ 表示。

$$\begin{cases} \dfrac{U_{1N}}{U_{1B}} : \dfrac{U_{2N}}{U_{2B}} = 1 : k_* \\ k_* = U_{2N*} : U_{1N*} \end{cases} \tag{2-76}$$

式中 k_* 称为变压器非标准变比的标幺值，当变压器在分接头上运行时，变压器绕组额定电压应该用与分接头对应的额定电压。由此得出带变比的双绕组变压器标幺值等效电路，如图 2-29 所示。

3. 变压器的 π 型等效电路

在变压器等效电路中引入理想变压器以后，对于不同电压级的变压器和线路虽然可以将它们的等效电路直

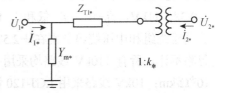

图 2-29　带变比的双绕组变压器标幺值等效电路

接连接，不必考虑参数的折算，但对多电压级复杂的电力网还是不方便。设想如果将理想变压器及与它串联的阻抗用一个等效电路代替，则在整个系统中的等效电路中，便全部是一般的不接地阻抗和接地导纳支路，而没有任何变压器的痕迹，这样的全系统等效电路计算就方便多了。

下面推导变压器的 π 型等效电路，将励磁支路放在 π 型等效电路之外，为表示简洁，略去下标"*"，变压器漏阻抗用 Z_T 表示。

对图 2-30 所示虚线框内变压器可以列出回路方程如下：

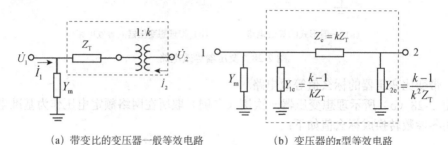

(a) 带变比的变压器一般等效电路　　　　(b) 变压器的π型等效电路

图 2-30　变压器的等效电路

$$\begin{cases} \dot{U}_1 = \dot{U}_2/k + kZ_T\,\dot{I}_2 = A\dot{U}_2 + B\dot{I}_2 \\ \dot{I}_1 = k\dot{I}_2 = C\dot{U}_2 + D\dot{I}_2 \end{cases} \tag{2-77}$$

式（2-77）为传输线参数表示的二端口网络方程，其中 $A=1/k$，$B=kZ_T$，$C=0$，$D=k$，由于 $AD-BC=1$，所以该变压器可以用 π 型等效电路表示，如图 2-30（b）所示。其中三个参数分别为：

$$\begin{cases} Z_e = B = kZ_T \\ Y_{1e} = \dfrac{D-1}{B} = \dfrac{k-1}{kZ_T} \\ Y_{2e} = \dfrac{A-1}{B} = \dfrac{1/k-1}{kZ_T} = \dfrac{1-k}{k^2 Z_T} \end{cases} \tag{2-78}$$

式中 Y_{1e} 为阻抗侧并联导纳，Y_{2e} 为理想变压器侧并联导纳。采用 π 型等效电路，不管变比 k 变化与否，两侧电压、电流都是实际值，不存在归算问题。

【例题 2-6】某电力网络如图 2-31（a）所示，变压器 T_1 和 T_2 为三相双绕组变压器，额定电压为 121±2×2.5%/10.5kV，短路电压 U_k% =10.5。若变压器在-2.5 %分接头上运行。三绕组变压器 T_3 容量为 50 000kVA，三个绕组容量比为 100/100/100，额定电压为 110/38.5/11kV，高-中、高-低和中-低绕组之间短路电压百分数分别为 10.5%、18%、6.5%，其高压绕组和中压绕组分别在＋2.5%和-2.5%分接头上运行。所有变压器的电阻和励磁导纳忽略不计。所有 110kV 线路均采用 LGJ-150 型导线，$r_1=0.21\,\Omega/km$，$x_1=0.4\,\Omega/km$，$b_1=2.85\times 10^{-6}\,\Omega/km$；10kV 线路采用 LGJ-120 型导线，$r_1=0.263\,\Omega/km$，$x_1=0.384\,\Omega/km$。试作出整个网络的等效电路。

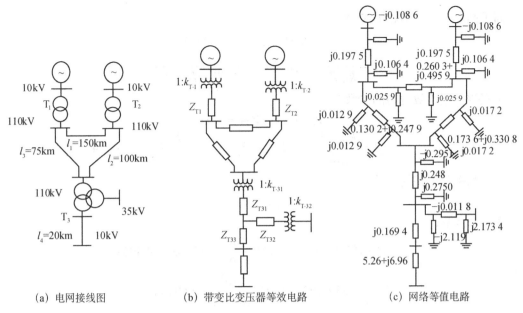

（a）电网接线图　　　　（b）带变比变压器等效电路　　　　（c）网络等值电路

图 2-31　例题 2-6 电网接线图和等效电路

解：取 $S_B=100\text{MVA}$，基准电压取各级网络的额定电压。作出带变比变压器等效电路，如图 2-31（b）所示。

①作变压器T_1、T_2 的 π 等效电路。取基准电压110kV 和 10kV。变压器参数折算至 110kV。

$$X_T=\left(\frac{10.5\times121^2}{100\times63}\right)\times\frac{100}{110^2}=0.201\,7$$

$$Z_e=kX_T=j\,0.197\,5$$

$$Y_{1e}=\frac{k-1}{kX_T}=j0.106\,4$$

$$Y_{2e}=\frac{1-k}{k^2X_T}=-j0.108\,6$$

②作变压器 T_3 的 π 型等效电路，变压器 T_3 高、中、低压绕组折算至低压侧的标幺值分别为：

$$Z_{T31}=j\frac{11}{100}\times\frac{11^2}{50}\times\frac{100}{10^2}=j0.266\,2$$

$$Z_{T32}=-j\frac{0.5}{100}\times\frac{11^2}{50}\times\frac{100}{10^2}=-j0.0121-j0.108\,6$$

$$Z_{T33}=j\frac{7}{100}\times\frac{11^2}{50}\times\frac{100}{10^2}=j0.169\,4$$

高压绕组对低压绕组的变比标幺值为：

$$k_{13*}=\frac{110(1+0.025)/110}{11/10}=0.931\,8$$

中压侧绕组对低压侧绕组的变比标幺值为：

$$k_{23*}=\frac{38.5(1-0.025)/35}{11/10}=0.975$$

高压侧 π 型等效电路的参数：

$$Z_{e31}=k_{T31}Z_{T31}=j0.248\ 0$$

$$Y_{1e(31)}=\frac{k_{31*}-1}{k_{31*}Z_{T31}}=j0.275\ 0,\quad Y_{2e(31)}=\frac{1-k_{T31*}}{k_{T31*}^2 Z_T}=j2.173\ 4$$

中压侧 π 型等效电路的参数：

$$Z_{e(32)}=k_{T32}Z_{T32}=-j0.011\ 8$$

$$Y_{1e(32)}=\frac{k_{32*}-1}{k_{32*}Z_{T32}}=-j2.119,\quad Y_{2e(32)}=\frac{1-k_{T32*}}{k_{T32*}^2 Z_{T32}}=j2.173\ 4$$

低压侧等效电路的参数：

$$Z_{T(33)}=j0.169\ 4$$

③线路参数：

$$Z_{l1*}=(0.2+j0.4)\times150\times\frac{100}{110^2}=0.260\ 3+j0.495\ 9$$

$$Y_{l1*}=2.85\times10^{-6}\times150\times\frac{110^2}{100\times2}=j0.025\ 9$$

$$Z_{l2*}=(0.2+j\ 0.4)\times100\times\frac{100}{110^2}=0.173\ 6+j0.330\ 8$$

$$Y_{l2*}=2.85\times10^{-6}\times100\times\frac{110^2}{100\times2}=j0.017\ 2$$

$$Z_{l3*}=(0.2+j0.4)\times75\times\frac{100}{110^2}=0.130\ 2+j0.247\ 9$$

$$Y_{l3*}/2=2.85\times10^{-6}\times75\times\frac{110^2}{100\times2}=j0.012\ 9$$

$$Z_{l4*}=(0.263+j0.348)\times20\times\frac{100}{10^2}=5.26+j\ 6.96$$

网络等效电路图如图 2-31（c）所示。

小 结

本章介绍了电力系统主要元件（线路、变压器、发电机、负荷）的参数及等效电路。三相交流系统对称运行，可以用一相等效电路表示，称为正序参数。架空线路的参数有单位正序电抗、单位正序电阻、单位正序电纳和单位正序电导。它们的计算公式在三相对称状态下，考虑了相间互感、相间电容的影响，架空的换位使等效参数接近对称。采用分裂导线，相当于扩大了导线的等效半径，因而能减小电抗扩大电容。

输电线路的等效电路根据电压等级和线路长短决定采用分布参数和集中参数。短线路模型采用集中参数，忽略线路的电导和电纳。中长线路模型采用集中参数。忽略线路的电导，用 π 型等效电路；长线路采用分布参数，忽略电导，用 π 型等效电路。

输电线路的输电过程是电磁波传播的过程，要理解特性阻抗 $Z_C=\sqrt{Z_1/Y_1}$、传播系数 $r=\alpha+j\beta$、自然功率 P_0 的物理意义。通常用自然功率衡量输电线路的输送能力，220kV 及以上电压等级的架空线路的输电能力大致接近自然功率。由于长线路充电功率较大，当线路输电功率小于自然功率时，线路末端电压高于始端电压。

变压器的参数（R_T、X_T、G_T、B_T）可以根据变压器的铭牌给出的额定容量 S_N、短路损耗 P_k、短路电压百分数 $U_k\%$、空载电流 $I_k\%$ 百分数分别计算。双绕组变压器的等效电路采用 Γ 型等效电路。对于三绕组变压器，要考虑绕组容量与变压器容量不相等时，将短路功率损耗归算到变压器额定容量下。

发电机和负荷的参数较为复杂，在电力系统稳态分析中，常用一个电动势和一个电抗串联表示。发电机参数用发电机的同步电抗表示，通常用发电机的额定容量为基准值的电抗百分数表示。

电力系统的等效电路有两种形式，一种是有名制，另一种是标幺制。对于有名制，要把各级元件参数归算到同一基本级。对于标幺制，要把额定标幺值归算到统一的基准电抗标幺值上来。采用标幺值计算，功率和电压的单相值和三相值相同变压器各侧的阻抗标幺值不用归算，因此，采用标幺值计算可以使计算简化。

在电力系统等效电路的参数计算时，若采用电力网元件的额定电压进行计算称为精确计算，若采用各电压级的平均额定电压进行计算则称为近似计算。

思考题与习题

2-1　影响电抗的参数的主要因素是什么？

2-2　架空线路采用分裂导线有哪些优点？

2-3　何谓自然功率？

2-4　变压器的额定变比、实际变比、平均额定电压变比是什么？在归算中如何应用？

2-5　何谓有名值？何谓标幺制？标幺制有什么优缺点？

2-6　一条长度为 600km 的 500kV 架空线路，使用 4×LGJ—400 分裂导线，$r_1 = 0.018\,7\Omega$、$x_1 = 0.275\Omega/km$、$b_1 = 4.05 \times 10^{-6}S/km$，$g_1 = 0$。试计算该线路的 π 型等效电路，并讨论精确计算和近似计算的误差。

2-7　已知一条长度 200km 的输电线路，$R = 0.1\Omega$、$L = 2.0mH/km$、$C = 0.01\,\mu F/km$，系统额定频率 $f_N = 60Hz$。试求：（1）短路路；（2）中线路；（3）长线路模型求其 π 型等效电路。

2-8　三相双绕组升压变压器的型号为 SFPSL-40500/220，额定容量 40 500kVA，额定电压为 121kV/10.5kV，$P_K = 234.4kW$、$U_K\% = 11$，$P_0 = 93.6kW$，$I_0\% = 2.315$。求该变压器的 R_T、X_T、G_T、B_T 参数，并绘出 Γ 型等效电路图。

2-9　如图 2-32 所示简单电力系统，各元件有关参数如下：

发电机 G：25MW，10.5kV，$X_G\% = 130$，$\cos\varphi_N = 0.8$

变压器 T_1：31.5MVA，10.5/121kV；$U_K\% = 10.5$；T_2：15MVA，110/6.6kV，$U_K\% = 10.5$

线路 l：100km，$x_1 = 0.4\,\Omega/km$

电抗器 R：6kV，1.5kA，$X_R\% = 6$

不计元件的电阻和导纳，试完成：

（1）以 110kV 为基本级，做出有名制等效电路；

（2）取 $S_B = 100MVA$，按基准电压比作出标幺制的

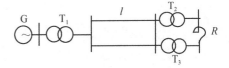

图 2-32　题 2-9 系统网络图

简明电力系统分析

等效电路。

2-10 110kV 母线上接有负荷 $S_D=(20+j15)$ MVA。试分别用阻抗和导纳表示该负荷，如取 $S_B=100$MVA，$U_B=U_{av·N}$，作出以导纳表示的标幺制等效电路。

2-11 500kV 架空线路长 600km，采用三分裂导线，型号为 LGJQ—400×3，裂距为 400mm，三相导线水平排列，线距 $D=11$m。试绘制等效电路并计算波阻抗 Z_c、波长 λ、传播速度 v、自然功率 P_N、充电功率 Q_N 和末端空载时的电压升高率 ΔU。

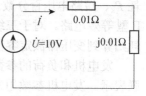

图 2-33 题 2-12 电路图

2-12 如图 2-33 所示，选取 $U_B=100$V，$Z_B=0.01\Omega$，试求 I_B、U_*、Z_*、I_*、I。

2-13 如图 2-34 所示电力系统，已知各元件数据如下。

汽轮发电机 G1：60MW，10.5kV，$\cos\varphi_N=0.8$。

汽轮发电机 G2：60MW，10.5kV，$\cos\varphi_N=0.8$

升压变压器 T1：63MVA，10.5/242kV，$U_k\%=12$，$\Delta p_0=98$kW，$I_0\%=3$

升压变压器 T2 的数据同 T1。

降压变压器 T3：100MVA，220/11kV，$U_k\%=13$，$\Delta p_0=140$kW，$I_0\%=2.8$

输电线路 L1：75km，$r_1=0.141\ 07\Omega$/km，$x_1=0.423\ 2\Omega$/km，$b_1=2.520\ 5\times10^{-6}$S/km

输电线路 L2：10km，$r_1=0.132\ 25\Omega$/km，$x_1=0.423\ 2\Omega$/km，$b_1=2.646\ 5\times10^{-6}$S/km

输电线路 L3：130km，$r_1=0.122\ 1\Omega$/km，$x_1=0.406\ 9\Omega$/km，$b_1=2.617\ 4\times10^{-6}$S/km

负荷 D1：$\dot{S}_{D1}=80+j40$（MVA）

负荷 D2：$\dot{S}_{D1}=18+j12$（MVA）

试绘制全系统的等效电路。

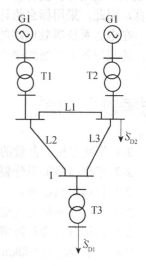

图 2-34 题 2-13 电力系统

第3章 简单电力系统潮流分析

内容提要

本章主要讲述简单电力系统潮流的分析及计算。在介绍电压降落和功率损耗的基础上研究了输电线路的运行特性，最后讲述了开式网络和闭式网络的潮流分析及计算方法和步骤。

潮流计算是电力系统分析三大基本计算之一，是指电力系统在稳态正常运行条件下，电力网络各节点的电压和功率分布的计算。计算目的是检查电力系统各节点的电压是否满足电压质量要求；检查各元件是否过负荷；选择正确的接线方式，合理调整负荷，以保障电力系统安全运行。根据功率分布，选择电气设备及导线截面；为电力系统继电保护整定计算提供必要的数据；为调压计算、经济运行计算、短路故障计算和稳定性计算提供必要的数据。

学习目标

①理解潮流计算的基本概念，如电压降落、电压损耗、电压偏移、电压调整、输电效率等。

②理解运算负荷功率和运算电源功率的概念。

③掌握电力线路和变压器中功率损耗和电压降落的计算的方法。

④掌握开式网络潮流分布的计算的方法。

⑤掌握闭式潮流分布的计算的方法。

3.1 电力网络的电压降落和功率损耗

3.1.1 电力网络的电压降落、电压损耗和电压偏移

设线路单相等效电路如图 3-1 所示，R 和 X 分别为一相电阻和等效电抗，$\dot{U}_1$ 和 $\dot{U}_2$ 分别为线路始端和末端电压，$\dot{I}$ 为支路电流，$\tilde{S}_1$ 和 $\tilde{S}_2$ 分别为线路始端和末端的单相功率。

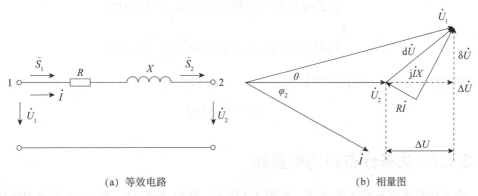

(a) 等效电路   (b) 相量图

图 3-1 线路的等效电路及相量图

以节点 2 相电压 $\dot{U}_2$ 为参考相量，即 $\dot{U}_2 = U_2 \angle 0°$，可求出始端相电压 $\dot{U}_1$ 为：

$$\begin{cases} \dot{U}_1 = \dot{U}_2 + \mathrm{d}\dot{U} \\ \mathrm{d}\dot{U} = \dot{I}(R+\mathrm{j}X) = \dfrac{\overset{*}{S}_2}{\overset{*}{U}_2}(R+\mathrm{j}X) = \dfrac{P_2 - \mathrm{j}Q_2}{U_2}(R+\mathrm{j}X) = \dfrac{PR+QX}{U_2} + \mathrm{j}\dfrac{P_2 X - Q_2 R}{U_2} \\ \qquad = \Delta U + \mathrm{j}\delta U \end{cases} \quad (3\text{-}1)$$

$$\begin{cases} \dot{U}_1 = U_2 + \Delta U + \mathrm{j}\delta U \\ \Delta U = \dfrac{PR+QX}{U_2} \\ \delta U = \dfrac{P_2 X - Q_2 R}{U_2} \end{cases} \quad (3\text{-}2)$$

上式中 $\mathrm{d}\dot{U}$ 称为线路的电压降落，ΔU 称为电压降落的纵向分量，通常称为电压损失，δU 称为电压降落的横向分量。由相量图［图 3-1（b）］可以求得线路始端电压及相位为

$$\begin{cases} U_1 = \sqrt{(U_2 + \Delta U)^2 + (\delta U)^2} = \sqrt{\left(U_2 + \dfrac{PR+QX}{U_2}\right)^2 + \left(\dfrac{P_2 X - Q_2 R}{U_2}\right)^2} \\ \theta = \mathrm{tg}^{-1}\dfrac{\delta U}{U_2 + \Delta U} \end{cases} \quad (3\text{-}3)$$

在电力系统分析计算时，通常采用线电压和三相功率。式（3-1）～式（3-3）中，将电压改为线电压，同时功率改为三相功率，关系式仍然正确。用标幺值表示仍然正确。在线路短时，线路两端相位差 θ 很小，可以近似认为：

$$U_1 \approx U_2 + \dfrac{P_2 R + QX}{U_2} \quad (3\text{-}4)$$

电压损耗和电压偏移是标志电压质量的两个重要指标。电压损耗常用百分数表示，即

$$\Delta U\% = \dfrac{U_1 - U_2}{U_N} \times 100 \quad (3\text{-}5)$$

电压偏移是指线路始端或末端电压与线路额定电压之差，也常用百分值表示，即

$$\begin{cases} 线路始端电压偏移 \Delta U_1\% = \dfrac{U_1 - U_N}{U_N} \times 100 \\ 线路末端电压偏移 \Delta U_2\% = \dfrac{U_2 - U_N}{U_N} \times 100 \end{cases} \quad (3\text{-}6)$$

输电效率是指电力线路末端输出功率 P_2 与线路始端输入功率比值，用百分数表示为：

$$\eta\% = \dfrac{P_2}{P_1} \times 100 \quad (3\text{-}7)$$

3.1.2　功率分布和功率损耗

电力线路常用 π 型等效电路，如图 3-2 所示，其中 $Z = R+\mathrm{j}X$，$Y = G+\mathrm{j}B$ 为电力线路每相的阻抗和导纳，$\dot{U}$ 为相电压，$\tilde{S}$ 为单相功率。

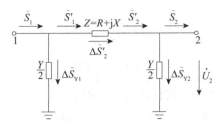

图 3-2　电力线路的 π 型等效电路

从图 3-2 可看出功率损耗有两部分，一部分是线路阻抗的功率损耗，另一部分是并联支路导纳的功率损耗。

1. 电力线路阻抗中功率损耗

（1）串联支路的单相功率损耗

设已知线路末端流出功率 $\tilde{S}'_2$，末端电压 $\dot{U}_2$，则串联支路的单相功率损耗为：

$$\Delta\tilde{S}'_2 = \left(\frac{\tilde{S}'_2}{U_2}\right)^2 Z = \frac{P'^2_2 + Q'^2_2}{U_2^2}(R + jX) \tag{3-8}$$

$$= \frac{P'^2_2 + Q'^2_2}{U_2^2}R + j\frac{P'^2_2 + Q'^2_2}{U_2^2}X = \Delta P'_2 + j\Delta Q'_2$$

$$\begin{cases} \Delta P'_2 = \dfrac{P'^2_2 + Q'^2_2}{U_2^2}R \\[3mm] \Delta Q'_2 = \dfrac{P'^2_2 + Q'^2_2}{U_2^2}X \end{cases} \tag{3-9}$$

（2）电力线路导纳支路功率损耗

线路末端：

$$\Delta\tilde{S}_{Y2} = \dot{U}_2\left(\frac{Y}{2}\dot{U}_2\right)^* = \frac{1}{2}U_2^2 Y^* = \frac{1}{2}(G - jB)\,U_2^2 \tag{3-10}$$

$$= \frac{1}{2}GU_2^2 - j\frac{1}{2}BU_2^2 = \Delta P_{Y2} - j\Delta Q_{Y2}$$

$$\begin{cases} \Delta P_{Y2} = \dfrac{1}{2}GU_2^2 \\[3mm] \Delta Q_{Y2} = \dfrac{1}{2}BU_2^2 \end{cases} \tag{3-11}$$

线路首端导纳支路功率损耗：

$$\Delta\tilde{S}_{Y1} = \dot{U}_1\left(\frac{Y}{2}\dot{U}_1\right)^* = \frac{1}{2}GU_1^2 - j\frac{1}{2}BU_1^2 = \Delta P_{Y1} - j\Delta Q_{Y1} \tag{3-12}$$

$$\begin{cases} \Delta P_{Y1} = \dfrac{1}{2}GU_1^2 \\[3mm] \Delta Q_{Y1} = \dfrac{1}{2}BU_1^2 \end{cases} \tag{3-13}$$

一般电力线路电导 $G=0$，则 $\Delta P_{Y1} = \Delta P_{Y2} = 0$，则式（3-11）和式（3-13）可改写为：

$$\begin{cases} \Delta Q_{Y2} = \dfrac{1}{2} BU_2^2 \\[2mm] \Delta Q_{Y1} = \dfrac{1}{2} BU_1^2 \end{cases} \tag{3-14}$$

同理，式（3-8）～式（3-10）同样适用于三相形式。

已知线路末端电压 $\dot{U}_2$ 和功率 $\tilde{S}_2 = P_2 + jQ_2$ 时计算线路始端电压 $\dot{U}_1$ 和功率 $\tilde{S}_1$。

$$\begin{cases} \tilde{S}_2' = \tilde{S}_2 + \Delta\tilde{S}_{Y2} \\[1mm] \tilde{S}_1' = \tilde{S}_2' + \Delta\tilde{S}_2 = \tilde{S}_2 + \Delta\tilde{S}_{Y2} + \Delta\tilde{S}_2 \\[1mm] \tilde{S}_1 = \tilde{S}_1' + \Delta\tilde{S}_{Y1} = \tilde{S}_2 + \Delta\tilde{S}_{Y2} + \Delta\tilde{S}_2 + \Delta\tilde{S}_{Y1} \end{cases} \tag{3-15}$$

已知线路首端电压 $\dot{U}_1$ 和功率 $\tilde{S}_1$ 求线路末端输出功率：

$$\tilde{S}_2 = \tilde{S}_1 - \Delta\tilde{S}_{Y1} - \Delta\tilde{S}_2 - \Delta\tilde{S}_{Y2} \tag{3-16}$$

2. 变压器的功率损耗

（1）变压器的功率损耗计算

如图 3-3 为变压器 Γ 型等效电路，仿照线路功率分布的计算方法和步骤，在已知 $\tilde{S}_2$ 和 $\dot{U}_2$ 情况下，计算如下。

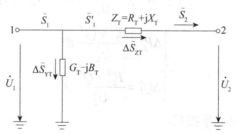

图 3-3　变压器 Γ 型等效电路

① 变压器串联支路功率损耗：

$$\Delta\tilde{S}_{ZT} = \Delta P_{ZT} + j\Delta Q_{ZT} = \left(\dfrac{S_2}{U_2}\right)^2 Z_T = \dfrac{P_2^2 + Q_2^2}{U_2^2} Z_T = \dfrac{P_2^2 + Q_2^2}{U_2^2} R_T + j\dfrac{P_2^2 + Q_2^2}{U_2^2} X_T \tag{3-17}$$

② 变压器并联支路的损耗：

$$\Delta\tilde{S}_{YT} = \Delta P_{YT} + j\Delta Q_{YT} = (Y_T\dot{U}_1)^*\dot{U}_1 = \overset{*}{Y}\overset{*}{U}_1\dot{U}_1 = (G_T + jB_T)\ U_1^2 \tag{3-18}$$

变压器并联支路的损耗实际是变压器励磁损耗，即变压器的空载损耗，在实际计算时，不考虑电压变化的影响，可以直接利用变压器空载实验数据确定，即

$$\Delta\tilde{S}_{YT} = \Delta S_0 = \Delta P_0 + j\Delta Q_0 = \Delta P_0 + j\dfrac{I_0\%}{100} S_N$$

式中，ΔP_0 为变压器的空载功率，$I_0\%$ 为空载电流的百分比，S_N 为变压器的额定容量。

③ 已知 $\tilde{S}_2$ 和 $\dot{U}_2$ 的情况下，变压器的输入功率为：

$$\begin{cases} \tilde{S}_1 = \tilde{S}_2 + \Delta\tilde{S}_{ZT} + \Delta\tilde{S}_{YT} \\[1mm] \tilde{S}_1' = \tilde{S}_2 + \Delta\tilde{S}_{ZT} \\[1mm] \tilde{S}_1 = \tilde{S}_1' + \Delta\tilde{S}_{YT} \end{cases} \tag{3-19}$$

④如已知 $\tilde{S}_1$ 知 $\dot{U}_1$ 和情况下，求变压器输出功率 $\tilde{S}_2$ 和 $\dot{U}_2$ 为：

$$\begin{cases} \tilde{S}_1' = \tilde{S}_1 - \Delta\tilde{S}_{\text{YT}} \\ \tilde{S}_2 = \tilde{S}_1' - \Delta\tilde{S}_{\text{ZT}} = \tilde{S}_1 - \Delta\tilde{S}_{\text{YT}} - \Delta\tilde{S}_{\text{ZT}} \\ \Delta\tilde{S}_{\text{YT}} = \Delta P_{\text{YT}} + j\Delta Q_{\text{YT}} = \dot{U}_1\left(\frac{Y_{\text{T}}U}{2}\right)^* = \frac{G_{\text{T}}}{2}U_1^2 + j\frac{B_{\text{T}}}{2}U_1^2 \\ \Delta\tilde{S}_{\text{ZT}} = \left(\frac{\tilde{S}_1'}{U_1}\right)Z_{\text{T}} = \frac{P_1'^2 + Q_1'^2}{U_1^2}(R_{\text{T}} + jX_{\text{T}}) \\ \dot{U}_2 = U_1 - \Delta U - j\delta U = U_1 - \frac{P_1'R_{\text{T}} + Q_1'X_{\text{T}}}{U_1} - j\frac{P_1'X_{\text{T}} + Q_1'R_{\text{T}}}{U_1} \end{cases} \tag{3-20}$$

由电机学理论可知，变压器的功率损耗也可以通过厂家提供的实验数据计算其功率损耗。

$$\begin{cases} \Delta P_{\text{ZT}} = \frac{P_{\text{k}}U_{\text{N}}^2 S_2^2}{1\,000U_2^2 S_{\text{N}}^2} \\ \Delta Q_{\text{ZT}} = \frac{U_{\text{k}}\%U_{\text{N}}^2 S_2^2}{100U_2^2 S_{\text{N}}} \\ \Delta P_{\text{YT}} = \frac{P_0 U_1^2}{1\,000U_2^2} \\ \Delta Q_{\text{YT}} = \frac{I_0\%S_{\text{N}}U_1^2}{100U_{\text{N}}^2} \end{cases} \tag{3-21}$$

对发电厂的变压器，则应有

$$\begin{cases} \Delta P_{\text{ZT}} = \frac{P_{\text{k}}U_{\text{N}}^2 S_1'^2}{1\,000U_1^2 S_{\text{N}}^2} \\ \Delta Q_{\text{ZT}} = \frac{U_{\text{k}}\%U_{\text{N}}^2 S_1'^2}{100U_1^2 S_{\text{N}}} \end{cases} \tag{3-22}$$

以上为精确计算公式，如取 $S_1 \approx S_1'$，$U_1 \approx U_2 \approx U_{\text{N}}$，公式（3-21）可以简化为

$$\begin{cases} \Delta P_{\text{ZT}} = \frac{P_{\text{k}}S_2^2}{1\,000S_{\text{N}}^2} \\ \Delta Q_{\text{ZT}} = \frac{U_{\text{k}}\%S_{\text{N}}}{100}\times\frac{S_2^2}{S_{\text{N}}^2} \\ \Delta P_{\text{YT}} = \frac{P_0}{1\,000} \\ \Delta Q_{\text{YT}} = \frac{I_0\%S_{\text{N}}}{100} \end{cases} \tag{3-23}$$

$$\begin{cases} \Delta P_{\text{ZT}} = \frac{P_{\text{k}}S_1^2}{1\,000S_{\text{N}}^2} \\ \Delta Q_{\text{ZT}} = \frac{U_{\text{k}}\%S_{\text{N}}}{100}\times\frac{S_1^2}{S_{\text{N}}^2} \end{cases} \tag{3-24}$$

（2）节点注入功率、运算功率和运算负荷

求取变压器中的功率损耗后，可将变压器低压侧负荷按上式求得功率损耗相加，得直接连接在变电所电源侧母线上的等效负荷 P_1、Q_1。

等效电源功率，在运用计算机计算并将发电厂负荷侧母线看做一个节点时，又称该节点的注入功率，即电源向网络注入的功率，与之对应的是注入电流。注入功率和注入电流以流入节点为正。等效负荷功率，即负荷从网络吸收的功率，可看成具有负值变电所（电源侧母线）节点注入功率。

手算时，往往将变电所、发电厂母线上所连接线路对地导纳中无功功率的一半也并入等效负荷或等效电源功率，并分别称为运算负荷和运算功率。显然，在计算运算负荷时，如等效负荷属于感性，应在等效负荷的无功功率中减去这部分容性电纳中的无功功率。

在计算运算功率时，如等效电源功率属于感性，应在等效电源的无功功率中加入这部分容性电纳中的无功功率。显然，这时运算功率和运算负荷也可以分别看成具有正值和负值的注入功率。负荷功率、等效负荷功率、运算负荷以及电源功率、等效电源功率、运算功率之间的关系如图 3-4 所示。

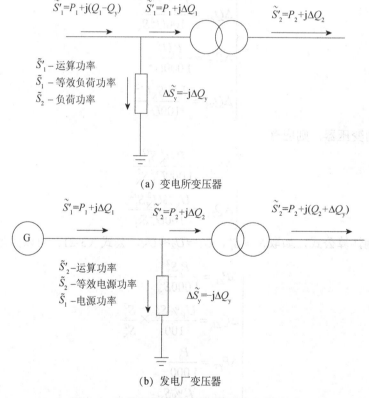

（a）变电所变压器

（b）发电厂变压器

图 3-4　几种负荷功率、电源功率之间的关系

3. 电力网的电能损耗

（1）电力线路的电能损耗

用年负荷损耗法计算电力线路的全年电能损耗。根据电力线路用户的行业性质从有关手册中查得最大负荷所用小时数 T_{max}，并可求出年负荷率 β 为：

$$\beta = \frac{W}{8\,760 P_{\max}} = \frac{P_{\max} T_{\max}}{8\,760 P_{\max}} = \frac{T_{\max}}{8\,760} \qquad (3\text{-}25)$$

用经验公式计算年负荷损耗率 G：

$$G = K\beta + (1-K)\,\beta^2 \qquad (3\text{-}26)$$

式中 K 为经验系数，一般取 0.1～0.4，年负荷率低时取小值，高时取大值。年负荷损耗率定义为：

$$G = \Delta W_Z / 8\,760 \Delta P_{\max} \qquad (3\text{-}27)$$

式中 ΔW_Z 为电力线路全年电能损耗，$\Delta P_{\max}$ 为电力线路全年中最大负荷时功率损耗。

$$\Delta W_Z = 8\,760 \Delta P_{\max} G \qquad (3\text{-}28)$$

（2）利用最大负荷损耗时间 $\tau_{\max}$ 求全年的电能损耗

根据电力线路用户负荷的最大负荷利用小时数 $T_{\max}$ 和负荷的功率因数 $\cos\varphi$ 从有关手册中查得最大负荷损耗小时数 $\tau_{\max}$。则全年电能损耗为：

$$\Delta W_Z = \Delta P_{\max} \tau_{\max} \qquad (3\text{-}29)$$

应当指出，上述计算中均未考虑电力线路的电晕损耗，对于 330kV 级以上电力线路应计入电晕损耗。

4. 变压器的电能损耗

（1）年负荷损耗法

变压器的年电能损耗包括与负荷有关的电阻损耗和电导中的电能损耗，即铁损部分，可用下式计算：

$$\Delta W_T = 8\,760 \beta \Delta P_{\max} + \Delta P_0 T \qquad (3\text{-}30)$$

式中，β 为年负荷率；T 为变压器每年中运行小时数，具体数据时可取 T=8 000h。

（2）最大负荷损耗时间法

$$\Delta W_T = \Delta P_{\max} \tau_{\max} + \Delta P_0 T \qquad (3\text{-}31)$$

5. 电力网的网损率或线损率

在给定时间内，电力系统中所有发电厂的总发电量与厂用电量之差为 W_1，称为供电量。在送电、变电和配电环节中所损耗的电量 ΔW_c，称为电力网的损耗电量。在同一时间内，电力网的损耗电量占供电量的百分值 W（%），称为电力网的网损率。其表达式为：

$$W(\%) = \frac{\Delta W_c}{W_1} \times 100\% \qquad (3\text{-}32)$$

电力网的网损率是国家下达给电力系统的一项重要经济指标，也是衡量供电企业管理水平的一项主要指标。

【例题 3-1】如图 3-5 所示电力网络，用有名值和标幺值表示的等效电路如图 3-6 所示，取基准容量 S_B=100MVA，$U_B = U_N$ 的标幺值等效电路参数如图 3-6 所示。若变压器低压侧母线电压为 10kV，负荷为 30+j20MVA。试分别用有名制和标幺制计算。

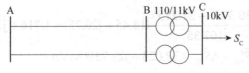

图 3-5　例 3-1 的电力系统图

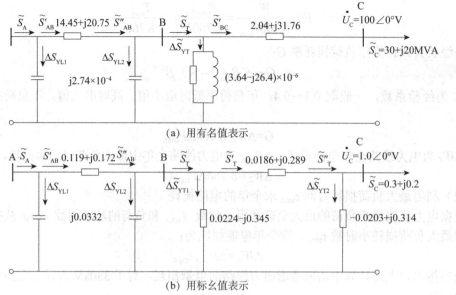

（a）用有名值表示

（b）用标幺值表示

图 3-6　例 3-1 的等效电路

解：①用有名制计算。

计算变压器功率损耗：

$$\Delta\tilde{S}_{ZT} = \frac{30^2 + 20^2}{10^2}(2.04 + j31.76) = 0.265 + j4.129(\text{MVA})$$

$$\tilde{S}'_{BC} = \tilde{S}_C + \Delta\tilde{S}_{ZT} = 30.265 + j24.129(\text{MVA})$$

计算变压器的电压降落：

$$d\dot{U} = \frac{PR + QX}{U} = \frac{30\times2.04 + 20\times31.76}{10^2} + j\frac{30\times31.76 - 20\times2.04}{100}(\text{kV})$$
$$= 6.964 + j9.120(\text{kV})$$

$$\dot{U}_B = 100 + 6.964 + j9.12 = 107.35\angle4.87°(\text{kV})$$

忽略电压降落横向分量：

$$\dot{U}_B = \dot{U}_C + \Delta U = \dot{U}_C + \frac{P_C R_T + Q_C X_T}{U_C} = 100 + 0.62 + 6.352 = 106.97 \ (\text{kV})$$

变压器输入功率：

$$\Delta\tilde{S}_{YT} = (3.64\times10^{-6} + j2.64\times10^{-5})\times107.35^2 = 0.0419 + j0.304(\text{MVA})$$

$$\tilde{S}_T = \tilde{S}'_{BC} + \Delta\tilde{S}_{YT} = 30.307 + j24.433(\text{MVA})$$

线路功率损耗：

$$\Delta\tilde{S}_{YL2} = -j\frac{B_L}{Z}U_B^2 = -j3.158(\text{MVA})$$

$$\tilde{S}''_{AB} = \tilde{S}_T + \Delta\tilde{S}_{YL2} = 30.37 + j21.275(\text{MVA})$$

$$\Delta\tilde{S}_{ZL} = \frac{30.307^2 + 21.215^2}{107.35^2}(14.45 + j20.75) = 1.716 + j2.464(\text{MVA})$$

$$\tilde{S}'_{AB} = \tilde{S}''_{AB} + \Delta\tilde{S}_{ZL} = 32.023 + j23.739(\text{MVA})$$

计算始端母线电压（以 $\dot{U}_B$ 为参考相量）：

$$\mathrm{d}\dot{U}_\mathrm{L} = \frac{30.307\times14.45 + 21.275\times20.75}{107.35} + \mathrm{j}\frac{30.307\times20.75 - 21.275\times14.45}{107.35}$$
$$= 8.192 + \mathrm{j}2.994\,(\mathrm{kV})$$

$$\dot{U}_\mathrm{A} = U_\mathrm{B} + \mathrm{d}\dot{U}_\mathrm{L} = 107.35 + 8.192 + \mathrm{j}2.994 = 115.58\angle1.48°\,(\mathrm{kV})$$

忽略电压降落横向分量：

$$\dot{U}_\mathrm{A} = U_\mathrm{B} + \Delta U_\mathrm{L} = 115.54\,(\mathrm{kV})$$

计算始端功率：

$$\Delta\tilde{S}_\mathrm{YL1} = -\mathrm{j}3.664\,(\mathrm{MVA})$$

$$\tilde{S}_\mathrm{A} = \tilde{S}'_\mathrm{AB} + \Delta\tilde{S}_\mathrm{YL1} = 32.023 + \mathrm{j}20.075\,(\mathrm{MVA})$$

系统电压指标：

母线 A 电压偏移　　　　$\Delta U_\mathrm{A}\% = \dfrac{115.58 - 110}{110}\times100 = 5.1$

母线 B 电压偏移　　　　$\Delta U_\mathrm{B}\% = \dfrac{107.35 - 110}{110}\times100 = -2.4$

电压损耗　　　　$\Delta U\% = \dfrac{115.58 - 100}{110}\times100 = 14.2$

②用标幺值计算。

$$\Delta\tilde{S}_\mathrm{YT2*} = -0.021\,3 - \mathrm{j}0.314$$

$$\tilde{S}''_\mathrm{T*} = 0.280 - \mathrm{j}0.114$$

$$\Delta\tilde{S}_\mathrm{ZT*} = (0.28^2 + 0.114^2)\times(0.018\,6 + \mathrm{j}0.289) = 0.001\,7 + \mathrm{j}0.026\,4$$

$$\tilde{S}'_\mathrm{T*} = \tilde{S}''_\mathrm{T*} + \Delta\tilde{S}_\mathrm{ZT*} = 0.282 - \mathrm{j}0.087\,6$$

$$\mathrm{d}\dot{U}_\mathrm{ZT*} = (0.28\times0.018\,6 - 0.114\times0.289) + \mathrm{j}\,(0.28\times0.289 + 0.114\times0.018\,6)$$
$$= -0.027\,7 + \mathrm{j}0.083\,1$$

$$\dot{U}_\mathrm{B*} = 1 - 0.027\,7 + \mathrm{j}0.083\,1 = 0.976\angle4.88°$$

$$\dot{U}_\mathrm{B*} = \dot{U}_\mathrm{C*} + \Delta U_* = \dot{U}_\mathrm{C*} + \frac{P_\mathrm{C*}R_\mathrm{T*} + Q_\mathrm{C*}X_\mathrm{T*}}{U_\mathrm{C*}} = 1 + 0.005\,58 - 0.032\,9 = 0.972$$

$$\Delta\tilde{S}_\mathrm{YT1} = (0.022\,4 + \mathrm{j}0.345)\times0.976^2 = 0.021\,2 + \mathrm{j}0.329$$

$$\tilde{S}_\mathrm{T*} = \tilde{S}'_\mathrm{T*} + \Delta\tilde{S}_\mathrm{YL1} = 0.303 + \mathrm{j}0.244$$

$$\Delta\tilde{S}_\mathrm{YL2*} = -\mathrm{j}\frac{B_\mathrm{L*}}{2}U_\mathrm{B*}^2 = -\mathrm{j}0.031\,6$$

$$\tilde{S}''_\mathrm{AB*} = \tilde{S}_\mathrm{T*} + \Delta\tilde{S}_\mathrm{YL2*} = 0.320 + \mathrm{j}0.237$$

$$\Delta\tilde{S}_\mathrm{ZL*} = \frac{0.303^2 + 0.212^2}{0.976}\times(0.119 + \mathrm{j}0.172) = 0.017\,1 + \mathrm{j}0.024\,7$$

$$\tilde{S}'_\mathrm{AB*} = \tilde{S}''_\mathrm{AB*} + \Delta\tilde{S}_\mathrm{ZL*} = 0.320 + \mathrm{j}0.237$$

$$\mathrm{d}\dot{U}_\mathrm{L*} = \frac{0.303\times0.119 + 0.212\times0.172}{0.976} + \mathrm{j}\frac{0.303\times0.172 - 0.212\times0.119}{0.976} = 0.074\,3 + \mathrm{j}0.027\,5$$

$$\dot{U}_\mathrm{A*} = U_\mathrm{B*} + \mathrm{d}\dot{U}_\mathrm{L*} = 1.05\angle1.50°$$

$$U_{A*} = U_{B*} + \Delta U_{L*} = 1.05$$

$$\Delta \tilde{S}_{YL1} = -j0.036\,7$$

$$\tilde{S}_{A*} = \tilde{S}'_{AB*} + \Delta \tilde{S}_{YL1*} = 0.32 + j0.201$$

3.2 输电线路的运行特性

3.2.1 线路空载运行特性

当输电线路空载时，线路末端功率为零 $\tilde{S}_2 = P_2 + jQ_2 = 0$。如图 3-2 所示，如忽略线路电导，$G=0$，当线路末端电压已知时，可得出：

$$\Delta \tilde{S}_{Y2} = -j\frac{B}{2}U_2^2$$

$$\tilde{S}'_2 = -j\frac{B}{2}U_2^2 = j\left(-\frac{B}{2}U_2^2\right)$$

$$\dot{U}_1 = U_2 - \frac{BX}{2}U_2 + j\frac{BR}{2}U_2$$

当考虑到高压线路一般采用导线截面较大，电阻较小，在忽略电阻时，有

$$U_1 \approx U_2 - \frac{BX}{2}U_2 = U_2\left(1 - \frac{BX}{2}\right) \tag{3-33}$$

线路电纳是容性的，B 本身大于零。由上式可知，$U_1 < U_2$ 说明在空载情况下，线路末端电压将高于始端电压。这种现象称为输电线路空载的末端电压升高现象。

高压输电线路在轻载时也会产生末端电压升高的现象，如果末端电压超过允许值，将使设备绝缘损坏。在此情况下必须采取措施来补偿线路的电容电流，常用的方法是在 500kV 系统中线路末端常连接有并联电抗器。在空载或轻载时抵消充电功率避免在线路上出现过电压。对于长线路，直接应用线路方程式可得

$$\dot{U}_1 = \dot{U}_2 \cosh \gamma l$$

在 $r_1=0$, $g_1=0$ 的情况下，上式变为 $U_1 = U_2 \cos \sqrt{x_1 b_1} l$，从而得到空载电压与线路长度的关系。在极端情况下，当 $\sqrt{x_1 b_1} l = 90°$ 时，$U_1=0$。这说明即使 $U_1=0$，也可以使末端得到给定电压 U_2。这种情况相当于发生谐振的情况，相应线路长度约 1/4 波长，即 1 500km。

【例题 3-2】500kV 线路 $x_1=0.28\Omega/\text{km}$，$b_1=4\times10^{-6}\text{S/km}$，当始端电压为 U_N，线路末端空载，考虑末端电压与线路长度的关系。

解：由式 $U_1 = U_2 \cos \sqrt{x_1 b_1} l$ 知

$$U_2 = \frac{U_1}{\cos \sqrt{x_1 b_1} l} = \frac{U_N}{\cos(1.058 \times 10^{-3} l)}$$

由此得出末端电压与线路长度关系见表 3-1。

表 3-1　线路末端电压与线路长度之间的关系

l（km）	100	300	500	700	900	1 100	1 300	1 500
U_2/U_N	1.006	1.053	1.158	1.355	1.725	2.526	5.150	∞

由已知计算结果可知，当线路长度超过 500km 时，在空载情况下，末端电压已超过线路始端电压 15%，长度达 1 500km 时，出现谐振情况。

3.2.2　输电线路的传输功率极限

对于线 π 型等效电路如忽略线路电阻和不计两端并联导纳可得

$$\dot{U}_1 = \dot{U}_2 + \Delta U = U_2 + \frac{Q_2 X}{U_2} + j\frac{P_2 X}{U_2} \tag{3-34}$$

取线路末端电压 $\dot{U}_2 = U_2 \angle 0°$，则始端电压为：

$$\dot{U}_1 = U_1 \angle \theta = U_1(\cos\theta + j\sin\theta) \tag{3-35}$$

比较式（3-34）和式（3-35）可得

$$\frac{P_2 X}{U_2} = U_1 \sin\theta \tag{3-36}$$

注意到忽略线路电阻，则线路始端和末端有功功率相等。由式（3-34）可得出线路传输功率与两端电压大小及其相位差 θ 的关系为：

$$P = \frac{U_1 U_2}{X} \sin\theta \tag{3-37}$$

式（3-37）说明当 U_1 和 U_2 给定时，传输功率与 θ 角之间是正弦函数关系。可见最大传输功率为 $\theta=90°$，$P_{max} = \frac{U_1 U_2}{X}$。可见，最大传输功率与线路两端电压乘积成正比，与线路电抗成反比。在实际应用中线路增加始端与末端电压受设备绝缘等因素限制，不允许超过允许值，而减少线路电抗却是经济可行的。如线路中采用分裂导线，或在线路上串电容器用容抗补偿部分感抗。

上述得出的最大传输功率在实际应用中还要考虑导线发热和系统稳定性等其他因素，输送功率还要适当减小。

3.2.3　输送功率与电压之间的关系

在高压输电系统和超高压输电系统中，电阻比电抗小很多，因此有功功率与两端电压相位差之间，无功功率与电压损耗之间关系密切。从式（3-35）中可看出，有功功率与线路两端电压相位差 θ 是正弦函数关系，有功功率由电压相位超前的一端向电压相位滞后的一端传送（$\theta>0$），在达到输送功率传输极限以前，相位差越大，传输有功功率越大，由于线路两端电压一般都在额定电压附近，所以电压影响较小。

线路传输无功功率，从线路串联支路末端无功功率 Q_2 来看，式（3-4）中令 $R=0$，则 Q_2 与 U_1 和 U_2 的近似关系为 $Q_2 \approx \frac{(U_1 - U_2)}{X} U_2$。由此可见，线路传输无功功率 Q_2 与电压 U_1 和 U_2 的近似关系为：

$$Q_2 \approx \frac{(U_1 - U_2) \, U_2}{X} \tag{3-38}$$

从式（3-38）可看出，线路传输无功功率与两端电压差，即与电压损耗近似成正比。而且无功功率从电压高的一端向电压低的一端流动。因此，如果要增加线路始端送到末端的无功功率，就要设法提高始端电压或降低末端电压。显然线路传输无功功率与线路两端电压相位关系较小。

上述线路输送有功功率与电压相位差之间的密切关系、输送无功功率与电压有效值差之间的密切关系在变压器中也存在，它是高压输电系统和超高压输电系统中非常重要的特性。

3.3　开式电网的潮流分析

开式电网是电力网结构中最简单的一种，网络中任何一个负荷点只能由一个方向获得电能。开式网络包括同一电压等级的开式电网和多级电压开式网络。

3.3.1　同一电压级开式电网

开式电网如图 3-7（a）所示，已知供电点 1 向负荷点 2 和 3 供电，负荷点功率已知，网络额定电压为 U_N。

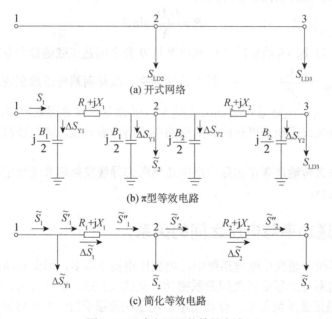

(a) 开式网络

(b) π型等效电路

(c) 简化等效电路

图 3-7　开式电网及其等效电路

对应图 3-7（a）的 π 型等效电路如图 3-7（b）所示，图 3-7（c）为化简后的等效电路，将输电线路中的电纳支路都用额定电压 U_N 下的充电功率代替，这样在每段线路始端和末端节点都分别加上该段线路充电功率的一半，然后再将这些充电功率分别与相应节点的负荷功率合并，得

$$\begin{cases} \tilde{S}_3 = \tilde{S}_{\text{LD3}} + \Delta\tilde{S}_{\text{Y2}} = \tilde{S}_{\text{LD3}} - \text{j}\dfrac{B_2}{2}U_N^2 \\[3mm] \tilde{S}_2 = \tilde{S}_{\text{LD2}} + \Delta\tilde{S}_{\text{Y1}} + \Delta\tilde{S}_{\text{Y2}} = \tilde{S}_{\text{LD2}} - \text{j}\dfrac{B_1}{2}U_N^2 - \text{j}\dfrac{B_2}{2}U_N^2 \\[3mm] \Delta\tilde{S}_{\text{Y1}} = -\text{j}\dfrac{B_1}{2}U_N^2 \\[3mm] \Delta\tilde{S}_{\text{Y2}} = -\text{j}\dfrac{B_2}{2}U_N^2 \end{cases} \tag{3-39}$$

在开式电网的分析计算中，根据已知条件不同，一般可分为下述两种情况。

1. 已知同一端的电压和功率

①如已知末端的电压和功率，求始端的电压和功率，可以从末级逐级往上推算，直至求得各要求的量。如图 3-7 所示，已知 $\tilde{S}_{\text{LD3}}$、$\dot{U}_3$ 求 $\tilde{S}_1$、$\dot{U}_1$。

计算步骤如下：

$$\tilde{S}_2'' = \tilde{S}_3 = \tilde{S}_{\text{LD3}} + \Delta\tilde{S}_{\text{Y2}}$$

$$\Delta\tilde{S}_2 = \left(\frac{P_2''^2 + Q_2''^2}{U_3^2}\right)(R_2 + \text{j}X_2) = \frac{P_2''^2 + Q_2''^2}{U_3^2}R_2 + \text{j}\frac{P_2''^2 + Q_2''^2}{U_3^2}\text{j}X_2$$

$$\begin{cases} \Delta U_2 = \dfrac{P_2''R_2 - Q_2''X_2}{U_3} \\[3mm] \delta U_2 = \dfrac{P_2''X_2 - Q_2''R_2}{U_3} \\[3mm] U_2 = \sqrt{(U_3 + \Delta U_2)^2 + (\delta U_2)^2} \end{cases}$$

$$\tilde{S}_2' = \tilde{S}_2'' + \Delta\tilde{S}_2$$

$$\tilde{S}_1'' = \tilde{S}_2' + \tilde{S}_2$$

$$\tilde{S}_1' = \tilde{S}_1'' + \Delta\tilde{S}_1$$

$$\tilde{S}_1 = \tilde{S}_1' + \Delta\tilde{S}_{\text{Y1}}$$

$$\Delta\tilde{S}_1 = \frac{P_1''^2 + Q_1''^2}{U_2^2}(R_1 + \text{j}X_1)$$

$$\begin{cases} \Delta U_1 = \dfrac{P_1''R_1 + Q_1''X_1}{U_2} \\[3mm] \delta U_1 = \dfrac{P_1''X_1 - Q_1''R_1}{U_2} \\[3mm] U_1 = \sqrt{(U_2 + \Delta U_1)^2 - (\delta U_1)^2} \end{cases}$$

②已知线路始端电压和始端功率，要求线路末端的功率和末端电压，可以从始端向下逐级推算直至得出所求的量。

$$\begin{cases} \tilde{S}_1' = \tilde{S}_1 - \Delta\tilde{S}_{Y1} \\[2mm] \tilde{S}_1'' = \tilde{S}_1' - \Delta\tilde{S}_1 \\[2mm] \Delta\tilde{S}_1 = \left(\dfrac{P_1'^2 + Q_1'^2}{U_1^2} \right)(R_1 + jX_1) \\[2mm] \Delta U_1 = \dfrac{P_1'R_1 + Q_1'X_1}{U_1} \\[2mm] \delta U_1 = \dfrac{P_1'X_1 - Q_1'R_1}{U_1} \\[2mm] U_2 = \sqrt{(U_1 - \Delta U)^2 + (\delta U_1)^2} \end{cases}$$

$$\begin{cases} \tilde{S}_2' = \tilde{S}_1'' - \tilde{S}_2 \\[2mm] \Delta\tilde{S}_2 = \dfrac{P_2'^2 + Q_2'^2}{U_2^2}(R_2 + jX_2) \\[2mm] \tilde{S}_2'' = \tilde{S}_2' - \Delta\tilde{S}_2 = \tilde{S}_3 \\[2mm] \Delta U_2 = \dfrac{P_2'R_2 + Q_2'X_2}{U_2} \\[2mm] \delta U_2 = \dfrac{P_2'X_2 - Q_2'R_2}{U_2} \\[2mm] U_3 = \sqrt{(U_2 - \Delta U_2)^2 + (\delta U_2)^2} \end{cases}$$

$$\begin{cases} \tilde{S}_{LD3} = \tilde{S}_3 - \Delta\tilde{S}_{Y2} \\[2mm] \tilde{S}_{LD2} = \tilde{S}_2 - \Delta\tilde{S}_{Y1} \end{cases}$$

2. 已知始端电压和末端功率

以上所计算的线路是已知同一侧的电压和功率，而在实际电力系统计算中，通常已知首端的电压和末端的功率。对于这种情况可将问题转化为已知同侧电压和功率的潮流计算。当电力系统正常运行时，各节点电压允许变化范围不超过±5%，因此可假设未知节点电压均为额定电压。如已知末端功率，假设末端电压为额定电压，按照已知末端电压和末端功率逐级向前推算，直至线路始端。然后利用已知首端电压和计算得到的始端功率，从线路始端再逐级向下推算。如此反复计算直至达到允许的精度（误差小于3%）为止。

对应图 3-7（c）所示，设 $U_3 = U_N$，$\tilde{S}_2'' = \tilde{S}_3$。

$$\Delta\tilde{S}_2 = \frac{P_2''^2 + Q_2''^2}{U_N^2}(R_2 + jX_2)$$

$$\tilde{S}_2' = \tilde{S}_2'' + \Delta\tilde{S}_2$$

$$\Delta U_2 = \frac{P_2''R_2 + Q_2''X_2}{U_N}$$

$$\delta U_2 = \frac{P_2''X_2 - Q_2''R_2}{U_N}$$

$$U_2 = \sqrt{(U_N + \Delta U_2)^2 + (\delta U_2)^2}$$

$$\begin{cases} \tilde{S}_1'' = \tilde{S}_2' + \tilde{S}_2 \\[4pt] \Delta\tilde{S}_1 = \dfrac{P_1''^2 + Q_1''^2}{U_2^2}(R_1 + jX_1) \\[4pt] \tilde{S}_1' = \tilde{S}_1'' + \Delta\tilde{S}_1 \\[4pt] \tilde{S}_1 = \tilde{S}_1' + \Delta\tilde{S}_{Y1} \\[4pt] \Delta U_1 = \dfrac{P_1'' R_1 + Q_1'' X_1}{U_1} \\[4pt] \delta U_1 = \dfrac{P_1'' X_1 - Q_1'' R_1}{U_1} \\[4pt] U_1 = \sqrt{(U_2 + \Delta U_1)^2 + (\delta U_1)^2} \end{cases}$$

【例题 3-3】 如图 3-8（a）所示电力网，母线 1 是电源，其电压保持在 118kV。各母线负荷和线路参数标于图 3-8（a）中，用有名值表示的等效电路如图 3-8（b）所示。已知架空线路长度为 100km，变压器参数为 SFL1-8 000/110，8 000/4 000/8 000，110/38.5/10.5kV。

$$\Delta P_{k\,(\text{I-II})}' = 27(\text{kW})，\quad \Delta P_{k\,(\text{II-III})}' = 19(\text{kW})，\quad \Delta P_{k\,(\text{III-I})} = 89(\text{kW})$$

$$\Delta P_0 = 14.2(\text{kW})，\quad U_{k\,(\text{I-II})}\% = 10.5，\quad U_{k\,(\text{II-III})}\% = 6.5，\quad U_{k\,(\text{III-I})}\% = 17.5，\quad I_0\% = 1.26$$

试用有名制计算该网络的潮流分布。

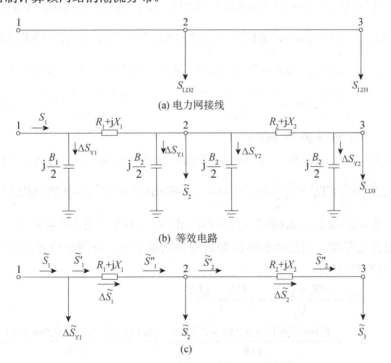

图 3-8　例题 3-3 的电力网接线及等效电路

解：采用简化计算方法进行计算，设全网络各节点电压均为额定电压 110（kV），从已知功率处开始计算网络的功率分布。

$$\Delta \tilde{S}_{ZT2} = \left(\frac{\tilde{S}_3}{U_3}\right)^2 Z_{T2} = \frac{2^2 + 1^2}{110^2} \times 8.98 + j\frac{2^2 + 1^2}{110^2}(-3.78) = 0.0037 - j0.0016(\text{MVA})$$

$$\Delta \tilde{S}_{ZT2} = \left(\frac{\tilde{S}_3}{U_3}\right)^2 Z_{T2} = \frac{2^2 + 1^2}{110^2} \times 8.98 + j\frac{2^2 + 1^2}{110^2}(-3.78) = 0.0037 - j0.0016(\text{MVA})$$

$$\tilde{S}_3' = \tilde{S}_3 + \Delta \tilde{S}_{ZT2} = 2 + j1 + 0.0037 - j0.0016 = 2.0037 + j0.21(\text{MVA})$$

$$\Delta \tilde{S}_{ZT3} = \left(\frac{\tilde{S}_4}{U_4}\right)^2 Z_{T3} = \frac{4^2 + 3^2}{110^2} \times 5.39 + j\frac{4^2 + 3^2}{110^2} = 0.011 + j0.2(\text{MVA})$$

$$\tilde{S}_4' = \tilde{S}_4 + \Delta \tilde{S}_{ZT3} = 4 + j3 + 0.011 - j0.21 = 4.011 + j3.21(\text{MVA})$$

$$\tilde{S}_2''' = \tilde{S}_3' + \tilde{S}_4' = 2.0037 + j0.9984 + 4.011 + j3.21 = 6.0147 + j4.2084(\text{MVA})$$

$$\Delta \tilde{S}_{ZT1} = \left(\frac{\tilde{S}_2'''}{U_2'}\right)^2 Z_{T1} = \frac{6.0147^2 + 4.2084^2}{110^2} \times 11.44 + j\frac{6.0147^2 + 4.2084^2}{110^2} \times 162.6$$
$$= 0.051 + j0.72(\text{MVA})$$

$$\tilde{S}_2'' = \tilde{S}_2''' + \Delta \tilde{S}_{ZT1} = 6.0147 + j4.2084 + 0.051 + j0.72 = 6.0657 + j4.9284(\text{MVA})$$

$$\Delta \tilde{S}_{YT} = Y_T U_2^2 = G_T U_2^2 + jB_T U_2^2$$
$$= (1.17 \times 110^2 + j8.3 \times 110^2) \times 10^{-6} = 0.014 + j0.1(\text{MVA})$$

$$\tilde{S}_2 = \tilde{S}_2'' + \Delta \tilde{S}_{YT} = 6.0657 + j4.9284 + 0.014 + j0.1 = 6.0797 + j5.0284(\text{MVA})$$

$$\Delta \tilde{S}_{Y12} = \frac{1}{2} Y^* U_2^2 = -j\frac{1}{2} B_1 U_2^2 = -j\frac{1}{2} \times 2.96 \times 10^{-4} \times 110^2 = -j1.79(\text{MVA})$$

$$\tilde{S}_2' = \tilde{S}_2 + \Delta \tilde{S}_{Y12} = 6.0797 + j5.0248 - j1.79 = 6.0797 + j3.2384(\text{MVA})$$

$$\Delta \tilde{S}_{Z1} = \left(\frac{\tilde{S}_2'}{U_2}\right)^2 Z_1 = \frac{6.0797^2 + 3.2384^2}{110^2} \times 17 + j\frac{6.0797^2 + 3.2384^2}{110^2} \times 38.6$$
$$= 0.067 + j0.15(\text{MVA})$$

$$\tilde{S}_1' = \tilde{S}_2' + \Delta \tilde{S}_{Z1} = 6.0797 + j3.2384 + 0.067 + j0.15 = 6.1467 + j3.3884(\text{MVA})$$

$$\Delta \tilde{S}_{Y1} = \frac{1}{2} Y_1^* U_1^2 = -j\frac{1}{2} B_1 U_1^2 = -j\frac{1}{2} \times 2.96 \times 10^{-4} \times 110^2 = -j1.79(\text{MVA})$$

$$\tilde{S}_1 = \tilde{S}_1' + \Delta \tilde{S}_{Y1} = 6.1467 + j3.3884 - j1.79 = 6.1467 + j1.5984(\text{MVA})$$

从已知电压处开始，用已知的电压和求得的功率分布，逐级求解各点的电压，假设：
$$\dot{U}_1 = U_1 \angle 0° = 118 \angle 0°(\text{kV})$$

$$d\dot{U}_1 = \frac{P_1' R_1 + Q_1' X_1}{U_1} + j\frac{P_1' X_1 - Q_1' R_1}{U_1}$$

$$= \frac{6.1467 \times 17 + 3.3884 \times 38.6}{118} + j\frac{6.1467 \times 38.6 - 3.3884 \times 17}{118}$$

$$= 1.99 + j1.52$$

$$\dot{U}_2 = \dot{U}_1 - d\dot{U}_1 = 118 - 1.99 - j1.52 = 116.01 - j1.52 = 116.02 \angle -0.75°$$

重新假设 $\dot{U}_2 = U_2 \angle 0° = 116.02 \angle 0°(\text{kV})$，则

$$\mathrm{d}\dot{U}_{\mathrm{T1}} = \frac{P_2''R_{\mathrm{T1}} + Q_2''X_{\mathrm{T1}}}{U_2} + \mathrm{j}\frac{P_2''X_{\mathrm{T1}} - Q_2''R_{\mathrm{T1}}}{U_2}$$

$$= \frac{6.065\,7 \times 11.44 + 4.928\,4 \times 126.6}{116.02} + \mathrm{j}\frac{6.065\,7 \times 126.6 - 4.928\,4 \times 11.44}{116.02}$$

$$= 7.51 + \mathrm{j}8.015\,(\mathrm{kV})$$

$$\dot{U}_2' = \dot{U}_2 - \mathrm{d}\dot{U}_{\mathrm{T1}} = 116.02 - 7.51 - \mathrm{j}8.015 = 108.51 - \mathrm{j}8.015 = 108.81\angle -4.22°\,(\mathrm{kV})$$

重新设：
$$\dot{U}_2' = 108.81\angle 0°\,(\mathrm{kV})$$

$$\mathrm{d}\dot{U}_{\mathrm{T2}} = \frac{P_3'R_{\mathrm{T2}} + Q_2''X_{\mathrm{T2}}}{U_2'} + \mathrm{j}\frac{P_3'X_{\mathrm{T2}} - Q_3'R_{\mathrm{T2}}}{U_2'}$$

$$= \frac{2.003\,7 \times 8.98 + 1.066 \times 3.78}{108.81} + \mathrm{j}\frac{2.003\,7 \times (-3.78) - 1.066 \times 8.98}{108.81}$$

$$= 0.13 - \mathrm{j}0.15\,(\mathrm{kV})$$

$$\dot{U}_3 = \dot{U}_2 - \mathrm{d}\dot{U}_{\mathrm{T2}}' = 108.81 - 0.13 + \mathrm{j}0.15 = 108.68 + \mathrm{j}0.15 \approx 108.68\angle 0°$$

$$\mathrm{d}\dot{U}_{\mathrm{T3}} = \frac{P_4'R_{\mathrm{T3}} + Q_4'X_{\mathrm{T3}}}{U_2'} + \mathrm{j}\frac{P_4'X_{\mathrm{T3}} - Q_4'R_{\mathrm{T3}}}{U_2'}$$

$$= \frac{4.011 \times 5.39 + 3.21 \times 102.1}{108.68} + \mathrm{j}\frac{4.011 \times 102.1 - 3.21 \times 5.39}{108.68}$$

$$= 3.21 + \mathrm{j}3.61\,(\mathrm{kV})$$

$$\dot{U}_4 = \dot{U}_2' - \mathrm{d}\dot{U}_{\mathrm{T3}} = 108.81 - 3.21 - \mathrm{j}3.61 = 105.6 - \mathrm{j}3.61 = 105.66\angle -6.93°$$

各点电压：
$$\dot{U}_1 = 118\angle 0°,\ \dot{U}_2 = 116.02\angle 0.75°,\ \dot{U}_3 = 108.68\angle -4.891°,\ \dot{U}_4 = 105.66\angle -6.93°$$

将各点电压归算回实际电压级。

母线 1 的实际电压为：$\dot{U}_1 = 118\angle 0°\,(\mathrm{kV})$

母线 2 的实际电压为：$\dot{U}_2 = 116.02\angle -75°\,(\mathrm{kV})$

母线 3 的实际电压为：$\dot{U}_3 = 108.68\angle -4.891° \times \dfrac{38.5}{110} = 38.038\angle -4.891°\,(\mathrm{kV})$

母线 4 的实际电压为：$\dot{U}_4 = 105.66\angle -6.93° \times \dfrac{10.5}{110} = 10.09\angle -6.81°\,(\mathrm{kV})$

作电力网潮流分布图，如图 3-9 所示。

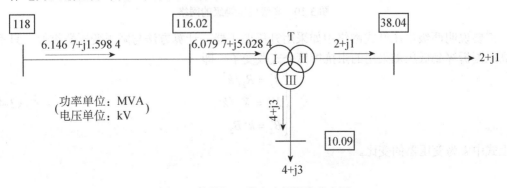

图 3-9 例题 3-3 的电力网潮流分布图

3.3.2 多级电压等级的开式电网的计算

对于多级电压等级的开式网络的潮流计算，通常有两种方法。一种方法是将变压器表示为带非标准变比的变压器等效电路，如图 3-10（b）所示。按照前述方法，根据已知条件由末端向始端逐级推算。功率不需要折算，电压需要折算。另一种方法是将变压器用折算到高压侧的阻抗 Z'_T 表示，同时线路 WL2 参数折算到高压侧，对降压变压器，阻抗折算公式为

$$\begin{cases} R'_2 = k^2 R_2 \\ X'_2 = k^2 X_2 \\ B'_2 = \dfrac{1}{k^2} B_2 \end{cases} \tag{3-40}$$

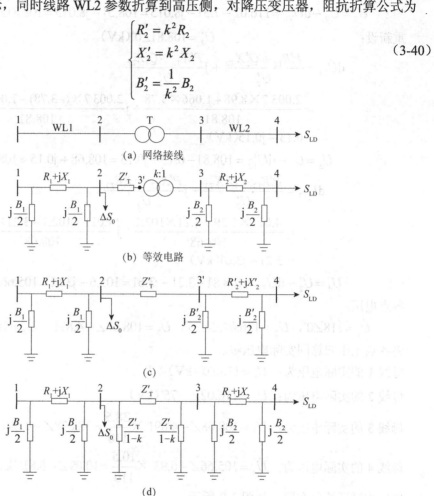

图 3-10 多级电压等级的网络

需要说明两级电压开式网络中如采用升压变压器，计算方法与降压变压器类似，只不过从高压侧折算到低压侧采用的阻抗折算公式改变了，即

$$\begin{cases} R'_2 = R_2/k^2 \\ X'_2 = X_2/k^2 \\ B'_2 = k^2 B_2 \end{cases} \tag{3-41}$$

上式中 k 为变压器的变比。

3.4 简单闭式电网的潮流分布计算

3.4.1 两端供电网络的潮流计算

两端供电网络如图 3-11 所示，设 $\dot{U}_A \neq \dot{U}_B$，根据基尔霍夫定律，可列出下列方程式。

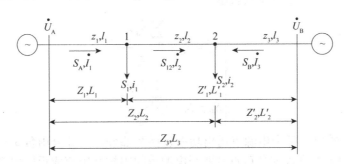

图 3-11 两端供电网络

$$\begin{cases} \dot{U}_A - \dot{U}_B = \dot{I}_1 z_1 + \dot{I}_2 z_2 - \dot{I}_3 z_3 \\ i_1 = \dot{I}_1 - \dot{I}_2 \\ i_2 = \dot{I}_1 + \dot{I}_2 \end{cases} \tag{3-42}$$

如已知电源电压 $\dot{U}_A$ 和 $\dot{U}_B$ 及负荷点电流 i_1 和 i_2 便可解出从电源 A 和 B 流出的电流 $\dot{I}_A$ 和 $\dot{I}_B$：

$$\begin{cases} \dot{I}_A = \dfrac{\dot{U}_A - \dot{U}_B}{z_1 + z_2 + z_3} + \dfrac{(z_2 + z_3)\, i_1 + z_3 i_2}{z_\Sigma} \\ \dot{I}_B = \dfrac{\dot{U}_A - \dot{U}_B}{z_1 + z_2 + z_3} + \dfrac{(z_1 + z_2)\, i_2 + z_1 i_1}{z_\Sigma} \end{cases} \tag{3-43}$$

$$\begin{cases} \dot{I}_A = \dfrac{\dot{U}_A - \dot{U}_B}{z_\Sigma} + \dfrac{i_1 Z_1' + i_2 Z_2'}{z_\Sigma} = \dfrac{\dot{U}_A - \dot{U}_B}{z_\Sigma} + \dfrac{\sum\limits_{m=1}^{2} i_m Z_m'}{z_\Sigma} \\ \dot{I}_B = \dfrac{\dot{U}_A - \dot{U}_B}{z_\Sigma} + \dfrac{i_1 Z_1 + i_2 Z_2}{z_\Sigma} = \dfrac{\dot{U}_A - \dot{U}_B}{z_\Sigma} + \dfrac{\sum\limits_{m=1}^{2} i_m Z_m}{z_\Sigma} \end{cases} \tag{3-44}$$

式（3-44）中，Z_Σ 为整条线路的总阻抗，Z_m 和 Z_m' 分别为第 m 个负荷节点到供电点 B 和 A 的总阻抗。

式（3-43）计算电流是精确的，但是，在电力网中由于沿线有电压降落，沿线各点功率不同。在电力网实际计算中是已知负荷点的功率，而不是电流。为求功率分布，可采用近似计算法，先忽略网络中功率损耗，用额定电压计算功率，令 $\dot{U} = U_N \angle 0°$，$\tilde{S} \approx \dot{U}_N I^*$。对式（3-43）两边取共轭，然后全式乘以 $\dot{U}_N$，可得从电源点输出功率为

$$\begin{cases} \tilde{S}_A = \dfrac{\dot{U}_N\left(\dot{U}_A^* - \dot{U}_B^*\right)}{z_\Sigma^*} + \dfrac{\left(Z_2^* + Z_3^*\right)\tilde{S}_1 + Z_2^*\tilde{S}_2}{z_\Sigma^*} = \tilde{S}_C + \tilde{S}_{ALD} \\[4mm] \tilde{S}_B = \dfrac{\dot{U}_N\left(\dot{U}_B^* - \dot{U}_A^*\right)}{z_\Sigma^*} + \dfrac{\left(Z_1^* + Z_2^*\right)\tilde{S}_2 + Z_3^*\tilde{S}_2}{z_\Sigma^*} = \tilde{S}_C + \tilde{S}_{BLD} \end{cases} \tag{3-45}$$

推广到 n 段线路，可以用下式表示

$$\begin{cases} \tilde{S}_A = \tilde{S}_C + \dfrac{\displaystyle\sum_{m=1}^{n} \tilde{S}_m Z_m'^*}{z_\Sigma^*} \\[6mm] \tilde{S}_B = \tilde{S}_C + \dfrac{\displaystyle\sum_{m=1}^{n} \tilde{S}_m Z_m^*}{z_\Sigma^*} \end{cases} \tag{3-46}$$

从式（3-45）看出，每个电源点送出功率包括两部分，一部分由负荷功率和网络参数确定，每个负荷的功率都是以该负荷点到两个电源点间阻抗共轭值成反比关系分配给两个电源点；另一部分与负荷无关，它由两个供电点电压差和网络参数决定，通常称为循环功率，两电源点电压相等时循环功率为零，即

$$\begin{cases} \tilde{S}_A = \tilde{S}_{ALD} = \dfrac{\displaystyle\sum_{m=1}^{n} \tilde{S}_m Z_m'^*}{z_\Sigma^*} \\[6mm] \tilde{S}_B = \tilde{S}_{BLD} = \dfrac{\displaystyle\sum_{m=1}^{n} \tilde{S}_m Z_m^*}{z_\Sigma^*} \end{cases} \tag{3-47}$$

应当指出，上述公式是在假设全网络电压均为额定电压，且相位相同的条件下得出的，忽略了网络功率损耗，根据功率守恒定律，有

$$\tilde{S}_A + \tilde{S}_B = \tilde{S}_1 + \tilde{S}_2 + \cdots + \tilde{S}_n = \sum_{m=1}^{n} \tilde{S}_m$$

可以用上式校验式（3-45）和式（3-46）的计算结果。

式（3-44）至式（3-47）对于单相和三相系统都适用。求出供电点功率 $\tilde{S}_A$ 和 $\tilde{S}_B$ 后，可按线路功率和负荷功率相平衡条件求出整个电力网的初始功率分布，即

$$\tilde{S}_{12} = \tilde{S}_A - \tilde{S}_1$$

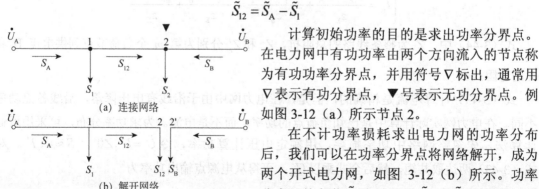

(a) 连接网络

(b) 解开网络

图 3-12 两端供电网络功率分布和功率分界点

计算初始功率的目的是求出功率分界点。在电力网中有功功率由两个方向流入的节点称为有功功率分界点，并用符号 ▽ 标出，通常用 ▽ 表示有功分界点，▼ 号表示无功分界点。例如图 3-12（a）所示节点 2。

在不计功率损耗求出电力网的功率分布后，我们可以在功率分界点将网络解开，成为两个开式电力网，如图 3-12（b）所示。功率分点处的负荷 $\tilde{S}_2$ 也被分成 $\tilde{S}_{12}$ 和 $\tilde{S}_B$ 两部分，分

别接在两个开式网络的终端。然后按照已知始端电压和末端功率的开式网络进行计算，计算这两个开式电网的功率损耗和电压降落。进而得到所有节点的电压。计算功率损耗时，网络中未知节点电压可用线路额定电压代替。当有功、无功功率分界点为同一节点时，该节点是网络中最低电压点，它与供电点电压的标量差就是最大电压损耗。如果有功分点和无功分点不一致时，通常选电压最低点将网络解开，以便确定网络最大电压损失。

如果网络中所有电力线路的结构相同，导线截面相等，所有线路单位长度参数完全相同，则可以用线路长度计算功率分布。即

$$
\begin{cases}
S_A = \dfrac{\sum\limits_{i=1}^{n} S_i L_i'}{L_\Sigma} = \dfrac{\sum\limits_{i=1}^{n} P_i L_i}{L_\Sigma} + j\dfrac{\sum\limits_{i=1}^{n} Q_i L_i}{L_\Sigma} \\[4mm]
S_B = \dfrac{\sum\limits_{i=1}^{n} S_i L_i}{L_\Sigma} = \dfrac{\sum\limits_{i=1}^{n} P_i L_i'}{L_\Sigma}{}_i + j\dfrac{\sum\limits_{i=1}^{n} Q_i L_i'}{L_\Sigma}
\end{cases}
\tag{3-48}
$$

$$
\begin{cases}
P_A = \dfrac{\sum\limits_{m=1}^{n} P_m L_m'}{L_\Sigma},\quad Q_A = \dfrac{\sum\limits_{m=1}^{n} Q_m L_m'}{L_\Sigma} \\[4mm]
P_B = \dfrac{\sum\limits_{m=1}^{n} P_m L_m}{L_\Sigma},\quad Q_A = \dfrac{\sum\limits_{m=1}^{n} Q_m L_m}{L_\Sigma}
\end{cases}
\tag{3-49}
$$

式（3-48）和式（3-49）中 L_Σ 为整条线路总长度，L_m、L_m' 分别为从第 m 个负荷节点到供电点 B、A 的线路长度。可见这种均一网络，有功功率和无功功率分布与线路长度成正比。

【**例题 3-4**】如图 3-13 所示，某一额定电压 10kV 的两端供电网络，线路 WL1、WL2 和 WL3 的导线型号均为 LJ-185 导线，线路长度分别为 10km、4km 和 3km。线路 WL4 为 LJ-70 型号导线，长度为 2km。各节点负荷如图 3-13 所示。试求当 $\dot{U}_A = 10.5\angle 0°$，$\dot{U}_B = 10.4\angle 0°$ kV 时的功率分布，并找出电压最低点。已知线路 LJ-185，$Z_1 = 0.17 + j0.38\,\Omega/km$；LJ-70，$Z_1 = 0.45 + j0.4\,\Omega/km$。

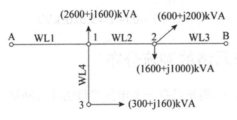

图 3-13　例 3-4 两端供电网络

解：①线路各段阻抗。

$$z_1 = Z_1 l_1 = （0.17+j0.38）\times 10 = 1.7+j3.8（\Omega）$$

$$z_2 = Z_1 l_2 = （0.17+j0.38）\times 4 = 0.68+j1.52（\Omega）$$

$$z_3 = Z_1 l_3 = （0.17+j0.38）\times 3 = 0.51+j1.14（\Omega）$$

$$z_4 = Z_2 l_4 = （0.45+j0.4）\times 2 = 0.9+j0.8（\Omega）$$

$$z_\Sigma = z_1 + z_2 + z_3 = 2.89 + j6.46（\Omega）$$

②计算 1 点和 2 点的运算负荷。

$$\Delta \tilde{S}_{13} = \frac{0.3^2 + 0.16^2}{10^2}(0.9 + j0.8) = 1.04 + j0.925(\text{kVA})$$

$$\tilde{S}_1 = 2\,600 + j1\,600 + 300 + j160 + 1.04 + j0.925 = 2\,901 + j1\,761(\text{kVA})$$

$$\tilde{S}_2 = 600 + j200 + 1\,600 + j1\,000 = 2\,200 + j1\,200(\text{kVA})$$

循环功率计算：

$$\tilde{S}_c = \frac{(U_A^* - U_B^*)U_N}{z_\Sigma^*} = \frac{(10.5 - 10.4) \times 10}{2.89 - j6.46} = 580 + j129(\text{kVA})$$

$$\tilde{S}_{A1} = \frac{1}{17}(2.901 \times 7 + 2\,200 \times 3 + j1\,760 \times 7 + j1\,200 \times 3) + S_c$$
$$= 1\,582.78 + j936.85 + 580 + j129 = 2\,162 + j1\,066(\text{kVA})$$

$$\tilde{S}_{B2} = \frac{1}{17}(2\,901 \times 10 + 2\,200 \times 14 + j1\,761 \times 10 + j1\,200 \times 4) - S_c$$
$$= 3\,518 + j2\,024 - 580 - j129 = 2\,938 + j1\,895(\text{kVA})$$

$$\tilde{S}_{A1} + \tilde{S}_{B2} = 2\,162 + j1\,066 + 2\,938 + j1\,895 = 5\,101 + j2\,961(\text{kVA})$$

$$\tilde{S}_1 + \tilde{S}_2 = 2\,901 + j1\,760 + 2\,200 + j1\,200 = 5\,101 + j2\,960(\text{kVA})$$

$$\tilde{S}_2 = \tilde{S}_{B2} - \tilde{S}_2 = 2\,938 + j1\,895 - 2\,200 - j1\,200 = 738 + j695(\text{kVA})$$

由 2 点为功率分点可推测出 3 点为电压最低点。进一步可求 3 点电压。

$$\Delta \tilde{S}_{A1} = \frac{2.16^2 + 1.07^2}{10^2}(1.7 + j3.8)\ \text{MVA} = 98.78 + j220.8(\text{kVA})$$

$$\tilde{S}'_{A1} = \tilde{S}_{A1} + \Delta \tilde{S}_{A1} = 2\,162 + j1\,066 + 98.8 + j221 = 2\,262 + j1\,287(\text{kVA})$$

$$\Delta U_{A1} = \frac{2.262 \times 1.7 + 1.29 \times 3.8}{10.5} = 0.823\,8(\text{kV})$$

$$U_1 = U_A - \Delta U_{A1} = 10.5 - 0.823\,8 = 9.667(\text{kV})$$

$$\Delta U_{13} = \frac{0.301 \times 0.9 + 0.161 \times 0.8}{9.667} = 0.041(\text{kV})$$

$$U_3 = U_1 - \Delta U_{13} = 9.667 - 0.041 = 9.626(\text{kV})$$

3.4.2　简单环形网络的潮流分布

环形网络可分为两类，一类是只有一个电压等级的环形网络，另一类是含有多个电压等级的环形网络。

1. 一个电压等级的环形网络的潮流分布计算

在整个环形回路中没有变压器接入的环形网络，称为一个电压等级的环形网络，如图 3-14（a）所示，其等效电路如图 3-14（b）所示。再将其进一步简化，且用额定电压计算各变电所的运算负荷和发电厂的运算负荷，可得图 3-14（c）所示简化等效电路。

设母线 1 为电源升压变电所的高压母线，可以计算其运算负荷为：

$$\tilde{S}_1 = \tilde{S}_G - \Delta \tilde{S}_{YT1} - \Delta \tilde{S}_{ZT1} - \Delta \tilde{S}_{Y11} - \Delta \tilde{S}_{Y13}$$

式中，$\Delta \tilde{S}_{YT1} + \Delta \tilde{S}_{ZT1}$ 为变压器 T1 的功率损耗；

$\quad\quad \Delta \tilde{S}_{Y11}$、$\Delta \tilde{S}_{Y12}$ 为接在 1 点的线路导纳支路 $\dfrac{Y_{11}}{2}$ 和 $\dfrac{Y_{12}}{2}$ 的功率损耗。

母线 2 为降压变电所的高压母线，可以计算其运算负荷为：

$$\tilde{S}_2 = \tilde{S}_{L1} + \Delta \tilde{S}_{ZT2} + \Delta \tilde{S}_{YT2} + \Delta \tilde{S}_{Y11} + \Delta \tilde{S}_{Y12}$$

式中，$\quad \Delta \tilde{S}_{ZT2} + \Delta \tilde{S}_{YT2}$ ——变压器 T2 的功率损耗；

$\quad\quad \Delta \tilde{S}_{Y11}$、$\Delta \tilde{S}_{Y12}$ ——接在 2 点的线路导纳支路 $\dfrac{Y_{11}}{2}$ 和 $\dfrac{Y_{12}}{2}$ 的功率损耗。

同理可求出变电所高压母线 3 上的运算负荷为：

$$\tilde{S}_3 = \tilde{S}_{L2} + \Delta \tilde{S}_{ZT3} + \Delta \tilde{S}_{YT3} + \Delta \tilde{S}_{Y12} + \Delta \tilde{S}_{Y13}$$

式中，$\quad \Delta \tilde{S}_{ZT3} + \Delta \tilde{S}_{YT3}$ ——变压器 T3 的功率损耗；

$\quad\quad \Delta \tilde{S}_{Y12}$、$\Delta \tilde{S}_{Y13}$ ——接在 3 点的线路导纳支路 $\dfrac{Y_{12}}{2}$ 和 $\dfrac{Y_{13}}{2}$ 上的功率损耗。

图 3-14（b）所示的等效电路可以用图 3-14（c）所示的简化等效电路表示。

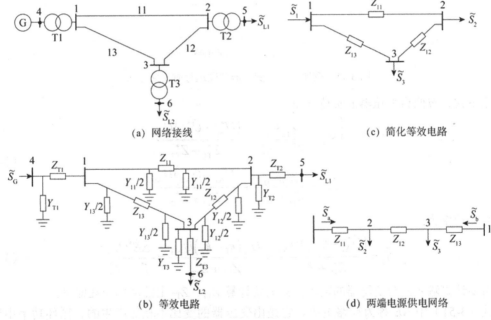

(a) 网络接线　　　　　　　　　　　(c) 简化等效电路

(b) 等效电路　　　　　　　　　　　(d) 两端电源供电网络

图 3-14　单电压级环形网络

对于图 3-14（c）中的环形网络，可在已知电压端（如 1 点）将其拆开，如图 3-14（d）所示，即可等效成两端电压相等的两端供电网络。它的潮流分布计算如前面所述。当求得图 3-14（d）所示等效电路的功率分布后，逐级还原即可求得图 3-14（b）所示等效电路中的功率分布，最后再进行各阻抗上电压损耗的计算，从而求得各母线的电压。

2. 含有多个电压等级的环形网络潮流分布的计算

在整个环形回路中串接有一个以上变压器的环形网络，称为含多个电压等级的环形网络。

两台并联变压器构成的多电压等级环网。如图 3-15（a）是由两台变比不同的升压变压器构成的环网。设两台变压器的变比为 k_1 和 k_2，且 $k_1 \neq k_2$。如果不计变压器导纳支路，引入理想变压器则得到图 3-15（b）所示的等效电路。

Z_{T1} 和 Z_{T2} 是归算到高压侧（图中 B 侧）的变压器阻抗值，设 $\dot{U}_{A1} = \dot{U}_A k_1$，$\dot{U}_{A2} = \dot{U}_A k_2$。将图 3-14（b）所示等效电路在 A 点拆开，可得到图 3-15（c）所示的等效电路。它实际上是等效成供电点电压不相等的两端供电网络（$\dot{U}_{A1} \neq \dot{U}_{A2}$）。

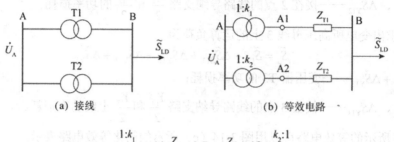

（a）接线　　　　　　　　　　　　（b）等效电路

（c）简化等效电路

图 3-15　变比不同的变压器并联运行时功率分布

用下式计算两台变压器的负荷分布：

$$\begin{cases} \tilde{S}_{T1} = \dfrac{Z_{T2}^* \tilde{S}_{LD}}{Z_{T1}^* + Z_{T2}^*} + \dfrac{\left(\dot{U}_{A1}^* - \dot{U}_{A2}^* \right) \dot{U}_{NB}}{Z_{T1}^* + Z_{T2}^*} \\[3mm] \tilde{S}_{T2} = \dfrac{Z_{T1}^* \tilde{S}_{LD}}{Z_{T1}^* + Z_{T2}^*} + \dfrac{\left(\dot{U}_{A1}^* - \dot{U}_{A2}^* \right) \dot{U}_{NB}}{Z_{T1}^* + Z_{T2}^*} \end{cases} \tag{3-50}$$

其中循环功率为：

$$\tilde{S}_c = \frac{\left(\dot{U}_{A1}^* - \dot{U}_{A2}^* \right) U_{NB}}{Z_{T1}^* + Z_{T2}^*} = \frac{\dot{U}_A^* (k_1 - k_2) U_{NB}}{Z_{T1}^* + Z_{T2}^*} = \frac{\Delta \dot{E}^* U_{NB}}{Z_{T1}^* + Z_{T2}^*} \tag{3-51}$$

若要计算输入两台变压器的功率，只需要计算 Z_{T1}、Z_{T2} 上的功率损耗即可。

式（3-51）中 $\Delta \dot{E}$ 称为环路电势。它是由变压器的变比不相等产生的。循环功率由环路电势产生，因此其方向与环路电势方向一致。由于 $\Delta \dot{E} = \dot{U}_{A1} - \dot{U}_{A2}$，所以循环功率 $\tilde{S}_c$ 的正方向确定为由 A_1 端流向 A_2 端，如果 $\Delta \dot{E} = 0$，则循环功率 $\tilde{S}_c = 0$。式（3-50）表明，变比不同的变压器并列运行时，其负荷分配由变压器变比相等且供给实际负荷的功率分布与不计负荷仅因变比不同引起的循环功率叠加而成。循环功率大小与所带负荷大小无关。

若参数是归算到 A 侧数值（已知 U_A），则 $\Delta \dot{E}$ 确定可利用图 3-16 所示等效电路中选择一个开口，$\Delta \dot{E}$ 可用下式计算。

$$\Delta \dot{E} = \dot{U}_e' - \dot{U}_e = \frac{\dot{U}_A k_1}{k_2} - \dot{U}_A = \dot{U}_A \left(\frac{k_1}{k_2} - 1 \right) \tag{3-52}$$

对于多个电压等级的电网，环路电势和循环功率确定方法如下，先作出等效电路并进行参数归算（变压器励磁功率和线路电容都忽略不计）。其次选定环路电动势方向，然后按所有负荷都切除情况下，将环网的某一处断开，断口的电压即等于环路电势。必须说明，参数归算到哪一电压级，断口就应取该电压级。最后，沿环路电势作用方向的循环功率由下式确定。

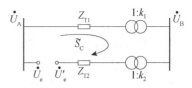

图 3-16　计算环路电动势的等效电路

$$\tilde{S}_c = \frac{\Delta \dot{E} U_N}{Z_\Sigma^*} \tag{3-53}$$

式中，Z_Σ——环网的总阻抗；

　　　U_N——对应于 Z_Σ 所在电压级的额定电压。

现以图 3-17（a）所示三级电压的环网为例进行计算。已知各变压器变比 k_a=121/10.5，k_b=252/10.5，k_{c1}=220/121，k_{c2}=220/11。选定 110kV 作为归算参数的电压级，顺时针方向作为环路电势方向。在 110kV 线路中任取一个断口，如图 3-16（b）所示，以确定环路电势 $\Delta \dot{E}$，若已知电压 U_B，则

$$\Delta \dot{E} = \dot{U}_p - \dot{U}_p' = \dot{U}_B \left(1 - \frac{k_c k_a}{k_b}\right) = \dot{U}_B (1 - k_\Sigma) \tag{3-54}$$

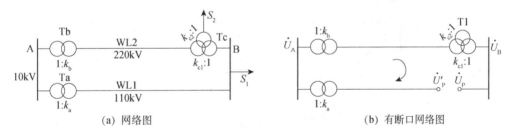

(a) 网络图　　　　　　　　　　　　　　(b) 有断口网络图

图 3-17　三级电压环网中环路电势的确定

若电压 $\dot{U}_A$ 为已知，则：

$$\Delta \dot{E} = \dot{U}_p - \dot{U}_p' = \dot{U}_A \left(\frac{k_b}{k_{c1}} - k_a\right) = \dot{U}_A k_a \left(\frac{1}{k_\Sigma} - 1\right) \tag{3-55}$$

由式（3-53）或式（3-54）可见，若 k_Σ=1 则 $\Delta \dot{E}$=0，循环功率也就不存在了。k_Σ=1，说明环网中运行的各台变压器的变比是相匹配的。

如果环网中原来功率分布在技术或经济上不太合理，则可以通过调整变压器的变比，使之产生某一指定方向的循环功率来改善功率分布。

最后需要说明参数归算问题。如将图 3-17(a)中 220kV 的线路 WL2 的阻抗 Z_{L2} 归算到 110kV 侧，若沿逆时针方向归算，可得：

$$Z_{L2}' = \left(\frac{k_a}{k_b}\right)^2 Z_{L2} = \left(\frac{121}{242}\right)^2 Z_{L2}$$

若沿顺时针方向进行归算，则得：

$$Z'_{L2} = \left(\frac{1}{k_{c1}}\right)^2 Z_{L2} = \left(\frac{121}{220}\right)^2 Z_{L2}$$

由上式可见，沿不同方向归算，将得到不同数值。对于其他参数的归算也会出现类似情况。在简化计算中，通常采用各级电力网的额定电压（或额定平均电压）之比，对阻抗进行近似归算。若需要精确计算，可将网络中所有变压器都用 π 型等效电路表示。这时网络中的各节点电压都是实际值，阻抗不必归算。

【例题 3-5】 图 3-18（a）为一个 110kV 电力网，母线 A 是电源，其电压保持在 116kV。取基准容量 S_B=100MVA，基准电压 U_B=110kV 时各母线负荷功率的标幺值标示在图 3-18（a）中。各线路参数列于表 3-2 中，用标幺值表示的电力网等效电路如图 3-18（b）所示，求网络中的功率分布和母线 B、C、D 的电压。

表 3-2　电力网线路参数

线路	长度（km）	导线型号	r_1 Ω/km	x_1 Ω/km	$b_1 \times 10^{-6}$ S/km	R_*	X_*	$(B_*/2) \times 10^{-3}$
A—B	30	LGJ—120	0.27	0.423	2.69	0.060 9	0.105	4.89
A—C	45	LGJ—150	0.21	0.416	2.74	0.078 1	0.155	7.48
B—C	40	LGJ—120	0.27	0.423	2.60	0.089 3	0.140	6.5
C—D	50	LGJ—70	0.45	0.44	2.58	0.093 4	0.091	15.61

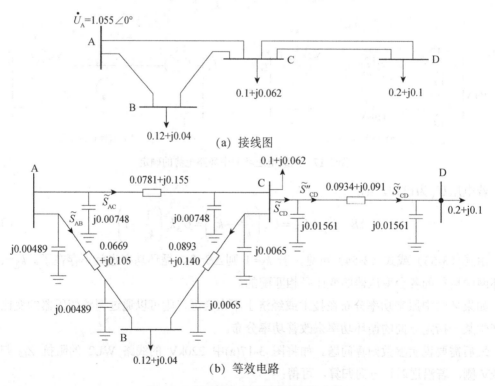

(a) 接线图

(b) 等效电路

图 3-18　例 3-5 电力网接线及等效电路

解：①计算辐射性网络 CD 段的功率分布。

$$\tilde{S}'_{CD} = 0.2 + j0.10 - j0.075\,61 = 0.2 + j0.084\,4$$

$$\tilde{S}''_{CD} = 0.2 + j0.084\,4 + (0.2^2 + 0.084\,4^2) \times (0.093\,4 + j0.091\,0) = 0.204 + j0.088\,7$$

$$\tilde{S}_{CD} = 0.204 + j0.088\,7 - j0.015\,6 = 0.204 + j0.073\,1$$

②计算母线 B 和 C 的运算负荷。

$$\tilde{S}_B = 0.12 + j0.04 - j0.004\,89 - j0.006\,5 = 0.12 + j0.028\,6$$

$$\tilde{S}_C = 0.204 + j0.073\,1 - j0.007\,48 - j0.006\,5 + 0.1 + j0.062 = 0.304 + j0.121$$

③计算环形网络初步功率分布。

将环网在母线 A 处断开，如图 3-18（a）所示。按两端供电网络计算。

计算环网近似功率分布时先认为各母线电压都等于额定电压，相位为零，即 $\dot{U} = 1\angle 0°$。

由 $\tilde{S} = \dot{U}\overset{*}{I}$ 得出 $\overset{*}{I} = \overset{*}{S}$，即各电流与相应复功率的共轭相等。

$$\overset{*}{S}_{AB} = \frac{\overset{*}{S}_B(Z_{BC} + Z_{CA}) + \overset{*}{S}_C Z_{CA}}{Z_\Sigma}$$

$$= \frac{(0.12 - j0.028\,6)(0.167\,4 + j0.295) + (0.304 - j0.121)(0.078\,1 + j0.155)}{0.234\,3 + j0.400}$$

$$= 0.204\,7 - j0.057\,8$$

$$\overset{*}{S}_{BC} = \overset{*}{S}_{AB} - \overset{*}{S}_B = 0.204\,7 - j0.057\,8 - 0.12 + j0.028\,6 = 0.084\,7 - j0.029\,2$$

$$\overset{*}{S}_{AC} = \overset{*}{S}_A + \overset{*}{S}_B - \overset{*}{S}_{AB} = 0.220 - j0.091\,8$$

或　　$$\overset{*}{S}_{AC} = \frac{\overset{*}{S}_B Z_{AB} + \overset{*}{S}_C (Z_{AB} + Z_{BC})}{Z_\Sigma} = 0.220 - j0.091\,8$$

如图 3-19（a）所示，由环网中近似功率分布，可以看出功率分点在母线 C 处。

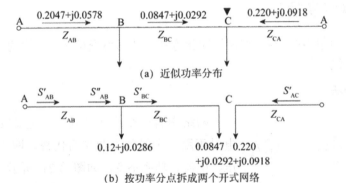

（a）近似功率分布

（b）按功率分点拆成两个开式网络

图 3-19　环形网络部分及功率分点

④计算环形网络功率损耗及功率分布。

$$\tilde{S}'_{AC} = 0.220 + j0.091\,8 + (0.22^2 + 0.091\,8^2) \times (0.078\,1 + j0.155) = 0.224 + j0.101$$

$$\tilde{S}'_{BC} = 0.084\,7 + j0.029\,2 + (0.084\,7^2 + 0.029\,2^2) \times (0.089\,3 + j0.140) = 0.085\,4 + j0.030\,3$$

$$\tilde{S}''_{AB} = \tilde{S}'_{BC} + \tilde{S}_B = 0.205 + j0.058\,9$$

$$\tilde{S}'_{AB} = \tilde{S}''_{AB} + \Delta\tilde{S}_{AB} = 0.205 + j0.058\,9 + (0.205^2 + 0.058\,9^2) \times (0.069\,9 + j0.105)$$

$$= 0.208 + j0.063\,7$$

母线 A 供给的总功率为：

$$\tilde{S}_A = 0.208 + j0.063\,7 + 0.224 + j0.101 - 0.007\,48 - 0.004\,89 = 0.433 + j0.152$$

⑤网络中的电压分布（忽略电压降横向分量）。

$$U_B = 1.055 - \frac{0.208 \times 0.069\,9 + 0.063\,7 \times 0.105}{1.055} = 1.036$$

$$U_C = 1.055 - \frac{0.224 \times 0.078\,1 + 0.101 \times 0.155}{1.055} = 1.024$$

$$U_D = 1.024 - \frac{0.204 \times 0.093\,4 + 0.088\,7 \times 0.091\,0}{1.024} = 0.998$$

最终的潮流分布如图 3-20 所示。

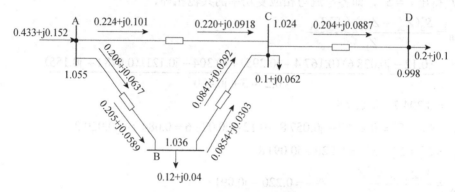

图 3-20　例 3-6 的潮流计算结果

3.4.3　网络变换法

对于较为复杂的网络，应采取网络简化方法，即网络变换法。常用的有等效电源法、负荷移置法和星网变换法。

1. 等效电源法

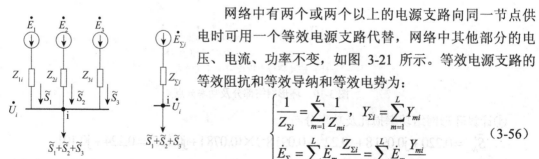

图 3-21　等效电源法

网络中有两个或两个以上的电源支路向同一节点供电时可用一个等效电源支路代替，网络中其他部分的电压、电流、功率不变，如图 3-21 所示。等效电源支路的等效阻抗和等效导纳和等效电势为：

$$\begin{cases} \dfrac{1}{Z_{\Sigma i}} = \sum_{m=1}^{L} \dfrac{1}{Z_{mi}}, \quad Y_{\Sigma i} = \sum_{m=1}^{L} Y_{mi} \\ \dot{E}_{\Sigma} = \sum_{m=1}^{L} \dot{E}_m \dfrac{Z_{\Sigma i}}{Z_{mi}} = \sum_{m=1}^{L} \dot{E}_m \dfrac{Y_{mi}}{Y_{\Sigma i}} \end{cases} \quad (3\text{-}56)$$

有时需要从等效电源支路功率还原求原始支路功率，用下式计算：

$$\tilde{S}_m = \frac{E_m^* - E_{\Sigma}^*}{Z_{mi}} \dot{U}_i + \tilde{S}_{\Sigma} \frac{Z_{\Sigma i}^*}{Z_{mi}^*} \quad (3\text{-}57)$$

式中，$\tilde{S}_{\Sigma} = \sum\limits_{m=1}^{L} \tilde{S}_m$，$m=1$，$2$，$\cdots$，$L$。

在近似计算中取，$\dot{U}_i = \dot{U}_N$ 且 $\dot{E}_1 = \dot{E}_2 = \cdots = \dot{E}_L$，则 $\dot{E}_{\Sigma} = \dot{E}_m$，上式又可简化为：

$$\tilde{S}_m = \tilde{S}_{\Sigma} \frac{Z_{\Sigma i}^*}{Z_{mi}^*} \tag{3-58}$$

由上式可见，各支路的功率分布与阻抗的共轭值成反比。需要注意，运用等效电源法时，每个电源支路中都不能有其他支接负荷。如有支接负荷，可以用负荷移置法将其移去。

2. 负荷移置法

负荷移置法就是将负荷等效地移动位置。

（1）将一个负荷移置两处（图 3-22）

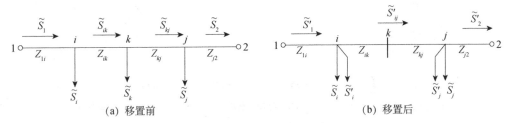

(a) 移置前　　　　　　　　　　　　(b) 移置后

图 3-22　将一个负荷移置两处

如图 3-22 中 k 点负荷 S_k 移至 i、j 两处。两处的负荷由下式确定。

$$\left.\begin{aligned}\tilde{S}_i' &= \tilde{S}_k \frac{Z_{kj}^*}{Z_{ik}^* + Z_{kj}^*} \\[2mm] \tilde{S}_j' &= \tilde{S}_k \frac{Z_{ik}^*}{Z_{ik}^* + Z_{kj}^*}\end{aligned}\right\} \tag{3-59}$$

（2）将两点负荷移置一处

如图 3-23 中拟将 i、j 两点的负荷等效地移置一处，求节点 k 的位置，可用下式计算。

$$Z_{ik} = Z_{ij} \frac{S_j^*}{S_i^* + S_j^*}$$

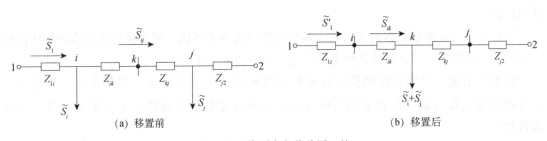

(a) 移置前　　　　　　　　　　　　(b) 移置后

图 3-23　将两个负荷移置一处

$$Z_{kj} = Z_{ij} \frac{S_i^*}{S_i^* + S_j^*}$$

3. 星网变换法

如图 3-24 所示星形网络，将位于星形中点 n 的负荷置于各射线端点。这时计算公式为：

$$\tilde{S}_{nm} = \tilde{S}_n Y_{mn}^* \bigg/ \sum_{m=1}^{L} Y_{mn}^* \tag{3-60}$$

式中，$m=1$，2，$\cdots$，L。

将星形网络变换为网形网络以消去 n 时的计算公式为：

$$Z_{ij} = Z_{in} Z_{jn} \sum_{m=1}^{L} Y_{mn} \tag{3-61}$$

式中，i，$j=1$，2，$\cdots$，L，$i \neq j$。

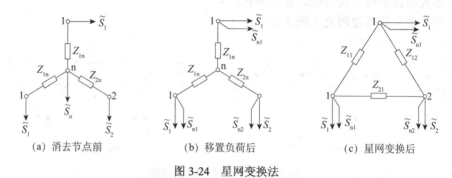

(a) 消去节点前　　　　(b) 移置负荷后　　　　(c) 星网变换后

图 3-24　星网变换法

3.4.4　电力网络潮流的调整和控制

以上分析计算表明，开式网络中的潮流是不加控制也是无法适当控制的，它们完全取决于各负荷点的负荷；闭式环形网络中的潮流，如不采取附加措施，就按阻抗分布，因此，也是无法控制的；两端供电网络的潮流虽然可借调整两端电源的功率和电压适当控制。由于两端电源容量有一定限制，而电压调整的范围又要服从对电压质量的要求。因此，调整幅度不大。但从另一方面，从保证安全、优质经济供电的要求出发，网络中潮流分布需要控制。

为降低网络功率损耗，调整控制潮流方法主要有三种，即串联电容、串联电抗、附加串联加压器。

①串联电容。串联电容的作用是以其容抗抵偿线路的感抗，将其串联在环式网络中阻抗相对过大的线段上，可起转移其他重载线段上流通功率的作用。

②串联电抗。串联电抗的作用与串联电容相反，主要是限流。将其串联在重载线段上可避免该线段过载。但由于其对电压质量和系统运行的稳定性有不良影响，这一方法未曾推广。

③附加串联加压器。其作用在于产生一环流或强制循环功率，使强制循环功率与自然分布功率的叠加可达到理想值。

小　结

本章主要介绍了简单电力系统的潮流分析，首先阐述了输电线路和变压器的功率损耗和电压降落的计算，并介绍了电压质量指标和线路的传输特性。

输电线路和变压器的功率损耗计算根据等效电路，通过计算阻抗支路和导纳支路的功率损耗进行，这里要注意线路的导纳支路损耗是容性无功功率，而变压器导纳支路的功率损耗是感性无功功率。输电线路和变压器的电压降落是指电路中阻抗上的电压降落，其大小主要决定于电压降落的纵向分量 $\Delta U=（PR+QX）/U$，而相位则主要取决于电压降落的横向分量 $\delta U=（PX-QR）/U$。

开式网络潮流分析有两种类型，一种是已知末端功率和电压求首端功率和电压，从末端向首端逐级推算，直至达到允许的计算精度；另一种是已知末端功率和首端电压，可以假定末端电压，由已知的末端功率向首端逐级推算，再由首端已知电压和推算过来的功率向后端逐级推算。如此反复进行计算，直至达到允许的计算精度。

闭式网络潮流计算可以分为两端电源供电和环形供电网络两种。对于两端供电网络，根据基尔霍夫第二定律列出电压平衡方程，经过整理，得到力矩法的以标幺值表示的功率方程。利用此方程可以求得两端供电网络的功率分布。在无功功率分点将两端供电网络拆开，形成两个开式网络，再根据开式网络计算。对于环形网络，计算方法与两端供电网络相同。第一步，用力矩法计算初步功率分布。第二步计算循环功率，在初步功率分布的各支路上叠加循环功率，得出计及循环功率的功率分布。第三步按网络额定电压计算功率损耗，求实际的功率分布。从无功功率分点将环网打开成两个开式网络，再按开式网络计算。

对于复杂的电力网络，应进行网络变换和化简。本章最后还简要介绍了电力网络潮流的调整和控制。

思考题与习题

3-1　何谓电压降落、电压损失、电压偏移、功率损耗和输电效率？

3-2　如何计算输电线路和变压器的功率损耗？其导纳支路上的功率损耗有何不同？

3-3　辐射形网络潮流分布的计算可以分为哪两类？分别说明计算方法。

3-4　简单闭式网络主要有哪几种形式？简述其潮流分布计算的主要步骤。

3-5　什么是自然功率分布？什么是循环功率？

3-6　有功分点和无功分点是如何定义的？为什么在闭式电力网络的潮流计算中要找出功率分点？

3-7　某电力网接线如图 3-25 所示，输电线路长 80km，额定电压 110kV，线路参数为 $r_1=0.27\Omega/km$，$x_1=0.412\Omega/km$，$b_1=2.76\times10^{-6}S/km$，变压器 SF-20000/110，变比 110/38.5kV，$P_k=163kW$，$P_0=60kW$，$u_k\%=10.5$，$I_0\%=3$，已知变压器低压侧负荷为 15+j11.25MVA，正常

运行时要求电压 36kV，试求电源处母线应有的电压和功率。

A
B
C

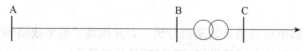

图 3-25　题 3-7 的电力网接线图

3-8 试证明在环形网络中经济功率分布是潮流接线按线段电阻分布。

3-9 何为运算负荷、运算功率？如何计算变电所的运算负荷？

3-10 某110kV 输电线路，长80km，线路参数为r_1=0.21Ω/km，x_1=0.409Ω/km，b_1=2.74×10^{-6}S/km，线路末端功率 10MW，cosφ=0.95（滞后）。已知末端电压为 110kV，试计算首端电压的大小、相位、首端功率，并作出相量图。

3-11 一台双绕组变压器，型号 SFL1-10000，电压35±5%/11kV，P_k=58.29kW，P_0=11.75kW，U_k%=7.5，I_0%=1.5，低压侧负荷 10MW，cosφ=0.85（滞后），低压侧电压为 10kV，变压器抽头电压为+5%。试求：（1）功率分布；（2）高压侧电压。

3-12 某电力系统如图 3-26 所示，已知变压器型号 SFT-40000/110，额定数据，P_k=200kW，P_0=42kW，I_0%=0.7，U_k%=10.5，变比 110/11。

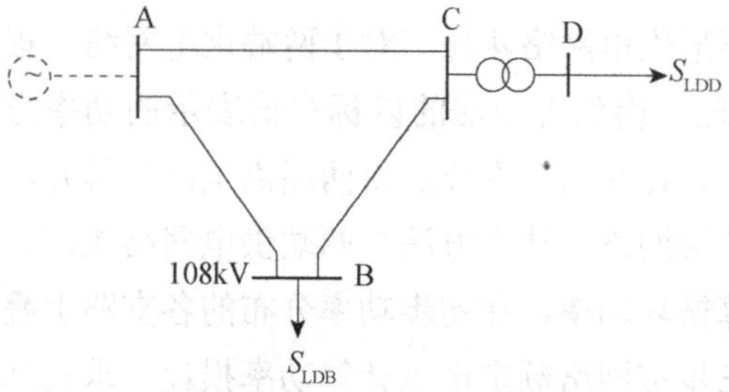

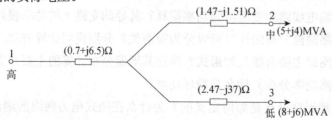

A
C
D
S_{LDD}
108kV
B
S_{LDB}

图 3-26　题 3-12 的电力系统接线图

线路 AC 段 l=50km，r_1=0.27Ω/km，x_1=0.42Ω/km。

线路 BC 段 l=50km，r_1=0.45Ω/km，x_1=0.41Ω/km。

线路 AB 段 l=40km，r_1=0.27Ω/km，x_1=0.42Ω/km。

各段线路的导纳均可以忽略不计，负荷功率为 S_{LDB}=25+j18MVA；S_{LDD}=30+j20MVA；母线 B 点电压为 108kV 时，试求：

（1）网络的功率分布及功率损失；

（2）求 A、B、C 点的电压。

3-13 某变电所有一台三绕组变压器，额定电压为 110/38.5/6.6kV，其等效电路（参数归算到高压侧）和负荷如图 3-27 所示，当实际变比为 110/38.5/6.6 时，低压母线电压为 6kV，试计算高、中压侧的实际电压。

(1.47−j1.51)Ω
2
中 (5+j4)MVA
1
(0.7+j6.5)Ω
高
(2.47−j37)Ω
3
低 (8+j6)MVA

图 3-27　题 3-13 的变压器等效电路

第4章 电力系统潮流的计算机算法

内容提要

本章主要介绍应用计算机计算复杂电力系统潮流分布的原理和方法。由于应用计算机计算潮流时大都用标幺值，因此，在本章中如无特殊说明，所有量均为标幺值。本章主要研究了高斯-赛德尔法潮流计算、牛顿-拉夫逊潮流计算和 P-Q 分解法潮流计算。

学习目标

①理解复杂系统潮流计算的一般步骤，了解节点导纳矩阵的性质及各元素的物理意义。

②充分理解潮流计算的功率方程、变量分类和节点分类。

③掌握高斯迭代基本原理及计算步骤。

④理解牛顿法解非线性方程组的基本原理；掌握直角坐标和极坐标表示的 NR 法计算的修正方程式，理解矩阵各元素的意义和特点。

⑤了解 P-Q 分解法的特点，理解 P-Q 分解法计算步骤。

4.1 电力网络的数学模型

反映电力系统中电流和电压之间相互关系的数学方程称为网络方程，或称为数学模型。

网络方程常用节点电压方程或回路电流方程来描述。以节点导纳矩阵形成的网络方程是一个针对节点电流的线性、复数代数方程。当节点电流已知时，用一组线性代数方程就可以解得电压。但是在电力系统中给定的是功率，而不是电流，导致出现了功率潮流方程。这是一个非线性的方程，需要迭代求解。

本节主要应用节点电压法来求解电力网络的等效电路，从而建立电力网络的数学模型。

4.1.1 节点电压方程与节点导纳矩阵及阻抗矩阵

1. 节点电压方程

将节点电压法应用于电力系统潮流计算，其变量为节点电压与节点注入电流。通常以大地作为电压幅值的参考，而以系统中某一指定母线的电压角度作为电压相角的参考，并以支路导纳作为电力网的参数进行计算。

下面以图 4-1（a）所示的简单电力系统为例说明建立节点电压方程的方法。母线 1 处接有发电机和地方负荷，发电机向系统输送功率 S_{G1}，负荷从系统中吸收功率 S_{L1}；母线 2 只接有发电机，发电机向系统输送功率 S_{G2}；母线 3 接有负荷，从系统吸收功率 S_{L3}。在电力系统潮流计算中，母线称为节点，并规定由外部向系统注入的功率为正方向。按照这一规定，发电机发出的功率为正，负荷吸收的功率为负，而注入节点的净功率为发电机功率与负荷功率的代数和。由此可得图 4-1（a）各节点净注入功率为

$$\begin{cases} \tilde{S}_1 = \tilde{S}_{G1} - \tilde{S}_{L1} \\ \tilde{S}_2 = \tilde{S}_{G2} \\ \tilde{S}_3 = -\tilde{S}_{L3} \end{cases} \tag{4-1}$$

将各线路用Ⅱ型等效电路表示，并将等值电路中各串联阻抗用相应的支路导纳表示，则得到图 4-1（b）所示的等效电路，这里用小写字母表示阻抗 z_{ij} 和导纳 y_{ij}，以避免与后面的节点导纳和节点阻抗相混淆。其中 $\dot{I}_1$、$\dot{I}_2$ 称为节点 1、2 的注入电流。

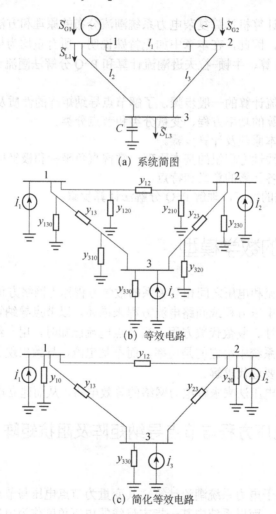

(a) 系统简图

(b) 等效电路

(c) 简化等效电路

图 4-1 简单电力系统

对图 4-1（b）中的等效电路进行化简，将在同一节点上的接地导纳并联得：

$$\begin{cases} y_{10} = y_{120} + y_{130} \\ y_{20} = y_{210} + y_{230} \\ y_{30} = y_{310} + y_{320} \end{cases} \tag{4-2}$$

从而可得图 4-1（c）所示简化等效电路。于是，可以列出网络的节点电压方程。

以零电位点作为计算节点电压的参考点，根据基尔霍夫电流定律，可以写出 3 个独立节

点的电流平衡方程

$$\begin{cases} \dot{I}_1 = y_{10}\dot{U}_1 + y_{12}(\dot{U}_1 - \dot{U}_2) + y_{13}(\dot{U}_1 - \dot{U}_3) \\ \quad = (y_{10} + y_{12} + y_{13})\ \dot{U}_1 - y_{12}\dot{U}_2 - y_{13}\dot{U}_3 \\ \dot{I}_2 = y_{20}\dot{U}_2 + y_{12}(\dot{U}_2 - \dot{U}_1) + y_{23}(\dot{U}_2 - \dot{U}_3) \\ \quad = -y_{12}\dot{U}_1 + (y_{20} + y_{12} + y_{23})\ \dot{U}_2 + -y_{23}\dot{U}_3 \\ 0 = y_{30}\dot{U}_3 + y_{13}(\dot{U}_3 - \dot{U}_1) + y_{23}(\dot{U}_3 - \dot{U}_2) \\ \quad = -y_{13}\dot{U}_1 - y_{23}\dot{U}_2 + (y_{30} + y_{13} + y_{23})\ \dot{U}_3 \end{cases} \tag{4-3}$$

上述方程组整理可得

$$\begin{cases} \dot{I}_1 = Y_{11}\dot{U}_1 + Y_{12}\dot{U}_2 + Y_{13}U_3 \\ \dot{I}_2 = Y_{21}\dot{U}_1 + Y_{22}\dot{U}_2 + Y_{23}\dot{U}_3 \\ 0 = Y_{31}\dot{U}_1 + Y_{32}\dot{U}_2 + Y_{33}\dot{U}_3 \end{cases} \tag{4-4}$$

式中 $Y_{11}=y_{10}+y_{12}+y_{13}$；$Y_{22}=y_{20}+y_{21}+y_{23}$；$Y_{33}=y_{30}+y_{32}+y_{33}$；$Y_{12}=Y_{21}=-y_{12}$；$Y_{23}=Y_{32}=-y_{23}$。

由此可以推导出对于有 n 个独立节点的网路，其 n 个节点电压方程为

$$\begin{cases} Y_{11}\dot{U}_1 + Y_{12}\dot{U}_2 + \cdots + Y_{1n}\dot{U}_n = \dot{I}_1 \\ Y_{21}\dot{U}_1 + Y_{22}\dot{U}_2 + \cdots + Y_{2n}\dot{U}_n = \dot{I}_2 \\ \qquad\qquad\qquad \vdots \\ Y_{n1}\dot{U} + Y_{n2}\dot{U}_2 + \cdots + Y_{nn}\dot{U}_n = \dot{I}_n \end{cases} \tag{4-5}$$

用矩阵形式表示为

$$\begin{bmatrix} \dot{I}_1 \\ \dot{I}_2 \\ \vdots \\ \dot{I}_n \end{bmatrix} = \begin{bmatrix} Y_{11} & Y_{12} & \cdots & Y_{1n} \\ Y_{21} & Y_{22} & \cdots & Y_{2n} \\ \vdots & \vdots & & \vdots \\ Y_{n1} & Y_{n2} & \cdots & Y_{nn} \end{bmatrix} \begin{bmatrix} \dot{U}_1 \\ \dot{U}_2 \\ \vdots \\ \dot{U}_n \end{bmatrix} \tag{4-6}$$

或简记为

$$I = YU \tag{4-7}$$

上式中 I 是注入节点的电流列向量，电流方向定义为流向节点为正，流出节点为负；U 是相对于参考节点的节点电压列向量；矩阵 Y 称为节点导纳矩阵。

2. 节点导纳矩阵元素的物理意义

节点导纳矩阵 Y 是 $n \times n$ 方阵，其对角元素 Y_{ii} 称为节点 i 的自导纳，其值等于连接节点 i 的所有支路导纳之和。非对角元素 Y_{ij} 称为节点 i、j 间的互导纳，它等于直接连接于节点 i、j 间的支路导纳的负值。若节点 i、j 间不存在直接支路，则 $Y_{ij}=0$。

（1）自导纳

自导纳在数值上等于仅在节点施加单位电压而其余节点电压均为零（其余节点全部接地）时，经节点 i 注入网络的电流。显然，等于与节点 i 直接相连的所有支路的导纳之和，即

$$Y_{ii} = \dot{I}_i / \dot{U}_i \big|_{\dot{U}_j=0}, \quad i, \ j=1, \ \cdots, \ n, \ i \neq j \tag{4-8}$$

（2）互导纳

互导纳 Y_{ij} 在数值上等于仅在节点 j 施加单位电压而其余节点电压均为零（即接地）时，

经节点 i 注入网络的电流。其显然等于$-y_{ij}$，即 $Y_{ij}=Y_{ji}=-y_{ij}$。y_{ij} 表示支路 ij 的导纳，负号表示该电流流出网络。如节点 ij 之间无支路，则该电流为零，即 $Y_{ij}=0$。

即

$$Y_{ij}=\dot{I}_i/\dot{U}_j\big|_{\dot{U}_{i=0}} \qquad i,\ j=1,\ \cdots,\ n,\ j\neq i \qquad (4\text{-}9)$$

如电流已知时，对式（4-5）求解，直接得到节点电压为

$$U=Y^{-1}I \qquad (4\text{-}10)$$

节点导纳矩阵的逆称为节点阻抗矩阵，以一个节点为参考节点得到的导纳矩阵是非奇异矩阵（非奇异矩阵有逆矩阵），否则，节点矩阵是奇异的（奇异矩阵没有逆矩阵）。

【例题 4-1】求图 4-2 所示的电力系统的节点导纳矩阵。其中接地支路标注的是导纳标幺值（两侧相同），非接地支路标注的是阻抗标幺值。

解：选地为参考节点。

以节点 1 为例说明自导纳 Y_{ii} 的形成过程。可以看出在本网络图中和节点 1 直接相连的支路只有支路 12，而和节点 1 直接相连的对地导纳只有一条 j0.1，将支路阻抗 j0.5 转换为导纳为$-j2$，从而有

$$Y_{11}=-j2+j0.1=-j1.9$$

以节点 1 和节点 2 之间的互导纳为例说明互导纳的形成过程。节点 1、2 之间有直接支路，因此其导纳为支路 1、2 阻抗的倒数，即

$$Y_{12}=-y_{12}=-\,(-j2)\,=j2$$

同理，得到该系统的节点导纳矩阵：

$$Y=\begin{bmatrix} -j1.9 & j2 & 0 & 0 \\ j2 & -j10.81 & j4 & j5 \\ 0 & j4 & -j8.91 & j5 \\ 0 & j5 & j5 & -j9.92 \end{bmatrix}$$

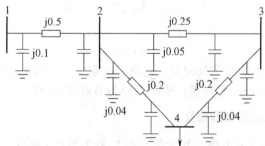

图 4-2 电力系统网络图

节点导纳矩阵 Y 具有以下性质：

①Y 是 $n\times n$ 阶方阵。

②Y 则对称，$Y_{ij}=Y_{ji}$。如网络中含有有源元件，如移相变压器，则对称性不成立。

③Y 是复数矩阵。

④每一非对角元素 Y_{ij} 是节点 i 和 j 间支路导纳的负值，当 i 和 j 间没有直接的连接支路，即为零，根据一般电力系统的特点，每一节点平均与 3~5 个相邻节点有直接联系，所以导纳矩阵是一高度稀疏的矩阵。

⑤对角线元素 Y_{ii} 为所有连接点 i 的支路（包括节点 i 的接地支路）的导纳之和。

在电力系统分析计算中，往往要做不同运行方式下的潮流计算，而每种方式仅仅只是对网络的局部或者个别元件做了相应的变化，例如投入或切除一条线路（投入或切除一台变压器）。由于改变一条支路的状态或参数只影响该支路两端节点的自导纳和它们之间的互导纳，因此对每一种运行方式不必重新形成节点导纳矩阵，只需要对原有节点导纳矩阵做出相应的修改。

3. 节点导纳矩阵的修改方法

（1）原网络节点增加一接地支路

设在节点 i 处对地增加一条支路，如图 4-3（a）所示，由于没有增加新的节点数，节点导纳矩阵阶数应不变，且互导纳没有发生任何变化，只有自导纳 Y_{ii} 发生变化，变化量为节点 i 新增的接地支路的导纳 y_i。改变后的 i 节点自导纳为

$$Y_{ii}'=Y_{ii}+\Delta Y_{ii}=Y_{ii}+y_i$$

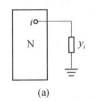
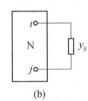
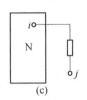
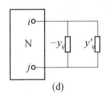

图 4-3　电力网络变化示意图

（2）原网络节点 i、j 间增加一条新支路

在原网络节点 i、j 间增加一条新支路，如图 4-3（b）所示，由于只是在原有两节点之间新增支路，因此没有改变网络节点数，此时节点导纳矩阵的阶数不变。只是由于节 i 和 j 间增加了一个支路导纳 y_{ij} 而使节点 i 和 j 之间的互导纳、节点 i 和 j 的自导纳发生变化，其变化量为

$$\Delta Y_{ii}=\Delta Y_{jj}=y_{ij},\quad \Delta Y_{ij}=\Delta Y_{ji}=-y_{ij} \tag{4-11}$$

（3）从原网络引出一条新支路，同时增加一个新节点

设原网络有 n 个节点，现从节点 i 引出一条新支路，同时新增一个新节点 j，如图 4-3（c）所示。新增支路只与原网络节点 i 相连，而与其他节点不直接相连，因而原节点导纳矩阵中的元素只有 Y_{ij} 与 Y_{ii} 有所改变。由于网络节点多了一个，所以节点导纳矩阵也增加一阶，即第 j 行和第 j 列，而新增节点 j 只与节点 i 相连，因此新的节点导纳矩阵中第 j 列和第 j 行中非对角元素除 $Y_{ij}=Y_{ji}$ 外其余都为零，而对角元素新增为 Y_{jj}，具体修改形式如下所示：

$$\begin{matrix} & & i列 & & j列 & \\ \begin{bmatrix} Y_{11} & Y_{12} & Y_{1i} & Y_{1n} & 0 \\ Y_{21} & Y_{22} & Y_{2i} & Y_{2n} & 0 \\ \cdots & & & & \\ Y_{i1} & Y_{i2} & Y_{ii}' & \cdots & Y_{in} & Y_{ij} \\ Y_{n1} & Y_{n2} & Y_{ni} & \cdots & Y_{nn} & 0 \\ \cdots & & & & \\ 0 & 0 & \cdots & Y_{ji} & \cdots & 0 & Y_{jj} \end{bmatrix} \begin{matrix} \\ \\ \\ i行 \\ \\ \\ j行 \end{matrix} \end{matrix} \tag{4-12}$$

其中，原节点导纳矩阵的对角元素 Y_{ii} 应修正为 $Y_{ii}'=Y_{ii}+y_{ij}$；新增导纳矩阵元素 $Y_{jj}=y_{ji}$，$Y_{ij}=Y_{ji}=-y_{ij}$。

（4）新增加一台变压器

可以先将变压器用含有非标准变压器的Ⅱ型等值电路代替，然后按以上三种基本方法处理。例如节点间增加一台变压器 [图 4-4（a）]，节点导纳矩阵有关元素的变化量可以由 π 型等值电路 [图 4-4（b）] 求得：

$$\begin{cases} \Delta Y_{ii} = \dfrac{y_{\mathrm{T}}}{k} + y_{\mathrm{T}}\left(1 - \dfrac{1}{k}\right) = y_{\mathrm{T}} \\[2mm] \Delta Y_{jj} = \dfrac{y_{\mathrm{T}}}{k} + y_{\mathrm{T}}\left(\dfrac{1}{k^2} - \dfrac{1}{k}\right) = \dfrac{y_{\mathrm{T}}}{k^2} \\[2mm] \Delta Y_{ij} = \Delta Y_{ji} = -y_{\mathrm{T}}/k \end{cases} \tag{4-13}$$

修改原网络中支路参数，可以理解为先将修改支路切除，然后再投入以修改后参数为导纳值的支路，因而，修改原网络中的支路参数可以通过给原网络支路并联两条支路来实现，如图 4-3（d）所示。一条支路的参数为原来该支路导纳的负值$-y_{ij}$，另一条支路参数为修改后支路的导纳 y_{ij}'。

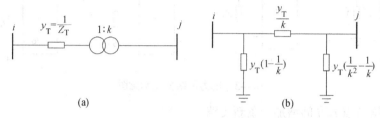

（a）　　　　　　　　　　　　　　　　　　（b）

图 4-4　增加变压器示意图

（5）网络存在非标准变比变压器

在包括变压器的输电线路中，变压器线圈匝数比为标准变比时，变压器的高、低压两侧的电压值和电流值用线圈匝数比来换算是不成问题的。但是变压器的线圈匝数比不等于标准变比时必须加以注意。因此当有非标准变比变压器时，可按如下次序形成节点导纳矩阵。

① 先不考虑非标准变比（认为变比 $k=1$），然后正常求得节点导纳矩阵。

② 把接入非标准变比变压器的节点的自导纳加上（k^2-1）Y，其中 Y 是从变压器相连接的另一端点来看变压器的漏抗与两节点输电线的阻抗之和的倒数。

③ 由接入非标准变比变压器的对端点来看自导纳不变。

④ 变压器两节点间的互导纳加上（$k-1$）Y。

4.1.2　功率方程和节点分类

1. 功率方程

在实际的电力系统的潮流计算中，已知的运行参数往往不是节点的注入电流而是负荷和发电机的功率，因此，在节点电压未知条件下，节点的注入电流是无法得知的。必须用已知的节点功率来代替未知的节点注入电流，才能求出节点电压，因此必须将电力网络的节点电压方程转换成电压与功率的形式，建立实际应用的潮流计算的节点功率方程，再求出各节点的电压，并进而求出整个系统的潮流分布。节点功率方程是非线性的方程，求解非线性方程的基本方法是迭代。

根据电路中电压、电流及功率的基本关系，可以得出每一节点注入功率的方程式为

$$\tilde{S}_i = P_i + jQ_i = \dot{U}_i \overset{*}{\dot{I}}_i = \dot{U}_i \sum_{j=1}^{n} \overset{*}{Y}_{ij} \overset{*}{\dot{U}}_j \tag{4-14}$$

上式是复数方程，计算时要求展开成实数形式。节点电压用极坐标 $\dot{U}=Ue^{j\theta}$ 表示，可得到每一节点有功和无功功率的实数方程：

$$P_i=P_i（U,\ \theta），Q_i=Q_i（U,\ \theta） \tag{4-15}$$

也可将节点电压用直角坐标 $\dot{U}=e+jf$ 表示，则可得：

$$P_i=P_i（e,\ f），Q_i=Q_i（e,\ f） \tag{4-16}$$

由以上方程式可知，对于有 n 个节点电力系统，可以列出 $2n$ 个功率方程式。由公式（4-15）可以看出，每一节点具有 4 个参数：注入有功功率 P_i，注入无功功率 Q_i，节点电压幅值 U_i 和相角 θ_i（或电压的实部 e_i 和虚部 f_i）。n 个节点的电力网有 $4n$ 个变量，但是有 $2n$ 个关系方程式。所以，为了使潮流计算有确定解，必须给定其中 $2n$ 个变量。

2. 电力系统节点分类

为将 $2n$ 个变量定为已知量，根据电力系统的实际运行情况，按给定变量不同，将电力网络中的节点分为以下三种类型。

（1）PV 节点（调整节点）

这些节点是发电机节点，也称电压控制节点。节点的注入有功功率 P_i 和电压 U_i 幅值已知。节点的无功功率 Q_i 和电压的相位 δ_i 未知。无功功率限制通常已确定。这类节点必须有足够的可以调节的无功容量，用以维持给定的电压幅值。因而又称电压控制节点。一般选择有一定无功储备的发电厂和具有可调无功电源设备的变电所作为 PV 节点。在电力系统中，这一类节点数目很少。

（2）PQ 节点（负荷节点）

这种节点的注入有功和无功功率是已知的，节点电压幅值和相角未知。相应于实际电力系统中的一个负荷节点，或有功和无功功率给定的发电机母线。

（3）Vθ（平衡节点）

这种节点又称摇摆节点，用来作为系统的参考节点，该节点的节点电压的幅值及相角已知，这个节点平衡了负荷功率与发动机功率在网络损耗情况下的差异。

这种节点用来平衡全电网的功率。由于电网的损耗在潮流计算前是未知的，因而无法确定电网中各台发电机所发功率的总和，所以必须选一台容量足够大的发电机担任平衡全电网功率的职责，该发电机节点称为平衡节点。平衡节点的电压大小与相位是给定的，通常以它的相角为参考量，即取其电压相角为零。一个独立的电力网中只设一个平衡节点。

其中 PV 节点、PQ 节点和 Vθ 节点的划分并不是绝对不变的。PV 节点之所以能控制节点电压为某一设定值，主要原因在于它有可调节的无功功率出力。一旦它的无功功率出力达到其可调节的无功功率出力的上限或下限时，就不能再使电压保持在设定值。此时，无功功率只能保持在其上限或下限，PV 点将转化为 PQ 节点。

4.2　高斯–塞德尔法潮流计算

电力系统网络的功率方程是一组关于电压 U 的非线性代数方程式，不能用普通的解析法直接求解，必须用迭代方法求解分析，而高斯迭代法是一种简单、可行的求解方法。

4.2.1 高斯-塞德尔迭代格式

1. 一般格式

设有非线性方程组

$$f(x)=0 \qquad (4\text{-}17)$$

它可改写为

$$x=g(x) \qquad (4\text{-}18)$$

如果 $x^{(k)}$ 是变量 x 的初始估计值，于是迭代格式变为

$$x^{(k+1)}=g\left[x^{(k)}\right] \qquad (4\text{-}19)$$

当连续迭代结果的差得绝对值小于某一特定值时，就得到方程的解。

$$|x^{(K+1)}-x^{(k)}|\leqslant\varepsilon \qquad (4\text{-}20)$$

式中 ε 是要求的精度。

2. 功率方程迭代格式

节点 i 的有功功率和无功功率为 $P_i+\mathrm{j}Q_i=\dot{U}_i\overset{*}{I}_i$ 则 $\dot{I}_i=\dfrac{P_i-\mathrm{j}Q_i}{\overset{*}{U}_i}$。

将上式代入节点电压方程 $YU=I$，展开得

$$Y_{ii}\dot{U}_i+\sum_{\substack{j=1\\j\neq i}}^{n}Y_{ij}\dot{U}_j=\frac{P_i-\mathrm{j}Q_i}{\overset{*}{U}_i},\ j\neq i \qquad (4\text{-}21)$$

对于每个节点有两个未知变量，设平衡节点编号为 s，则 $1\leqslant s\leqslant n$，用高斯-塞德尔法求解 $\dot{U}_i$，将式（4-21）改写为

$$\dot{U}_i^{(k+1)}=\frac{1}{Y_{ii}}\left(\frac{P_i-\mathrm{j}Q_i}{\overset{*}{\dot{U}}_i^{(k)}}-\sum_{\substack{j=1\\j\neq1}}^{n}Y_{ij}\dot{U}_j^{(k)}\right),\ \begin{matrix}i=1,2,\cdots,n\\i\neq s\end{matrix} \qquad (4\text{-}22)$$

除平衡节点以外，其他节点电压都有变化，因此对于具有 n 个节点的网络，用高斯-塞德尔基本格式可以对 $n-1$ 个节点进行反复计算，直至所有节点电压前一次迭代值与后一次迭代值相量差的模小于给定的允许误差值 ε 后，迭代结束，即

$$\left|\dot{U}_i^{(k+1)}-\dot{U}_i^{(k)}\right|\leqslant\varepsilon,\ i=1,2,\cdots,n,\ i\neq s \qquad (4\text{-}23)$$

迭代求出各节点电压，然后计算各节点的功率以及各支路上的功率。

4.2.2 对网络 PV 点的考虑

如系统内存在 PV 节点，假设节点 p 为 PV 节点，设定的节点电压为 $\dot{U}_{p0}$。假定高斯法已完成第 k 次迭代，接着要做第 $k+1$ 次迭代，此时应先按下式求出节点 p 的注入功率（符号 Im 为取复数的虚部）：

$$Q_p^{(k+1)}=\mathrm{Im}\left(\dot{U}_p^{(k)}\sum_{j=1}^{n}\overset{*}{Y}_{pj}\dot{U}_j^{(k)}\right) \qquad (4\text{-}24)$$

然后将其代入下式，求出节点 p 的电压：

$$\dot{U}_p^{(k+1)} = \frac{1}{Y_{pp}}\left(\frac{P_p - \mathrm{j}Q_p^{(k+1)}}{\dot{U}_p^{(k+1)}} - \sum_{\substack{j=1\\ j\neq p}}^{n} Y_{pj}\dot{U}_j^{(k)}\right) \tag{4-25}$$

在迭代过程中，按上式求得的节点 p 的电压大小不一定等于设定的节点电压 U_{p0} 所以在下一次的迭代中，应设定的 U_{p0} 对 $U_p^{(k+1)}$ 进行修正，但其相角仍应保持上式所求得的值，使得 $\dot{U}_p^{(k+1)}$ 成为 $\dot{U}_p^{(k+1)} = U_{p0}\angle\delta_p^{(k+1)}$。

4.2.3　功率及功率损耗的计算

在迭代求出节点电压后，就可以计算线路潮流和损耗。如图 4-5 所示，线路连接节点 i 和 j，在节点 i 测量支路电流 $\dot{I}_{ij}$，规定由节点流向节点 i 流向节点 j 时为正。在节点 j 测量支路电流 $\dot{I}_{ji}$，规定由节点 j 流向节点 i 为正。列出节点电压方程如下：

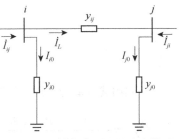

$$\begin{cases} \dot{I}_{ij} = \dot{I}_L + \dot{I}_{i0} = y_{i0}\dot{U}_i + y_{ij}(\dot{U}_i - \dot{U}_j) \\ \dot{I}_{ij} = -\dot{I}_L + \dot{I}_{j0} = y_{j0}\dot{U}_j + y_{ij}(\dot{U}_j - \dot{U}_i) \end{cases} \tag{4-26}$$

图 4-5　计算线路潮流的线路模型

复功率 $\tilde{S}_{ij}$ 表示从节点 i 流向节点 j，$\tilde{S}_{ji}$ 表示从节点 j 流向节点 i。

$$\begin{cases} \tilde{S}_{ij} = \dot{U}_i \overset{*}{I}_{ij} \\ \tilde{S}_{ji} = \dot{U}_j \overset{*}{I}_{ji} \end{cases} \tag{4-27}$$

节点 i 和节点 j 之间线路损耗为

$$\Delta\tilde{S}_{\mathrm{L}\cdot ij} = \tilde{S}_{ij} + \tilde{S}_{ji} \tag{4-28}$$

【例题 4-2】简单电力系统如图 4-6 所示，节点 1 连接发电机，电压幅值调整为 1.05，节点 2 和节点 3 的负荷如图示，线路阻抗用标幺值表示在图中，基准功率为 100（MVA），不计线路导纳。试求：

①用高斯-塞德尔迭代法求解节点1和2（PQ 节点）的电压幅值，结果精确到 4 位小数；

②求解平衡节点 1 的有功功率、无功功率；

③求解线路潮流和损耗，画出功率流向图，并注明功率方向。

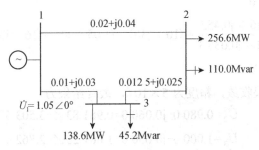

图 4-6　例题 4-2 的电力系统接线图

解：将线路阻抗转换成导纳为 $y_{12}=10-j20$，$y_{13}=10-j30$，$y_{23}=16-j32$，并标于图 4-7。计算 PQ 节点 1、2 的复功率标幺值为

$$\begin{cases} \tilde{S}_2 = -\dfrac{25.6+j110.2}{100} = -2.566-j1.102 \\ \tilde{S}_3 = -\dfrac{138.6+j45.2}{100} = -1.386-j0.452 \end{cases}$$

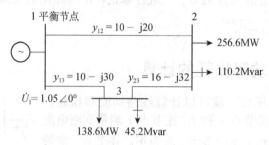

图 4-7　例题 4-2 的电力系统导纳图

利用式（4-22）迭代如下：

$$\dot{U}_2^{(1)} = \frac{1}{y_{12}+y_{23}}\left(\frac{P_2-jQ_2}{\overset{*}{U}_2^{(0)}} + y_{12}\dot{U}_1 + y_{23}\dot{U}_3 \right)$$

$$= \frac{1}{26-j52}\left(\frac{-2.566+j1.102}{1.0-j0} + (10-j20)\ (1.05+j0) + (16-j32)\ (1.0+j0) \right)$$

$$= 0.982\,5 - j0.031\,0$$

$$\dot{U}_3^{(1)} = \frac{1}{y_{13}+y_{23}}\left(\frac{P_3-jQ_3}{\overset{*}{U}_3^{(0)}} + y_{13}\dot{U}_1 + y_{23}\dot{U}_2 \right)$$

$$= \frac{1}{26-j62}\left(\frac{-1.386+j0.452}{1.0-j0} + (10-j30)\ (1.05+j0) + (16-j32)\ (0.982\,5-j0.031\,0) \right)$$

$$= 1.001\,1 - j0.035\,3$$

第二次迭代，可以得到

$$\dot{U}_2^{(2)} = \frac{1}{26-j52}\left(\frac{-2.566+j1.102}{0.982\,5-j0.031\,0} + (10-j20)\ (1.05+j0) + (16-j32)\ (1.001\,1-j0.035\,3) \right)$$

$$= 0.981\,6 - j0.052\,0$$

$$\dot{U}_3^{(2)} = \frac{1}{26-j62}\left(\frac{-1.386+j0.452}{1.001\,1-j0.035\,3} + (10-j30)\ (1.05+j0) + (16-j32)\ (0.981\,6-j0.052\,0) \right)$$

$$= 1.000\,8 - j0.045\,9$$

经过七次迭代，结果收敛，精度为 5×10^{-5}，最终结果为

$$\dot{U}_2 = 0.980\,0 - j0.060\,0 = 0.981\,83\angle-3.503\,5°$$

$$\dot{U}_3 = 1.000\,0 - j0.050\,0 = 1.001\,25\angle-2.862\,4°$$

各节点电压已知，由式（4-28）可得平衡节点的功率

$$P_1 - jQ_1 = \overset{*}{\dot{U}_1}\left[\dot{U}_1(y_{12} + y_{13}) - (y_{12}\dot{U}_2 + y_{13}\dot{U}_3)\right]$$
$$= 1.05 \times \left[1.05 \times (20 - j50) - (10 - j20) \times (0.98 - j0.06) - (10 - j30) \times (1.0 - j0.05)\right]$$
$$= 4.095 - j1.890$$

平衡节点有功功率为 409.5（MW），无功功率为 189（Mvar）

$$P_1 = 4.095 \times 100 = 409.5 \text{（MW）}$$
$$Q_1 = 1.890 \times 100 = 189 \text{（Mvar）}$$

忽略线路电容，计算线路的电流为

$$\dot{I}_{12} = y_{12}(\dot{U}_1 - \dot{U}_2) = (10 - j20) \times \left[(1.05 + j0) - (0.98 - j0.06)\right] = 1.9 - j0.8$$
$$\dot{I}_{21} = -\dot{I}_{12} = -1.9 + j0.8$$
$$\dot{I}_{13} = y_{13}(\dot{U}_1 - \dot{U}_3) = (10 - j30) \times \left[(1.05 + j0) - (1.0 - j0.05)\right] = 2.0 - j1.0$$
$$\dot{I}_{31} = -\dot{I}_{13} = -2.0 + j1.0$$
$$\dot{I}_{23} = y_{23}(\dot{U}_2 - \dot{U}_3) = (16 - j32) \times \left[(0.98 - j0.06) - (1.0 - j0.05)\right] = -6.4 + j0.48$$
$$\dot{I}_{32} = -\dot{I}_{23} = 6.4 - j0.48$$

潮流计算如下：

$$\tilde{S}_{12} = \dot{U}_1\overset{*}{\dot{I}}_{12} = (1.05 + j0) \times (1.9 + j0.8) = 1.995 + j0.84$$
$$= 199.5(\text{MW}) + j84(\text{Mvar})$$

$$\tilde{S}_{21} = \dot{U}_2\overset{*}{\dot{I}}_{21} = (0.98 - j0.06) \times (-1.9 - j0.8) = -1.91 - j0.67$$
$$= -191.0(\text{MW}) + j67.0(\text{Mvar})$$

$$\tilde{S}_{13} = \dot{U}_1\overset{*}{\dot{I}}_{13} = (1.05 + j0) \times (2.0 + j1.0) = 2.1 + j1.05$$
$$= 210(\text{MW}) + j105(\text{Mvar})$$

$$\tilde{S}_{31} = \dot{U}_1\overset{*}{\dot{I}}_{31} = (1.0 - j0.05) \times (-2.0 - j1.0) = -2.05 - j0.90$$
$$= 205(\text{MW}) + j90(\text{Mvar})$$

$$\tilde{S}_{23} = \dot{U}_2\overset{*}{\dot{I}}_{23} = (0.98 - j0.05) \times (-0.656 + j0.48) = -0.656 - j0.432$$
$$= 656(\text{MW}) + j43.2(\text{Mvar})$$

$$\tilde{S}_{32} = \dot{U}_3\overset{*}{\dot{I}}_{32} = (1.0 - j0.05) \times (0.64 + j0.48) = 0.664 + j0.448$$
$$= 66.4(\text{MW}) + j44.8(\text{Mvar})$$

线路损耗为

$$\tilde{S}_{\text{L-12}} = \tilde{S}_{12} + \tilde{S}_{21} = 8.5(\text{MW}) + j17.0(\text{Mvar})$$
$$\tilde{S}_{\text{L-13}} = \tilde{S}_{13} + \tilde{S}_{31} = 5.0(\text{MW}) + j15.0(\text{Mvar})$$
$$\tilde{S}_{\text{L-23}} = \tilde{S}_{23} + \tilde{S}_{32} = 0.8(\text{MW}) + j1.6(\text{Mvar})$$

功率分布如图 4-8 所示。图中用 ➝ 表示有功功率，用 ⊢➝ 表示无功功率，括号内数字表示绕嘴功率损耗数值。

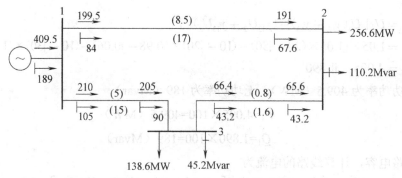

图 4-8　例题 4-2 的潮流分布图

4.3　牛顿–拉夫逊法潮流计算

4.3.1　牛顿–拉夫逊法简介

牛顿–拉夫逊法（Newton-Raphson），简称牛顿法，是求解非线性代数方程的一种有效且收敛速度快的迭代计算方法。在牛顿–拉夫逊法的每一次迭代过程中，非线性问题通过线性化逐步近似。下面先对一维非线性方程式求解，阐明它的原理及计算过程，然后再推广到高维的情况。

设有一维非线性方程

$$f(x) = 0 \tag{4-29}$$

设方程解的初始估计值为 $x^{(0)}$，$\Delta x^{(0)}$ 是偏离真实解得一个微小变化量，则公式（4-29）可写成：

$$f(x^{(0)} + \Delta x^{(0)}) = 0 \tag{4-30}$$

设 $f(x)$ 有任意阶导数，将上式在 $x^{(0)}$ 的邻域用泰勒级数展开：

$$f(x^{(0)} + \Delta x^{(0)}) = f(x^{(0)}) + f'(x^{(0)})\Delta x^{(0)} + \frac{f''(x^{(0)})}{2!}(\Delta x^{(0)})^2 + \cdots = 0 \tag{4-31}$$

如果 $x^{(0)}$ 接近真实解，则 Δx_0 相对来讲非常小，其高次幂的结果更小，因此可以略去 $\Delta x^{(0)}$ 的高次项，得到

$$f(x^{(0)} + \Delta x^{(0)}) = f(x^{(0)}) + f'(x^{(0)})\Delta x^{(0)} = 0 \tag{4-32}$$

上式称为牛顿迭代法的修正方程式，可以由其得到修正量为

$$\Delta x^{(0)} = -\frac{f(x^{(0)})}{f'(x^{(0)})} \tag{4-33}$$

将初值 $x^{(0)}$ 代入上式求得修正量 $\Delta x^{(0)}$，即可得到逼近真值得到近似解：

$$x^{(1)} = x^{(0)} + \Delta x^{(0)} = x^{(0)} - \frac{f(x^{(0)})}{f'(x^{(0)})} \tag{4-34}$$

图 4-9 中示出上述关系，可见 $x^{(1)}$ 比 $x^{(0)}$ 更逼近于真实解。

将 $x^{(1)}$ 作为新的初值代入公式（4-34），再求出新的修正量 $\Delta x^{(1)}$，于是 $x^{(2)} = x^{(1)} + \Delta x^{(1)}$。如此反复迭代下去，直到 $\Delta x^{(k)} \to 0$，$f(x^{(k)}) \to 0$ 从而 $x^{(k)}$ 即为所求解。牛顿迭代法的收敛判据为 $|\Delta x^{(k)}| < \varepsilon$ 或 $|f(x^{(k)})| < \varepsilon$。

设 $x^{(k)}$ 为第 k 次的估计值，则 $x^{(k+1)}$ 为 $k+1$ 次估计值，则有 $x^{(k+1)} = x^{(k)} + \Delta x^{(k)}$。

$$\Delta x^{(k)} = -\frac{f(x^{(k)})}{f'(x^{(k)})} \qquad (4\text{-}35)$$

上式可以写成：

$$f(x^{(k)}) = j^{(k)} \Delta x^{(k)} \qquad (4\text{-}36)$$

式中 $j^{(k)} = f'(x^{(k)})$。

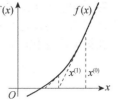

图 4-9　N-R 迭代图

在 n 维情况下，维非线性方程组 $F(X) = 0$，其修正方程为：

$$F(X) + F'(X) \Delta X = 0$$

牛顿迭代公式为：

$$\begin{cases} F(X^{(k)}) + F'(X^{(k)}) \Delta X^{(k)} = 0 \\ X^{(k+1)} = X^{(k)} + \Delta X^{(k)} \end{cases}, \quad k = 0, 1, 2, \cdots \qquad (4\text{-}37)$$

$$\Delta X^{(k)} = -\frac{F(X^{(k)})}{F'(X^{(k)})} = -\left[J^{(k)}\right]^{-1} F(X^{(k)}) \qquad (4\text{-}38)$$

$$\Delta X^{(k)} = \begin{bmatrix} \Delta X_1^{(k)} \\ \Delta X_1^{(k)} \\ \vdots \\ \Delta X_1^{(k)} \end{bmatrix}, \quad F(X^{(k)}) = \begin{bmatrix} f_1(x_1^{(k)}, x_2^{(k)}, \cdots, x_n^{(k)}) \\ f_2(x_1^{(k)}, x_2^{(k)}, \cdots, x_n^{(k)}) \\ \vdots \\ f_n(x_1^{(k)}, x_2^{(k)}, \cdots, x_n^{(k)}) \end{bmatrix} \qquad (4\text{-}39)$$

$$J^{(k)} = \begin{bmatrix} \left(\dfrac{\partial f_1}{\partial x_1}\right)^{(k)} & \left(\dfrac{\partial f_1}{\partial x_2}\right)^{(k)} & \cdots & \left(\dfrac{\partial f_1}{\partial x_n}\right)^{(k)} \\[2mm] \left(\dfrac{\partial f_2}{\partial x_1}\right)^{(k)} & \left(\dfrac{\partial f_2}{\partial x_2}\right)^{(k)} & \cdots & \left(\dfrac{\partial f_2}{\partial x_n}\right)^{(k)} \\[2mm] \vdots & \vdots & \ddots & \vdots \\[2mm] \left(\dfrac{\partial f_n}{\partial x_1}\right)^{(k)} & \left(\dfrac{\partial f_n}{\partial x_2}\right)^{(k)} & \cdots & \left(\dfrac{\partial f_n}{\partial x_n}\right)^{(k)} \end{bmatrix} \qquad (4\text{-}40)$$

$J^{(k)}$ 称为雅克比矩阵，矩阵元素是在估计值处的偏导数。牛顿迭代法收敛条件是

$$\max\{|f_i(x^{(k)})|\} < \varepsilon \qquad (4\text{-}41)$$

4.3.2　牛顿–拉夫逊法潮流计算方法

1. 极坐标表示的修正方程

当节点电压以极坐标形式表示时，亦即电压用 $\dot{U}_i = U_i \angle \theta_i$ 表示，潮流方程式可以分成实部和虚部两个方程：

$$\begin{cases} \Delta P_i = P_i - \sum_{j=1}^{n} U_i U_j (G_{ij} \cos \theta_{ij} + B_{ij} \sin \theta_{ij}) = P_i - P_i' = 0 \\ \Delta Q_i = Q_i - \sum_{j=1}^{n} U_i U_j (G_{ij} \sin \theta_{ij} - B_{ij} \cos \theta_{ij}) = Q_i - Q_i' = 0 \end{cases} \qquad (4\text{-}42)$$

此处 $\theta_{ij} = \theta_i - \theta_j$，$G_{ij}$ 和 B_{ij} 为节点导纳矩阵元素 Y_{ij} 的实部和虚部，ΔP_i、ΔQ_i 为不平衡功率，称为失配功率。

对于 PQ 节点，上两式响应与非线性方程组 $f(x)$ 中的各方程式相同，其中 P_i 和 Q_i 分别表示节点 i 的设定有功和无功功率。

在第 k 次迭代时，令

$$
\begin{cases}
\Delta P_i^{(k)} = P_i - \sum_{j=1}^{n} U_i U_j (G_{ij} \cos\theta_{ij}^{(k)} + B_{ij} \sin\theta_{ij}^{(k)}) \\
\Delta Q_i^{(k)} = Q_i - \sum_{j=1}^{n} U_i U_j (G_{ij} \sin\theta_{ij}^{(k)} - B_{ij} \cos\theta_{ij}^{(k)})
\end{cases}
\tag{4-43}
$$

参照公式（4-38），可写出用牛顿-拉夫逊法进行潮流计算时的修正方程（为书写方便，以下公式均略去上标 k）：

对于 PQ 节点：

$$
\Delta P_i = \sum_{i=1}^{n} \frac{\partial \Delta P_i}{\partial \theta_i} \Delta \theta_j + \sum_{i=1}^{n} \frac{\partial \Delta P_i}{\partial U_i} \Delta U_j
\tag{4-44}
$$

$$
\Delta Q_i = \sum_{i=1}^{n} \frac{\partial \Delta Q_i}{\partial \theta_i} \Delta \theta_j + \sum_{i=1}^{n} \frac{\partial \Delta Q_i}{\partial U_i} \Delta U_j
\tag{4-45}
$$

每个 PQ 节点有两个变量 $\Delta\theta_i$ 和 ΔU_i 待求，同时可列出两个方程。

在电力系统潮流计算中，需要将全部节点分为 PQ、PV 节点和平衡节点。设系统有 n 个节点，其中系统中有 m 个 PQ 节点，而除了 PQ 节点和一个平衡节点外其余的都是 PV 节点。显然，PU 点数目为 $n-m-1$。在潮流计算中实际上需要求解的非线性方程组中包含 $n-1$ 个有功功率方程和 m 个无功功率方程，总共有 $n+m-1$ 个。未知量有（$n-1$）个电压相角 θ_i（$i=1, 2, \cdots, n-1$）和 m 个电压幅值 U_i（$i=1, 2, \cdots, m$），总数为（$n+m-1$）。方程数和未知数相等，方程有解。

对每一个 PQ 节点有两个迭代方程，并需要设定电压初值 $U_i^{(0)}$ 和 $\theta_i^{(0)}$，$i=1, 2, \cdots, m$。对于 PV 节点，因其 P 和 U 指定，Q 和 θ 待求，故仅有 ΔP_i 一个迭代方程，并需要设定无功功率初值 $Q_i^{(0)}$ 和电压相位初值 $\theta_i^{(0)}$，$i=m+1, m+2, \cdots, n-1$。每次迭代后，对 PV 节点，令 $\dot{U}_i^{(k)} = U_i \angle \theta_i^{(k)}$，计算无功功率 $Q_i^{(k)} = U_i \sum U_j (G_{ij} \sin\theta_{ij} - B_{ij} \cos\theta_{ij})$，检验其是否满足约束条件 $Q_{i\cdot \min} \leqslant Q_i \leqslant Q_{i\cdot \max}$；则越过下限代以下限，越过上限代以上限。这时，PV 节点转换为 PQ 节点。再转入下次迭代。

全部节点的修正方程如下：

$$
\begin{bmatrix} \Delta P_1 \\ \vdots \\ \Delta P_{n-1} \\ \cdots \\ \Delta Q_1 \\ \vdots \\ \Delta Q_m \end{bmatrix} =
\begin{bmatrix}
\dfrac{\partial \Delta P_1}{\partial \theta_1} & \cdots & \dfrac{\partial \Delta P_1}{\partial \theta_{n-1}} & \vdots & \dfrac{\partial \Delta P_1}{\partial U_1} & \cdots & \dfrac{\partial \Delta P_1}{\partial U_m} \\
\vdots & & \vdots & \vdots & \vdots & & \vdots \\
\dfrac{\partial \Delta P_{n-1}}{\partial \theta_1} & \cdots & \dfrac{\partial \Delta P_{n-1}}{\partial \theta_{n-1}} & \vdots & \dfrac{\partial \Delta P_{n-1}}{\partial U_1} & \cdots & \dfrac{\partial \Delta P_{n-1}}{\partial U_m} \\
\cdots & \cdots & \cdots & \cdots & \cdots & \cdots & \cdots \\
\dfrac{\partial \Delta Q_1}{\partial \theta_1} & \cdots & \dfrac{\partial \Delta Q_1}{\partial \theta_{n-1}} & \vdots & \dfrac{\partial \Delta Q_1}{\partial U_1} & \cdots & \dfrac{\partial \Delta Q_1}{\partial U_m} \\
\vdots & & \vdots & \vdots & \vdots & & \vdots \\
\dfrac{\partial \Delta Q_m}{\partial \theta_{n-1}} & \cdots & \dfrac{\partial \Delta Q_m}{\partial \theta_{n-1}} & \vdots & \dfrac{\partial \Delta Q_m}{\partial U_1} & \cdots & \dfrac{\partial \Delta Q_m}{\partial U_m}
\end{bmatrix}
\begin{bmatrix} \Delta\theta_1 \\ \vdots \\ \Delta\theta_{n-1} \\ \cdots \\ \Delta U_1/U_1 \\ \vdots \\ \Delta U_m/U_m \end{bmatrix} = 0
\tag{4-46}
$$

$$\begin{bmatrix} \theta_i^{(k+1)} \\ \vdots \\ \theta_{n-1}^{(k+1)} \\ \cdots \\ U_1^{(k+1)} \\ \vdots \\ U_m^{(k+1)} \end{bmatrix} = \begin{bmatrix} \theta_1^{(k)} \\ \vdots \\ \theta_1^{(k)} \\ \cdots \\ U_1^{(k)} \\ \vdots \\ U_m^{(k)} \end{bmatrix} + \begin{bmatrix} \Delta\theta_1^{(k)} \\ \vdots \\ \Delta\theta_1^{(k)} \\ \cdots \\ \Delta U_1^{(k)} \\ \vdots \\ \Delta U_m^{(k)} \end{bmatrix} = 0 \qquad (4\text{-}47)$$

上式可以简写成：

$$\begin{bmatrix} \Delta P \\ \Delta Q \end{bmatrix} = \begin{bmatrix} H & N \\ M & L \end{bmatrix} \begin{bmatrix} \Delta\theta \\ \Delta U / U \end{bmatrix} = J \begin{bmatrix} \Delta\theta \\ \Delta U / U \end{bmatrix} \qquad (4\text{-}48)$$

式中 $U = \mathrm{diag}\{U_i\}$，即节点对角矩阵。

$$\begin{bmatrix} \theta^{(k+1)} \\ U^{(k+1)} \end{bmatrix} = \begin{bmatrix} \theta^{(k)} \\ U^{(k)} \end{bmatrix} + \begin{bmatrix} \Delta\theta^{(k)} \\ \Delta U^{(k)} \end{bmatrix}, \quad k = 0, 1, 2, \cdots \qquad (4\text{-}49)$$

收敛判据为 $\max\{|\Delta P_i, \Delta Q_i|\} < \varepsilon$。

式（4-48）中，雅克比矩阵 J 中分块矩阵 $\boldsymbol{H}$ 的阶数（n-1）×（n-1），N 的阶数为（n-1）×m，M 的阶数为 m×（n-1），L 的阶数为 m×m。

各分块矩阵元素计算公式如下。

①雅克比矩阵各分块矩阵的非对角元素（$j \neq i$）分别为：

$$\begin{cases} H_{ij} = \dfrac{\partial \Delta P_i}{\partial \theta_j} = -U_i U_j (G_{ij} \sin\theta_{ij} - B_{ij}\cos\theta_{ij}) \\[2mm] N_{ij} = \dfrac{\partial \Delta P_i}{\partial U_j} U_i = -U_i U_j (G_{ij}\cos\theta_{ij} + B_{ij}\sin\theta_{ij}) \\[2mm] M_{ij} = \dfrac{\partial \Delta Q_i}{\partial \theta_j} = U_i U_j (G_{ij}\cos\theta_{ij} + B_{ij}\sin\theta_{ij}) \\[2mm] L_{ij} = \dfrac{\partial \Delta Q_i}{\partial U_j} = -U_i U_j (G_{ij}\sin\theta_{ij} - B_{ij}\cos\theta_{ij}) \end{cases} \qquad (4\text{-}50)$$

上式中有如下关系：

$$\begin{cases} H_{ij} = L_{ij} \\ N_{ij} = -M_{ij} \end{cases} \qquad （4\text{-}51）$$

②各分块矩阵的对角元素（$j = i$）分别为

$$
\begin{cases}
H_{ii} = \dfrac{\partial \Delta P_i}{\partial \theta_i} = -U_i \sum_{j \neq i} U_j (G_{ij} \sin \theta_{ij} - B_{ij} \cos \theta_{ij}) \\[3mm]
N_{ii} = \dfrac{\partial \Delta P_i}{\partial U_i} U_j = -U_i \sum_{j \neq i} U_j (G_{ij} \cos \theta_{ij} + B_{ij} \sin \theta_{ij}) - 2U_i^2 G_{ii} \\[3mm]
M_{ii} = \dfrac{\partial \Delta Q_i}{\partial \theta_i} = U_i \sum_{j \neq i} U_j (G_{ij} \cos \theta_{ij} + B_{ij} \sin \theta_{ij}) \\[3mm]
L_{ii} = \dfrac{\partial \Delta Q_i}{\partial U_i} U_j = -U_i \sum_{j \neq i} U_j (G_{ij} \sin \theta_{ij} - B_{ij} \cos \theta_{ij}) + 2U_i^2 B_{ii}
\end{cases}
\tag{4-52}
$$

2. 直角坐标表示的修正方程

节点电压以直角坐标表示时，令 $\dot{U}_i = e_i + \mathrm{j}f_i$，$\dot{U}_j = e_j + \mathrm{j}f_j$，并且将导纳矩阵中元素表示为 $Y_{ij} = G_{ij} + \mathrm{j}B_{ij}$，则式（4-22）可以表示为

$$
P_i + \mathrm{j}Q_i - (e_i + \mathrm{j}f) \sum_{j=1}^{n} (G_{ij} - \mathrm{j}B_{ij})\ (e_i + \mathrm{j}f) = 0
$$

将实部和虚部分开，可得

$$
\begin{cases}
P_i - \sum_{j=1}^{n} [e_i(G_{ij}e_j - B_{ij}f_j) + f_j(G_{ij}f_j + B_{ij}e_j)] = 0 \\[3mm]
Q_i - \sum_{j=1}^{n} [f_i(G_{ij}e_j - B_{ij}f_j) - e_j(G_{ij}f_j + B_{ij}e_j)] = 0
\end{cases}
\tag{4-53}
$$

上式为直角坐标下的功率方程，一个节点可以列出有功、无功两个方程。对于 n 个节点，分析如下。

对于 PQ 节点（$i=1, 2, \cdots, m-1$），给定量为注入节点功率，记为 P'、Q'，则由式（4-53）可得失配功率，即功率不平衡量为

$$
\begin{cases}
\Delta P_i = P_i' - \sum_{j=1}^{n} [e_i(G_{ij}e_j - B_{ij}f_j) + f_j(G_{ij}f_j + B_{ij}e_j)] \\[3mm]
\Delta Q_i = Q_i' - \sum_{j=1}^{n} [f_i(G_{ij}e_j - B_{ij}f_j) - e_j(G_{ij}f_j + B_{ij}e_j)]
\end{cases}
\tag{4-54}
$$

ΔP_i、ΔQ_i 表示第 i 个节点的有功功率的不平衡量和无功功率的不平衡量。

对于 PV 节点（$i=m+1, m+2, \cdots, n$），给定量为节点注入的有功功率和电压数值，记为 P_i'、U_i'，因此，可以用失配功率和失配电压表示非线性方程，即

$$
\begin{cases}
\Delta P_i = P_i' - \sum_{j=1}^{n} [e_i(G_{ij}e_j - B_{ij}f_j) + f_j(G_{ij}f_j + B_{ij}e_j)] \\[3mm]
\Delta U_i^2 = U_i^2 - (e_i^2 - f_i^2)
\end{cases}
\tag{4-55}
$$

式中，ΔU_i——电压的不平衡量。

对于平衡节点（$i=m$），因为电压数值和相位给定，所以 $\dot{U}_s = e_s + \mathrm{j}f_s$ 也确定，不需要参加迭代求节点电压。

因此，对于 n 节点的系统只能列出（$2n-1$）个方程，其中有功功率方程（$n-1$）个，无功功率方程（$n-m$）个。将式（4-35）、式（4-36）非线性方程联立，成为 n 节点系统的非线

性方程组，且按泰勒级数在 $f_i^{(0)}$、$e_i^{(0)}$（$i=1$，2，$\cdots$，n，$i \neq m$）展开，并略去高次项后，得出以矩阵形式表示的修正方程如下：

$$
\begin{bmatrix}
\Delta P_1 \\
\Delta Q_1 \\
\Delta P_2 \\
\Delta Q_2 \\
\vdots \\
\cdots \\
\Delta P_P \\
\Delta Q_P \\
\vdots \\
\Delta P_n \\
\Delta Q_n
\end{bmatrix}
=
\begin{bmatrix}
H_{11} & N_{11} & H_{12} & N_{12} & H_{1P} & N_{1P} & H_{1n} & N_{1n} \\
J_{11} & L_{11} & J_{12} & L_{12} & J_{1P} & L_{1P} & J_{1n} & L_{1n} \\
H_{21} & N_{21} & H_{22} & N_{22} & H_{2p} & N_{2p} & H_{2n} & N_{2n} \\
J_{21} & L_{21} & J_{22} & L_{22} & J_{2p} & L_{2p} & J_{2n} & L_{2n} \\
\vdots & \vdots & \vdots & \vdots & \vdots & \vdots & \vdots & \vdots \\
\cdots & & & & & & \cdots & \\
H_{P1} & N_{P1} & H_{P2} & N_{P2} & H_{pp} & N_{pp} & H_{Pn} & N_{pn} \\
R_{P1} & S_{P1} & R_{P2} & S_{P2} & R_{pp} & S_{pp} & R_{pn} & S_{pn} \\
\vdots & \vdots & \vdots & \vdots & \vdots & \vdots & \vdots & \vdots \\
H_{n1} & N_{n1} & H_{n2} & N_{n2} & H_{np} & N_{np} & H_{nn} & N_{nn} \\
R_{n1} & S_{n1} & R_{n2} & S_{n2} & R_{np} & S_{np} & R_{nn} & S_{nn}
\end{bmatrix}
\begin{bmatrix}
\Delta f_1 \\
\Delta e_1 \\
\Delta f_2 \\
\Delta e_2 \\
\vdots \\
\cdots \\
\Delta f_p \\
\Delta e_p \\
\vdots \\
\Delta f_n \\
\Delta e_n
\end{bmatrix}
\qquad (4\text{-}56)
$$

式（4-56）中，雅克比矩阵的各个元素分别为

$$
H_{ij} = \frac{\partial \Delta P_i}{\partial f_j}, \quad N_{ij} = \frac{\partial \Delta P_i}{\partial e_j}, \quad J_{ij} = \frac{\partial \Delta Q_i}{\partial f_j}, \quad L_{ij} = \frac{\partial \Delta Q_i}{\partial e_j}, \quad R_{ij} = \frac{\partial \Delta U_i^2}{\partial f_j}, \quad S_{ij} = \frac{\partial \Delta U_i^2}{\partial e_j}
$$

将式（4-56）简写为

$$
\begin{bmatrix}
\Delta P \\
\Delta Q \\
\Delta U^2
\end{bmatrix}
=
\begin{bmatrix}
H & N \\
J & L \\
R & S
\end{bmatrix}
\begin{bmatrix}
\Delta f \\
\Delta e
\end{bmatrix}
= J
\begin{bmatrix}
\Delta f \\
\Delta e
\end{bmatrix}
\qquad (4\text{-}57)
$$

当 $i \neq j$ 时，由于对特定的 j，只有该特定的 f_j 和 e_j 是变量，于是雅可比矩阵中各非对角元素的表示式为

$$
H_{ij} = \frac{\partial \Delta P_i}{\partial f_i} = B_{ij}e_i - G_{ij}f_i, \quad N_{ij} = \frac{\partial \Delta P_i}{\partial e_i} = -G_{ij}e_i - B_{ij}f_i
$$

$$
J_{ij} = \frac{\partial \Delta Q_i}{\partial f_i} = B_{ij}f_i + G_{ij}e_i, \quad L_{ij} = \frac{\partial \Delta Q_i}{\partial e_i} = -G_{ij}f_i + B_{ij}e_i
$$

$$
R_{ij} = \frac{\partial \Delta U_i^2}{\partial f_j} = 0, \quad S_{ij} = \frac{\partial \Delta U_i^2}{\partial e_j} = 0
$$

当 $j=i$ 时，雅可比矩阵中的各对角元素表示为

$$
H_{ii} = \frac{\partial \Delta P_i}{\partial f_i} = -\sum_{j=1}^{n}(G_{ij}f_j + B_{ij}e_j) - G_{ij}f_i + B_{ij}e_i
$$

$$
N_{ii} = \frac{\partial \Delta P_i}{\partial e_i} = -\sum_{j=1}^{n}(G_{ij}e_j - B_{ij}f_j) - G_{ii}e_i - B_{ii}f_i
$$

$$
J_{ii} = \frac{\partial \Delta Q_i}{\partial f_i} = -\sum_{j=1}^{n}(G_{ij}e_j - B_{ij}f_j) + G_{ij}e_i + B_{ii}f_i
$$

$$
L_{ii} = \frac{\partial \Delta Q_i}{\partial e_i} = \sum_{j=1}^{n}(G_{ij}f_j + B_{ij}e_j) - G_{ii}f_i + B_{ij}e_i
$$

$$R_{ii} = \frac{\partial \Delta U_i^2}{\partial f_i} = -2f_i$$

$$S_{ii} = \frac{\partial \Delta U_i^2}{\partial e_i} = -2e_i$$

求取雅克比矩阵 J 是牛顿-拉夫逊法的一项重要工作。电力系统潮流计算的雅克比矩阵具有以下性质：

①雅克比矩阵为一奇异矩阵。矩阵阶数为 $n+m-1$。

②矩阵元素随节点电压有效值和相位角变化，故每次迭代时都要重新形成 J 矩阵，每次要解修正方程，因而运算量大，但收敛速度快，一般迭代 5~7 次便可以得到满意精度，而且迭代次数不随节点数 n 增大明显增加。

③与导纳矩阵有相似的结构，当 $Y_{ij}=0$ 时，H_{ij}，N_{ij}，J_{ij}，L_{ij} 均为零，因此，也是高度稀疏的矩阵，这是利用稀疏矩阵技巧，减少计算所需的内存和时间是很有好处的。

④具有结构对称性，但数值不对称。例如，$H_{ij}=-G_{ij}f_i+B_{ij}e_i$，$H_{ji}=-G_{ij}f_j+B_{ij}e_j$，由于各个节电压不同，因而 $H_{ij} \neq H_{ji}$。

由于应用牛顿-拉夫逊法进行潮流计算计算量很大，应用人工计算将费时费力，在现今计算机技术飞速发展的时代，应用计算机来进行潮流计算其求解修正方程收敛速度快、计算精度高，可以得到满意的计算结果。利用牛顿-拉夫逊法求解潮流的计算流程如图4-10所示。

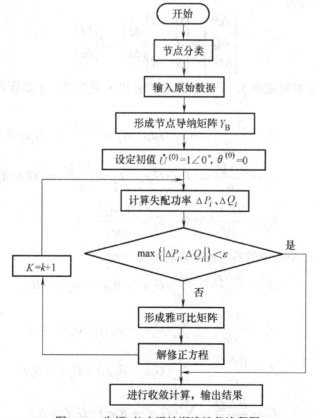

图 4-10 牛顿-拉夫逊法潮流迭代流程图

【例题 4-3】利用牛顿-拉夫逊法求解图 4-11 给出的系统潮流（只进行一次迭代即可）。设节点 5 为发电机 G1，其端电压为 1p.u.，发出的有功、无功可调；节点 4 为发电机 G2，其端电压为 1p.u.，按指定的有功 P =0.5p.u.发电，取 ε=10⁻⁴（支路标注的为阻抗标幺值，接地支路标注的为导纳标幺值）。

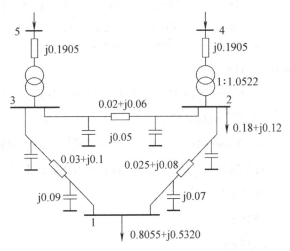

图 4-11　电力系统潮流计算等效电路

解：第一步，确定节点类型：由已知条件发电机 G1 发出的有功、无功可调，可知其满足平衡节点的要求，因此节点 5 为平衡节点；G2 所在的节点 4 为 PV 节点；其余节点 1、2、3 则为 PQ 节点。

第二步，形成节点导纳矩阵。

由给出的系统图中的数据可以列出节点导纳矩阵如下

$$Y_B = \begin{bmatrix} 6.3110-j20.4022 & -3.5587+j11.3879 & -2.7523+j9.1743 & 0+j0 & 0+j0 \\ & 8.5587-j31.0093 & -5+j15 & 0+j4.9889 & 0+j0 \\ & & 7.7523-j28.7757 & 0+j0 & 0+j4.9889 \\ & & & 0-j5.2493 & 0+j0 \\ & & & & 0-j5.2493 \end{bmatrix}$$

因 Y_B 为对称阵，只示出了上三角部分，下同。

第三步，设定初值：$\dot{U}_1^{(0)} = \dot{U}_2^{(0)} = \dot{U}_3^{(0)} = 1\angle 0°$，$Q_4^{(0)} = 0$，$\theta_4^{(0)} = 0$。

第四步，计算失配功率。

$$\Delta P_1^{(0)} = P_1 - P_1^{(0)} = -0.8055 - U_1 \sum_j (G_{ij} \cos\theta_{ij} + B_{ij} \sin\theta_{ij}) = -0.8055$$

$$\Delta P_2^{(0)} = P_2 - P_2^{(0)} = -0.18 , \quad \Delta P_3^{(0)} = P_3 - P_3^{(0)} = 0$$

$$\Delta P_4^{(0)} = P_4 - P_4^{(0)} = -0.5 , \quad \Delta Q_1^{(0)} = Q_1 - Q_1^{(0)} = -0.3720$$

$$\Delta Q_2^{(0)} = Q_2 - Q_2^{(0)} = 0.2475 , \quad \Delta Q_3^{(0)} = Q_3 - Q_3^{(0)} = 0.3875$$

显然，$\max\{|\Delta P_i, \Delta Q_i|\}=0.8055 > \varepsilon$。

第五步，形成雅可比矩阵（阶数为 7×7）。

$$J^{(0)} = \begin{bmatrix} -20.562\,2 & 11.387\,9 & 9.174\,3 & 0.000\,0 & -6.311\,0 & 3.558\,7 & 2.752\,3 \\ 11.387\,9 & -31.376\,8 & 15.000\,0 & 4.988\,9 & 3.558\,7 & -3.558\,7 & 5.000\,0 \\ 9.174\,3 & 15.000\,0 & -29.163\,2 & 0.000\,0 & 2.752\,3 & 5.000\,0 & -7.752\,3 \\ 0.000\,0 & 4.988\,9 & 0.000\,0 & -4.988\,9 & 0.000\,0 & 0.000\,0 & 0.000\,0 \\ 6.311\,0 & -3.558\,7 & -2.752\,3 & 0.000\,0 & -20.242\,2 & 11.387\,9 & 9.174\,3 \\ -3.558\,7 & 8.558\,7 & -5.000\,0 & 0.000\,0 & 11.387\,9 & -30.641\,8 & 15.000\,0 \\ -2.752\,3 & -5.000\,0 & 7.752\,3 & 0.000\,0 & 9.174\,3 & 15.000\,0 & -28.388\,2 \end{bmatrix}$$

第六步，解修正方程，得到

$\Delta\theta_1^{(0)} = -7.484\,819°$，$\Delta\theta_2^{(0)} = -5.840\,433°$ $\Delta\theta_3^{(0)} = -5.575\,785°$，$\Delta\theta_4^{(0)} = -0.098\,133\,1°$

$\Delta U_1^{(0)} = 0.003\,449°$，$\Delta U_2^{(0)} = 0.028\,523°$ $\Delta U_3^{(0)} = 0.033\,880$

从而 $\theta_1^{(1)} = \theta_1^{(0)} + \Delta\theta_1^{(0)} = -7.484\,819°$，$\theta_2^{(1)} = \theta_2^{(0)} + \Delta\theta_2^{(0)} = -5.840\,433°$

$\theta_3^{(1)} = \theta_3^{(0)} + \Delta\theta_3^{(0)} = -5.575\,785°$，$\theta_4^{(1)} = \theta_4^{(0)} + \Delta\theta_4^{(0)} = -0.098\,133\,1°$

$U_1^{(1)} = U_1^{(0)} + \Delta U_1^{(0)} = 1.003\,449$

$U_2^{(1)} = U_2^{(0)} + \Delta U_2^{(0)} = 1.028\,523$

$U_3^{(1)} = U_3^{(0)} + \Delta U_3^{(0)} = 1.033\,88$

然后转入下一次迭代。经三次迭代后，$\max\{|\Delta P_i,\ \Delta Q_i|\} < \varepsilon$。

4.4　P-Q 分解法

　　P-Q 分解潮流计算法是牛顿-拉夫逊法潮流计算的一种简化方法，在电力系统中得到了广泛的应用。从上一节已经知道，牛顿-拉夫逊法的雅可比矩阵在每一次迭代过程中都有变化，需要重新形成和求解，这占据了牛顿-拉夫逊法潮流计算的大部分时间，成为牛顿-拉夫逊计算速度不能提高的原因。虽然在牛顿-拉夫逊中应用了稀疏矩阵技巧以及节点优化编号等提高计算速度的技术，但却没有充分利用电力系统本身的特点来改进和提高计算速度。P-Q 分解法正是利用了电力系统的一些特有的运行特性，对牛顿-拉夫逊法做了简化。

　　P-Q 分解法也称 P-Q 解耦迭代方法。它将有功功率和无功功率的迭代分开进行。

　　将极坐标形式表示的牛顿-拉夫逊法的修正方程展开为：

$$\Delta P = H\Delta\theta + N\Delta U/U \tag{4-58}$$

$$\Delta Q = M\Delta\theta + L\Delta U/U \tag{4-59}$$

然后对其进行如下简化。

　　考虑到电力系统中有功功率分布主要受节点电压相角的影响，无功功率分布主要受节点电压幅值的影响，表现在迭代方程中矩阵 N 的元素相对于矩阵 H 的元素小得多，矩阵 M 的元素相对于 L 的元素也小得多，从而可以略去 N 和 M。

　　公式（4-58）和公式（4-59）可改写为：

$$\Delta P = H\Delta\theta \tag{4-60}$$

$$\Delta Q = L\Delta U \tag{4-61}$$

这样就可使有功功率修正方程与无功功率修正方程分开进行迭代。

　　以不变的矩阵 B' 和 B'' 分别代替式（4-60）、式（4-61）中的 H 和 L。从式（4-60）和式（4-

61）可见，矩阵 H 和 L 中的元素在迭代过程中是变化的，每次均需要重新计算。然后求解修正方程，因而工作量大。在实际电力系统当中，通常节点电压间的相位差 θ_{ij} 并不大，从而 $\cos\theta_{ij} \gg \sin\theta_{ij}$，又由于高压网络中电阻 $R \ll$ 电抗 X，R/X 很小，从而 $B_{ij} \gg G_{ij}$，故 $B_{ij}\cos\theta_{ij} \gg G_{ij}\sin\theta_{ij}$，于是可以忽略 $G_{ij}\sin\theta_{ij}$，并设 $\cos\theta_{ij} \approx 1$，又因为 H_{ii} 表达式中 $U_i^2 B_{ii} \gg Q_i'$，L_{ii} 表达式中 $U_i^2 B_{ii} \gg Q_i'/U_i$ 故可以将小项略去。于是，H 和 L 的各元素可表示为：

$$\begin{cases} H_{ii} = -U_i^2 B_{ii} + Q_i' \\ H_{ij} = U_i U_j (G_{ij}\sin\theta_{ij} - B_{ij}\cos\theta_{ij}) \approx -U_i U_j B_{ij} \end{cases} \tag{4-62}$$

$$\begin{cases} L_{ii} = U_i B_{ii} - Q_i'/U_i \approx U_i B_{ii} \\ L_{ij} = -U_i(G_{ij}\sin\theta_{ij} - B_{ij}\cos\theta_{ij}) \approx U_i B_{ij} \end{cases} \tag{4-63}$$

　　雅可比矩阵中的两个子阵的元素将具有相同的表示式，但它们的阶数不同，前者为（$n-1$）阶、后者为（$m-1$）阶。

$$
H = \begin{bmatrix} U_1^2 B_{11} & U_1 U_2 B_{11} & \cdots & U_1 U_{n-1} B_{1,\,n-1} \\ U_2 U_1 B_{21} & U_2^2 B_{22} & \cdots & U_2 U_{n-1} B_{2,\,n-1} \\ \vdots & \vdots & \vdots & \vdots \\ U_{n-1} U_1 B_{n-1,\,1} & U_{n-1} U_2 B_{n-1,\,2} & \cdots & U_{n-1}^2 B_{n-1,\,n-1} \end{bmatrix}
$$

$$
= -\begin{bmatrix} U_1 & & & 0 \\ & U_2 & & \\ & & \ddots & \\ 0 & & & U_{n-1} \end{bmatrix}\begin{bmatrix} B_{11} & \cdots & B_{1,n-1} \\ \vdots & & \vdots \\ B_{n-1,1} & \cdots & B_{n-1,n-1} \end{bmatrix}\begin{bmatrix} U_1 & & & 0 \\ & U_2 & & \\ & & \ddots & \\ 0 & & & U_{n-1} \end{bmatrix} \tag{4-64}
$$

将其代入式（4-58）展开，可得

$$
\begin{bmatrix} \Delta P_1 \\ \Delta P_2 \\ \Delta P_3 \\ \vdots \\ \Delta P_n \end{bmatrix} = -\begin{bmatrix} U_1 & 0 & 0 & 0 & 0 \\ 0 & U_2 & 0 & 0 & 0 \\ 0 & 0 & U_3 & 0 & 0 \\ 0 & 0 & 0 & \ddots & 0 \\ 0 & 0 & 0 & 0 & U_n \end{bmatrix}\begin{bmatrix} B_{11} & B_{12} & B_{13} & \cdots & B_{1n} \\ B_{21} & B_{22} & B_{23} & \cdots & B_{2n} \\ B_{31} & B_{32} & B_{33} & \cdots & B_{3n} \\ \cdots & \cdots & \cdots & \ddots & \cdots \\ B_{n1} & B_{n2} & B_{n3} & \cdots & B_{nn} \end{bmatrix}\begin{bmatrix} U_1 \Delta\theta_1 \\ U_1 \Delta\theta \\ U_1 \Delta\theta \\ \cdots \\ U_1 \Delta\theta \end{bmatrix}
$$

$$
\begin{bmatrix} \Delta Q_1 \\ \Delta Q_2 \\ \Delta Q_3 \\ \vdots \\ \Delta Q_m \end{bmatrix} = -\begin{bmatrix} U_1 & 0 & 0 & 0 & 0 \\ 0 & U_2 & 0 & 0 & 0 \\ 0 & 0 & U_3 & 0 & 0 \\ 0 & 0 & 0 & \ddots & 0 \\ 0 & 0 & 0 & 0 & U_m \end{bmatrix}\begin{bmatrix} B_{11} & B_{12} & B_{13} & \cdots & B_{1m} \\ B_{21} & B_{22} & B_{23} & \cdots & B_{2m} \\ B_{31} & B_{32} & B_{33} & \cdots & B_{3m} \\ \cdots & \cdots & \cdots & \ddots & \cdots \\ B_{m1} & B_{m2} & B_{m3} & \cdots & B_{mm} \end{bmatrix}\begin{bmatrix} \Delta U_1 \\ \Delta U_2 \\ \Delta U_3 \\ \cdots \\ \Delta U_m \end{bmatrix} \tag{4-65}
$$

将上式两边都乘以

$$
\begin{bmatrix} U_1 & 0 & 0 & 0 \\ 0 & U_2 & 0 & 0 \\ 0 & 0 & U_3 & 0 \\ 0 & 0 & 0 & \ddots \end{bmatrix} = \begin{bmatrix} U_1^{-1} & 0 & 0 & 0 \\ 0 & U_2^{-1} & 0 & 0 \\ 0 & 0 & U_3^{-1} & 0 \\ 0 & 0 & 0 & \ddots \end{bmatrix} \tag{4-66}
$$

可得

$$\begin{bmatrix} \Delta P_1/U_1 \\ \Delta P_2/U_2 \\ \Delta P_3/U_3 \\ \vdots \\ \Delta P_n/U_n \end{bmatrix} = -\begin{bmatrix} B_{11} & B_{12} & B_{13} & \cdots & B_{1n} \\ B_{21} & B_{22} & B_{23} & \cdots & B_{2n} \\ B_{31} & B_{32} & B_{33} & \cdots & B_{3n} \\ \cdots & \cdots & \cdots & \ddots & \cdots \\ B_{n1} & B_{n2} & B_{n3} & \cdots & B_{nn} \end{bmatrix}\begin{bmatrix} U_1\Delta\theta_1 \\ U_1\Delta\theta \\ U_1\Delta\theta \\ \vdots \\ U_1\Delta\theta \end{bmatrix} \tag{4-67}$$

$$\begin{bmatrix} \Delta Q_1/U_1 \\ \Delta Q_2/U_2 \\ \Delta Q_3/U_3 \\ \vdots \\ \Delta Q_m/U_m \end{bmatrix} = -\begin{bmatrix} B_{11} & B_{12} & B_{13} & \cdots & B_{1m} \\ B_{21} & B_{22} & B_{23} & \cdots & B_{2m} \\ B_{31} & B_{32} & B_{33} & \cdots & B_{3m} \\ \cdots & \cdots & \cdots & \ddots & \cdots \\ B_{m1} & B_{m2} & B_{m3} & \cdots & B_{mm} \end{bmatrix}\begin{bmatrix} \Delta U_1 \\ \Delta U_2 \\ \Delta U_3 \\ \vdots \\ \Delta U_m \end{bmatrix} \tag{4-68}$$

上式可以简写为：

$$\begin{cases} \Delta P/U = -B'U\Delta\theta \\ \Delta Q/U = -B''\Delta U \end{cases} \tag{4-69}$$

上式即为解耦迭代的修正方程。注意上式中 B'、B'' 的元素均直接取原节点导纳矩阵的相应元素的虚部，但阶数不同。前者为 $(n-1)\times(n-1)$ 阶，后者为 $m\times m$ 阶，U' 为 $(n-1)\times1$ 阶，U'' 为 $m\times1$ 阶。

P-Q 分解法的迭代公式为

$$\begin{cases} \theta^{(k+1)} = \theta^{(k)} - B'U^{-1}\Delta P^{(k)}/U'^{(k)} \\ U^{(k+1)} = U^{(k)} - B''^{-1}\Delta Q^{(k)}/U''^{(k)} \end{cases} \tag{4-70}$$

上二式中稀疏矩阵 B' 和 B'' 有相同的形式，但实质并不完全相同。首先，B' 为 $(n-1)\times(n-1)$ 阶矩阵，而由于存在 PV 节点，B'' 为 $m\times m$ 阶矩阵其次，为了加快收敛，通常在 B' 中除去那些与有功功率和电压相位关系较小的因素，如在 B'_{ii} 中不包含各输电线路和变压器支路等值 π 型电路的对地导纳。B' 和 B'' 均为对称的常数矩阵。

P-Q 分解法通常与因子表法联合使用。所谓因子表法就是将系数矩阵 B' 和 B'' 各分解成前代和回代用的因子表，在每次迭代中，不必重新形成因子表，只需要形成常数项功率误差向量，通过对因子表的前代和回代求得电压角度、有效值的修正量。

小　结

本章主要阐述了电力系统潮流计算的各种计算机方法，介绍了高斯-赛德尔法、牛顿-拉夫逊法以及简化的 P-Q 分解法，讲述了潮流算法的基本原理。应用计算机进行潮流计算，必须先建立数学模型，将节点注入电流用功率和电压形式表示，根据给定条件求得一组非线性方程，然后根据不同算法的求解过程求得相应的节点电压和功率值。其中高斯-赛德尔法计算简单，但精度不高；广泛应用的算法是牛顿-拉夫逊法，其收敛性很好，但需要合适的初值才能完成；P-Q 分解法是牛顿-拉夫逊法的一种简化算法，通过加入假设依据，可以更快地完成迭代过程，也能满足计算精度的要求。

要求熟练掌握高斯-赛德尔法，掌握牛顿-拉夫逊法，理解 P-Q 分解法。用 MATLAB 程序辅助求解，可减少计算量。

思考题与习题

4-1 电力系统的节点导纳矩阵有什么特点？其与节点阻抗矩阵有什么关系？

4-2 电力系统中节点分为几类？各类节点有什么特点？

4-3 何谓 Vθ 节点，为什么潮流计算中必须有一个而且只有一个 Vθ 节点？

4-4 简述牛顿-拉夫逊法进行潮流分布计算的步骤。

4-5 P-Q 分解法相对牛顿法做了哪些改进？有何优点？

4-6 电力网络如图 4-12 所示，网络中参数均为电抗标幺值，试求该网络的节点导纳矩阵。

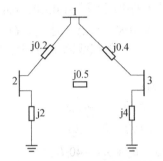

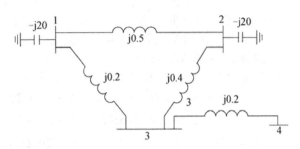

图 4-12　题 4-6 电力网络图　　　　　　　图 4-13　题 4-7 电力网络

4-7 求图 4-13 所示网络的节点导纳矩阵。

4-8 电力系统网络如图 4-14 所示，节点 1 为平衡节点，电压为 $\dot{U}_1=1.0\angle0°$（p.u.）。节点 2 负荷 $\tilde{S}_2$ =280+j60（MVA）。线路阻抗 Z=0.02+j0.04（p.u.）（基准功率 100MVA）。

试求：（1）用高斯-塞得尔迭代法求 $\dot{U}_2$，初始估计值为 $\dot{U}_2^{(0)}=1.0+j0.0$，迭代 2 次。

（2）经过 k 次迭代后，节点 2 电压收敛于 $\dot{U}_2^{(k)}$=0.90+j0.10（p.u.），求 $\tilde{S}_1$ 和线路的有功功率和无功功率损耗。

（3）已知

$$P_2=|\,V_1|\,|V_2||Y_{21}|\cos\,(\theta_{21}-\delta_2+\delta_1)+\left|V_2^2\right|\left|Y_{22}\right|\cos\theta_{22}$$

$$Q_2=-|\,V_1|\,|V_2||\,Y_{21}|\sin\,(\theta_{21}-\delta_2+\delta_1)-\left|V_2^2\right|\left|Y_{22}\right|\sin\theta_{22}$$

求用牛顿迭代的雅克比矩阵表达式。

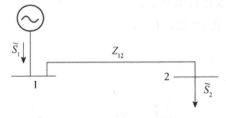

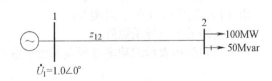

图 4-14　题 4-8 电力系统网络图　　　　　　图 4-15　题 4-9 电力系统接线图

4-9 图 4-15 为一个两节点系统，节点 1 为平衡节点，电压为 $\dot{U}_1$=1.0∠0°。节点 2 连接负荷，负荷吸收有功功率 100MW，无功功率 50Mvar。线路电抗 z_{12}=0.12+j0.16（p.u.）（基准功率 100MVA）。试用牛顿-拉夫逊法求节点 2 的电压幅值和相角。初始估计值为 $|\dot{U}_2|^{(0)}$=1.0

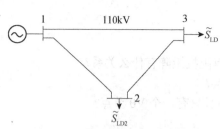

图 4-16 题 4-10 电力系统接线图

（p.u.）和 $\theta_2^{(0)}=0°$ ，要求迭代两次。

4-10 如图 4-16 所示电力系统，已知线路阻抗为：$Z_{12}=10+j0.16$ （Ω），$Z_{23}=24+j22$ （Ω），$Z_{12}=10+j16$ （Ω）；负荷功率为 $\tilde{S}_{LD2}=20+j15$ （MVA），$\tilde{S}_{LD3}=25+j18$ （MVA），$\dot{U}_1=115\angle0°$ （kV），试用牛顿-拉夫逊法计算潮流。（1）求节点导纳矩阵；

（2）第一次迭代用的雅克比矩阵；

（3）当用牛顿-拉夫逊法计算潮流时，求三次迭代结果。

4-11 如图 4-17 所示简单电力系统，节点 1、2 接发电机，节点 1 的电压为 $\dot{U}_1=1.0\angle0°$（p.u.），节点 2 的电压幅值固定在 1.05（p.u.）不变，发电机有功功率 400MW。节点 3 连接负荷，负荷吸收有功功率 500MW，无功功率 400Mvar，线路导纳如图所示，忽略线路电阻和充电电纳。基准功率取 100MVA。试求：

（1）节点 2 的有功功率和节点 3 的有功、无功功率表达式为：

$$P_2 = 40|\dot{U}_2||\dot{U}_1|\cos(90°-\theta_2+\theta_1)+20|\dot{U}_2||\dot{U}_3|\cos(90°-\theta_2+\theta_3)$$

$$P_3 = 20|\dot{U}_3||\dot{U}_1|\cos(90°-\theta_3+\theta_1)+20|\dot{U}_3||\dot{U}_2|\cos(90°-\theta_3+\theta_2)$$

$$Q_3 = -20|\dot{U}_3||\dot{U}_1|\sin(90°-\theta_3+\theta_1)-20|\dot{U}_3||\dot{U}_2|\sin(90°-\theta_3+\theta_2)+40|\dot{U}_3|^2$$

（2）利用牛顿-拉夫逊迭代法求 $\dot{U}_2$ 和 $\dot{U}_3$ 的相量值。初始估计值为 $\dot{U}_2^{(0)}=1.0+j0$，$\dot{U}_3^{(0)}=1.0+j0$，并保持 $|\dot{U}_2|=1.05$（p.u.）不变。迭代两次。

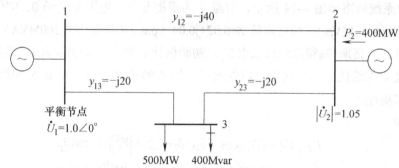

图 4-17 题 4-11 电力系统接线图

4-12 已知双母线系统如图 4-18 所示，图中参数以标幺值表示。

已知：$\tilde{S}_{L1}=10+j3$，$\tilde{S}_{L2}=20+j10$，$\dot{U}_1=1.0\angle0°$，$P_{G2}=15$，$U_2=1$

求（1）节点 1、2 的节点类型；

（2）网络的节点导纳矩阵；

（3）直角坐标表示的功率方程及相应的修正方程。

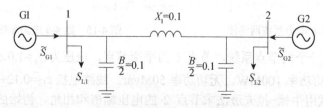

图 4-18 题 4-12 电力网络

第 5 章　电力系统的功率平衡、频率调整和电压控制

内容提要

本章主要阐述关于频率指标的相关问题，例如频率变化对用户和发电厂及电力系统本身的影响。电力系统有功功率平衡的关系有：系统有功功率不足则系统频率要下降，系统有功功率过剩，则系统频率要升高。系统负荷是随机变化的，要维持系统稳定，就要保持系统有功功率平衡，就要进行频率调整。本章介绍了电力系统各部分怎样进行相关的频率调整。

电力系统的质量控制包括电压控制和频率控制，或称为电压调整和频率调整。电压是衡量电能质量的一个重要指标。本章主要介绍电力系统无功功率负荷、无功功率损耗和无功功率电源的基本特性，电力系统无功功率平衡的基本概念，电力系统中枢点电压调整方式及采取的调压措施。本章还研究了电力系统的电压质量控制（即电压调整）。

学习目标

①理解电力系统中有功功率平衡和频率的关系。系统中有功缺额则系统频率要下降，有功功率过剩则频率升高，为维持电力系统稳定运行，保证频率变化在允许偏移之内就要对频率进行调整，目的是保持系统中有功功率平衡。

②掌握针对三种不同类型的负荷用三种调频方法。

③了解频率变化对用户和电力系统本身的影响。

④了解系统的有功电源、备用容量和各类电厂的合理组合。

⑤理解电力系统无功功率平衡与电压的关系。当系统中无功功率缺额，则电网电压降低，无功功率过剩则电网电压升高。要维持电网电压稳定就要进行电压调整，保证电网无功功率平衡。

⑥理解电力系统电压管理主要是中枢点电压管理，掌握中枢点的调压方式。

⑦掌握电压调整的基本方法和计算。

⑧掌握等耗量微增率准则的原理及计算。

5.1　电力系统有功功率平衡和频率变化

电力系统运行的根本目的是在保证电能质量符合标准的前提下，安全可靠地供给用户需要的电能。在前面我们讲过衡量电能质量的指标为频率、电压和波形，因此必须掌握各个指标变化对电力系统的影响，从而达到电力用户的要求。

5.1.1　频率变化对用户和发电厂及系统本身的影响

频率是衡量电能质量的一个重要的指标，保证电力系统的频率合乎标准是系统运行调整

的一项基本内容。我国规定电力系统的额定频率为 50Hz，允许的波动为 ±（0.2~0.5）Hz。

频率变化超出允许范围时，对用电设备的正常工作和电力系统的稳定运行都会产生影响，甚至造成事故，具体如下：

①工业中普通应用的异步电动机，其转速与系统频率有关。频率变化时将引起电动机转速的变化，从而影响产品质量。

②现代工业、国防和科学研究部门广泛用电子技术设备，系统频率的不稳定会影响这些电子设备的工作特性，降低精度，造成误差。

③电力系统频率不稳定运行时，汽轮机低频率运行将使叶片由于振动大而产生裂纹，轻则缩短叶片寿命，重则会使叶片发生断裂，影响汽轮机的正常使用。

④频率变化对发电厂本身的影响。发电厂本身有许多由异步电动机拖动的重要设备，如给水泵、循环水泵、风机等。如果系统频率降低，将使电动机出力降低，若频率降低过多，将使电动机停转，造成锅炉停炉。若系统频率进一步下降，将导致系统崩溃。

由上述可见，要保证电力系统的正常运行，必须使频率控制在所规定的允许范围内。这就要求对频率不断进行调整。

5.1.2　电力系统有功功率平衡和备用容量

1. 电力系统有功功率平衡

频率产生偏差的根本原因在于负荷的波动，而频率取决于有功功率的平衡，与负荷和有功电源的特性相关。

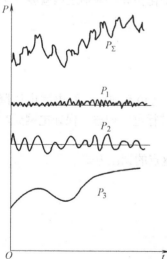

P_1—第一类负荷变化曲线；
P_2—第二类负荷变化曲线；
P_3—第三类负荷变化曲线；
P_Σ—综合负荷变化曲线

图 5-1　有功负荷变化示意图

（1）有功负荷

根据电力系统的特点，负荷时刻都在变化，如图 5-1 给出了负荷变化的示意图。

由图可知，系统实际的负荷变化可以分解为三种不同变化规律的变动负荷：第一类负荷变动幅度小（0.1%~0.5%），变化周期短（一般在 10s 之内），主要由于中小型设备的投入切出引起，带有很大的偶然性；第二类负荷变动幅度较大（0.5%~1.5%），变化周期较长（一般在 10~180s 之内），例如轧钢机、电炉、压延机械、电气机车等负荷；第三类负荷变动幅度大且变化周期长，例如由于生产、生活、气象等变化引起的负荷。三者综合在一起则为综合变化曲线，反映实际应用中负荷的变化过程。对第一、二类负荷是无法预测的，要通过装设在原动机上的调速器对发电机输出的有功功率的调节来平衡。第三类负荷一般可以通过研究过去的负荷资料和负荷变化趋势加以预测，因而可以通过事先计算，按最优分配的原则，做出各发电厂的日负荷曲线，各发电厂则按此曲线调节发电机出力。

对于不同类型的负荷变化，采取的频率调节方式是不同的，第一类负荷引起的频率偏差小，可以通过各个发电机组的调速器自行完成调频，称为一次调频；第二类负荷引起的频率偏差较大，可能会超过允许的偏差范围，这是只靠一次调频不能满足要求，必须由承担调频任务的电厂依靠调频器来进行调整，称为二次调频；第三类负荷的变化较大，则必须由各类发电厂合理组合按照最优化的原则在各发电厂之间进行经济分配，称为三次调频。

（2）有功电源

电力系统的有功功率电源就是各类发电厂的发电机。而有功电源与频率的关系直接体现在调速器的动作，即一次调频。这种调节是自动完成的，只要发电机有调节能力，就会随着频率的变化而变化，但它是一种有差调节，只能小部分地调节频率，保证其在规定的偏差范围之内工作。

（3）有功功率平衡

电力系统有功功率平衡是指运行中，所有发电厂发出的有功功率的总和 $\sum P_G$，在任何时刻都等于该系统的总负荷 $\sum P_L$，$\sum P_L$ 包括所有用户的有功功率 $\sum P_D$、网络的有功损耗 $\sum \Delta P_l$ 以及厂用电有功负荷 $\sum P_c$，即

$$\sum P_G = \sum P_L = \sum P_D + \sum \Delta P_l + \sum P_c$$

在一般情况下，电力网中的有功功率损耗占发电厂输出功率 7%～8%；火电厂厂用电占 5%～10%，水电厂一般只占 1%左右。

2. 电力系统备用容量

为保证系统安全、优质、经济地运行，系统应具有一定的备用容量。系统电源容量大于发电负荷的部分称为系统的备用容量。系统备用容量可分为热备用和冷备用。热备用也叫旋转备用，是指运转中的发电设备可发最大功率与系统发电负荷之差。冷备用则是指未运转但可以随时启用的发电设备可发出的最大功率。

系统的备用容量按其作用可分为以下几类。

（1）负荷备用

系统的负荷备用，是指调整系统中短时的负荷波动并担负计划外的负荷增加而设置的备用。其大小应根据系统总负荷的大小、运行经验并考虑各类用电的比重确定。一般为最大负荷的 3%~5%，大系统采用较小数值，小系统采用较大数值。

（2）事故备用

系统的事故备用，是指在电力系统中当发电设备发生偶然事故时，为保证向用户正常供电所设置的备用。其大小应根据系统总容量的大小，发电机组台数的多少，单机容量的大小，机组的事故概率及系统的可靠性指标等确定，一般取最大负荷的 5%~10%。但不能少于系统中最大机组的容量。

（3）检修备用

系统的检修备用，是为系统中的发电设备能定期检修而设置的。发电设备运转一段时间后必须进行检修，检修分为大检修和小检修，大检修安排在系统负荷的季节性低落期间；小检修一般安排在节假日进行。在这期间内，如不能完全安排所有机组的大小检修时，才设置所需要的检修备用容量。因而一般可以不单独设置检修备用。

（4）国民经济备用

系统的国民经济备用，是为了满足工农业生产的超计划增长对电力的需求而设置的备用。这部分备用与国民经济增长有关，其值一般为系统最大负荷的 3%～5%。

上述的负荷备用和一部分事故备用属于热备用，通常这两种备用容量可以通用。国民经济备用和检修备用及部分事故备用属于冷备用。

5.1.3　各类电厂的合理组合

各类发电厂由于设备容量、机组规格和使用的动力资源的不同有着不同的技术经济特性。因此必须结合它们的特点，合理地组织这些发电厂的运行方式，恰当安排它们在电力系统日负荷曲线和年负荷曲线中的位置，以提高系统运行的经济性。

1. 各类发电厂的运行特点

电力系统中的发电厂主要有火力发电厂、水力发电厂和核能发电厂三类。其各自有自身的特点，具体如下。

（1）火力发电厂的主要特点

①火电厂运行时要消耗大量的燃料，需要支付燃料的费用，并且运行费用大，但其不受自然气候条件的影响。

②火电厂的锅炉和汽轮机都受最小技术负荷的限制。

③带有热负荷的火电厂称为热电厂，它采用抽气供热，从经济性能上看，其总效率高于一般的凝气式火电厂。从技术性能上看，其有功出力的调节范围较小。但与热负荷相适应的那部分功率是不可调节的强迫功率。

④火电厂机组的投入、退出或承担急剧变化的负荷时，即额外耗费能量，又花费时间，且易损坏设备。

（2）水力发电厂的特点

①水电厂不需要支付燃料费用，且水能是可以再生的资源。但运行依水库调节性能的不同在不同程度上受自然环境条件的影响。

②水电厂机组的投入、退出或承担急剧变动的负荷时，所需要时间短，操作简单，无须额外的耗费。

③水电厂的水轮机没有严格的最小技术负荷要求，发电机出力的调整范围较宽。

④水利枢纽往往兼有防洪、发电、航运、灌溉、养殖、供水和旅游等多方面的效益。水库的发电用水量通常按水库的综合效益来考虑安排，不一定能同电力负荷的需求相一致，因此，只有在火电厂的适当配合下，才能充分发挥水力发电的经济利益。

（3）核能发电厂的特点

核电厂一次性投资大，运行费用低。

①核电厂反应堆的负荷基本上没有限制，因此，其最小技术负荷主要取决于汽轮机，约为额定负荷的 10%~15%。

②核电厂的反应堆和汽轮机投入、退出或承担急剧变动负荷时，需要耗费能量，花费时间，且设备易损坏。

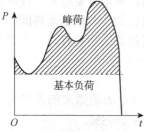

图 5-2　日负荷曲线中的基本负荷和峰荷

抽水蓄能发电厂是一种特殊的水力发电厂，它有上、下两级水库，在日负荷曲线的低谷期间，作为负荷向系统吸收有功功率，将下级水库的水抽到上级水库。在高峰负荷期间，由上级水库向下级水库放水，作为发电厂运行向系统发出有功功率。抽水蓄能发电厂的主要作用是调节电力系统有功负荷的峰谷差。其调峰作用如图 5-2 所示。在现代电力系统中，核能发电厂、高参数大容量的火力发电机组日益增多，系统的调峰容量日显不足，而且，随着社会发展、用电结构的变化，日负荷曲线的峰谷差还有增大趋势，所以建设抽水蓄能发电厂对改善电力系统运行具有重要意义。

2. 各类发电厂的合理组合

在安排发电任务时，为合理地利用国家的动力资源，降低成本，必须根据发电厂的技术特点，恰当地分配它们所承担的负荷，安排好它们在日负荷曲线中的位置。

一般，为避免火电厂频繁开停机组或增减负荷，应让其承担基本不变的负荷。其中，高温高压电厂因效率高，应优先投入，由于其可灵活调节范围较窄，适合运行在负荷曲线的最低部分。其次是中温中压电厂。低温低压电厂设备陈旧，效率低，应及早淘汰。

无调节水库水电厂的全部功率和有调节水库水电厂的强迫功率都不可调，应首先投入。有调节水库水电厂的可调功率，在丰水期，为防止弃水，常常也有限投入；而在枯水期，则承担高峰负荷。

原子能电厂的一次投资大，运行费用低，建成后应尽可能利用，承担基本不变的负荷，运行在负荷曲线的更低的部分。

电力系统的典型日负荷曲线如图 5-3 所示，它是调度运行的重要依据，调度部门根据负荷曲线将发电任务分配给各个发电厂。日负荷曲线的最低点以下部分称为基本负荷（简称基荷），基本负荷与最大负荷之间的部分称为峰荷。

在夏季丰水期和冬季枯水期各类电厂在日负荷曲线中的安排示意图如图 5-4 所示。

在夏季丰水期，水量充足，为充分利用水利资源，水电厂应带基本负荷以避免弃水、节约燃煤。热电厂按供热方式运行的部分承担与热负荷相适应的电负荷，也安排在日负荷曲线中的基本部分。热电厂的凝汽部分和凝气式火电厂则带尖峰负荷。在此期间，由于水能的充分利用，火电厂少开机，可以抓紧时间进行火电厂设备的检验。

在冬季枯水期，来水较少，在日负荷曲线中，水电厂和凝气式火电厂则应互换位置。由凝汽式火电厂承担基本负荷，水电厂则承担尖峰负荷。

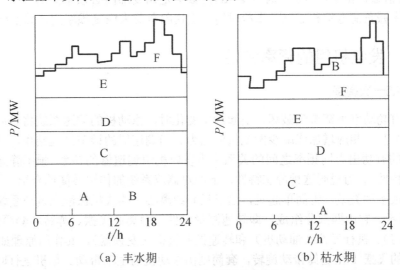

（a）丰水期　　　　　　　　（b）枯水期

A—水电厂的不可调功率；B—水电厂的可调功率；C—热电厂；D—核电厂；
E—高温高压凝汽式火电厂；F—中温中压凝汽式火电厂

图 5-3　各类电厂在日负荷曲线上的负荷分配示意图

5.2 电力系统频率调整

5.2.1 电力系统负荷的频率特性

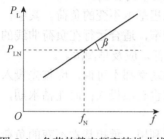

图 5-4 负荷的静态频率特性曲线

当频率变化时，系统中的有功功率负荷也将发生变化。系统处于运行稳态时，系统中有功负荷随频率的变化特性称为负荷的静态频率特性。

当频率偏离额定值不大时，负荷的静态频率特性常用一条直线近似表示，如图 5-4 所示，这就是说，在额定频率附近，系统负荷与频率呈线形关系。当系统频率略有下降时，负荷成比例自动减小。

图中直线的斜率为

$$K_L = \tan\beta = \frac{\Delta P_L}{\Delta f} \tag{5-1}$$

或用标幺值表示为

$$K_{L*} = \frac{\Delta P_L / P_{LN}}{\Delta f / f_N} = \frac{\Delta P_{L*}}{\Delta f_*} \tag{5-2}$$

式中 K_L、K_{L*} 称为负荷的频率调节效应系数。它表示系统有功功率负荷的自动调节效应。如频率下降时，负荷从系统吸收的有功功率自动减少。K_{L*} 的数值取决于全系统各类负荷的比重，不同系统或同一系统不同时刻 K_{L*} 值都可能不同。

一般电力系统中 K_{L*}=1~3，它表示频率变化 1%时，负荷有功功率相应变化（1~3）%。K_{L*} 的具体数值通常由实验或计算求得。K_{L*} 的数值是调度部门必须掌握的一个数据，因为它是考虑按频率减负荷方案和低频率事故时用一次切除负荷来恢复频率的计算依据。

5.2.2 发电机组的频率特性

1. 频率的一次调整

当系统有功功率平衡遭到破坏，引起频率变化时，原动机的调速系统将自动改变原动机的进汽（水）量，相应增加或减少发电机的出力。当调速器的调节过程结束，建立新的稳态时，发电机的有功出力同频率之间的关系称为发电机组调速器的功率-频率静态特性（简称为功频静态特性）。为说明这种静态特性，下面对调速系统的作用做简单介绍。

调速有很多种类型，为简单起见，这里只介绍离心飞摆式机械液压调速系统。其原理图如图 5-5 所示。它由四部分组成，即转速测量元件（由离心飞摆、弹簧和套筒组成）、放大元件（错油门）、执行元件（油动机）和转速控制机构（变频器）。其作用原理如下。

调速器的飞摆 1 由套筒带动旋转，套筒则由原动机的主轴带动。单机运行时，机组因负荷增大转速下降时，由于离心力减小，在弹簧 2 的作用下飞摆 1 向转轴靠拢，使 A 点向下移动到 A′。但油动机 4 的活塞两边油压相等，B 点不动，使杠杆 AB 绕 B 点逆时针转动到 A′B。在调频器未动的情况下，D 点不动。因而在 A 点下降到 A′时，杠杆 DE 绕 D 点顺时针转到 DE′，即 E 点向下移动到 E′。这样错油门的活塞向下移动，使油管 a、b 的小孔开启，压力油经过油管 b 进入油动机活塞下部，而活塞上部的油则由油管 a 经错油门上部小孔溢出。在油压作用下，油动机活塞向上移动，使汽轮机的调节气门或水轮机的导向叶片开度增大，增加进气量（或进水量）。

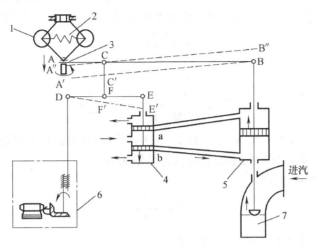

1—飞摆；2—弹簧；3—套筒；4—错油门；5—油动机；6—调频器；7—进汽（水）阀门

图 5-5　离心飞摆式调速系统原理示意图

油动机活塞上升同时，由于进汽量（或进水量）的增加，机组转速上升，飞摆的离心力增大，A′随之上升，当杠杆 AB 的上升使 C 点回到原来位置时，连动错油门的活塞也回到原来位置，使油管 a、b 的小孔重新被堵住。这时油动机活塞又处于上下油压相等的状态下，停止移动。调节过程结束。这时杠杆 AB 的位置变为 A″CB″。此时，杠杆上 B″的位置比 B 点高，C 点位置保持原来位置，A″的位置较 A 略低。这说明调整后的进汽（或进水）量较原来多，发电机出力增大了，但机组转速较原来略低。也就是说系统的频率较原来略低。并没有恢复原来数值，这就是频率的一次调整。

2. 频率的二次调整

二次调频由调频器完成，调频器由伺服电动机、蜗轮、蜗杆等装置组成。在人工手动操作或自动装置的控制下，调频器转动蜗轮、蜗杆，将 D 点抬高，杠杆 DE 绕 F 点顺时针转动，使错油门再次向下移动，从而进一步增加进汽量（或进水量）。机组转速便可以上升，这样离心飞摆使 A 点由 A″向上升。而在油动机活塞向上移动时，杠杆 AB 又绕 A″逆时针转动，带动 C、F、E 点向上移动，再次堵住错油门小孔，结束调节过程。由图 5-5 可见，由于调频器动作使 D 点升高，E 点不动，则 F 点和 C 点都较原来要高，只要 D 点位置合适，A 点就可以恢复到原来位置，即机组转速可以恢复原来的转速，系统频率也恢复到原来的数值。这就是二次调频。由上述频率调整过程可见，对应增大系统有功功率负荷，频率下降，经调速器调整，使发电机组输

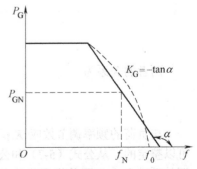

图 5-6　发电机组的有功功率-频率静态特性曲线

出有功功率增加。反之，如果系统有功功率负荷减少，系统频率上升，则调速器调整结果使机组输出用功功率减少。如果以系统频率为横坐标，以机组输出的有功功率为纵坐标绘制出发电机组的有功功率-频率静态特性曲线，将得到一条倾斜的直线，如图 5-6 所示。

发电机组的有功功率-频率静态特性曲线的斜率 K_G 称为发电机组的单位调节功率。即

$$K_G = -\frac{\Delta P_G}{\Delta f} = -\tan\alpha \tag{5-3}$$

其标幺值为

$$K_{G*} = -\frac{\Delta P_G / P_{GN}}{\Delta f / f_N} = -K_G \frac{f_N}{P_{GN}} \tag{5-4}$$

K_G 的数值表示当频率下降或上升 1Hz，发电机组增发或减发的有功功率。式（5-3）中的负号表示频率下降时，发电机组的有功出力是增加的。

定义机组的静态调差系数：

$$\delta = -\frac{\Delta f}{\Delta P_G} \tag{5-5}$$

以额定参数为基准的标幺值表示时，有

$$\delta_* = -\frac{\Delta f / f_N}{\Delta P / P_{GN}} = -\delta \frac{P_{GN}}{f_N} \tag{5-6}$$

还可以认为发电机组的调差系数是机组空载运行频率与额定频率之差的百分值，即

$$\delta\% = -\frac{f_N - f_0}{f_N} \times 100\% \tag{5-7}$$

或

$$\delta_*\% = -\frac{f_N - f_0}{f_N}100\% = \frac{f_0 - f_N}{f_N}100\% \tag{5-8}$$

用百分数表示：

$$\delta(\%) = \frac{f_0 - f_N}{f_N} \times 100 \tag{5-9}$$

调差系数也叫调差率，可定量表明某台机组负荷改变时相应的转速（频率）偏移。例如，当 $\delta_* = 0.05$，如负荷改变 1%，频率将偏移 0.05%；负荷改变 20%，则频率将偏移 1%（0.5Hz）。调差系数的倒数就是机组的单位调节功率（或称为发电机组的静态调节特性系数），即

$$K_G = \frac{1}{\delta} = -\frac{\Delta P_G}{\Delta f}(MW/Hz) \tag{5-10}$$

$$K_{G*} = \frac{1}{\delta_*} = -\frac{\Delta P_{G*}}{\Delta f_*} \tag{5-11}$$

两者的关系为

$$K_G = K_{G*} \frac{P_{GN}}{f_N} \tag{5-12}$$

与负荷的频率调节效应 K_{G*} 不同，发电机组的调差系数 δ_* 或相应的单位调节功率 K_{G*} 是可以整定的。从公式（5-7）和公式（5-12）可见，调差系数的大小对频率偏移的影响很大，调差系数愈小（即单位调节功率愈大），频率偏移亦愈小。但是因受机组调速机构的限制，调差系数的调整范围是有限的。通常取

汽轮发电机组：$\delta_* = 0.04 \sim 0.06$，$K_{G*} = 25 \sim 16.7$。
水轮发电机组：$\delta_* = 0.02 \sim 0.04$，$K_{G*} = 50 \sim 25$。

5.2.3　电力系统的频率调整

1. 频率的一次调整

要确定电力系统的负荷变化引起的频率波动，需要同时考虑负荷及发电机组两者的调节效应，先只考虑一台机组和一个负荷的情况。负荷和发电机组的静态频率特性如图 5-7 所示。

在原始运行状态下，负荷的功频特性为 $P_L(f)$，它同发电机组静特性的交点 A 确定了系统的频率 f_A，发电机组的功率（也就是负荷功率）为 P_{GA}。这就是说，在频率为 f_A 时达到了发电机组有功输出与系统的有功负荷需求之间的平衡。

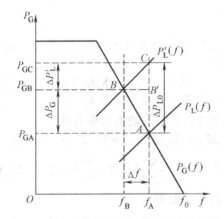

图 5-7　电力系统等效机组的静态频率特性

假定系统的负荷增加了 ΔP_{L0}，其特性曲线变为 $P_L'(f)$。发电机组仍是原来的特性。那么新的稳定运行点将由 $P_L'(f)$ 和发电机组的静态特性的交点 B 决定，与此相应的系统频率为 f_B。由图 5-7 可见，由于频率变化了 Δf，且 $\Delta f = f_B - f_A < 0$，发电机组的功率输出的增量 $\Delta P_G = -K_G \Delta f$ 由于负荷的频率调节效应所产生的负荷功率变化为 $\Delta P_L' = -K_L \Delta f$，当频率下降时，$\Delta P_L'$ 是负的。

由图 5-7 可见，有

$$\Delta P_{L0} = \overline{AC} = \overline{AB'} + \overline{B'C} = \Delta P_G + \Delta P_L' = -K_G \Delta f - K_L \Delta f$$
$$= -(K_G + K_L)\,\Delta f = -K_S \Delta f \tag{5-13}$$

公式（5-13）说明，系统负荷增加时，在发电机组功频特性和负荷本身的调节效应共同作用下又达到了新的功率平衡。即：一方面，负荷增加，频率下降，发电机按有差调节特性增加输出；另一方面负荷实际取用的功率也因频率的下降而有所减小。

在公式（5-13）中 $$K_S = K_G + K_L = -\frac{\Delta P_{L0}}{\Delta f} \tag{5-14}$$

称为系统的功率-频率静特性系数，或系统的单位调节功率。它表示在计及发电机组和负荷的调节效应时，引起频率单位变化的负荷变化量。根据 K_S 值的大小，可以确定在允许的频率偏移范围内，系统所能承受的负荷变化量。显然，K_S 的数值越大，负荷增减引起的频率变化就越小，频率也就越稳定。采用标幺制时有

$$K_{S*} = K_r K_{G*} + K_{L*} = -\frac{\Delta P_{L*}}{\Delta f_*} \tag{5-15}$$

式中，$K_r = P_{GN}/P_{LN}$ 为备用系数，表示发电机组额定容量与系统额定频率的总有功负荷之比。若负载在有备用容量的情况下（$K_r > 1$）将相应增大系统的单位调节功率。

如果发电机组已经满载运行，即运行在图 5-7 中发电机组的静态特性与纵轴平行的直线，在这一段 $K_G = 0$。当系统的负荷增加时，发电机已没有可调节的容量，不能在增加输出了，只要靠频率下降后负荷本身的调节效应的作用来取得新的平衡。这时 $K_{S*} = K_{L*}$，由于 K_{L*} 的数值很小，负荷增加所引起的频率下降就相当严重。由此可见，系统有功功率电源的出力不仅应满足在额定频率下系统对有功功率的需求，并且为了适应负荷增长，还应该有一定的备用容量。

2. 互连系统的频率调整

频率的一次调整时由发电机组的调速器完成对频率变化所进行的调整，需要同时考虑负荷及发电机组两者的调节效应。

在 n 台装有调速器的机组并联运行时，可根据各机组的调差系数和单位调节功率算出其等效调差系数 δ（δ_*），或算出等效单位调节功率 K_G（K_{G*}）。

当系统频率变动 Δf 时，第 i 台机组的输出功率增量：

$$\Delta P_{Gi} = -K_{Gi} \Delta f \quad (i=1, 2, 3, \cdots, n) \tag{5-16}$$

n 台机组输出功率总增量为 $\Delta P_{Gi} = \sum_{i=1}^{n} \Delta P_{Gi} = -\sum_{i=1}^{n} K_{Gi} \Delta f = -K_G \Delta f$

故 n 台机组的等效单位调节功率为

$$K_G = \sum_{i=1}^{n} K_{Gi} = \sum_{i=1}^{n} K_{Gi*} \frac{P_{GiN}}{f_N} \tag{5-17}$$

由此可见，n 台机组的等效单位调节功率远大于一台机组的单位调节功率。在输出功率变动值 ΔP_G 相同的条件下，多台机组并列运行时的频率变化比一台机组运行时的要小得多。

若把 n 台机组用一台等效机来代表，利用关系式（5-13），并计及式（5-20），即求得等效单位调节功率的标幺值为

$$K_{G*} = \frac{\sum_{i=1}^{n} K_{Gi*} P_{GN \cdot i}}{P_{GN}} \tag{5-18}$$

其倒数为等效调差系数

$$\delta_* = \frac{1}{K_{G*}} = \frac{P_{GN}}{\sum_{i=1}^{n} \frac{P_{GN \cdot i}}{\delta_{i*}}} \tag{5-19}$$

式中，$P_{GN \cdot i}$ 为第 i 台机组的额定功率；$P_{GN} = \sum_{i=1}^{n} P_{GN \cdot i}$ 为全系统 n 台机组额定功率之和。

必须注意，在计算 K_G 或 δ 时，如第 i 台机组已满载运行，当负荷增加时应取 $K_G = 0$ 或 $\delta_i = \infty$。

求出了 n 台机组的等效调差系数 δ 和等效单位调节功率 K_G 后，就可像一台机组时一样来分析频率的一次调整。利用式（5-17）可算出负荷功率初始变化量 ΔP_L 引起的频率偏差 Δf。而各台机组所承担的功率增量则为

$$\Delta P_{Gi} = -K_{Gi}\Delta f = -\frac{1}{\delta_i}\Delta f = -\frac{\Delta f}{\delta_{i*}} \times \frac{P_{GN \cdot i}}{f_N} \qquad (5\text{-}20)$$

或

$$\frac{\Delta P_{Gi}}{P_{GiN}} = -\frac{\Delta f_*}{\delta_{i*}} \qquad (5\text{-}21)$$

由公式（5-21）可见，调差系数越小的机组增加的有功出力（相对本身额定功率值）就越多。

3. 频率的二次调整

频率的二次调整是由调频电厂利用调频器完成的对系统频率变化而进行的进一步调整，其作用是将调频电厂的功率频率特性曲线左右平移。

假定系统中只有一台等效发电机组向负荷供电，原始运行点为两条特性曲线 $P_G(f)$ 和 $P_L(f)$ 的交点 A，系统的频率为 f_A，如图 5-8 所示。

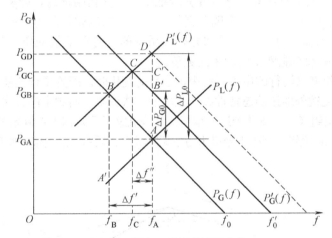

图 5-8　频率二次调整过程曲线

系统的负荷增加 ΔP_{L0} 后，系统负荷的静态特性曲线由 $P_L(f)$ 变为 $P_L'(f)$。系统等效机组必须立刻多发出有功功率 ΔP_{L0}。机组功率从 P_{GA} 突然增加到 P_{GD}，而等效机组的原动机输入机械功率仍然为 $P_{TA}=P_{GA}$，因此机组转速（频率）要下降，随着机组频率下降，机组转子存储的动能释放转换为电功率送往负荷，一方面机组调速系统按照等效机组的静态特性增加输入原动机的动力元素，使原动机输出功率增加；另一方面根据负荷的静态特性，负荷从系统取用的有功功率也要减少。上述过程一直进行到 B 点。在 B 点，$f=f_B$，机组稳定运行。当负荷增加时，如果机组调速器不进行调节，系统等效机组的输入功率不变仍为 P_{TA}，负荷增加的功率全部由负荷频率调节效应来调节。则系统将运行在 A' 点，$f=f_B$，$\Delta f'=f_B-f_A$。图中 $\Delta f_1=\Delta f'-\Delta f''$ 就是一次调频的结果。

在一次调整的基础上进行二次调整就是在负荷变动引起频率下降 $\Delta f'$ 超出允许范围时，操作调频器，增加发电机组发出的有功功率，使频率静态特性向右移动，增发功率 ΔP_{G0}，则运行点从 B 点转移到 C 点，其对应功率为 P_{GC}，频率为 f_C，即进行二次频率调整后，频率偏移从 $\Delta f'$ 减小到 $\Delta f''$。发电机供给负荷的有功功率从 P_{GB} 增加到 P_{GC}。显然，由于进行了二次

调频，电力系统的频率质量得到了提高。

系统负荷的初始增量ΔP_{L0}由三部分调节功率组成：

$$\Delta P_{L0}=\Delta P_{G0}-K_G\Delta f''-K_L\Delta f'' \tag{5-22}$$

公式（5-22）中，ΔP_{G0}是由二次频率调整（调频器作用）而得到的发电机组的功率增量（图中5-8中$\overline{AB'}$）；$-K_G\Delta f''$是由一次频率调整而得到的发电机组的功率增量（图5-8中$\overline{B'C'}$）；$-K_L\Delta f''$是由负荷本身的调节效应所得到的功率增量（图中5-8中$\overline{C'D}$）。

公式（5-22）就是有二次调整时的功率平衡方程。该式也可以写成

$$\Delta P_{L0}-\Delta P_{G0}=-(K_G+K_L)\Delta f''=-K_S\Delta f'' \tag{5-23}$$

或

$$\Delta f''=-\frac{\Delta P_{L0}-\Delta P_{G0}}{K_S} \tag{5-24}$$

由公式（5-25）可见，进行频率的二次调整并不能改变系统的单位调节功率 K_S 的数值。但是由于二次调整增加了发电机的出力，在同样的频率偏移下，系统能承受的负荷变化量增大了，或者说，在相同的负荷变化量下，系统频率的偏移减小了。由图中的虚线可见，当二次调整所得到的发电机组功率增量能完全抵偿负荷的初始增量，即$\Delta P_{L0}-\Delta P_{G0}=0$ 时，频率将维持不变（即$\Delta f=0$），这样就实现了无差调节。但二次调整所得到的发电机组功率增量不能满足负荷变化的需要时，不足的部分须由系统的负荷调节效应所产生的功率增量来抵偿，因此系统的频率就不能恢复到原来的数值。

在有许多台机组并联运行的电力系统中，当负荷变化时，配置了调速器的机组，只要还有可调的容量，都毫无例外地按静态特性参加频率的一次调整。而频率的二次调整一般只是由一台或少数几台发电机组（一个或几个厂）承担，这些机组（厂）称为主调频机组（厂）。

假定系统中有三台机组，其中1号机组为主调频机组。频率二次调整的原理如图5-9所示。

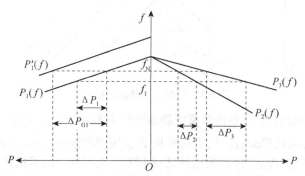

图 5-9　三台机组进行频率二次调整过程曲线

当负荷突然增加时，系统频率下降到 f_1，首先是三台机组都参加一次调整，这时的功率平衡关系为

$$\Delta P_{L0}=\Delta P_1+\Delta P_2+\Delta P_3+\Delta P_L=-(K_{G1}+K_{G2}+K_{G3})\Delta f'-K_L\Delta f'=-(K_G+K_L)\Delta f'$$

在 1 号机组的同步器动作后，功频静态特性上移为 $P_1'(f)$，这时 1 号机组由此而增加的功率增量为ΔP_{G1}，根据式（5-23）应有 $\Delta P_{L0}-\Delta P_{G1}=-(K_G+K_L)\Delta f$，如主调频机组的调整容量足够使$\Delta P_{G1}$等于$\Delta P_{G0}$，则系统的频率将恢复到额定值$f_N$。

上述分析说明，二次调整时系统的负荷增量基本上由主调频机组（厂）承担，如果一台主调频机组（或一个主调频厂）不足以承担系统负荷的变化时，必须增选一些机组（或电

厂）参加二次调整。这时二次调整的增发功率为各调频机组（或调频厂）增发功率之和。如果系统中参与二次调整的所有机组（或电厂）仍不足以承担系统的负荷变化，则频率将不能保持不变，所出现的功率缺额将根据一次调整的原理，部分由所有配置了调速器的机组按静态特性承担，部分由负荷的调节效应所产生的功率增量来补偿。

在有多台机组参加调频的情况下，为了提高系统运行的经济性，还要求按"等微增率准则"在各主调频机组之间分配负荷增量，把频率调整和负荷的经济分配一并加以考虑。

选择主调频厂时，主要考虑下面三条因素：

①应具有足够的调整容量及调整范围；

②调频机组应具有与负荷变化速度相适应的调整速度；

③调整出力时符合安全及经济的原则。

此外，还应考虑由于调频所引起的联络线上交换功率的波动以及网络中某些中枢点电压的波动是否会超出允许值。

从出力调整范围和调整速度来看，水电厂最适宜承担调频任务，但是在安排各类电厂的负荷时，还应考虑整个电力系统的运行的经济性。在枯水季节，宜选水电厂作为主调频厂，火电厂中效率较低的机组则承担辅助调频任务。在丰水季节为了充分利用水力资源，避免弃水，水电厂宜带稳定的负荷，而由效率不高的中温中压凝气式火电厂承担调频任务。

【例题 5-1】某电力系统中发电机组的台数、容量和调差率分别如下。

水轮机组：100MW，5 台，$\sigma\%=2.5\%$：75MW，5 台，$\sigma\%=2.75\%$。

汽轮机组：100MW，6 台，$\sigma\%=3.5\%$：50MW，20 台，$\sigma\%=4.0\%$。

较小单机容量的汽轮发电机组合计 1 000MW，$\sigma\%=4.0$，系统频率为 50Hz，总负荷为 3 000MW，负荷的单位调节功率 $K_{L*}=1.5$，试计算在以下三种情况下，系统总负荷增大 3 000MW 时，系统新的稳定频率是多少？

①全部机组参加一次调整；

②全部机组不参加一次调整；

③仅有水轮机组参加一次调整。

解：①计算各发电机组和负荷的单位调节功率。

水轮机组 1：
$$K_{G1}=\frac{100}{\sigma\%}\times\frac{P_{GN}}{f_N}=\frac{100}{2.5}\times\frac{500}{50}=400(\text{MW/Hz})$$

水轮机组 2
$$K_{G3}=\frac{100}{\sigma\%}\times\frac{P_{GN}}{f_N}=\frac{100}{2.75}\times\frac{375}{50}=273(\text{MW/Hz})$$

汽轮机组 1
$$K_{G3}=\frac{100}{\sigma\%}\times\frac{P_{GN}}{f_N}=\frac{100}{3.5}\times\frac{600}{50}=343(\text{MW/Hz})$$

较小容量机组
$$K_{G5}=\frac{100}{\sigma\%}\times\frac{P_{GN}}{f_N}=\frac{100}{4.0}\times\frac{1\,000}{50}=500(\text{MW/Hz})$$

汽轮机组 2
$$K_{G4}=\frac{100}{\sigma\%}\times\frac{P_{GN}}{f_N}=\frac{100}{4.0}\times\frac{1\,000}{50}=500(\text{MW/Hz})$$

系统负荷
$$K_L=K_{L*}\times\frac{P_{LN}}{f_N}=1.5\times\frac{3\,000}{50}=90(\text{MW/Hz})$$

②全部机组都参加一次调频。

$$K_S = K_L + \sum_{i=1}^{5} K_{Gi} = K_L + K_{G1} + K_{G2} + K_{G3} + K_{G4} + K_{G5}$$

$$= 90 + 400 + 273 + 343 + 500 + 500 = 2106(\text{MW/Hz})$$

经过一调频 $\Delta f = \dfrac{\Delta P_{L0}}{K_S} = \dfrac{3300 - 3000}{2106} = -0.14(\text{Hz})$

新的系统频率为 $f = f_N + \Delta f = 50 - 0.14 = 49.86$（Hz）

③全部机组都不参加一次调频。

$$K_S = K_L + \sum_{i=1}^{5} K_{Gi} = K_L + 0 = 90(\text{MW/Hz})$$

经过调整 $\Delta f = \dfrac{\Delta P_{L0}}{K_S} = \dfrac{3300 - 3000}{90} = -3.33(\text{Hz})$

系统频率为 $f = f_N + \Delta f = 50 - 3.33 = 46.67$（Hz）

④仅由水轮机组参加一次调频。

$$K_S = K_L + \sum_{i=1}^{2} K_{Gi} = K_L + K_{G1} + K_{G2} = 90 + 400 + 273 = 763(\text{MW/Hz})$$

经过一次调频后 $\Delta f = \dfrac{\Delta P_{L0}}{K_S} = \dfrac{3300 - 3000}{763} = -0.39(\text{Hz})$

新的系统频率为 $f = f_N + \Delta f = 50 - 0.39 = 49.61$（Hz）

负荷自身调节效应减少的功率为 $\Delta P_L = K_L \Delta f = 90 \times 0.39 = 35.1$（MW）

系统实际负荷为 $3300 - 35.1 = 3264.9$（MW）

【例题 5-2】系统条件与例题 5-1 中③相同，试求：

①要求频率无差调节时，发电机组的二次调频功率为多少？

②要求系统频率不低于 49.8Hz 时，发电机组二次调频功率为多少？

解：①经过二次频率调整时系统频率偏移由下式计算：

$$\Delta f = \frac{\Delta P_{L0} - \Delta P_{G0}}{K_S}$$

当实现无差调节时，$\Delta f = 0$，$\Delta P_{L0} = \Delta P_{G0} = 300$（MW）

②经过二次调频，系统频率偏移允许值为 $\Delta f = 49.8 - 50 = -0.2$（Hz）

根据例题 5-1 中③的结果，已知 $K_S = 763$（MW/Hz）得

$$\Delta P_{G0} = \Delta P_{L0} + K_S \Delta f = 300 - 763 \times 0.2 = 147.4 \text{（MW）}$$

上式说明为使系统频率不低于 49.8Hz，二次调频功率不得小于 147.7MW。

5.3   电力系统有功功率最优分布

电力系统中有功功率合理分配的目标是在满足一定负荷持续供电的前提下，使电能在生产的过程中消耗的能源最少，而系统中各类发电机组的经济特性并不相同，所以就存在着有功功率在各个电厂间的经济分配问题。

5.3.1　发电机的耗量特性

发电机的耗量特性是反映发电设备单位时间内消耗的
能源与发出有功功率的关系，如图 5-10 所示，图中纵坐标
表示单位时间内消耗的燃料 F（标准煤），单位为 t/h，或
表示单位时间内消耗的水量 W，单位为 m^3/s；横坐标表示
发电功率 P，单位为 kW 或 MW。

耗量特性曲线上某一点纵坐标与横坐标的比值称为比
耗量 μ，其倒数则为效率 η。

耗量特性曲线上某一点切线的斜率称为耗量微增率
λ，$\lambda=\tan\theta$，即纵坐标与横坐标的增量比。

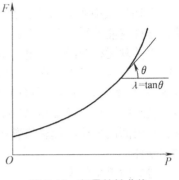

图 5-10　耗量特性曲线

5.3.2　目标函数和约束条件

火力发电厂的能量消耗主要与发电机组输出的有功功率 P 有关，而与输出的无功功率 Q
及电压 U 关系较小，有功负荷最优分配的目的是在满足对一定量负荷持续供电的前提下，使
发电设备在生产电能的过程中单位时间内所消耗的能源最少。

在满足等约束条件 $f(x, u, d)=0$ 和不等约束条件 $g(x, u, d)\leqslant 0$ 的前提下使目标
函数 $C=C(x, u, d)$ 为最优。三式中 x 为状态变量，u 为控制变量，d 扰动变量。

1. 目标函数

系统单位时间内消耗的燃料（火电机组）

$$F_{\Sigma} = F_1(P_{G1}) + F_2(P_{G2}) + \cdots + F_n(P_{Gn}) = \sum_{i=1}^{n} F_i(P_{Gi}) \tag{5-25}$$

该目标函数是各发电设备发出有功功率的函数，描述的是单位时间内能源的消耗量。

2. 约束条件

等式约束：

$$\sum_{i=1}^{n} P_{Gi} = \sum_{j=1}^{m} P_{LDj} + \Delta P_L \xrightarrow{\text{忽略有功网损}\,\Delta P_L} \sum_{i=1}^{n} P_{Gi} = \sum_{j=1}^{m} P_{LDj}$$

式中，$\displaystyle\sum_{i=1}^{n} P_{Gi}$ ——n 台发电机发出的有功功率之和；

$\displaystyle\sum_{j=1}^{m} P_{LDj}$ ——m 个负荷消耗的有功功率之和；

ΔP_L ——有功功率网损。

不等式约束条件：

$$\begin{cases} P_{Gi\min} \leqslant P_{Gi} \leqslant P_{Gi\max} \\ Q_{Gi\min} \leqslant Q_{Gi} \leqslant Q_{Gi\max} \end{cases} \tag{5-26}$$

5.3.3 等耗量微增率准则

等耗量微增率准则是让所有机组按微增率相等的原则来分配负荷，这样就能使系统总的燃料消耗费用最小，最经济。

以并联运行的两台火电机组间的负荷分配为例，具体情况如图 5-11 所示。说明等微增率准则的基本概念：已知两台机组的耗量特性 F_1（P_{G1}）、F_2（P_{G2}）和总的负荷功率 P_{LD}，忽略有功网损，假定各台机组的燃料消耗量和输出功率不受限制，要求确定负荷功率在两台机组间的分配，使总的燃料消耗量最小。这就是说要满足等式约束条件。

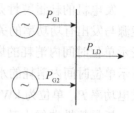

图 5-11　两台火电机组共同工作系统图

等式约束条件为：

$$P_{G1}+P_{G2}-P_{LD}=0$$

则目标函数为：

$$F=F_1（P_{G1}）+F_2（P_{G2}）$$

用作图法求解，两台机组的微增率曲线如图 5-12 所示。设图中线段 OO' 的长度等于负荷功率 P_{LD}。在线段上下方分别以 O 和 O' 为原点做出机组 1 和 2 的燃料消耗特性曲线 1 和 2，前者的横坐标 P_{G1} 自左向右，后者的横坐标 P_{G2} 自右向左计算。

显然，在横坐标上任取一点 A，都有 $OA+AO'=OO'$，即 $P_{G1}+P_{G2}=P_{LD}$。因此，都表示一种可能的功率分配方案。如过 A 点左垂线分别交于两机组耗量特性的 B_1 点和 B_2 点，则 $B_1B_2=B_1A+AB_2=F_1（P_{G1}）+F_2（P_{G2}）=F$ 就代表了总的燃料消耗量。由此可见，只要在 OO' 上找到一点作垂线，使两条耗量特性曲线的交点间距离最短。则该点所对应的负荷分配方案是最优的。图中 A' 的点就是这样的点。通过 A' 点所作垂线与两条特性曲线交点为 B_1' 和 B_2'。在耗量特性曲线具有凸性的

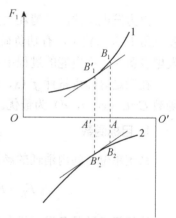

图 5-12　机组 1、2 的微增率曲线

情况下，曲线 1 在 B_1' 点的切线与曲线 2 的 B_2' 点的切线相互平行时，燃料消耗量最少。曲线的切线即斜率，就是该点的耗量微增率。

切线平行时，斜率相等，也就是耗量微增率相等。这就是等微增率准则。

$$\frac{dF_1}{dP_{G1}}=\frac{dF_2}{dP_{G2}} \tag{5-27}$$

物理意义：假如两台机组微增率不等，则 $dF_1/dP_{G1}>dF_2/dP_{G2}$，并且总输出功率不变，调整负荷分配，机组 1 减少 ΔP，机组 2 增加 ΔP，节约的燃料消耗为：

$$\Delta F=\frac{dF_1}{dP_{G1}}\Delta P-\frac{dF_2}{dP_{G2}}\Delta P=\left(\frac{dF_1}{dP_{G1}}-\frac{dF_2}{dP_{G2}}\right)\Delta P>0$$

多个发电厂间的负荷经济分配：假定有 n 个火电厂，其燃料消耗特性分别为 F_1（P_{G1}），F_2（P_{G2}），…，F_n（P_{Gn}），系统的总负荷为 P_{LD}，暂不考虑网络中功率损耗，假定各个发电厂的输出功率不受限制，则系统负荷在个发电厂间的经济分配问题可以表示为

$$\sum_{i=1}^{n}P_{Gi}-P_{LD}=0$$

在满足上式条件下，使目标函数

$$F = \sum_{i=1}^{n} F(P_{Gi})$$

为最小。这是多元函数求条件极值问题，可以用拉格朗日乘数法求解。构造拉格朗日函数如下：

$$L = F - \lambda \left(\sum_{i=1}^{n} P_{Gi} - P_{LD} \right) \tag{5-28}$$

上式中 λ 称为拉格朗日乘数。

拉格朗日函数 L 的无条件极值的必备条件为

$$\frac{\partial L}{\partial P_{Gi}} = \frac{\partial F}{\partial P_{Gi}} - \lambda = 0 \quad (i=1, \ 2, \ \cdots, \ n) \tag{5-29}$$

或表示为

$$\frac{\partial F}{\partial P_{Gi}} = \lambda \quad (i=1, \ 2, \ \cdots, \ n) \tag{5-30}$$

由于每个发电厂的燃料消耗量只是该厂输出功率的函数，上式又可以写成

$$\frac{\partial F_i}{\partial P_{Gi}} = \lambda \quad (i=1, \ 2, \ \cdots, \ n) \tag{5-31}$$

上式即为多个火电厂间经济分配的等微增率准则，按这个条件确定的负荷分配是最经济的。上述讨论都没有考虑到不等式约束条件，考虑到任一发电厂有功功率和无功功率都不应超出它的上、下限，应加上下述约束条件：

$$\begin{cases} P_{Gi \cdot min} \leqslant P_{Gi} \leqslant P_{Gi \cdot max} \\ Q_{Gi \cdot min} \leqslant Q_{Gi} \leqslant Q_{Gi \cdot max} \end{cases} \tag{5-32}$$

各个节点电压必须在允许的变化范围之内：

$$U_{i \cdot min} \leqslant U_i \leqslant U_{i \cdot max} \tag{5-33}$$

在计算发电厂间有功功率负荷经济分配时，可以先不考虑不等式的约束条件，待计算出结果后，再用约束条件进行校验。对于有功功率越限的发电厂，可以按约束条件留在有功负荷分配已基本确定以后的潮流计算中再进行处理。

5.4 电力系统中无功功率平衡和电压变化

5.4.1 电压调整的必要性

电压是衡量电能质量的又一重要指标。它既是电力用户最为关注的目标，也是电力系统本身运行时要控制的重要目标。负荷变动，引起电压偏移。如果电压偏移值比较小，仍能保证用户及电力系统的正常运行，而如果电压偏移值过大，会影响工农业生产产品的质量和产量，甚至引起电力系统"电压崩溃"，造成大面积停电。

1. 电压偏移对用电设备的影响

电压偏移过大对电力系统本身以及用电设备会带来不良的影响，主要包括以下几点：
①效率下降，经济性变差。
②电压过高，照明设备寿命下降，影响绝缘。

③电压过低，电机发热。

④系统电压崩溃。

不能使所有节点电压都保持为额定值，主要原因如下：

①设备及线路压降；

②负荷波动；

③运行方式改变；

④无功不足。

综上所述，要保证电力系统的正常运行，要满足全系统各节点的电压要求，必须对电压进行调整。电力系统的电压调整，即在正常运行状态下，随着负荷变动及运行方式的变化，使各节点的电压偏移值保持在允许范围内。

2. 用户允许的电压值偏移

①一般规定节点电压偏移不超过电力网额定电压的±5%；

②220kV 用户为-10%～+5%；

③10kV 及以下电压供电的用户为±7%；

④35kV 及以下电压供电用户为 0～10%；

⑤事故状况下，允许在上述数值基础上再增加 5%，但正偏移最大不能超过+10%。

5.4.2　无功功率负荷和无功功率损耗

1. 无功功率负荷

电力系统中异步电动机在系统负荷（特别是无功负荷）中占的比重很大。系统无功负荷的电压特性主要由异步电动机决定。异步电动机的简化等效电路如图 5-13 所示。

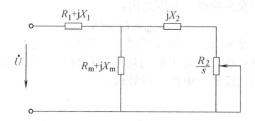

图 5-13　异步电动机的等效电路

它所消耗的无功功率为

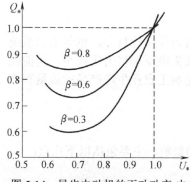

图 5-14　异步电动机的无功功率-电压静态曲线

$$Q_M = Q_m + Q_\sigma = U^2/X_m + I^2 X_\sigma \qquad (5\text{-}34)$$

式中，Q_m 为励磁功率，它同电压平方成正比，实际上，当电压较高时，由于饱和影响，励磁电抗 X_m 的数值还有所下降，因此，励磁功率 Q_m 随电压变化的曲线稍高于 X_m 不变时表示 U^2/X_m 的二次曲线；Q_σ 为定子和转子的漏抗（$X_\sigma = X_1 + X_2$）中的无功损耗，如果负载功率不变，则电动机的总机械功率 $R_M = I^2 R_2 (1-s)$，s 为常数，当电压降低时，转差率 s 将要增大，定子电流随之增大，相应地，漏抗中的无功损耗 Q_σ 也要增大。综合这两部分无功功率的变化特点，可绘出图 5-14 所示的异步电动机的无功功率-电压静态曲线。

图 5-14 中 β 为电动机的实际负荷同它的额定负荷之比，称为电动机的负载系数。由图 5-14 可见，在额定电压附近，电动机的无功功率随电压的降低而减小，这时主要是励磁电抗 X_m 中无功功率随着电压降低而减少，此时由于铁芯饱和程度降低，励磁无功功率的减少大大超过漏抗中无功功率的增加，电动机所吸收的无功功率显著减少。随着电压进一步降低，励磁无功功率的减少趋于缓和而在漏抗中无功功率损耗激烈增加，电动机所吸收的无功功率的减少趋于平缓直至两者之间取得平衡。如果再进一步降低电压，电压明显低于额定值，则漏抗中无功功率损耗的增加将超过励磁无功功率的减少，从而使电动机吸收的总的无功功率随着电压减低反而增加。因此，曲线随电压下降反而上升。

2. 电力系统中的无功功率损耗

（1）变压器的无功损耗

变压器的无功损耗 ΔQ_T 包括励磁损耗 ΔQ_m 和漏抗中的损耗 ΔQ_Z。

$$\Delta Q_T = \Delta Q_m + \Delta Q_Z = U^2 B_T + \left(\frac{S}{U}\right)^2 X_T = \frac{I_0\%}{100} S_N + \frac{U_k\%}{100} \frac{S^2}{S_N} \tag{5-35}$$

式中，S 为负荷视在功率，S_N 为变压器额定容量，$I_0\%$ 为变压器空载电流百分值，一般取 0.5~2，$U_k\%$ 为短路电压百分值，一般取 6~15。因此变压器的无功功率损耗相当大。

励磁功率大致与电压平方成正比。当通过变压器的视在功率不变时，漏抗中损耗的无功功率与电压平方成正比。因此，变压器的无功损耗电压特性也与异步电动机的相似。

变压器的无功功率损耗在系统的无功需求中占有相当的比重。虽然每台变压器的无功功率损耗只占每台额定容量的百分之几，但多级变压器的无功功率损耗的总和就很大了。如果从电源到用户需要经过好几级变压，则变压器中无功功率损耗的数值是相当可观的。

（2）输电线路的无功损耗

输电线路用 π 型等效电路表示，线路串联电抗中的无功功率损耗 ΔQ_L 与所通过电流的平方成正比，即 $\Delta Q_L = \dfrac{P_1^2 + Q_1^2}{U_1^2} X = \dfrac{P_2^2 + Q_2^2}{U_2^2} X$，线路电容的充电功率 ΔQ_B 与电压平方成正比，当作无功损耗时应去负号。$\Delta Q_B = -\dfrac{B}{2}(U_1^2 + U_2^2)$，$B/2$ 为 π 型电路中的等效电纳。

线路的无功总损耗为

$$\Delta Q_L + \Delta Q_B = \frac{P_1^2 + Q_1^2}{U_1^2} X - \frac{U_1^2 + U_2^2}{2} B \tag{5-36}$$

35kV 及以下的架空线路的充电功率甚小，因此中长线路都是消耗无功功率的。110kV 及以上的架空线路当传输功率较大时，电抗中消耗的无功功率将大于电纳中产生的无功功率，线路成为无功负载；当传输的功率较小（小于线路的电容充电功率）时，电纳中产生的无功功率，除了补偿电抗中的无功功率损耗以外，还有剩余，这时线路就成为了无功电源。

此外，在长线路中为补偿线路的充电功率而在线路末端装设的并联电抗器也要消耗无功功率。

5.4.3　无功电源

发电机既是电力系统的唯一的有功功率电源，同时也是最基本的无功功率电源。电力系统的无功电源除同步发电机外，还有同步调相机、静电电容器和静止补偿器等。其中同步调相机、静电电容器和静止补偿器又称无功补偿装置。

1. 同步发电机

同步发电机在额定状态下运行时，发电机的容量得到充分利用。发电机的额定功率通常是指额定的有功功率 P_{GN}，发电机的额定视在功率 S_{GN} 及额定无功功率 Q_{GN} 可表示为

$$S_{GN}=\frac{P_{GN}}{\cos\varphi_N}=P_{GN}\sqrt{1+\tan^2\varphi_N} \tag{5-37}$$

$$Q_{GN}=P_{GN}\tan\varphi_N=S_{GN}\sin\varphi_N \tag{5-38}$$

上式中，P_{GN} 和 φ_N 分别为发电机的额定有功功率和额定功率因数角。

发电机可以通过调节励磁电流来改变发电机输出的无功功率，增加励磁电流，可以增大无功功率输出，反之，减小励磁电流，可以减少无功功率输出。发电机除了能输出无功功率外，在必要时还能吸收无功功率。

发电机输出的有功功率和无功功率可用图 5-15 说明。图中 b 点代表发电机的额定运行点，此时发电机运行在额定状态，$P_{GN}=S_{GN}\cos\varphi_N$，$Q_{GN}=S_{GN}\sin\varphi_N$，$I=I_{GN}$，$I_F=I_{FN}$，设备得到最充分利用。受原动机容量限制，发电机发出的有功功率不能超过额定值，因此发电机运行点必须在 ab 直线以下。可见，如果只考虑定子绕组电流限制，则在有功功率小于额定值的情况下，无功功率可以超过额定值。在极端情况下，当有功功率为零时，发出的无功功率可以等于发电机的容量，即运行在图中 c 点。因此，从无功电源角度，其可以在一个相当宽的范围内调节。如系统有功充裕，无功不足，可以降低功率因数，在图中 bd 段运行。如无功功率过剩，还可以运行在第二象限，此时发电机处于欠励磁状态，发出有功功率但要吸收无功功率，称为进相运行。

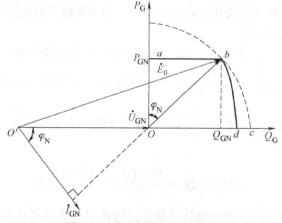

图 5-15 发电机的运行极限图

发电机运行时，总要受到一定条件限制，如定子绕组升温、励磁绕组升温以及原动机功率等约束。这些约束条件决定了发电机发出的有功、无功功率有一定的限额。发电机只有运行在额定状态下，其功率才可得到充分的利用。当系统中有功功率备用充足时，可使得靠近负荷中心的发电机降低有功功率，多增加无功功率输出，以提高系统运行的电压水平。

2. 同步调相机

同步调相机相当于空载运行的同步电动机（当然，同步电动机也可以作为调相机运行），它可以过励磁运行发出无功功率，也可以欠励磁运行吸收无功功率。运行状态根据系

统的要求调节。在过励磁运行时，它向系统供给感性无功功率，起无功电源的作用；在欠励磁运行时，它从系统吸取感性无功功率，起无功负荷的作用。所以，借助自动调节励磁装置改变调相机的励磁就可以平滑地改变无功功率的大小和方向，从而调节所在地区的电压。调相机的容量是指其过励磁运行时的额定容量，欠励磁运行时的容量是过励磁运行时容量的50%~65%。

同步调相机是旋转机械，运行维护不方便。调相机的投资费用与其容量有关，容量越小，投资费用越大，因此同步调相机适宜于大容量集中使用。此外调相机在运行中消耗一定的有功功率，在满负荷时为额定容量的 1.5%~5%，调相机容量越小，所占比重越大。

3. 静电电容器

并联电容器作为无功电源，按三角形和星形接法连接在变电所母线上运行。并联电容器只能向系统供给感性无功功率。使用时可将电容器连接于若干组，按需要成组地投入或切除，既可集中安装，又可分散使用。在靠近负荷处就地安装，以减少线路上的功率损耗和电压损耗，其单位容量的投资费用较小，运行时有功功率损耗也较小，为额定容量的0.3%~0.5%。但是，电容器供给的无功功率 Q_C 与所在节点的电压 U 的平方成正比，即

$$Q_C = U^2/X_C = U^2 \omega C \tag{5-39}$$

式中，$X_C = 1/\omega C$ 为静电容容器的容抗。

当节点电压下降时，它向系统供给的无功功率也将下降。而当系统发生故障或其他原因导致电压降低时，电容器向系统供给的无功功率反而减少，从而导致电压继续下降。这是电容器在调节性能上的缺点。这是一种不理想的调节特性。

4. 静止补偿器

如图 5-16 所示静止补偿器是一种新型的动态无功功率补偿装置。所谓静止是指无旋转机械，所谓动态是指可以随运行状况的变化自动调节出力。它由电容器组与可调电抗器组成，既可向系统供给感性无功功率，也可从系统吸取感性无功功率。

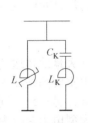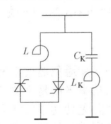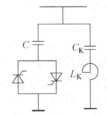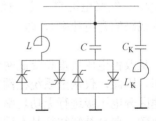

| （a）自饱和电抗器 | （b）晶闸管相控电抗器 | （c）晶闸管投切电容器 | （d）晶闸管控制电抗器和电容器 |

图 5-16　静止无功补偿器

静止补偿器的全称为静止无功补偿器（SVC），有多种形式。有目前常用的饱和电抗器型（SR），有晶闸管相控电抗型（TCR），有晶闸管投切电容器型（TSC）和晶闸管控制电抗器和电容器型（TCRC）。

以上各类补偿器均由电容器 C 和电抗器 L 组成。电容器发出无功，电抗器吸收无功。电容器 C_K 和电感线圈 L_K 组成滤波电路，滤去高次谐波，以免产生电压电流畸变。对晶闸管还有控制回路，控制导通角的大小。

电压变化时，静止补偿器能快速、平滑地调节无功功率，对冲击负荷有较强的适应性，

以满足动态无功补偿的需求。因它由静止元件组成，运行维护方便，并且有功损耗较小（低于 1%），还能分相补偿，因此，静止补偿器在国外已被大量使用，在我国电力系统中也将得到广泛的应用。

5.4.4　无功功率平衡

电力系统无功功率平衡的基本要求是：系统中的电源可能发出的无功功率应该大于或至少等于负荷所需的无功功率和网络中的无功损耗之和。为了保证运行可靠性和适应无功负荷的增长，系统还必须配置一定的无功备用容量。令 $Q_{\Sigma GC}$ 为电源供应的无功功率之和，$Q_{\Sigma LD}$ 为系统无功负荷之和，ΔQ_{Σ} 为网络无功功率损耗之和，Q_{res} 为系统无功功率备用，则系统中无功功率的平衡关系式为

$$Q_{\Sigma GC}-Q_{\Sigma LD}-\Delta Q_{\Sigma}=Q_{res} \tag{5-40}$$

系统无功备用容量一般取最大无功功率负荷的 7%～8%。$Q_{res}>0$ 表示系统中无功功率可以平衡且有适量的备用；如 $Q_{res}<0$ 表示系统中无功功率不足，应考虑加设无功补偿器。

系统无功电源的总出力 $Q_{\Sigma GC}$ 包括系统所有发电机的无功功率 $Q_{\Sigma G}$ 和各种无功补偿设备的无功功率 $Q_{\Sigma C}$，即

$$Q_{\Sigma GC}=Q_{\Sigma G}+Q_{\Sigma C} \tag{5-41}$$

一般要求发电机接近于额定功率因数运行，故可按额定功率因数计算它所发出的无功功率。此时如系统的无功功率能够平衡，则发电机就保持有一定的无功备用，这是因为发电机的有功功率是留有备用的。调相机和静电电容器等无功补偿装置按额定容量来计算其无功功率。

总无功负荷 $Q_{\Sigma LD}$ 按负荷的有功功率和功率因数计算。为了减少输送无功功率引起的网损，我国现行规程规定，以 35kV 及以上电压等级直接供电的工业负荷，功率因数不得低于 0.9，对其他负荷，功率因数不得低于 0.85。网络的总无功功率损耗 ΔQ_{Σ} 包括变压器的无功损耗 $\Delta Q_{T\Sigma}$、线路电抗的无功损耗 $\Delta Q_{L\Sigma}$ 和线路电纳的无功功率 $\Delta Q_{B\Sigma}$（一般只计算 110kV 及以上电压线路的充电功率），即

$$\Delta Q_{\Sigma}=\Delta Q_{T\Sigma}+\Delta Q_{L\Sigma}+\Delta Q_{B\Sigma} \tag{5-42}$$

从改善电压质量和降低网络功率损耗考虑，应该尽量避免通过电网元件大量地传送无功功率。因此，仅从全系统在额定电压水平上进行无功功率平衡是不够的，更重要的是还应该分地区分电压级进行无功功率平衡。有时候，某一地区无功功率电源有富余，另一地区则存在缺额，调余补缺往往是不适宜的，这时候就应该分别进行处理。在现代大型电力系统中，超高压输电网的线路分布电容能产生大量的无功功率，从系统安全运行考虑，需要装设并联电抗器予以吸收，与此同时，较低电压等级的配电网络却要配置大量的并联电容补偿，这种情况也是正常的。

电力系统的无功功率平衡应按最大无功大负荷的运行方式进行计算。必要时还应校验某些设备检修时或故障后运行方式下的无功功率平衡。既要保证系统总的无功平衡，又要考虑分层区的无功平衡。

经过无功功率平衡计算发现无功功率不足时，可以采取的措施有：

①要求各类用户将负荷的功率因数提高到现行规程规定的数值。

②挖掘系统的无功潜力。例如将系统中暂时闲置的发电机改为调相机运行，运用原用户的同步电动机过励磁运行等。

根据无功平衡的需要，增添必要的无功补偿容量，并按无功功率就地平衡的原则进行补偿容量的分配。小容量、分散的无功补偿可采用静电容电器；大容量、配置在系统中枢点的无功补偿则宜采用同步调相机或静止补偿器。

电力系统在不同的运行方式下，可能分别出现无功功率不足和无功功率过剩的情况，在采取补偿措施时应该统筹兼顾，选择既能发出又能吸收无功功率的补偿设备。拥有大量超高压线路的大型电力系统在低谷负荷时，无功功率往往过剩，导致电压升高超出容许范围，如不妥善解决，将危及系统及用户的用电设备的安全运行。为了改善电压质量，除了借助各类补偿以外，还应考虑发电机进相（即功率因数超前）运行的可能性。

5.5　电力系统的电压管理和调整

5.5.1　中枢点电压管理

1. 电压中枢点的概念

电力系统结构复杂，发电厂和变电所及大型用户节点很多，电力系统调度部门不可能监视和控制所有用户的电压。通常选择一些具有代表性的节点作为电压质量监视和控制点，称为电压中枢点。如果这些节点的电压符合要求，则其他节点的电压质量基本也能满足要求。因此，电压控制方法是选择合适的电压中枢点，确定中枢点电压允许偏移的范围；采用一定的方法将中枢点的电压偏移控制在允许范围内。电压中枢点一般选择在区域性发电厂的高压母线、有大量地方性负荷的发电厂母线及枢纽变电所的二次母线。

2. 中枢点的电压偏移

对中枢点电压进行监控和控制，必须首先确定中枢点电压的允许范围，这项工作就是中枢点电压曲线的编制。

图 5-17（a）所示为由中枢点 o 向两个负荷 i、j 供电的简单网络。负荷 i、j 的简化日负荷曲线如图 5-17（b）、（c）所示，线路 oi、oj 上的电压损耗如图 5-17（d）、（e）所示。设两负荷允许的电压偏移都是 ±5%，如图 5-17（f）所示。

为了满足负荷点 i 的调压要求，中枢点 o 应维持的电压如下。

0:00～8:00 时：

$$U_{o(i)}=U_i+\Delta U_{oi}=（0.95～1.05）U_N+0.04U_N=（0.99～1.09）U_N$$

8:00～24:00 时：

$$U_{o(i)}=U_i+\Delta U_{oi}=（0.95～1.05）U_N+0.10U_N=（1.05～1.15）U_N$$

同理可以算出满足负荷点 j 的调压要求，中枢点 o 应维持的电压如下。

0:00～16:00 时：

$$U_{o(j)}=U_j+\Delta U_{oj}=（0.95～1.06）U_N$$

16:00～24:00 时：

$$U_{o(j)}=U_j+\Delta U_{oj}=（0.98～1.08）U_N$$

根据上述要求作出中枢点 i 电压的变动范围如图 5-18 所示。

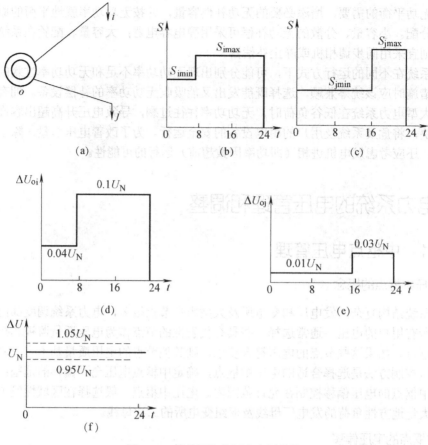

图 5-17　简单网络中枢点电压曲线

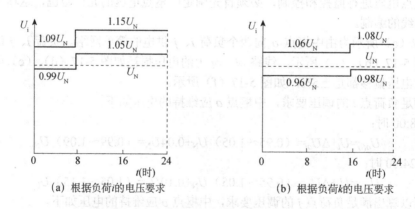

(a) 根据负荷i的电压要求　　　　　(b) 根据负荷k的电压要求

图 5-18　中枢点电压的允许变动范围

　　将上述要求画在一起,得到电压中枢点的容许范围,具体如图 5-19 所示。图中阴影部分即为同时满足 a、b 两负荷点调压要求的中枢点电压的允许变动范围。

　　由图可见,虽然负荷 i、j 允许的电压偏移都是±5%,即都有 10%的允许变动范围,但由于中枢点 o 与这些负荷之间线路上电压损耗的大小和变化规律都不相同,要同时满足这两个负荷对电压质量的要求,中枢点电压的允许变动范围大大缩小了,最小时仅为 1%。

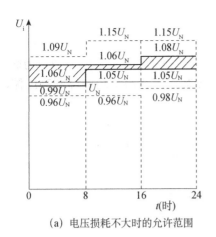

(a) 电压损耗不大时的允许范围

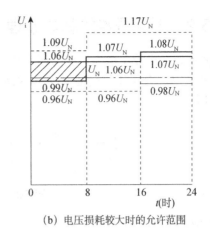

(b) 电压损耗较大时的允许范围

图 5-19　中枢点 o 电压允许变换范围

在实际的电力系统中，由同一中枢点母线供电的负荷点很多，若中枢点到各负荷点线路上的电压损耗的数值和变化规律差别很大，完全可能出现在某些事件段内中枢点的电压允许变动范围没有公共部分。此时仅靠控制中枢点电压已不足以控制所有负荷处电压，必须考虑在某些负荷点采取其他调压措施。

3. 中枢点电压的调压方式

绘制中枢点电压曲线，需要知道由它供电的各负荷点对电压质量的要求，以及中枢点到各负荷点线路上的电压损耗，这对已投入运行的系统完全可做到。但在进行电力系统规划设计时，许多数据无法确定，这样无法绘制中枢点的电压曲线。此时只能对中枢点的电压提出原则性的要求，大致确定一个允许的变动范围，以便采取相应的调压措施。

一般把中枢点的调压方式分为逆调压、顺调压和恒调压三类。

（1）逆调压方式

在大负荷时，线路的电压损耗大，负荷点的电压降低，如果提高中枢点电压，则可以抵偿掉部分电压损耗，使负荷点电压不致过低。反之，在小负荷时，线路的电路损耗小，适当降低中枢点电压可使负荷点电压不致过高。这种在最大负荷时提高中枢点电压，最小负荷时降低中枢点电压的调整方式称为"逆调压"。采用这种调压方式，最大负荷时可保护中枢点电压比网络额定电压高 5%，最小负荷时保持为网络额定电压。逆调压方式适用于供电线路较长、负荷波动较大的中枢点。

（2）顺调压方式

顺调压的变化规律与逆调压恰好相反。即在最大负荷时允许中枢点电压降低，但不低于网络额定电压的 102.5%，在最小负荷时，允许中枢点电压升高，但不高于网络额定电压的 107.5%。顺调压方式使用于供电线路不长，负荷波动不大的变电所。

（3）恒调压（常调压）

介于上述两种调压方式之间的调压方式为恒调压，即在任何负荷下，中枢点电压保持基本不变，一般比网络额定电压高 2%~5%。

实际上，无论是逆调压、顺调压还是恒调压，都必须经过一定的分析计算，然后通过一定的方式实现，下面我们介绍实际的各种电压调整方法及其分析和计算。

5.5.2　电压调整的基本原理

下面就以一个简单电力系统为例，说明各种调压措施所依据的基本原理。为简单起见，略去电容功率、变压器的励磁功率和网络的功率损耗，网络阻抗均归算到高压侧，具体如图 5-20 所示。

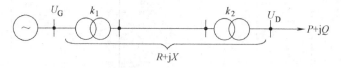

图 5-20　简单电力系统图

图中负荷点的电压为

$$U_D = (U_G k_1 - \Delta U)/k_2 = \left(U_G k_1 - \frac{PR + QX}{U_G} \right)/k_2 \qquad (5\text{-}43)$$

由公式（5-43）可见，为了调整负荷点电压 U_D，可采取以下措施：

①调节发电机端电压 U_G，称为发电机调压；

②调节变压器的变比 k_1、k_2，称为变压器调压；

③改变功率分布，主要是在负荷端并联无功补偿装置，减小输电线路中流通的无功功率，从而减小电压损耗，称为并联补偿调压；

④改变电力网络的参数，主要是在输电线路中串联电容器以减小线路电抗，从而减小电压损耗，称为串联补偿调压。

从式（5-43）中可以看出改变传输的有功功率 P 也可以调节末端电压 U_D，但实际上一般不采取改变 P 调压，一方面是因为 $\Delta U = \dfrac{PR + QX}{U} \approx \dfrac{QX}{U}$，改变 P 对 ΔU 影响不大；另一方面是因为有功功率电源只有发电机，而不能随意设置。电力线路传输的主要是有功功率，若为提高电压而减少传输有功功率，显然是不适当的。

5.5.3　电压调整的基本方法和分析计算

1. 改变发电机端电压调压

现代同步发电机在端电压偏离额定值不超过±5%的范围内，仍能够以额定功率运行。大中型同步发电机都装有自动励磁调节装置，可以根据运行情况调节励磁电流来改变其端电压。

对于不同类型的供电网络，发电机调压所起的作用是不同的。

由孤立运行的发电厂不经升压直接供电的小型电力系统，因供电线路不长，线路上电压损耗不大，改变发电机的端电压就可以满足负荷点的电压质量要求，而不必另外再增加调压设备。这是较经济合理的调压方式。这类电力系统对发电机采用逆调压方式就能满足负荷点的电压质量要求。

对于线路较长、供电范围较大、发电机经多级变压器向负荷供电的大中型电力系统，从发电厂到最远处的负荷点之间，电压损耗的数值和变化幅度都比较大。这时单靠改变发电机端电压调压已不能完全满足网络各点对电压质量的要求。但是，这时发电机采用逆调压方式仍可以解决近处地方负荷的电压质量，并可以减轻远处负荷采用其他调压设备的负担，有利于整个系统的电压调整，同时又可以减少网损。

对于由若干发电厂并列运行的电力系统，利用发电机调压不一定合适，因为，提高发电机电压时，发电机要多输出无功功率，这就要求发电机有充裕的无功储备容量才能承担调压任务。另外，在系统内部并列运行的各个发电厂之间调整个别发电厂的母线电压，会引起系统中无功功率的重新分配，这可能会与系统无功功率经济分配发生矛盾，因此，在大型电力系统中，发电机调压只作为一种辅助调压措施。

虽然在现代电力系统中发电机调压只作为一种辅助调压措施。但由于发电机调压灵活方便，无须再投资，因此，应该充分利用，合理调度，使其发挥应有作用。

2. 变压器调压方式

变压器调压的分析计算包括变压器类型选择、调压范围确定和分接头位置的确定。

（1）变压器类型的选择

变压器可分为普通变压器、有载调压变压器和加压调压变压器三类。实际中使用最多的是普通变压器，个别情况选用有载调压变压器，加压调压变压器仅用于对电压质量要求很高的特殊场合。普通变压器的分接头开关无消弧能力，只能在停电时切换，所以必须事先选择一个合适的分接头。有载调压变压器可以带负载调节分接头。可以随时根据需要调节分接头以满足调压需要。普通变压器结构简单，成本低，运行维护方便。有载调压变压器和加压调压变压器结构复杂，成本高，运行维护困难。因而选用变压器类型时，应进行技术经济比较，而且应遵循电力部门的规定。

（2）电压调节范围的确定

变压器调压范围经调压计算确定。普通变压器一般可选 $\pm 2 \times 2.5\%$（10kV 配电变压器为 $\pm 5\%$）；有载调压变压器，63kV 及以上电压级的选 $\pm 8 \times（1.25\sim1.5）\%$，35kV 宜选 $\pm 3 \times 2.5\%$。位于负荷中心地区发电厂的升压变压器，其高压侧调压范围应适当下降 $2.5\%\sim5\%$，位于系统送端发电厂附近的降压变电所的降压变压器，其高压侧调压范围应适当上移 $2.5\%\sim5\%$。

（3）分接头位置的选取

变压器调压主要是改变变比，改变变压器的变比可以升高或降低次级绕组的电压。为了实现调压，在双绕组变压器的高压绕组上设有若干个分接头以供选择，其中对应额定电压 U_N 的称为主接头。容量为 6 300kVA 及以下的变压器，高压侧有三个分接头，即在主接头的左右各有一个主接头，每个分接头使电压变化 5%，各接头电压分别为 $1.05U_N$，U_N，$0.95U_N$。容量为 8 000kVA 及以上的变压器，高压侧有 5 个分接头，即在主接头左右各有两个分接头，每个分接头使电压变化 2.5%，各接头分别对应于电压 $1.05U_N$，$1.025U_N$，U_N，$0.975U_N$，$0.95U_N$。变压器的低压绕组不设分接头。对于三绕组变压器，一般在高压绕组和中压绕组设置分接头。

（4）改变分接头的分析计算

改变变压器的变比调压实际上就是根据调压要求适当选择分接头。下面针对变压器降压和升压不同功能的情况分别进行选择分接头的分析计算。

1）降压变压器分接头的选择

图 5-21 所示为一降压变压器。U_1 为变压器一次侧电压（高压侧），可由潮流计算得到，U_2 为二次侧电压（低压侧），k 为变压器的变比，U_2' 为归算到一次侧二次电压。

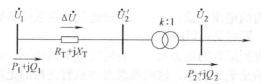

图 5-21　降压变压器分接头计算

若通过功率为 $P+jQ$，设高压侧实际电压为 U_{1t}，归算到高压侧的变压器阻抗为 R_T+jX_T，归算到高压侧的变压器电压损耗为 ΔU，低压侧要求得到的电压为 U_2，则有

$$\begin{cases} \Delta U = (P_1 R_T + Q_1 X_T)/U_1 \\ U_2 = U_2'/k = (U_1 - \Delta U)/k \end{cases} \tag{5-44}$$

式中，$k = \dfrac{U_{1t}}{U_{2N}}$ 是变压器的变比，即高压绕组分接头电压 U_{1t} 和低压绕组额定电压 U_{2N} 之比。

便得高压侧分接头电压为

$$U_{1t} = (U_1 - \Delta U)\, U_{2N}/U_2 = \left(U_1 - \frac{PR_T + QX_T}{U_1} \right) \Big/ U_2 \tag{5-45}$$

式中 ΔU 的计算忽略了变压器损耗，认为通过变压器的功率为 P_1+jQ_1。

当变压器通过不同的功率时，高压侧电压 U_1、电压损耗 ΔU，以及低压侧所要求的电压 U_2 都要发生变化。通过计算可以求出在不同的负荷下为满足低压侧调压要求所应选择的高压侧分接头电压。

普通的双绕组变压器的分接头只能在停电的情况下改变。在正常的运行中无论负荷怎样变化只能使用一个固定的分接头。这时可以分别算出最大负荷和最小负荷所要求的分接头电压：

$$\begin{cases} U_{1t \cdot max} = (U_{1max} - \Delta U_{max})\, U_{2N}/U_{2max} \\ U_{1t \cdot min} = (U_{1min} - \Delta U_{min})\, U_{2N}/U_{2min} \end{cases} \tag{5-46}$$

取它们的算术平均值，即

$$U_{1 \cdot t} = (U_{1t \cdot max} - U_{1t \cdot min})/2 \tag{5-47}$$

根据 $U_{1 \cdot t}$ 值可选择一个与它最接近的分接头。然后根据所选取的分接头校验最大负荷和最小负荷时低压母线上的实际电压是否符合要求。

【例题 5-3】如图 5-22 所示，某变电所由阻抗为 $4.32+j10.5\Omega$ 的 35kV 线路供电。变电所负荷集中在变压器 10kV 母线 B 点最大负荷为 8+j5MVA，最小负荷为 4+j3MVA，线路送端母线 A 的电压在最大负荷和最小负荷时均为 36kV，要求变电所 10kV 母线上的电压在最小负荷与最大负荷时电压偏差不超过±5%，试选择变压器分接头。变压器阻抗为 $0.69+j7.84\Omega$，变比为 $35 \pm 2 \times 2.5\%/10.5$kV。

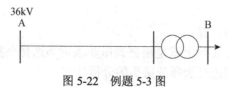

图 5-22　例题 5-3 图

解：变压器阻抗与线路阻抗合并得等效阻抗：

$$Z = R + jX = 4.32 + j10.5 + 0.69 + j7.84 = (5.01 + j18.34)\ \Omega$$

线路首端输送功率为

$$S_{Amax} = (P_A + jQ_A)_{max} = 8 + j5 + \frac{64+25}{35^2}(5.01 + j18.34) = 8.36 + j6.33MVA$$

$$S_{Amin} = (P_A + jQ_A)_{min} = 4 + j3 + \frac{16+9}{35^2}(5.01 + j18.34) = 4.1 + j3.37MVA$$

B 点折算到高压侧电压(最大负荷和最小负荷)：

$$(U_{1max} - \Delta U_{max}) = 36 - \frac{8.36 \times 5.01 + 6.33 \times 18.34}{36} = 31.6kV$$

$$(U_{1min} - \Delta U_{min}) = 36 - \frac{4.1 \times 5.01 + 3.37 \times 18.34}{36} = 33.7kV$$

按调压要求 10kV 母线电压在最大负荷时不低于 9.5kV 和最小负荷运行不高于 10.5kV，则可得分接头：

$$U_{1tmax} = \frac{(U_{1max} - \Delta U_{max})}{U_{2max}} \times U_{2N} = \frac{31.6}{0.95 \times 10} \times 10.5 = 34.9kV$$

$$U_{1tmin} = \frac{U_{1min} - \Delta U_{min}}{U_{2min}} \times U_{2N} = \frac{33.7}{1.05 \times 10} \times 10.5 = 33.7kV$$

取平均值：

$$U_{1t} = \frac{U_{1t \cdot max} + U_{1t \cdot min}}{2} = 34.3(kV)$$

选择变压器最接近的分接头：

$$\left(\frac{34.3}{35} - 1\right) \times 100\% = -2\%$$

所以选-2.5%分接头，即

$$U_t = (1 - 0.025) \times 35 = 0.975 \times 35 = 34.125kV$$

按所选分接头校验 10kV 母线的实际电压：

$$U_{Bmax} = 31.6 \times \frac{10.5}{34.125} = 9.72kV$$

$$电压偏移 = \frac{9.72 - 10}{10} = -2.8\%$$

$$U_{Bmin} = 33.7 \times \frac{10.5}{34.125} = 10.37kV$$

$$电压偏移 = \frac{10.375 - 10}{10} = 3.7\%$$

可见，10kV 母线上的电压在最小负荷与最大负荷时电压偏差不超过±5%，因此所选变压器分接头满足调压要求。

2）升压变压器分接头的选择

选择升压变压器分接头的方法与选择降压变压器的基本相同。但因升压变压器中功率方向是从低压侧送往高压侧的。如图 5-23 所示，Z_T 为归算至二次侧（高压侧）的变压器的阻抗，U_2 为二次侧电压（高压侧），U_1 为一次侧电压（低压侧）。需要选择高压侧绕组分接头电压 U_{2t}。

用类似的分析方法，有 $U_1' = U_2 + \Delta U$，式中 ΔU 为变压器的损耗，$\Delta U = (P_2 R_T + Q_2 X_T) / U_2$。因变压器的变比 $k = U_1 / U_1' = U_{1N} / U_{2t}$，所以 $U_{2t} = (U_2 + \Delta U) U_{1N}/U_1$。式中，$U_{1N}$ 为升压

变压器一次侧（低压侧）额定电压。因为多数升压变压器的一次绕组直接和发电机连接，从而 $U_{1N}=1.05\ U_N$。

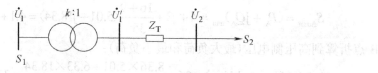

图 5-23　升压变压器分接头计算

上述选择双绕组变压器分接头的计算公式也适用于三绕组变压器分接头的选择，但须根据变压器的运行方式分别或依次地进行。

【例题 5-4】 如图 5-24 所示电力系统，某升压变压器，其归算至高压侧的参数、负荷、分接头范围如图，最大负荷时高压母线电压为 120kV，最小负荷时高压母线电压为 114kV，发电机电压的调节范围为 6~6.6kV，试选择变压器的分接头。

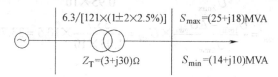

图 5-24　例题 5-4 电力系统图

解：

最大负荷时变压器的电压损耗为

$$\Delta U_{\max} = \frac{P_{2\max}R + Q_{2\max}X}{U_{2\max}} = \frac{25\times3 + 18\times30}{120} = 5.125\text{kV}$$

归算至高压侧的低压侧电压为

$$U'_{1\cdot\max} = U_{2\max} + \Delta U_{\max} = (120 + 5.125)\ \text{kV} = 125.125\text{kV}$$

最小负荷时变压器电压降落为

$$\Delta U_{\min} = \frac{P_{2\min}R + Q_{2\min}X}{U_{2\min}} = \frac{14\times3 + 10\times30}{114} = 3\text{kV}$$

归算至高压侧的低压侧电压为

$$U'_{1\cdot\min} = U_{2\min} + \Delta U_{\min} = 117\text{kV}$$

假定最大负荷时发电机电压为 6.6kV，最小负荷时电压为 6kV，从而

$$U_{1t\cdot\max} = (U_{2\max} + \Delta U_{\max})\ U_{1N}/U_{1\max} = 125.125\times6.3/6.6 = 119.43(\text{kV})$$

$$U_{1t\cdot\min} = (U_{2\min} + \Delta U_{\min})\ U_{1N}/U_{1\min} = 117\times6.3/6.0 = 122.85(\text{kV})$$

$$U_{2t} = \frac{U_{1\max} + U_{1\min}}{2} = \frac{119.43 + 122.85}{2} = 121.14(\text{kV})$$

选择最接近的分接头 121kV。

校验：

最大负荷时发电机端实际电压为

$$125.125\times\frac{6.3}{121} = 6.51(\text{kV})$$

最小负荷时发电机端实际电压为

$$117 \times \frac{6.3}{121} = 6.09 (\text{kV})$$

均满足要求。

3）普通三绕组变压器分接头的选择

三绕组变压器一般在高、中压绕组设有分接头，而低压侧没有分接头。其分接头选择的方法可以两次套用双绕组变压器分接头的选择方法。一般先按低压侧调压要求，由高、低压两侧，确定出高压绕组的分接头；然后再用选定的高压绕组的分接头，考虑中压侧的调压要求，由高、中压两侧，选择中压侧绕组的分接头。最后也要进行校验。如在最大、最小不同负荷时，高、中压绕组选择的分接头能满足调压要求，说明分接头选择合适，若不能满足调压要求，还需要另选择其他分接头，或采用有载调压变压器。下面通过例题说明选择方法。

【例题 5-5】 三绕组变压器的额定电压为 110/38.5/6.6kV，等效电路如图 5-25 所示。各绕组最大负荷已标示于图 5-25 中，最小负荷为其二分之一。设与该变压器连接的高压母线电压在最大与最小负荷时分别为 112kV、115kV，中、低压母线电压偏移在最大与最小负荷时分别允许为 0 和+7.5%，试选择该变压器高、中压绕组的分接头。

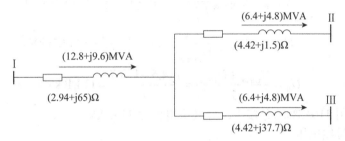

图 5-25　三绕组变压器等效电路

解：先以低压侧调压要求 0%～7.5%为准，由高、低压两侧选择出高压绕组的分接头；再由高、中压两侧选择出中压绕组的分接头。

①求最大、最小负荷时各绕组的电压损耗。

最大负荷时：

$$\Delta U_{\text{I·max}} = \frac{P_{\text{I}} R_{\text{I}} + Q_{\text{I}} X_{\text{I}}}{U_{\text{I·max}}} = \frac{12.8 \times 2.94 + 9.6 \times 65}{112} = 5.91 (\text{kV})$$

$$\Delta U_{\text{II·max}} = \frac{P_{\text{II}} R_{\text{II}} + Q_{\text{II}} X_{\text{II}}}{U_{\text{II·max}} - \Delta U_{\text{I·max}}} = \frac{6.4 \times 4.42 - 4.8 \times 1.5}{112 - 5.91} = 0.198 (\text{kV})$$

$$\Delta U_{\text{III·max}} = \frac{P_{\text{III}} R_{\text{III}} + Q_{\text{III}} X_{\text{III}}}{U_{\text{I·max}} - \Delta U_{\text{I·max}}} = \frac{6.4 \times 4.42 + 4.8 \times 37.7}{112 - 5.91} = 1.97 (\text{kV})$$

最小负荷时：

$$\Delta U_{\text{I·min}} = \frac{P_{\text{I}} R_{\text{I}} + Q_{\text{I}} X_{\text{I}}}{U_{\text{I·min}}} = \frac{6.4 \times 2.94 + 4.8 \times 65}{115} = 2.88 (\text{kV})$$

$$\Delta U_{\text{II·min}} = \frac{P_{\text{II}} R_{\text{II}} + Q_{\text{II}} X_{\text{II}}}{U_{\text{II·min}} - \Delta U_{\text{I·min}}} = \frac{3.2 \times 4.42 - 2.4 \times 1.5}{115 - 2.88} = 0.093\,2 (\text{kV})$$

$$\Delta U_{\text{III·min}} = \frac{P_{\text{III}} R_{\text{III}} + Q_{\text{III}} X_{\text{III}}}{U_{\text{I·min}} - \Delta U_{\text{I·min}}} = \frac{3.2 \times 4.42 + 2.4 \times 37.7}{115 - 2.88} = 0.935 (\text{kV})$$

②求最大最小负荷时各母线电压。

最大负荷时： Ⅰ高压侧 $U_{\mathrm{I\cdot max}}=112$（kV）

Ⅱ中压侧 $U_{\mathrm{II\cdot max}}=112-5.91-0.198=105.9$（kV）

Ⅲ低压侧 $U_{\mathrm{III\cdot max}}=112-5.91-1.97=104.1$（kV）

最小负荷时： Ⅰ高压侧 $U_{\mathrm{I\cdot min}}=115$（kV）

Ⅱ中压侧 $U_{\mathrm{II\cdot min}}=115-2.88-0.093=112$（kV）

Ⅲ低压侧 $U_{\mathrm{III\cdot max}}=115-2.88-0.935=111.1$（kV）

③根据低压母线调压要求，由高、低压两侧，选择高压绕组的分接头。

最大、最小负荷时低压母线调压要求电压为：

$$U_{\mathrm{III\cdot max}}=U_{\mathrm{N}}（1+0\%）=6（1+0\%）=6（\mathrm{kV}）$$

$$U_{\mathrm{III\cdot min}}=U_{\mathrm{N}}（1+7.5\%）=6（1+7.5\%）=6.45（\mathrm{kV}）$$

最大、最小负荷时高压绕组分接头电压为

$$U_{\mathrm{t\,I\,max}} = U_{\mathrm{III\cdot max}}\frac{U_{\mathrm{N3}}}{U'_{\mathrm{III\cdot max}}}=104.1\times\frac{6.6}{6}=114.5(\mathrm{kV})$$

$$U_{\mathrm{t\,I\,min}} = U_{\mathrm{III\cdot min}}\frac{U_{\mathrm{N3}}}{U'_{\mathrm{III\cdot min}}}=111.1\times\frac{6.6}{6.45}=113.7(\mathrm{kV})$$

因此
$$U_{\mathrm{tI}} = \frac{U_{\mathrm{t\,I\,max}}+U_{\mathrm{t\,I\,min}}}{2}=\frac{114.5+113.7}{2}=114.1(\mathrm{kV})$$

于是可以选用 110+5%的分接头，分接头电压为 115.5kV。

④校验低压母线电压。

最大负荷时
$$U_{\mathrm{III\,max}} = U_{\mathrm{III\cdot max}}\frac{U_{\mathrm{N3}}}{U_{\mathrm{tI}}}=104.1\times\frac{6.6}{115.5}=5.95(\mathrm{kV})$$

最小负荷时
$$U_{\mathrm{III\,min}} = U_{\mathrm{III\cdot min}}\frac{U_{\mathrm{N3}}}{U_{\mathrm{tI}}}=111.1\times\frac{6.6}{115.5}=6.35(\mathrm{kV})$$

低压母线偏移：

最大负荷时
$$\Delta U_{\mathrm{III\,max}}\% = \frac{U_{\mathrm{III\,max}}-U_{\mathrm{N}}}{U_{\mathrm{N}}}\times100=\frac{5.95-6}{6}\times100=-0.833$$

最小负荷时
$$\Delta U_{\mathrm{III\,min}}\% = \frac{U_{\mathrm{III\,min}}-U_{\mathrm{N}}}{U_{\mathrm{N}}}\times100=\frac{6.35-6}{6}\times100=5.83$$

虽然最大负荷时的电压偏移较要求的低 0.833%，但由于分接头之间的电压差为 2.5%，求得的电压偏移距要求不超过 1.25%是允许的。所以，选择的分接头认为合适。进而可以确定变压器高、低压侧的变比为 115.5/6.6kV。

⑤确定中压侧母线的调压要求。由高、中压两侧，选择中压绕组的分接头。最大、最小负荷时中压母线调压要求电压为：

$$U'_{\mathrm{II\cdot max}} = 35（1+0\%）=35（\mathrm{kV}）$$

$$U'_{\mathrm{II\cdot min}} = 35（1+7.5\%）=37.6（\mathrm{kV}）$$

最大、最小负荷时中压绕组分接头电压为

$$U_{\mathrm{tII\,max}} = U'_{\mathrm{II\cdot max}}\frac{U_{\mathrm{tI}}}{U_{\mathrm{II\cdot max}}}=35\times\frac{115.5}{105.9}=38.2（\mathrm{kV}）$$

$$U_{tIImin} = U'_{II \cdot min} \frac{U_{tI}}{U_{II \cdot min}} = 37.6 \times \frac{115.5}{112} = 38.8 (kV)$$

因此
$$U_{tII} = \frac{38.2 + 38.8}{2} = 38.5 (kV)$$

于是，就选择电压为 38.5kV 的主抽头。

⑥校验中压侧母线电压。

最大负荷时
$$U_{II \cdot max} = U_{IImax} \frac{U_{tII}}{U_{tI}} = 105.9 \times \frac{38.5}{115.5} = 35.3 (kV)$$

最小负荷时
$$U_{II \cdot min} = U_{IImin} \frac{U_{tII}}{U_{tI}} = 112 \times \frac{38.5}{115.5} = 37.3 (kV)$$

中压母线偏移：

最大负荷时
$$\Delta U_{II \cdot max} \% = \frac{35.3 - 35}{35} \times 100 = 0.86$$

最大负荷时
$$\Delta U_{II \cdot min} \% = \frac{37.3 - 35}{35} \times 100 = 6.57$$

可见，电压偏移在要求范围（0～7.5%）之内，满足调压要求。于是变压器应选择的分接头为 115.5/38.5/6.6kV。

通过以上的例题可以看到，采用固定分接头的变压器进行调压，不可能改变电压损耗的数值，也不能改变负荷变化时次级电压的变化幅度；通过对变比的适当选择，只能把这一电压变化幅度对于次级额定电压的相对位置进行适当的调整（升高或降低）。如果计及变压器电压损耗在内的总电压损耗，最大负荷和最小负荷时的电压变化幅度（例如 12%）超过了分接头的可能调整范围（例如±15%），或者调压要求的变化趋势与实际的相反（例如逆调压时），则靠选普通变压器的分接头方法就无法满足调压要求。这时可以装设带负荷调压的变压器或采用其他调压措施。

带负荷调压的变压器通常有两种：一种是本身就具有调压绕组的有载调压变压器；另一种是带有附加调压器的加压调压变压器。

有载调压变压器可以在带负荷的条件下切换分接头而且调节范围也比较大，一般在 15% 以上。目前我国暂定，110kV 级的调压变压器有 7 个分接头，220kV 级的有 9 个分接头。

采用有载调压变压器时，可以根据最大负荷算得的 U_{1tmax} 值和最小负荷算得的 U_{1tmin} 分别选择各自合适的分接头。这样就能缩小次级电压的变化幅度，甚至改变电压变化的趋势。

图 5-26 为有载调压变压器的原理接线图。该变压器的主绕组同一个具有若干个分接头的调压绕组串联，依靠特殊的切换装置，可以在负荷电流下改换分接头。切换装置有两个可动触头，改变分接头时，先将一个可动触头移动到相邻的分接头上，然后再把一个可动触头也移动到该分接头上，这样逐步地移动，直到两个可动触头都移动到所选定的分接头为止。为了防止可动触头在切换过程中产生电弧，因而使变压器绝缘油劣化，在可动触头 K_a、K_b 的前面接入接触器 J_a 和 J_b，它们放在单独的油箱里。当变压器切换分接头时，首先断开接触器 J_a，将可动触头 K_a 切换到另一个分接头上，然后再将接触器 J_a 接通。另一个触头也采用相同的切换步骤，使两个触头都接到另一个分接头上。在切换过程中，当两个可动触头在不同分接头上时，切换装置中的电抗器 DK 是用来限制两个分接头间的短路电流的。有的调压变压器用限流电阻来替代限流电抗器。

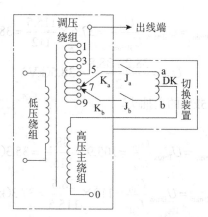

图 5-26　有载调压变压器的原理接线图

对 110kV 及以上电压级的变压器，一般将调压绕组放在变压器中性点侧。因为变压器的中性点接地，中性点侧电压很低，调压装置的绝缘比较容易解决。

如图 5-27 所示，加载调压变压器 2 由电源变压器 3 和串联变压器 4 等组成，串联变压器 4 的次级绕组串联在主变压器 1 的引出线上，作为加压绕组。这相当于在线路上串联了一个附加电势。改变附加电势的大小和相位就可以改变线路上电压的大小和相位。通常把附加电势相位与线路电压的相位相同的变压器称为纵向调压变压器，把附加电势与线路电压之间有 90° 相位差的变压器称为横向调压变压器，把附加电势与线路电压之间有不等于 90° 相位差的调压变压器称为混合型调压变压器。

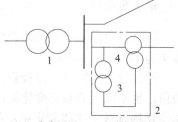

1—主变压器；2—加载调压变压器；
3—电源变压器；4—串联变压器

图 5-27　加压调压变压器

当电力系统无功功率不足时，就不能单靠改变变压器变比来调压，而要在适当地点对所缺乏的无功功率进行补偿，这样就改变了电力系统中的无功功率分布。

3. 利用无功功率补偿调压（并联补偿调压）

并联补偿调压是指采用电容器、同步调相机和静止无功偿装置等并联在主电路中的无功补偿设备，以发出一定的无功功率为目的调压方式。因而又称无功补偿调压。并联补偿调压的计算要针对具体补偿设备确定所需要的容量，计算时常和变压器调压综合考虑，以减少补偿容量。下面讨论确定补偿容量的问题。

图 5-28 所示为一简单电力网，供电点电压 U_1 和负荷功率 $P+jQ$ 已给定，线路电容和变压器的励磁功率略去不计。拟在负荷端点采用并联补偿以改善电压质量。

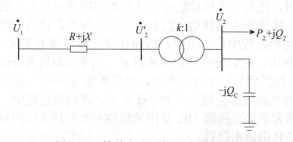

图 5-28　简单电力网的无功功率补偿

在未加补偿装置前若不计电压降落的横分量，便有

$$U_1 = U_2' + \frac{P_2 R + Q_2 X}{U_2'} \tag{5-48}$$

式中，U_2' 为归算到高压侧的变电所低压母线电压。

在变电所低压侧设置容量为 Q_C 的无功补偿设备后，网络传送到负荷点的无功功率将变为 $Q-Q_C$，这时变电所低压母线的归算电压也相应变为 U_{2C}'，故有

$$U_1 = U_{2C}' + \frac{P_2 R + (Q_2 - Q_C)\, X}{U_{2C}'} \tag{5-49}$$

如果补偿前后 U_1 保持不变，则有

$$U_2 + \frac{P_2 R + Q_2 X}{U_2'} = U_{2C}' + \frac{P_2 R + (Q_2 - Q_C)\, X}{U_{2C}'} \tag{5-50}$$

由此可解得使变电所低压母线的归算电压从 U_2' 改变到 U_{2C}' 时所需要的无功功率补偿容量为：

$$Q_C = \frac{U_{2C}'}{X}\left[(U_{2C}' - U_2') + \left(\frac{P_2 R + Q_2 X}{U_{2C}'} - \frac{P_2 R + Q_2 X}{U_2'} \right) \right] \tag{5-51}$$

上式方括号中第二项的数值一般很小，可以略去，于是式（5-51）便简化为

$$Q_C \approx \frac{U_{2C}'}{X}(U_{2C}' - U_2') \tag{5-52}$$

若变压器的变比选为 k，经过补偿后变电所低压侧所希望的电压为 U_{2C}，则 $U_{2C}' = kU_{2C}$，将其代入式（5-52），可得

$$Q_C = \frac{kU_{2C}}{X}(kU_{2C} - U_2') = \frac{k^2 U_{2C}}{X}\left(U_{2C} - \frac{U_2'}{k} \right) \tag{5-53}$$

由此可见，补偿容量与调压要求和降压变压器的变比 k 选择均有关。变比 k 的选择原则是：在满足调压的要求下，使无功补偿容量为最小。

由于无功补偿设备的性能不同，选择变比的条件也不相同，现分别阐述如下。

（1）补偿设备为静电电容器

通常在大负荷时降压变电所电压偏低，小负荷时电压偏高。电容器只能发出感性无功功率以提高电压，但电压过高时却不能吸收感性无功功率来使电压降低。为了充分利用补偿容量，在最大负荷时电容器应全部投入，在最小负荷时全部退出。计算步骤如下。

首先，根据调压要求，按最小负荷时没有补偿的情况确定变压器的分接头。令 $U_{2\min}'$ 和 $U_{2\min}$ 分别为最小负荷时低压母线的归算（到高压侧的）电压和要求保持的实际电压，则 $U_{2\min}'/U_{2\min} = U_t/U_{2N}$，由此可算出变压器的分接头电压应为 $U_t = (U_{2N} U_{2\min}')/U_{2\min}$，选定与 U_t 最接近的分接头 U_{1t}，并由此确定变比 $k = U_{1t}/U_{2N}$。

其次，按最大负荷时的调压要求计算补偿容量，即

$$Q_C = \frac{k^2 U_{2C\max}}{X}\left(U_{2C\max} - \frac{U_{2\max}'}{k} \right) \tag{5-54}$$

式中，$U_{2\max}'$ 和 $U_{2C\max}$ 分别为补偿前变电所低压母线的归算（到高压侧的）电压和补偿后要求保持的实际电压。按式（5-54）算得的补偿容量，从产品目录中选择合适的设备。

最后，根据确定的变比和选定的静电电容器容量，校验实际的电压变化。

（2）补偿设备为同步调相机

调相机的特点是既能过励磁运行，发出感性无功功率使电压升高，也能欠励磁运行，吸收感性无功功率使电压降低。如果调相机在最大负荷时按额定容量过励磁运行，在最小负荷时按（0.5~0.65）额定容量欠励磁运行，那么，调相机的容量将得到最充分的利用。

根据上述条件可确定变比 k。最大负荷时，同步调相机容量为

$$Q_{\mathrm{C}} = \frac{k^2 U_{2\mathrm{Cmax}}}{X}\left(U_{2\mathrm{Cmax}} - \frac{U'_{2\mathrm{max}}}{k}\right) \tag{5-55}$$

用 α 代表数值范围（0.5~0.65），则最小负荷时，同步调相机容量应为

$$-\alpha Q_{\mathrm{C}} = \frac{k^2 U_{2\mathrm{Cmin}}}{X}\left(U_{2\mathrm{Cmin}} - \frac{U'_{2\mathrm{min}}}{k}\right) \tag{5-56}$$

两式相除，得

$$-\alpha = \frac{U_{2\mathrm{Cmin}}(kU_{2\mathrm{Cmin}} - U'_{2\mathrm{min}})}{U_{2\mathrm{Cmax}}(kU_{2\mathrm{Cmax}} - U'_{2\mathrm{max}})} \tag{5-57}$$

由式（5-57）可解出

$$k = \frac{\alpha U_{2\mathrm{Cmax}}U'_{2\mathrm{max}} + U_{2\mathrm{Cmin}}U'_{2\mathrm{min}}}{\alpha U_{2\mathrm{Cmax}}^2 + U_{2\mathrm{Cmin}}^2} \tag{5-58}$$

按式（5-58）算出的 k 值选择最接近的分接头电压 $U_{1\mathrm{t}}$，并确定实际变比 $k=U_{1\mathrm{t}}/U_{2\mathrm{N}}$，将其代入式（5-55）即可求出需要的调相机容量。根据产品目录选出与此容量相近的调相机。最后按所选容量进行电压校验。

电压损耗 $\Delta U=(PR+QX)/U$ 中包含两个分量：一个是有功负荷及电阻产生的 PR/U 分量；另一个是无功负荷及电抗产生的 QX/U 分量。利用无功补偿调压的效果与网络性质及负荷情况有关。在低压电力网中，一般导线截面小，线路的电阻比电抗大，负荷的功率因数也高一些，因此 ΔU 中有功功率引起的 PR/U 分量所占的比重大；在高压电力网中，导线截面较大，多数情况下，线路电抗比电阻大，再加上变压器的电抗远大于其电阻，这时 ΔU 中无功功率引起的 QX/U 分量就占很大的比值。例如某系统从水电厂到系统的高压电力网，包括升压和降压变压器在内，其电抗与电阻之比为 8：1。在这种情况下，减少输送无功功率可以产生比较显著的调压效果。反之，对截面不大的架空线路和所有电缆线路，用这种方法调压就不合适了。

【例题 5-6】简单输电系统的接线图和等效电路图如 5-29 所示。略去变压器励磁支路和线路电容。节点 1 归算到高压侧的电压为 118kV，且维持不变，受端低压母线电压要求保持10.5kV。试配合降压变压器 T2 的分接头选择，确定受端应装设的如下无功补偿设备的容量。①静电电容器；②同步调相机。

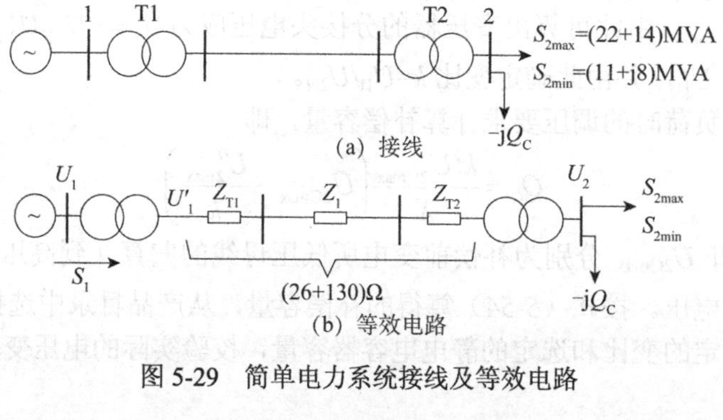

(a) 接线

(b) 等效电路

图 5-29　简单电力系统接线及等效电路

解：①计算补偿前受端低压母线归算到高压侧的电压。

已知 $U_1' = 118\text{kV}$，先按额定电压计算阻抗上的功率损耗。

$$\Delta S_{\text{max}} = \frac{P_{2\text{max}}^2 + Q_{2\text{max}}^2}{U_N^2}(R + jX) = \frac{22^2 + 14^2}{110^2}(25 + j120) = 1.4 + j6.744\,(\text{MVA})$$

$$\Delta S_{\text{min}} = \frac{P_{2\text{min}}^2 + Q_{2\text{min}}^2}{U_N^2}(R + jX) = \frac{11^2 + 8^2}{110^2}(25 + j120) = 0.3823 + j1.835\,(\text{MVA})$$

$S_{1\text{max}} = S_{2\text{max}} + \Delta S_{\text{max}} = 22 + j14 + 1.405 + j6.744 = 23.41 + j20.74$

$S_{1\text{min}} = S_{2\text{min}} + \Delta S_{\text{min}} = 11 + j8 + 0.382\,3 + j1.835 = 11.38 + j9.835$

利用首端功率可以计算

$$U_{2\text{max}}' = U_1' - \frac{P_{1\text{max}}R + Q_{1\text{max}}X}{U_1'} = 118 - \frac{23.41 \times 25 + 20.74 \times 120}{118} = 91.95\,(\text{kV})$$

$$U_{2\text{min}}' = U_1' - \frac{P_{1\text{min}}R + Q_{1\text{min}}X}{U_1'} = 118 - \frac{11.38 \times 25 + 9.853 \times 120}{118} = 105.6\,(\text{kV})$$

②选择静电电容器容量。

按最小负荷时补偿设备退出计算变压器的分接头电压

$$U_t = \frac{U_{2\text{min}}' U_{2N}}{U_{2\text{min}}} = \frac{11 \times 105.6}{10.5} = 110.69\,(\text{kV})$$

最接近的分接头电压为 110kV，由此可得降压变压器的变比 $k=110/11=10$。

$$Q_C = \frac{k^2 U_{2C\text{max}}}{X}\left(U_{2C\text{max}} - \frac{U_{2C\text{max}}'}{k}\right) = \frac{10^2 \times 10.5}{130} \times \left(10.5 - \frac{91.95}{10}\right) = 10.54$$

取补偿容量 $Q_C=12\text{Mvar}$，验算最大负荷时受端低压侧的实际电压。

$$\Delta S_{C \cdot \text{max}} = \frac{22^2 + 14^2}{110^2} \times (25 + j120) = 1.008 + j5.19\,(\text{MVA})$$

$$S_{1C \cdot \text{max}} = 22 + j\,(14 - 12) + 1.008 + j5.19 = 23 + j7.19\,(\text{MVA})$$

$$U_{2C \cdot \text{max}}' = U_1 - \frac{\Delta P_{1C\text{max}}R + \Delta Q_{1C\text{max}}X}{U_1} = 118 - \frac{23 \times 25 + 7.19 \times 120}{118} = 105.82\,(\text{kV})$$

$$U_{2C \cdot \text{max}} = \frac{U_{2C \cdot \text{max}}'}{k} = \frac{105.82}{10} = 10.582\,(\text{kV})$$

最大负荷时低压母线电压与要求的 10.5kV 偏移为

$$\frac{10.582 - 10.5}{10.5} \times 100\% = 0.781\%$$

最小负荷时低压母线电压（此时补偿设备全部退出）

$$U_{2C \cdot \text{min}} = \frac{U_{2C \cdot \text{min}}'}{k} = \frac{105.6}{10} = 10.56\,(\text{kV})$$

最小负荷时低压母线电压与要求的 10.5kV 偏移为

$$\frac{10.56 - 10.5}{10.5} \times 100\% = 0.57\%$$

可见，选择的电容器满足调压要求。

选择同步调相机的容量。

先确定降压变压器的变比：

$$k = \frac{\alpha U_{2C\max} U'_{2\max} + U_{2C\min} U'_{2\min}}{\alpha U_{2C\max}^2 + U_{2C\min}^2} = \frac{\alpha \times 10.5 \times 91.95 + 10.5 \times 105.6}{\alpha \times 10.5^2 + 10.5^2} = \frac{\alpha \times 91.95 + 105.6}{(1+\alpha) \times 10.5}$$

当分别取 α=0.5 和 α=0.65 时变比 k 分别为 9.63 和 9.54，故可以选取最接近的标准分接 k=9.6。

确定调相机容量。

$$Q_C = \frac{k^2 U_{2C\max}}{X}\left(U_{2C\max} - \frac{U'_{2\max}}{k}\right) = \frac{9.6^2 \times 10.5}{120} \times \left(10.5 - \frac{91.95}{9.6}\right) = 7.434 \text{(Mvar)}$$

选择最接近的标准容量的同步调相机，其额定容量为 7.5MVA。

验算受端低压侧电压，按最大负荷时调相机以额定容量满载过励磁运行。

$$\Delta S_{C\max} = \frac{22^2 + (14-7.5)^2}{110^2} \times (25 + j120) = 1.087 + j5.219$$

$$S_{1C\cdot\max} = S_{C\max} + \Delta S_{C\max} = 23.41 + j\ (14-7.5) + 1.087 + j5.219 = 24.5 + j11.72$$

$$U_{2\max} = \left(U_1 - \frac{P_{1C\max}R + Q_{1C\max}X}{U_1}\right)\bigg/ k = \left(118 - \frac{24.5 \times 25 + 11.72 \times 120}{118}\right)\bigg/ 9.6 = 10.51 \text{(kV)}$$

最大负荷时低压母线电压与需求值 10.5kV 的偏移为

$$\frac{10.509 - 10.5}{10.5} \times 100\% = 0.085\,71\%$$

最小负荷时调相机按 50%额定容量欠励磁运行：

Q_C=−3.5（Mvar）

$$\Delta S_{C\min} = \frac{11^2(8+3.5)^2}{110^2} \times (25 + j120) = 0.523\,24 + j2.508$$

$$S_{1C\cdot\min} = S_{C\min} + \Delta S_{C\max} = 11 + j\ (8+3.5) + 0.523\,24 + j2.508 = 11.523\,24 + j14.008$$

$$U_{2\min} = \left(U_1 - \frac{P_{1C\min}R + Q_{1C\min}X}{U_1}\right)\bigg/ k = \left(118 - \frac{11.523\,24 \times 25 + 14.008 \times 120}{118}\right)\bigg/ 9.6$$

$$= 10.553\,4 \text{(kV)}$$

最小负荷时低压母线电压与要求值 10.5kV 的偏移为

$$\frac{10.553\,4 - 10.5}{10.5} \times 100\% = 0.508\,5\%$$

因此，所选择的调相机容量可以满足调压要求。

（3）线路串联电容补偿调压

在线路上串联接入静电电容器，利用电容器的容抗补偿线路的感抗，使电压损耗中 QX/U 分量减小，从而可提高线路末端电压。

对图 5-30 所示的架空输电线路，未加串联电容补偿前有 $\Delta U = \dfrac{P_1 R + Q_1 X_L}{U_1}$，线路上串联

了容抗 X_C 后就改变为 $\Delta U_C = \dfrac{P_1 R + Q_1(X_L - X_C)}{U_1}$，上述两种情况下电压损耗之差就是线路末

端电压提高的数值，它与电容器容抗的关系为

$$\Delta U - \Delta U_C = Q_1 X_C / U_1 \tag{5-59}$$

即
$$X_{\mathrm{C}} = \frac{U_1(\Delta U - \Delta U_{\mathrm{C}})}{Q_1} \qquad (5\text{-}60)$$

根据线路末端电压需要提高的数值（ΔU-ΔU_{C}），就可求得需要补偿的电容器的容抗值 X_{C}。

（a）补偿前　　　　　　（b）补偿后

图 5-30　串联补偿调压电路图

线路上串联接入的电容器由多个单个电容器串、并联组成，如图 5-31 所示。

如果每台电容器的额定电流为 I_{NC}，额定电压为 U_{NC}，额定容量为 $Q_{\mathrm{NC}}=U_{\mathrm{NC}}I_{\mathrm{NC}}$，则可根据通过的最大负荷电流 I_{Cmax} 和所需的容抗值 X_{C}，分别计算电容器串、并联的台数 n、m 以及三相电容器的总容量 Q_{C}。

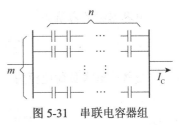

图 5-31　串联电容器组

$$\begin{cases} m \geqslant I_{\max}/I_{\mathrm{N}} \\ n \geqslant I_{\max}X_{\mathrm{C}}/U_{\mathrm{NC}} \end{cases} \qquad (5\text{-}61)$$

m、n 应取偏大的整数。m、n 确定后，需要校验实际补偿效果是否达到要求。然后计算三相电容器的总容量 Q_{C} 为

$$Q_{\mathrm{C}} = 3mnQ_{\mathrm{NC}} \geqslant 3I_{\max}^2 X_{\mathrm{C}} \qquad (5\text{-}62)$$

三相总共需要的电容器台数为 $3mn$。安装时，全部电容器串、并联后集中安装在绝缘平台上。

串联接入的电容器安装地点与负荷和电源的分布有关。因此，安装地点的原则是，使沿输电线电压尽可能均匀，同时还应使故障时流过电容器的短路电流不致过大。在单电源线路上，当负荷集中在线路末端时，可将串联电容器安装在线路末端，以免始端电压过高和通过电容器的短路电流过大；当沿线有若干个负荷时，可安装在未加串联电容补偿前产生二分之一线路电压损耗处。

串联电容器提升的末端电压的数值 QX_{C}/U（即调压效果）随无功负荷大小而变，负荷大时增大，负荷小时减小，恰与调压的要求一致。这是串联电容器调压的一个显著优点。但对负荷功率因数高（$\cos\varphi>0.95$）或导线截面小的线路，由于 PR/U 分量的比重大，串联补偿的调压效果就很小。故串联电容器调压一般用在供电电压为 35kV 或 10kV、负荷波动大而频繁、功率因数又很低的配电线路上。补偿所需的容抗值 X_{C} 和被补偿线路原来的感抗值 X_{L} 之比 $k_{\mathrm{C}}=X_{\mathrm{C}}/X_{\mathrm{L}}$ 称为补偿度。在配电网络中以调压为目的的串联电容补偿，其补偿度常接近于 1 或大于 1。

至于超高压输电线路中的串联电容补偿，其作用在于提高输送容量和提高系统运行的稳定性，这将在以后讨论。

【例题 5-7】 如图 5-32 所示，一条 110kV 单回输电线路，线路阻抗为 Z=21+j34（Ω），线路最大负荷为 $S_{\mathrm{L\cdot max}}$=22+j20（MVA）。线路允许电压损耗为 6%，在线路上串联电容器补偿，采用单相式、0.66kV、40kVA 的电容器。试确定所需电容器数量和容量（忽略线路功率

损耗）。

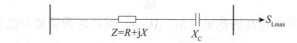

图 5-32 例题 5-7 的输电线路接线图

解：先求未加串联电容器时线路的电压损耗为

$$\Delta U = \frac{P_{\text{Lmax}}R + Q_{\text{Lmax}}X}{U_{\text{N}}} = \frac{22 \times 21 + 20 \times 34}{110} = 10.38\,(\text{kV})$$

允许电压损耗为

$$\Delta U_{\text{al}} = 6\% U_{\text{N}} = 6\% \times 110 = 6.6\,\text{kV}$$

电容器组的容抗为

$$X_{\text{C}} = \frac{(\Delta U - \Delta U_{\text{al}})\,U_{\text{N}}}{Q} = \frac{(10.38 - 6.6)}{20} = 20.8\,(\Omega)$$

线路的最大负荷电流为

$$I_{\text{Cmax}} = \frac{\sqrt{P_{\text{Lmax}}^2 + Q_{\text{Lmax}}^2}}{\sqrt{3}U_{\text{N}}} = \frac{\sqrt{22^2 + 20^2}}{\sqrt{3} \times 110} \times 10^3 = 157\,(\text{A})$$

单个电容器额定电流和额定容抗分别为

$$I_{\text{NC}} = \frac{Q_{\text{NC}}}{U_{\text{NC}}} = \frac{40}{0.66} = 60.6\,(\text{A})$$

$$X_{\text{NC}} = \frac{U_{\text{NC}}}{I_{\text{NC}}} = \frac{0.66 \times 10^3}{60.6} = 10.9\,(\Omega)$$

电容器组并联组数为

$$m = I_{\text{Cmax}}/I_{\text{NC}} = 157/60.6 = 2.59\,(\text{取 } m=3)$$

电容器串联个数为

$$n \geqslant \frac{I_{\text{Cmax}}X_{\text{C}}}{U_{\text{NC}}} = \frac{157 \times 20.8}{0.66 \times 10^3} = 4.95 \quad (\text{取 } n=6)$$

电容器总数量为

$$3mn = 3 \times 3 \times 6 = 54\,(\text{个})$$

电容器组总容量为

$$Q_{\text{C}} = 54Q_{\text{NC}} = 54 \times 40 \times 10^{-3} = 2.16\,(\text{Mvar})$$

验算电压损耗，实际电容器组的容抗为

$$X_{\text{C}} = \frac{nX_{\text{NC}}}{m} = \frac{6 \times 10.9}{3} = 21.8\,(\Omega)$$

这时线路电压损耗为

$$\Delta U = \frac{22 \times 21 + 20 \times (34 - 21.8)}{110} = 6.42\,(\text{kV})$$

$$\Delta U\% = \frac{6.42}{110} \times 100 = 5.8\%$$

$\Delta U\% < 6\%$，满足要求。

　　线路采用串联电容器补偿缺点是过电压继电保护复杂，投入有饱和铁芯的设备易引起高次谐波振荡以及异步电机自励磁问题，运行维护比较复杂。一般用于 110kV 电压等级以下，10kV 及以上电压等级线路，长度较大，有冲击性负荷的架空分支线上。220kV 及以上电压等级的远距离输电中采用串联电容补偿用于提高运行的稳定性和输电能力。

5.5.4　复杂电力系统电压和无功功率的控制

　　电压质量问题，从全局来讲是电力系统的电压水平问题。为了确保运行中的系统具有正常电压水平，系统拥有的无功功率电源必须满足在正常电压水平下的无功需求。

　　发电机调压不需要增加费用，因此发电机调压是发电机直接供电的小系统的主要调压手段。在多机系统中，调节发电机的励磁电流要引起发电机间无功功率的重新分配，应该根据发电机与系统的连接方式和承担有功负荷情况，合理地规定各发电机调压装置的整定值。利用发电机调压时，发电机的无功功率输出不应超过允许的限值。

　　当系统的无功功率供应比较充裕时，各变电所的调压问题可以通过选择变压器的分接头来解决。当最大负荷和最小负荷两种情况下的电压变化幅度不很大又不要求逆调压时，适当调整普通变压器的分接头一般就可满足要求。当电压变化幅度比较大或要求逆调压时，宜采用带负荷调压的有载调压变压器。有载调压变压器可以装设在枢纽变电所，也可以装设在大容量的用户处。加压调压变压器还可以串联在线路上，对于辐射形线路，其主要目的是为了调压，对于环网，还能改善功率分布。装设在系统间联络线上的串联加压器，还可起隔离作用，使两个系统的电压调整互不影响。

　　必须指出，在系统电源无功功率不足的条件下，不宜采用调整变压器分接头的办法来提高电压。因为当某一地区的电压由于变压器分接头的改变而升高后，该地区所需的无功功率也增大了，这就可能扩大系统的无功缺额，从而导致整个系统的电压水平更加下降。从全局来看，这样做的效果是不好的。

　　从调压的角度看，并联电容补偿和串联电容补偿的作用都在于减少电压损耗中的 QX/U 分量，并联补偿能减少 Q，串联补偿则能减少 X。在电压损耗中 QX/U 分量占有较大比重时，其调压效果才明显。对于 35kV 或 10kV 的较长线路，导体截面较大（在 70mm^2 以上），负荷波动大而频繁，功率因数又偏低时，采用串联补偿调压可能比较适宜。这两种调压措施都需要增加设备费用，但采用并联补偿时可以从网络节约中得到抵偿。

　　对于 10kV 及以下电压级的电力网，由于负荷分散、容量不大，常按允许电压损耗来选择导线截面以解决电压质量问题。

　　上述各种调压措施的具体运用，只是一种粗略的概括。对于实际电力系统的调压问题，需要根据具体的情况对可能采用的措施进行技术经济比较后，才能找出合理的解决方案。

　　最后还要指出，在处理电压调整问题时，保证系统在正常运行方式下有合乎标准的电压质量是最基本的要求。此外还要使系统在某些特殊（例如检修或故障后）运行方式下的电压偏移不超出允许的范围。如果正常状态下的调压措施不能满足这一要求时，还应考虑采取特殊运行方式下的补充调压手段。

5.6　无功功率的经济分配

　　电力系统的无功功率经济分配与电力系统调压密切相关。无功补偿电源的装设，既要考虑容量的大小，又要考虑其合理分布。

电力系统无功电源最优分布的前提是负荷应有较高的自然功率因数，如负荷自然功率因数较低，会使它消耗的无功大量增加。在这种情况下进行无功补偿是不经济的。电力系统无功最优补偿之前，应先提高负荷的自然功率因数。将负荷的自然功率因数尽可能提高之后，才考虑采用补偿设备人为地提高负荷的功率因数。再考虑包括这些补偿设备在内的各种无功电源的最优分布问题。

当系统无功电源充足时，电力系统无功功率经济分配的总目标是在满足电力网电压质量要求的同时，使电力网有功功率损耗为最小。无功电源的最优分布的目标函数为

$$\Delta P_\Sigma = f\left(P_1,\ P_2,\ \cdots,\ P_n,\ Q_1,\ Q_2,\ \cdots,\ Q_n\right)$$

等式的约束条件为

$$\sum_{i=1}^{n} Q_{Gi} - \sum_{i=1}^{n} Q_L - \Delta Q_\Sigma = 0$$

不等式约束条件为

$$\begin{cases} Q_{Gi\cdot min} \leqslant Q_{Gi} \leqslant Q_{Gi\cdot max} \\ U_{i\cdot min} \leqslant U_i \leqslant U_{i\cdot max} \end{cases}$$

式中，ΔP_Σ、ΔQ_Σ 分别为网络中有功功率损耗、无功功率损耗；

P_1，P_2，$\cdots$，P_n；Q_1，Q_2，$\cdots$，Q_n 分别为节点有功功率、无功功率，n 为节点数；

Q_{Gi}、Q_{Li} 分别为节点 i 的无功电源和无功负荷。

分析无功功率最优分布是在除平衡节点外，其他节点的注入有功功率一定条件下进行的，故不必考虑有功功率约束。列出目标函数和约束条件后，就可以建立拉格朗日函数：

$$C = \Delta P_\Sigma - \lambda\left(\sum_{i=1}^{n} Q_{Gi} - \sum_{i=1}^{n} Q_{Li} - \Delta Q_\Sigma\right) \tag{5-63}$$

式中，λ 为拉格朗日乘数。建立 C 为最小值的条件即无功功率电源最优分布。

由于拉格朗日函数中有（$n+1$）个变量，即 n 个变量和一个拉格朗日乘数 λ，求取最小值时应用（$n+1$）条件。可得（$n+1$）个方程式

$$\frac{\partial C}{\partial Q_{Gi}} = \frac{\partial \Delta P_\Sigma}{\partial Q_{Gi}} - \lambda\left(1 - \frac{\partial \Delta Q_\Sigma}{\partial Q_{Gi}}\right) = 0 \quad (i=1,\ 2,\ \cdots,\ n) \tag{5-64}$$

$$\frac{\partial C}{\partial \lambda} = \sum_{i=1}^{n} Q_{Gi} - \sum_{j=1}^{n} Q_{Li} - \Delta Q_\Sigma = 0$$

上式可以改写为

$$\begin{cases} \dfrac{\partial \Delta P_\Sigma}{\partial Q_{G1}} \cdot \dfrac{1}{\left(1 - \dfrac{\partial \Delta Q_\Sigma}{\partial Q_{G1}}\right)} = \dfrac{\partial \Delta P_\Sigma}{\partial Q_{G2}} \cdot \dfrac{1}{\left(1 - \dfrac{\partial \Delta Q_\Sigma}{\partial Q_{G2}}\right)} = \cdots = \dfrac{\partial \Delta P_\Sigma}{\partial Q_{Gn}} \cdot \dfrac{1}{\left(1 - \dfrac{\partial \Delta Q_\Sigma}{\partial Q_{Gn}}\right)} = \lambda \\ \sum_{i=1}^{n} Q_{Gi} - \sum_{i=1}^{n} Q_{Gj} - \Delta Q_\Sigma = 0 \end{cases} \tag{5-65}$$

式中 $\partial P_\Sigma / \partial Q_{Gi}$ 为网损微增率，$\partial Q_\Sigma / \partial Q_{Gi}$ 为无功损耗微增率。

式（5-64）和式（5-65）是计及电网无功损耗时无功功率最优分布的协调方程式，其中 $1/(1 - \partial Q_\Sigma / \partial Q_{Gi})$ 为无功功率网损修正系数。如不计无功功率损耗，即令 $\partial Q_\Sigma / \partial Q_{Gi} = 0$，则式（5-65）可写成

$$\frac{\partial \Delta P_\Sigma}{\partial Q_{G1}} = \frac{\partial \Delta P_\Sigma}{\partial Q_{G2}} = \cdots = \frac{\partial \Delta P_\Sigma}{\partial Q_{Gn}} = \lambda \qquad (5\text{-}66)$$

可见式（5-65）第一式就是等网损微增率准则，第二式为无功功率平衡关系式。

【例题 5-8】 化简后的 60kV 的等效网络如图 5-33 所示，图中各节点的无功功率负荷分别为 Q_{L1}=10Mvar，Q_{L2}=7Mvar，Q_{L3}=5Mvar，Q_{L4}=8Mvar。

各线段的电阻已标注在图中。设无功功率补偿设备的总容量为 17Mvar，试在不计无功功率损耗的条件下确定这些无功功率电源的分布。

解：首先列出因无功功率流动而产生的有功功率网损表达式。

$$\Delta P_\Sigma = \sum \frac{Q_i^2}{U_N^2} R_i = \frac{1}{U_N^2} \left[\begin{array}{l} 20(Q_{L1} - Q_{G1} + Q_{L2} - Q_{G2})^2 + 30(Q_{L2} - Q_{G2})^2 + \\ 20(Q_{L3} - Q_{G3} + Q_{L4} - Q_{G4})^2 + 20(Q_{L4} - Q_{G4})^2 \end{array} \right]$$

$$= \frac{1}{60^2} \left[20(17 - Q_{G1} - Q_{G2})^2 + 30(7 - Q_{G2})^2 + 20(13 - Q_{G3} - Q_{G4})^2 + 20(8 - Q_{G4})^2 \right]$$

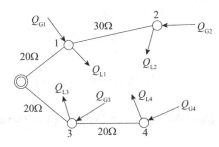

图 5-33　例题 5-8 等效网络

求网损微增率：

$$\frac{\partial \Delta P_\Sigma}{\partial Q_{G1}} = -\frac{40}{60^2}(17 - Q_{G1} - Q_{G2})$$

$$\frac{\partial \Delta P_\Sigma}{\partial Q_{G2}} = -\frac{1}{60^2}\left[40(17 - Q_{G1} - Q_{G2}) + 60(7 - Q_{G2}) \right]$$

$$\frac{\partial \Delta P_\Sigma}{\partial Q_{G3}} = -\frac{40}{60^2}(13 - Q_{G3} - Q_{G4})$$

$$\frac{\partial \Delta P_\Sigma}{\partial Q_{G4}} = -\frac{1}{60^2}\left[40(13 - Q_{G3} - Q_{G4}) + 40(8 - Q_{G4}) \right]$$

不计无功功率网损时等网损微增率为

$$\frac{\partial \Delta P_\Sigma}{\partial Q_{G1}} = \frac{\partial \Delta P_\Sigma}{\partial Q_{G2}} = \frac{\partial \Delta P_\Sigma}{\partial Q_{G3}} = \frac{\partial \Delta P_\Sigma}{\partial Q_{G4}} = \lambda$$

约束条件由题意可得

$$Q_{G1} + Q_{G2} + Q_{G3} + Q_{G4} = 17$$

于是解得

$$Q_{G1} = 3.5\text{Mvar}，\quad Q_{G2} = 7\text{Mvar}，\quad Q_{G3} = -1.5\text{Mvar}，\quad Q_{G4} = 8\text{Mvar}。$$

Q_{G3} 为负值表示节点 3 原已装补偿设备，应从该节点调出 1.5Mvar 至其他节点。如不能从该节点调出补偿设备，则应置 Q_{G3}=0，重列出网损表达式为

$$\Delta P_\Sigma = \sum \frac{Q_i^2}{U_N^2} R_i = \frac{1}{U_N^2} \left[\begin{array}{l} 20(Q_{L1} - Q_{G1} + Q_{L2} - Q_{G2})^2 + 30(Q_{L2} - Q_{G2})^2 + \\ 20(Q_{L3} - 0 + Q_{L4} - Q_{G4})^2 + 20(Q_{L4} - Q_{G4})^2 \end{array} \right]$$

$$= \frac{1}{60^2} \left[20(17 - Q_{G1} - Q_{G2})^2 + 30(7 - Q_{G2})^2 + 20(13 - Q_{G4})^2 + 20(8 - Q_{G4})^2 \right]$$

重求网损微增率：

$$\frac{\partial \Delta P_\Sigma}{\partial Q_{G1}} = -\frac{40}{60^2}(17 - Q_{G1} - Q_{G2})$$

$$\frac{\partial \Delta P_\Sigma}{\partial Q_{G2}} = -\frac{1}{60^2} \left[40(17 - Q_{G1} - Q_{G2}) + 60(7 - Q_{G2}) \right]$$

$$\frac{\partial \Delta P_\Sigma}{\partial Q_{G4}} = -\frac{1}{60^2} \left[40(13 - Q_{G4}) + 40(8 - Q_{G4}) \right]$$

不计无功功率网损时等网损微增率为

$$\frac{\partial \Delta P_\Sigma}{\partial Q_{G1}} = \frac{\partial \Delta P_\Sigma}{\partial Q_{G2}} = \frac{\partial \Delta P_\Sigma}{\partial Q_{G4}} = \lambda$$

约束条件：

$$Q_{G1} + Q_{G2} + Q_{G3} + Q_{G4} = 17$$

重新解得

$$Q_{G1} = 3\text{Mvar}, \quad Q_{G2} = 7\text{Mvar}, \quad Q_{G4} = 7\text{Mvar}。$$

小 结

　　本章主要阐述了调频的目的和方法，以及利用有功负荷及有功电源的关系进行有功功率平衡，达到调频的目的。系统中的负荷不断发生变化，其将引起频率偏移，此时系统中发电机组的调速器将自动调节，完成频率的一次调整；当负荷变化较大时，则由系统中的调频机组承担，应用其调频器来完成频率的二次调整；如果负荷变化很大，且周期很长，则需要各个发电厂通过调度来进行最优化设计。

　　本章阐述了电压调整的意义、方法及电力系统调压方式的相关内容。电力系统的运行电压同无功功率平衡息息相关，为了确保系统运行电压的稳定，无论是针对无功不足还是无功过剩都应有相应的解决措施。从改善电压质量和减少网络损耗考虑，必须尽量做到无功功率的就地平衡，尽量减少无功功率长距离和跨级电压的传输，这是实现有效调整电压的基本条件。为了达到对电压质量的调整，可以采用发电机调压、调整变压器分接头调压，如果系统无功不足时还可以采用并联电容器、调相机及静止无功补偿装置来进行调压，在实际电力系统中，必须按技术经济比较最优的原则进行合理的组合选择，达到各地区无功功率就地平衡的目的。

思考题与习题

　　5-1　电力系统有功功率平衡对频率有什么影响？系统为什么要设置有功功率备用容量？

5-2　何谓负荷的频率调节效应系数？解释其物理意义。

5-3　何谓发电机的调差系数？如何求取？其值是多少？

5-4　何谓电力系统的单位调节功率？

5-5　为什么一次调频不能做到无差调节？如何做到无差调节？

5-6　何谓等耗量微增率准则？

5-7　什么是频率调整的三种方法？各自如何完成调频过程？

5-8　什么是有功电源的最优组合？根据什么原则进行？

5-9　如何确定发电机的运行极限？

5-10　电力系统电压水平与无功功率平衡有何关系？

5-11　电力系统的电压偏移的定义是什么？我国现行规定的电压偏移为多少？

5-12　调整电压可以采用哪些措施？其优缺点何在？

5-13　何谓逆调压、顺调压和恒调压？各适应于什么场合？

5-14　何谓电力系统电压中枢点？如何选择电压中枢点？如何确定中枢点电压的允许范围。

5-15　某系统各机组的调差系数均为 0.05，最大机组的容量为系统负荷的 10%，该机组有 15% 的热备用容量，当负荷变动 5% 时，系统频率下降 0.1Hz，设 K_L=0。试求如果最大机组因故障停运，系统的频率下降多少？

5-16　电力系统中有 A、B 两等效机组并列运行，向负荷 P_L 供电，A 机组额定容量 500MW，调差系数为 0.04；B 机组额定容量为 400MW，调差系数为 0.05。系统负荷的调节效应系数为 1.5。当负荷 P_L=600MW 时，频率为 50Hz，A 机组出力 500MW，B 机组出力 100MW。

试求：

（1）当系统增加 50MW 负荷后，系统频率和机组出力；

（2）当系统切除 50MW 负荷后，系统频率和机组出力。

5-17　系统有两台 100MW 的发电机组，其调差系数 δ_{1*}=0.02，δ_{2*}=0.04，系统负荷容量为 140MW，负荷的频率调节效应系数 K_{L*}=1.5。系统运行频率为 50Hz 时，两机组出力为 P_{G1}=600MW，P_{G2}=80MW。当系统负荷增加 500MW 时，试求：

（1）系统频率下降多少？

（2）各机组输出有功功率多少？

5-18　某电力系统中，一半机组的容量已经完全利用；占总容量 1/4 的火电厂尚有 10% 备用容量，其单位调节功率为 16.6；占总容量 1/4 的火电厂尚有 20% 备用容量，其单位调节功率为 25；系统有功负荷的频率调节效应系数 K_{L*}=1.5。

试求：

（1）系统的单位调节功率 K_{S*}；

（2）负荷功率增加 5% 时的稳态频率 f；

（3）如频率容许降低 0.2Hz，系统能够承担的负荷增量。

5-19　两台容量均为 500MW 的发电机并列运行，向 300MW 负荷供电。发电机的最小有功功率均为 60MW，耗量特性为：

$$\begin{cases} F_1 = 0.001P_{G1}^2 + 2(t/h) \\ F_2 = 0.002P_{G2}^2 + 4(t/h) \end{cases}$$

试求（1）机组的经济分配方案；

（2）若平均分担负荷，多消耗的燃料（单位时间内）为多少？

5-20 图 5-34 所示的 A、B 两机系统中，负荷为 800MW，频率为 50Hz。当负荷突然增加 50MW 后，在下列两种运行情况下，试求系统的频率、两机的出力各是多少？

（1）两发动机各承担一半负荷；

（2）A 机组承担 560MW，余下 240MW 负荷由 B 机组承担。

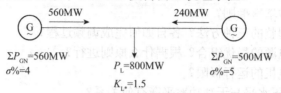

图 5-34 题 5-20 的电力网络

5-21 如图 5-35 所示某一升压变压器，其额定容量为 31.5MVA，变比为 10.5/121±2× 2.5%，归算到高压侧阻抗为 $Z_T=3+j48$（Ω），通过变压器功率为 $S_{max}=24+j16$（MVA），$S_{min}=13+j10$（MVA），高压侧调压要求 $U_{max}=120$（kV），$U_{min}=120$（kV），发电机的可能调整电压范围 10~11kV，试选分接头。

图 5-35 题 5-21 升压变压器

5-22 某输电系统的等效电路如图 5-36 所示。已知电压 $U_1=115kV$ 维持不变。负荷有功功率 $P_{LD}=40MW$ 保持恒定，无功功率与电压平方成正比，即 $Q_{LD}=Q_N\left(\dfrac{U_2}{110}\right)$。试就 $Q_{LD}=20Mvar$ 和 $Q_{LD}=30Mvar$ 两种情况按无功功率平衡的条件确定节点 2 的电压 U_2。

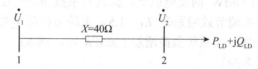

图 5-36 题 5-22 电力系统图

5-23 如图 5-37 所示，某变电所由阻抗为 4.32+j10.5Ω 的 35kV 线路供电。变电所负荷集中在变压器 10kV 母线 B 点。最大负荷为 8+j5MVA，最小负荷为 4+j3MVA，线路送端母线 A 的电压在最大负荷和最小负荷时均为 36kV，要求变电所 10kV 母线上的电压在最小负荷与最大负荷时电压偏差不超过±5%，试选择变压器分接头。变压器阻抗为 0.69+j7.84Ω，变比为 35±2×2.5%/10.5kV。

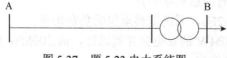

图 5-37 题 5-23 电力系统图

5-24 如图 5-38 所示电力系统，如 A 点电压保持 36kV 不变，B 点调压要求为 10.2kV≤ U_B≤10.5kV，试配合选择变压器分接头确定并联补偿电容器容量。不计变压器及线路的功率损耗。

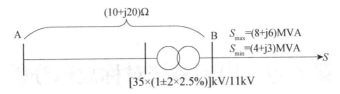

图 5-38　题 5-24 电力系统图

5-25　如图 5-39 所示，某一降压变电所由双回 110kV，长 70km 的架空输电线路供电，导线单位长度阻抗为 0.27+j0.416（Ω/km）。变电所有两台变压器并联运行，其参数为：31.5MVA，为 110±2×2.5%/11kV，$U_k\%$=10.5。变电所最大负荷为 40+j30（MVA），最小负荷 30+j20（MVA）。线路首端电压为 116kV，且维持不变。变电所二次侧母线上的允许电压偏移在最大、最小负荷时为额定电压的+2.5%～+7.5%。根据调压要求，按并联电容器和并联调相机（α=0.5）两种措施，确定变电所二次侧母线上所需补偿的最小容量。

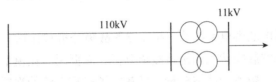

图 5-39　题 5-25 电力系统图

5-26　如图 5-40 所示，有一条阻抗为 21+j34Ω 的 110kV 单回线路，将降压变电所与负荷中心连接，最大负荷为 22+j20MVA。线路允许的电压损耗为 6%，为满足此要求在线路上串联电容器（标准为单相、0.66kV、40kVA 的电容器）。试确定所需电容器数量和容量。

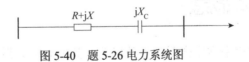

图 5-40　题 5-26 电力系统图

第6章　电力系统对称故障分析

内容提要

本章研究了电力系统三相对称短路的暂态过程，将暂态过程分为次暂态、暂态和稳态。首先分析了无限大容量电源供电系统的三相短路，建立三相对称短路的基本概念，介绍了三相对称电路的计算方法，然后对同步发电机的三相对称短路暂态过程进行了分析研究，建立了发电机暂态分析的简化模型，最后阐述了电力系统三相短路的实用计算方法。

学习目标

①掌握无限大容量电源供电系统的三相短路的故障分析和计算。

②理解同步发电机空载突然三相短路故障分析。掌握用简化模型分析和计算同步发电机定子三相电流的次暂态、暂态和稳态分量。理解定子三相电流的次暂态、暂态和稳态分量对应关系、衰减规律及衰减时间的物理意义。

③掌握电力系统三相短路实用计算方法。

6.1　短路的基本概念

电力系统在运行过程中常常会受到各种扰动，其中对电力系统运行影响较大的是系统中发生各种故障。电力系统的故障可分为简单故障和复合故障，简单故障一般是指某一时刻只在电力系统的一个地方发生故障，复合故障一般是指某一时刻，在电力系统两个及两个以上地方同时发生故障。电力系统简单故障通常分为短路故障（横向故障）和断线故障（纵向故障）。一般情况下短路故障解析计算方法与断线故障解析计算方法类似，它们之间存在一些"对偶关系"。

电力系统正常运行时，除中性点以外，相与相、相与地之间是绝缘的。所谓电力系统"短路"，是指电力系统某处相与相或相与地之间发生短接。最为常见和对电力系统影响最大的是短路故障。当故障阻抗为零时，称为金属性短路。

在相同条件下，金属性短路的电流较大，通常作为计算最大可能的短路电流的条件。

6.1.1　短路故障的种类、产生原因及后果

1. 短路类型

电力系统短路故障类型主要有四种，即三相短路、两相短路、单相接地短路和两相接地短路，见表6-1。

表 6-1 各种短路故障的类型条件

短路类型	符号	示意图	发生概率
三相短路	$k^{(3)}$	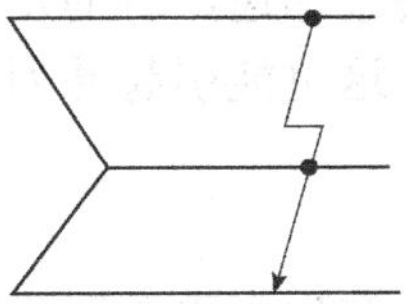	5%
两相短路	$k^{(2)}$	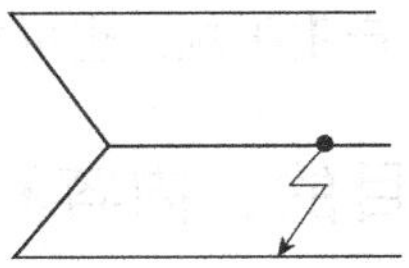	10%
单相接地短路	$k^{(1)}$	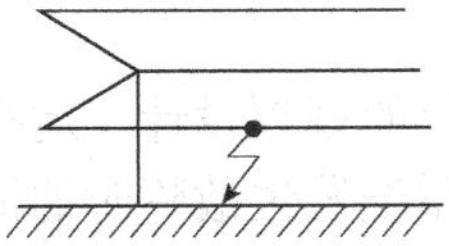	65%
两相接地短路	$k^{(1.1)}$	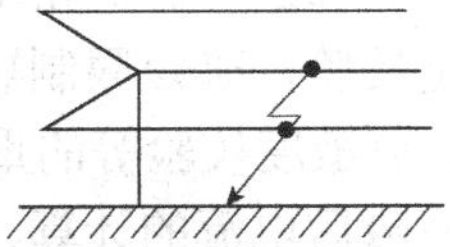	20%

　　三相短路是对称短路，其他三种短路都是不对称短路。断线故障可分为单相断线和两相断线，分别简记为 $O^{(1)}$、$O^{(2)}$。三相断线如同开断一条支路，一般不作为故障处理。断线又称非全相运行，也是一种不对称故障。

2. 短路的主要原因

　　导致短路发生的原因是绝缘受到破坏。引起绝缘破坏的原因有很多种，如电气设备绝缘材料的自然老化、污秽或机械损伤，雷击引起的过电压，自然灾害引起的杆塔倒地或断线，鸟兽跨接导线引起短路，运行人员的误操作等。

　　运行经验表明，各类短路故障发生概率不同，其中单相接地发生概率最大，三相短路故障发生概率最小，但其后果最严重，同时它又是分析不对称短路故障的基础，因此，重点是研究三相短路故障。

3. 短路的危害

　　短路故障一旦发生，往往造成十分严重的后果，对电力系统运行稳定和电气设备构成危害。

　　（1）电流急剧增大

　　短路电流比正常工作电流大很多，严重时可达正常电流的十几倍。大型发电机组出线端三相短路可达几万安甚至十几万安。这样大的电流将产生巨大冲击力，使电气设备变形或损坏，同时会大量发热使设备过热而损坏。有时短路点产生的电弧可以直接烧坏设备。

　　（2）电压大幅度下降

　　三相短路时，短路点的电压为零，短路点附近的电压也明显下降，这将导致用电设备无法正常工作。如异步电机转速下降甚至停转。

（3）使电力系统稳定性遭到破坏

电力系统短路后，发电机输出的电磁功率减少，而原电机输入功率来不及相应减少，从而出现不平衡功率，将导致发电机转子加速，有的发电机加速快，有的发电机加速慢，从而使发电机相互间的角度差越来越大，这可能引起并列运行的发电机失去同步，破坏系统的稳定性引起大片地区停电。

（4）在不对称短路时

系统流过不平衡电流在线路周围产生不平衡磁通。在邻近平行的通信线路中感应出很高电势产生很大电流，对通信系统短路产生干扰，也可能对设备和人身造成危险。

6.1.2　短路故障计算的目的、内容和限制短路故障的措施

1. 短路计算的目的和内容

在发电厂、变电所以及电力系统的规划设计、运行分析以及继电保护的规划设计中，不仅要考虑正常运行情况，还要考虑系统发生故障时的情况。在设计工作中事先要进行短路计算，短路计算是电力系统设计的基本计算之一。短路电流计算结果是合理选择和校验电气设备及载流导体，进行热稳定、动稳定校验，确定限制短路电流措施，合理进行继电保护配置和设计，进行保护的动作参数整定、灵敏度校验等的重要依据。

短路故障分析的主要内容包括故障后电流的计算、短路容量的计算、故障后系统中各点电压的计算以及其他一些分析和计算。

2. 限制短路故障的措施

电力系统设计和运行时，都要考虑采取适当措施来降低发生短路故障的概率，例如采用合理的防雷设施、降低过电压水平、使用完善的配电装置和加强运行维护管理等。同时，还要减少短路危害的措施。其中，最主要的是迅速将发生短路的元件从系统中切除，使无故障电网继续运行。

在电力系统设计和维护中，需要合理地选择电气主接线，恰当选择配电设备和断路器，正确地设计继电保护装置以及选择限制短路电流的措施。这些都必须以短路故障的计算结果作为依据。

6.2　无限大容量电源供电的三相短路的分析与计算

6.2.1　无限大容量电源

所谓无限大容量电源是指电源的电压幅值和频率在故障短路的过程中保持恒定。它的数学描述为电源电动势 $\dot{E}_{\mathrm{m}}=1$（标幺值），电源内阻抗 $Z_{\mathrm{s}}=0$，即相当于一恒压源，从而在短路时电源内部没有暂态过程。

实际上，无论电力系统多大，它的电源容量总是一个确定值，其内阻抗也不可能为零，外部短路时，外接阻抗减小，电源电压幅值必然降低，又由于系统平衡状态被破坏，发电机转速要发生改变，即电源频率要改变。不过当短路点发生在离电源很远的支路上时，外阻抗相对于电源内阻抗要大得多，系统功率又比电源容量小得多，这样使电源电压幅值和频率不会发生较大变化。因此，常将这样的电源近似地认为是无限大容量电源。

6.2.2 三相短路暂态过程的分析

如图 6-1 所示为一无限大容量电源供电的简单电力系统。图中 R，L 为变压器线路等元件的等值电阻和电感，R'，L'为负荷的电阻和电感。

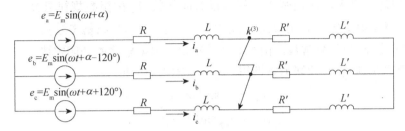

图 6-1 简单电力系统三相对称电路

首先分析短路前稳定运行情况。由于三相电路对称只写出其中一相 a 相电势和电流表达式

$$\begin{cases} e_a = E_m \sin(\omega t + \alpha) \\ i_a = I_m \sin(\omega t + \alpha - \varphi) \\ I_m = \dfrac{E_m}{\sqrt{(R+R')^2 + \omega^2(L+L')^2}} \\ \varphi = \tan^{-1} \dfrac{\omega(L+L')}{R+R'} \end{cases} \tag{6-1}$$

式中，E_m——电源电动势幅值，为常数；

I_m——短路前电流幅值；

φ ——短路前电路阻抗角；

α ——短路故障瞬间 e_a 的初相位，亦称合闸相角。

当电路中 k 点发生三相对称短路时，这个电路被分成两个独立回路，其中左边的一个仍与电源连接，而右边的一个则变为没有电源短接回路。在右边回路中，电流将从短路发生瞬间的初始值按指数规律衰减到零。在这一衰减过程中，该回路磁场中所储藏的能量将全部转化为热能。在与电源连接的左边回路中，其阻抗由原来的（$R+R'$）+jω（$L+L'$）突然减小为 $R+j\omega L$。短路后的暂态过程分析如下。

短路后的电路仍然是三相对称的，因此只需要分析其中一相（a 相）的暂态过程。得出 a 相微分方程：

$$L\frac{di_a}{dt} + Ri_a = E_m \sin(\omega t + \alpha) \tag{6-2}$$

上式为一阶常系数非奇次的线性微分方程，其解为：

$$i_a = I_{mp} \sin(\omega t + \alpha - \varphi_k) + ce^{-t/T_a} = i_p + i_{np} \tag{6-3}$$

$$I_{mp} = \frac{E_m}{\sqrt{R^2 + (\omega L)^2}}, \quad \varphi_k = \tan^{-1}\frac{\omega L}{R}, \quad T_a = \frac{L}{R}$$

式中，I_{mp}——短路电流周期分量的幅值；

φ_k——短路回路的阻抗角；

T_a——非周期分量电流衰减时间常数。

由式（6-3）可知，短路电流在暂态过程中包含有两个分量，一个是短路电流的周期分量 i_p，另一个是短路电流的非周期分量 i_{np}。前者取决于电源电势和短路回路的阻抗，其幅值 I_{mp} 在暂态过程中保持不变；后者是为了使电感回路中的磁链和电流不突变而出现的，它的值在短路瞬间达到最大，而在暂态过程中以时间常数 T_a 按指数规律衰减，并最后衰减至零。非周期分量衰减为零，表明短路暂态过渡过程结束进入短路稳态过程。

式（6-3）中 c 为积分常数，由初始条件决定，根据电路的开闭定律，电感电流不能突变，短路前瞬间电流 i_{a0^+} 和短路后瞬间电流 i_{a0^-} 应当相等，即

$$\begin{cases} i_{a0^+} = I_m \sin(\alpha - \varphi) \\ i_{a0^-} = I_{mp} \sin(\alpha - \varphi_k) + C \end{cases} \tag{6-4}$$

根据 $i_{a0^+} = i_{a0^-}$，可以解出积分常数 c 为

$$c = I_m \sin(\alpha - \varphi) - I_{mp} \sin(\alpha - \varphi_k) \tag{6-5}$$

将式（6-5）代入式（6-3）可得短路电流为

$$i_a = I_{mp} \sin(\omega t + \alpha - \varphi_k) + \left[I_m \sin(\alpha - \varphi) - I_{mp} \sin(\alpha - \varphi_k) \right] e^{\frac{t}{T_a}} \tag{6-6}$$

将 α 以 $\alpha - 120°$ 或 $\alpha + 120°$ 代入式（6-6）中可以得出 b 相和 c 相的短路电流表达式如下：

$$\begin{cases} i_b = I_{mp} \sin(\omega t + \alpha - 120° - \varphi_k) + \left[I_m \sin(\alpha - 120° - \varphi) - I_{mp} \sin(\alpha - 120° - \varphi_k) \right] e^{\frac{t}{T_a}} \\ i_c = I_{mp} \sin(\omega t + \alpha + 120° - \varphi_k) + \left[I_m \sin(\alpha + 120° - \varphi) - I_{mp} \sin(\alpha + 120° - \varphi_k) \right] e^{\frac{t}{T_a}} \end{cases} \tag{6-7}$$

由式（6-6）和式（6-7）可见，三相短路电流的周期分量的幅值相等，相角差 120°，其幅值大小取决于电源电势幅值和短路回路的总阻抗。从短路发生到稳态的暂态过程中，每相电流包含逐渐衰减到零的非周期分量电流，很明显，三相的非周期分量电流在短路任意时刻都不相等。

短路电流各分量之间的关系也可以用相量图表示（图 6-2）。图中旋转相量 $\dot{E}_m$、$\dot{I}_m$ 和 $\dot{I}_{pm}$ 在静止时，轴 t 上的投影分别代表电源电势、短路前电流和短路后周期分量电流的瞬时值。此时，短路前电流相量在时间轴上的投影为 $i_{0^-} = I_m \sin(\alpha - \varphi)$，而短路的电流周期分量 I_{mp} 在时间轴上投影为 $i_{p0} = I_{pm} \sin(\alpha - \varphi_k)$。一般情况下，$i_{p0} \neq i_{0^-}$。为保持电感中电流在短路前后瞬间不发生突变，电路中必须产生一个非周期分量电流，它的初值正是 i_0 和 i_{p0} 之差 i_{np0}，在相量图中，短路瞬间相量差 $\dot{I}_m - \dot{I}_{pm}$ 在时间轴上的投影就是短路电流非周期分量的初值 i_{np0}。

由此可见，短路电流非周期分量初值的大小与短路发生时刻有关，即与短路发生时电源电势的初相角

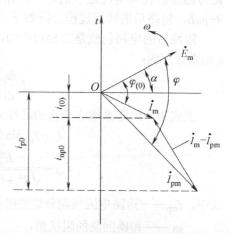

图 6-2　三相短路时相量图

（合闸相角）α 有关，当相量差 $i_m - i_{pm}$ 与时间轴平行时 i_{np0} 值最大，而当它与时间轴垂直时 $i_{np0}=0$，这说明短路电流非周期分量不存在，即短路发生瞬间短路前电流瞬时值刚好等于短路后强制电流的瞬时，电路从一种稳态值直接进入另一种稳态，而不经历暂态过程。

三相短路时，只有短路电流周期分量才是对称的，而各相短路电流的非周期分量并不相等。可是，非周期分量有最大的初始值或零的情况只可能在一相中出现，因此，在三相短路电流中只有一相是最大的。

6.2.3　短路电流的冲击电流，短路电流的最大有效值和短路功率

1. 短路的冲击电流

由式（6-6）和式（6-7）可作出电压初相角为给定值时，三相短路电流的波形图，如图 6-3 所示。

从图 6-3 中可看出，三相电流中有一相最大，如 a 相，在某个时刻出现短路电流最大值，称为短路电流的冲击电流。

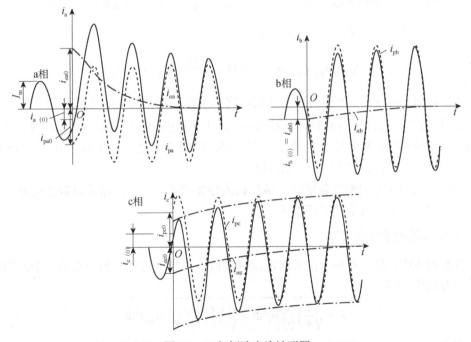

图 6-3　三相短路电流波形图

根据式（6-7）分析，出现最大冲击电流的条件为当非周期分量中的空载 $I_m=0$，$\alpha - \varphi = \pm 90°$ 时。当 $\alpha = 0$，则 $\varphi_k = \pm 90°$，在一般短路回路中，感抗值与电阻值相比大很多，可认为短路阻抗角为 90°。感抗很大。由上述分析出现最大冲击电流的前提是线路空载，合闸相角 $\alpha = 0$，线路纯感性 $\varphi_k = 90°$。将 $I_m = 0$，$\alpha = 0$，$\varphi_k = \dfrac{\pi}{2}$ 代入式（6-7）可得 a 相短路电流表达式为：

$$i_a = -I_{mp}\cos\omega t + I_m e^{-t/T_a} \tag{6-8}$$

按上式绘制的短路电流波形图如图 6-4 所示。

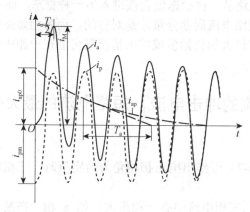

图 6-4　短路电流非周期分量最大时的短路电流波形

由图中可见，短路电流最大瞬时值，即冲击电流，将在短路发生经过半个周期（f=50Hz 时，$\dfrac{T}{2}=0.01\text{s}$）时出现。所以冲击电流为：

$$i_M \approx I_{mp} + I_{mp}e^{-0.01/T_a} = (1 + e^{-0.01/T_a})\, I_{mp} = K_{sh} I_{mp} \tag{6-9}$$

上式中，$K_{sh} = 1 + e^{-0.01/T_a}$ 称为冲击系数，它表示冲击电流为短路电流周期分量幅值的多少倍。当时间常数 T_a 数值由零变到无限大时，冲击系数的变化范围为 $1 \leqslant K_{sh} \leqslant 2$。在工程实用计算中，当短路发生在发电机母线上时，取 K_{sh}=1.9；短路发生在发电厂高压母线侧 K_{sh}=1.85，短路发生在远电源点时取 K_{sh}=1.8。

短路冲击电流主要用来校验电气设备和载流导体的动稳定，以保证设备在短路时不致因短路电流产生冲击力而发生变形或损坏。

2. 短路电流的最大有效值

在暂态过程中，任一时刻 t 的短路电流有效值 I_t 是指以时刻 t 为中心的一个周期内瞬时电流的均方根植，即：

$$I_t = \sqrt{\frac{1}{T}\int_{t-T/2}^{t+T/2} i_t^2 \mathrm{d}t} = \sqrt{\frac{1}{T}\int_{t-T/2}^{t+T/2} (i_{pt} + i_{npt})^2 \mathrm{d}t} \tag{6-10}$$

上式中，i_t、i_{pt}、i_{npt} 分别为 t 时刻的短路电流、短路电流周期分量与短路电流的非周期分量的瞬时值。在电力系统中，短路电流周期分量的幅值在一般情况下是衰减的。为了简化计算通常假设：短路电流非周期分量在以时间 t 为中心的一个周期内恒定不变，因而在时间 t 的有效值就等于它的瞬时值，即 $I_{apt} = i_{apt}$，对于短路电流的周期分量也认为在所计算的周期内幅值是恒定的，其数值等于周期分量电流包络线所确定的 t 时刻的幅值。因此 t 时刻的周期电流有效值为 $I_{pt} = I_p = I_{pm}/\sqrt{2}$。于是式（6-10）可以表示为：

$$I_t = \sqrt{I_{pt}^2 + I_{npt}^2} \tag{6-11}$$

短路电流的最大有效值出现在短路后的第一个周期。在最不利情况发生短路时，$i_{np(0)} = I_{mp}$，而第一个周期的中心为 $t = 0.01s$，这时非周期分量的有效值为：

$$I_{np} = I_{mp}e^{-\frac{0.01}{T_a}} = I_{mp}(K_{sh} - 1) \tag{6-12}$$

将上述关系代入式（6-11）得到短路电流最大有效值 I_{sh} 的计算公式为：

$$I_{sh} = \sqrt{I_p^2 + \left[(K_{sh} - 1)\sqrt{2}I_p\right]^2} = I_p\sqrt{1 + 2(K_{sh} - 1)^2} \tag{6-13}$$

当冲击系数 $K_{sh} = 1.8$ 时，$I_{sh} = 1.52I_p$；$K_{sh} = 1.9$ 时，$I_{sh} = 1.62I_p$。

短路电流的最大有效值常用于校验电气设备的断流能力和耐力强度。

3. 短路容量（或称为短路功率）

在选择电气设备时，有时要用到短路容量的概念，短路容量 S_t 等于短路电流有效值同短路处的正常工作电压（一般取平均额定电压）的乘积，即

$$S_t = \sqrt{3}U_{av}I_t \tag{6-14}$$

用标幺值表示：

$$S_{t*} = \frac{\sqrt{3}U_{av}I_t}{\sqrt{3}I_B I_B} = \frac{I_t}{I_B} = I_{t*} \tag{6-15}$$

上式表明，短路容量的标幺值与短路电流的标幺值相等。因此有 $S_t = S_{t*}S_B = I_{t*}S_B$。

短路容量主要用来校验开关电器的切断能力。把短路容量定义为短路电流和工作电压的乘积，表明开关一方面能切断这样大的短路电流，另一方面在断流时其开关触头应能经受工作电压的作用。在短路实用计算中，通常用短路电流周期分量的初始有效值来计算短路容量，即

$$S'' = \sqrt{3}U_{av}I'' \tag{6-16}$$

从上述分析可见，为确定短路冲击电流、短路电流非周期分量、短路电流的最大有效值及短路容量等，都必须计算短路电流的周期分量。实际上，大多数情况下短路计算的任务也只是计算短路的周期分量有效值。在给定电源电势时，短路电流周期分量的计算是求解稳态正弦交流电路的问题。

4. 无限大容量电源供电系统三相短路电流周期分量有效值的计算

无限大容量电源供电系统三相短路时，短路电流周期分量有效值决定于系统的母线电压 U_{av} 和短路回路阻抗 Z_Σ，如图 6-5 所示，根据欧姆定律可求得短路电流的周期分量有效值分以下两种方法计算。

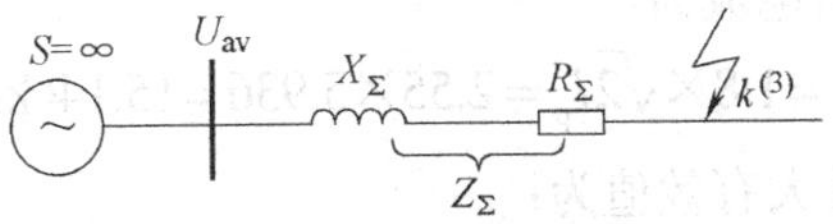

图 6-5 无限大容量电源供电系统短路示意图

用有名值法计算：

$$I_p = \frac{U_{av}}{\sqrt{3}Z_\Sigma} \quad \text{或} \quad I_p = \frac{U_{av}}{\sqrt{3}X_\Sigma}$$

用标幺值法计算：

$$I_{*P} = \frac{I_p}{I_B} = \frac{\dfrac{U_{av}}{\sqrt{3}X_\Sigma}}{\dfrac{U_B}{\sqrt{3}X_B}} = \frac{1}{\dfrac{X_\Sigma}{X_B}} = \frac{1}{X_{*\Sigma}}$$

上式表明短路电流的标幺值等于短路回路总阻抗（总电抗）的标幺值。

【例题 6-1】如图 6-6（a）所示电力网络，在 k 点发生三相短路时，可将系统视为无限大容量电源供电系统。试求此时的短路点的冲击电流、短路电流最大有效值和短路容量。

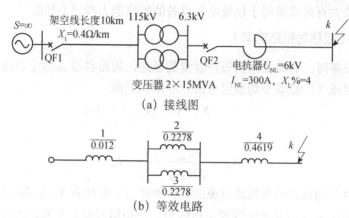

（a）接线图

（b）等效电路

图 6-6 例 6-1 的电力网络

解：①用有名值法计算。计算各元件的电抗，所有阻抗归算至 6.3kV 侧。

架空线路电抗　　$X_1 = X_0 l\left(\dfrac{U_{av2}}{U_{av1}}\right)^2 = 0.4 \times 10 \times \left(\dfrac{6.3}{115}\right)^2 = 0.012(\Omega)$

变压器电抗　　$X_2 = X_3 = \dfrac{U_k\%}{100} \cdot \dfrac{U_{av2}^2}{S_N} = \dfrac{10.5}{100} \times \dfrac{6.3^2}{15} = 0.277\,8(\Omega)$

电抗器电抗　$X_4 = \dfrac{X_L\%}{100} \cdot \dfrac{U_u}{\sqrt{3}I_{NL}} = \dfrac{4}{100} \times \dfrac{6}{\sqrt{3} \times 0.3} = \dfrac{4}{100} \times 11.547 = 0.4619$

短路回路总阻抗　$X_\Sigma = X_1 + \dfrac{X_2}{2} + X_4 = 0.012 + \dfrac{0.277\,8}{2} + 0.4619 = 0.6128$

k 点短路电流　　$I_p = \dfrac{U_{av2}}{\sqrt{3}X_\Sigma} = \dfrac{6.3}{\sqrt{3} \times 0.612\,8} = 5.936(kA)$

取冲击系数为 1.8 则冲击电流为：

$$i_{sh} = 1.8 \times \sqrt{2}I_p = 2.55 \times 5.936 = 15.14(kA)$$

取 $K_{sh} = 1.8$ 则短路电流最大有效值为：

$$I_{sh} = \sqrt{1 + 2(K_{sh} - 1)}\,I_p = 1.52I_p = 1.52 \times 5.936 = 9.023(kA)$$

短路容量为：　　　$S_t = \sqrt{3}U_{av}I_p = \sqrt{3} \times 6.3 \times 5.936 = 64.77MVA$

②用标幺值法计算，其基准容量 $S_B = 100MVA$，基准电压等于各级额定平均电压 $U_B = U_{av}$ 计算各元件基准电抗标幺值。

架空线路 $\quad X_{*1} = X_0 l \dfrac{S_B}{U_{av1}^2} = 0.4 \times 10 \times \dfrac{100}{115^2} = 0.030\,2$

变压器 $\quad X_{*2} = X_{*3} = \dfrac{U_k\%}{100} \times \dfrac{S_B}{S_N} = \dfrac{10.5}{100} \times \dfrac{100}{15} = 0.7$

电抗器 $\quad X_{*4} = \dfrac{X_L\%}{100} \times \dfrac{I_B}{I_{NL}} \cdot \dfrac{U_{NL}}{U_B} = \dfrac{4}{100} \times \dfrac{9.16}{0.3} \times \dfrac{6}{6.3} = 1.163$

$$I_B = \dfrac{S_B}{\sqrt{3}U_{B\cdot 2}} = \dfrac{100}{\sqrt{3}\times 6.3} = 9.16\,(\text{kA})$$

短路回路总阻抗标幺值为

$$X_{*\Sigma} = X_{*1} + X_{*2}/2 + X_{*5} = 0.030\,2 + 0.35 + 1.163 = 1.543\,2$$

短路电流标幺值

$$I_{*p} = \dfrac{1}{X_{*\Sigma}} = \dfrac{1}{1.5432} = S_{t*}$$

短路电流值 $\quad I_p = I_{*p} I_{B2} = \dfrac{9.16}{1.5432} = 5.936\,(\text{kA})$

冲击电流值 $\quad i_{sh} = 2.55 \times 5.936 = 15.14\ (\text{kA})$

短路电流最大有效值 $\quad I_{sh} = 1.52 \times 5.936 = 9.023\ (\text{kA})$

短路容量 $\quad S_t = S_{*t} S_B = \dfrac{100}{1.543\,2} = 64.8\,(\text{MVA})$

6.3 同步发电机暂态分析的简化模型

在电机学理论中，同步发电机稳态运行时，同步发电机模型用一个常数值电动势 $\dot{E}_0$ 和一个同步电抗 X_s 表示。凸极同步发电机由于气隙不均匀，同步发电机模型用直轴同步电抗 X_d 和交轴同步电抗 X_q 表示。

如图 6-7 所示，发电机定子电枢电流产生电枢反应磁链为 ψ_a 和漏磁链 ψ_σ。电枢反应磁链一般分为直轴电枢反应磁链 ψ_{ad} 和交轴电枢反应磁链 ψ_{aq} 两部分。

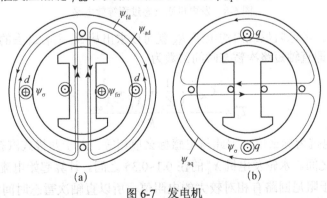

图 6-7 发电机

ψ_{ad} 的作用可以用直轴电枢反应电抗 X_{ad} 表示，ψ_{aq} 的作用可以用交轴电枢反应电抗 X_{aq} 表示，ψ_σ 的作用可以用漏电抗 X_σ 表示。对于凸极电机，直轴同步电抗为 $X_d = X_{ad} + X_\sigma$，交轴同步

电抗为 $X_q=X_{aq}+X_\sigma$；对于隐极电机，$X_{ad}=X_{aq}=X_a$，故同步电抗为 $X_s=X_a+X_\sigma$。

在短路时，发电机定子电感性电流要比电阻性电流大很多，近似纯感性，定子电流滞后定子电压 $90°$ 电角度，所以电枢感应电动势基本在直轴位置上，所以，在短路情况下，同步发电机有效电抗为直轴电抗。

图 6-4 为三相对称短路电流的波形，从图中可以看出，电枢电流交流分量从一个较大的初始值衰减到稳态值。这是因为电枢反应使得电枢电感随时间变化。在短路发生之前的瞬间，定子和转子的直轴上有磁通流过，这是由于存在转子磁动势和电枢反应磁动势。短路时，定子电流突然增加，根据楞次定律，转子绕组和阻尼绕组的涡流要阻止磁通变化，所以转子和定子的磁链不能突变。由于定子电流不能立刻建立起电枢反应，可以忽略电枢反应，即电枢反应电抗为零。这样，短路初始电抗非常小，近似等于定子漏电抗。当阻尼回路的涡流和励磁回路的涡流最终在励磁回路衰减掉时，电枢电抗才完全建立。近似纯感性的电流产生的电枢反应有很大的去磁作用，因此发电机电抗增加到直轴同步电抗。

6.3.1　分析同步发电机的暂态过程

定性分析，将励磁绕组和阻尼绕组看成变压器的二次侧，电枢绕组看成一次侧，同步发电机稳定运行时，定子旋转磁场和转子旋转磁场同步旋转，所以，同步电机的定子和转子之间没有电磁感应，即没有变压器效应，这种情况可以等效为变压器二次侧开路。这时，一次可以用同步电抗 X_d 表示。短路时，励磁绕组和阻尼绕组相当于短路的二次侧，等效电路如图 6-8 所示。忽略绕组电阻，直轴次暂态电抗为：

$$X_d'' = X_\sigma + \left(\frac{1}{X_{ad}} + \frac{1}{X_f} + \frac{1}{X_{DQ}} \right)^{-1} \tag{6-17}$$

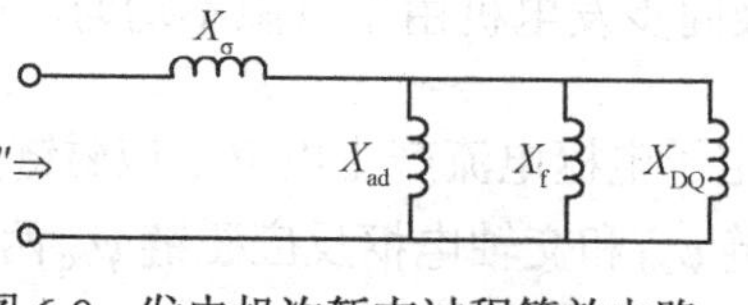

图 6-8　发电机次暂态过程等效电路

如图 6-8 所示，考虑阻尼绕组的电阻 R_K 就可以求出从 R_K 端看进去的戴维南等效电抗。电路的时间常数，即直轴短路次暂态时间常数为

$$T_d'' = \frac{X_{DQ} + \left(\dfrac{1}{X_\sigma} + \dfrac{1}{X_f} + \dfrac{1}{X_{ad}} \right)^{-1}}{R_K} \tag{6-18}$$

式（6-2）中电抗为标幺值，因此与电感标幺值相等。对于两极式汽轮发电机，X_d'' 的标幺值在 0.07~0.12 之间。水轮发电机 X_d'' 的在 0.1~0.35 之间。计算起始电流时，用直轴次暂态电抗 X_d'' 计算，由于阻尼回路有相对较大的电阻值，所以直轴次暂态时间常数非常小，大约为 0.035s。因此暂态电流衰减得非常快。

当阻尼回路电流衰减完毕，不考虑阻尼绕组时，等效电路如图 6-9 所示，这时等效电路

的电抗称为直轴暂态电抗。即

$$X_{\mathrm{d}}' = X_{\sigma} + \left(\frac{1}{X_{\mathrm{ad}}} + \frac{1}{X_{\mathrm{f}}} \right)^{-1} \tag{6-19}$$

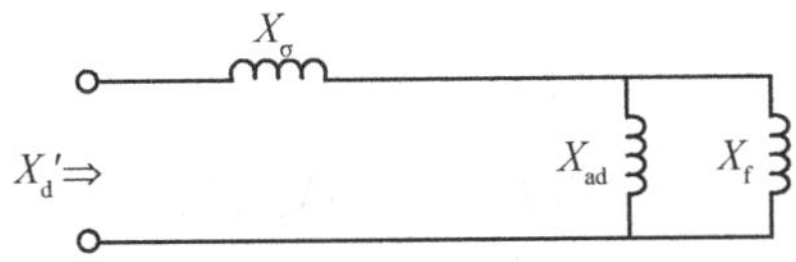

图 6-9　发电机暂态过程等效电路

考虑励磁绕组电阻 R_{f}，可以求出从 R_{f} 端看进去的戴维南等效电抗。电路的时间常数，即直轴短路暂态时间常数为

$$T_{\mathrm{d}}' = \frac{X_{\mathrm{f}} + \left(\dfrac{1}{X_{\sigma}} + \dfrac{1}{X_{\mathrm{ad}}} \right)^{-1}}{R_{\mathrm{f}}} \tag{6-20}$$

直轴暂态短路电抗 X_{d}' 的标幺值为 0.10~0.25，短路暂态时间常数 T_{d}' 一般在 1~2s。等效电路的电枢开路，磁场时间常数称为直轴开路时间常数 T_{d0}'，为

$$T_{\mathrm{d0}}' = \frac{X_{\mathrm{f}}}{X_{\mathrm{d}}} \tag{6-21}$$

一般直轴开路暂态时间常数 T_{d0}' 约为 5s，把 T_{d}' 用 T_{d0}' 表示，为

$$T_{\mathrm{d}}' = \frac{X_{\mathrm{d}}'}{X_{\mathrm{d}}} T_{\mathrm{d0}}' \tag{6-22}$$

励磁回路电流也衰减完毕，最后暂态过程结束，等效电路可以简化为图 6-10 所示。等效电抗为直轴同步电抗，即

$$X_{\mathrm{d}} = X_{\mathrm{ad}} + X_{\sigma} \tag{6-23}$$

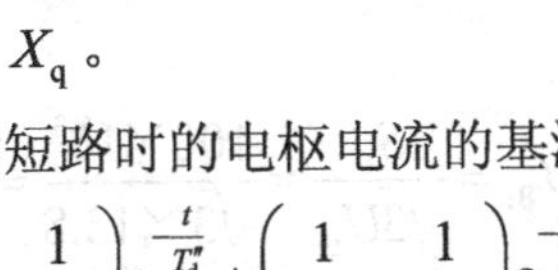

图 6-10　稳态时的等效电路

当回路功率因数略大于零并且电枢反应不只在直轴出现时，同样可以得到交轴电抗的等效电路，得到等效电抗 X_{q}''、X_{q}'、X_{q}。

电机空载时，同步发电机突然短路时的电枢电流的基波分量为

$$i_{\mathrm{ac}}(t) = \sqrt{2} E_0 \left[\left(\frac{1}{X_{\mathrm{d}}''} - \frac{1}{X_{\mathrm{d}}'} \right) \mathrm{e}^{-\frac{t}{T_{\mathrm{d}}''}} + \left(\frac{1}{X_{\mathrm{d}}'} - \frac{1}{X_{\mathrm{d}}} \right) \mathrm{e}^{-\frac{t}{T_{\mathrm{d}}'}} + \frac{1}{X_{\mathrm{d}}} \right] \sin(\omega t + \delta) \tag{6-24}$$

上述分析推导公式时，忽略了电阻，只在计算时间常数时考虑了电阻的影响，并且忽略了直流分量和二次谐波分量。因此这只是一种近似的模型，同步电抗和时间常数由厂家提供或由短路测试获得。

6.3.2　负荷电流对暂态过程的影响

在故障前有负荷电流时，这里分别为次暂态、暂态、稳态虚构三个内电压。这三个内电压分别为次暂态电抗后的电压、暂态电抗后的电压和同步电抗后的电压。等效电路如图 6-11 所示。电压方程为

$$\begin{cases} \dot{E}'' = \dot{U} + jX_d''\dot{I}_L \\ \dot{E}' = \dot{U} + jX_d'\dot{I}_L \\ \dot{E} = \dot{U} + jX_d\dot{I}_L \end{cases} \quad (6\text{-}25)$$

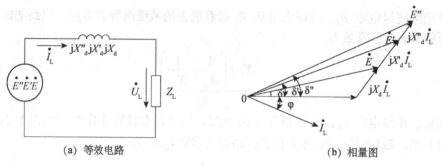

（a）等效电路　　　　　　　　（b）相量图

图 6-11　带负荷发电机等效电路和相量图

【例题6-2】一台 100MVA，13.8kV，丫形连接的三相同步发电机，连接一台 13.8kV/220V、100MVA、DY 接线变压器上。同步发电机的电抗标幺值（以发电机额定容量为基准功率）为

$$X_d = 1.0 \text{p.u}, \quad X_d' = 0.25 \text{p.u}, \quad X_d'' = 0.12 \text{ p.u}$$

上式中 p.u 表示标幺值。

时间常数为

$$T_d = 0.25\text{s}, \quad T_d' = 1.1\text{s}, \quad T_d'' = 0.4\text{s}$$

变压器电抗标幺值 X_T 为 0.2。发电机空载且运行在额定电压下，变压器二次侧发生三相对称短路，如图 6-12 所示。

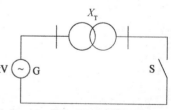

试求①求变压器一次侧和二次侧次暂态、暂态和稳态短路电流；

②求故障开始时电流最大值；

图 6-12　例 6-2 等效电路

解：发电机端的基准电流为

$$I_{B1} = \frac{S_B}{\sqrt{3}U_B} = \frac{100 \times 10^3}{\sqrt{3} \times 13.8} = 4184(\text{A})$$

变压器二次侧的基准电流为

$$I_{B2} = \frac{S_B}{\sqrt{3}U_B} = \frac{100 \times 10^3}{\sqrt{3} \times 220} = 262.4(\text{A})$$

次暂态、暂态、稳态短路电流标幺值和实际值为

$$I_d'' = \frac{1.0}{0.12 + 0.2} = 3.125 \text{(p.u)}$$

$$I_d' = \frac{1.0}{0.25 + 0.2} = 2.22 \text{(p.u)}$$

$$I_d = \frac{1.0}{1.0 + 0.2} = 0.833 \text{(p.u)}$$

发电机端：

$$I_d'' = 3.125 \times 4\ 148 = 13\ 075\ \text{（A）}$$

$$I_d' = 2.22 \times 4\ 148 = 9\ 288.5\ \text{（A）}$$

$$I_d = 0.833 \times 4\ 148 = 3\ 486.6\ \text{（A）}$$

变压器 220kV 侧：

$$I_d'' = 3.125 \times 262.4 = 820\ \text{（A）}$$

$$I_d' = 2.22 \times 262.4 = 582.5\ \text{（A）}$$

$$I_d = 0.833 \times 262.4 = 218.6\ \text{（A）}$$

【例题 6-3】 变压器二次连接一个 100MVA、滞后功率因数为 0.8 的三相负荷，如图 6-13 所示，负荷末端电压为 220kV。当负荷末端发生三相对称短路时，求发电机的暂态电流（包括负荷电流）。

解：把负荷转换为标幺值为

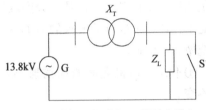

图 6-13　例 6-3 等效电路

$$S_L = \frac{100\angle 36.87°}{100} = 1\angle 36.87°$$

$$U = \frac{220}{220} = 1\angle 0° \text{(p.u)}$$

$$Z_L = \frac{|U^2|}{S_L^*} = \frac{1}{1\angle -36.87°} = 0.8 + j0.6 \text{(p.u)}$$

故障前，负荷电流为

$$\dot{I}_L = \frac{\dot{U}}{Z_L} = \frac{1\angle 0°}{0.8 + j0.6} = 0.8 - j0.6 = 1\angle -36.87° \text{(p.u)}$$

暂态电抗后的电动势为

$$\dot{E}' = \dot{U} + j\ (X_d' + X_T)\ \dot{I}_L = 1.0\angle 0° + j\ (0.25 + 0.2)\ (0.8 - j0.6)$$
$$= 1.27 + j0.36 = 1.32\angle 15.83° \text{(p.u)}$$

当合上开关 S 发生短路故障时，发电机的短路暂态电流为

$$\dot{I}_G = \frac{\dot{E}'}{j\ (X_d' + X_T)} = \frac{1.32\angle 15.83°}{j\ (0.25 + 0.2)} = 0.8 - j2.822 = 2.93\angle -74.17° \text{(p.u)}$$

6.4　电力系统三相短路实用计算

在 6.2 节分析了无限大容量电源供电的电路发生三相短路的情况。然而实际的电力系统

中发生短路故障时，同步发电机的电势在短路后暂态过程中是随时间变化的，并不能保持其端电压不变，而且发电机的内阻抗也不为零。因此在一般情况下，分析和计算电力系统短路时，必须考虑作为电源的同步发电机内部的暂态过程。由于同步发电机转子惯性较大，可以认为在短路过的暂态过程中，转子转速保持不变，即认为短路后暂态过程中频率保持恒定。这样，在分析突然短路暂态的过程中，只考虑同步发电机的电磁暂态过程。

同步发电机突然短路暂态过程的特点。同步发电机稳态对称运行时，电枢磁势的大小不随时间而变化，在空间以同步速度随转子旋转，它同转子没有相对运动，因此，不会在转子绕组中感应电流。突然短路时，定子电流在数值上发生急剧变化，相应的电枢反应磁通也随着变化，并在转子绕组中感应出电流，这种电流反过来又影响定子电流变化，这种定子绕组和转子绕组电流的相互影响使暂态过程变得非常复杂，这是突然短路暂态过程的特点。

对于一台同步发电机的机端突然发生三相短路的暂态过程分析计算十分复杂。而对一个庞大的电力系统某处发生三相短路的暂态电磁暂态过程进行精确计算，无论是建立数学模型还是从计算工作量来看都是十分困难的。因此电力系统短路电流计算必须用简化的方法。在满足工程计算准确度的要求的前提下，力求计算简单。除已采用的假定外，对发电机和电力系统做如下假设。

①不计发电机之间的摇摆影响，认为短路暂态过程中各发电机空载电势间相位差保持不变。

②短路中倍频分量略去不计，非周期分量仅作近似计算。

③忽略电力线路对地电容及变压器的等值励磁接地支路，忽略高压线路的电阻和电容，当电缆和低压线路的电阻与电抗比值较大时（$\frac{1}{3}R_{\Sigma} > X_{\Sigma}$），电抗值可用$\sqrt{R_{\Sigma}^2 + X_{\Sigma}^2}$代替。

④有多台同步发电机的电力系统中，短路电流周期分量的变化规律可以看成和一台同步电机短路电流周期分量的变化规律相同。

⑤电力系统的负荷根据计算任务要求作不同的简化处理，通常用恒定阻抗表示。

电力系统三相短路简化计算有两种方法。一种是实用计算，计算内容有两个方面，一方面是计算短路瞬间（$t=0$）时短路电流周期分量有效值，该电流称为起始次暂态电流，以I''表示，另一方面是考虑到周期分量衰减时，在三相短路暂态过程中不同时刻的短路电流周期分量有效值的计算，称为运算曲线法。前者用于校验断路器的开断容量和继电保护的整定计算，后者用于电气设备的热稳定校验。另一种是用计算机计算，是通过建立数学模型，用叠加原理求解，通过编写程序，借助计算机快速而准确地计算短路电流值。

6.4.1 起始次暂态短路电流（I''）的计算

根据前述同步发动机三相短路分析，在短路瞬间发电机可用次暂态电势串联次暂态电抗模型表示，所以短路电流周期分量起始值计算实质是一个稳态交流电路计算问题。这样可以把一个非常复杂的电磁暂态问题简化为稳态电路的求解的问题。

1. 计算时的假设条件

（1）同步发电机

在突然短路瞬间，同步发动机的次暂态电势保持短路前瞬间的数值（$E_0'' = E_{|0|}''$）。根据图 6-14 可知，发动机次暂态电势为：

$$\dot{E}_0'' = \dot{E}_{|0|}'' = \dot{U}_{|0|} + j\dot{I}_{|0|}X \tag{6-26}$$

式中，$\dot{U}_{|0|}$、$\dot{I}_{|0|}$ 分别为发电机短路前瞬间的端电压和电流。上式可用标量形式表示：

$$E_0'' = E_{|0|}'' \approx U_{|0|} + I_{|0|}X'' \sin\varphi_{|0|} \tag{6-27}$$

在实用计算中汽轮机和有阻尼的凸极机发电机次暂态电抗 $X'' = X_d''$。假定发电机在短路前额定满载运行，则取 $U_{|0|} = 1$、$I_{|0|} = 1$、$\sin\varphi_{|0|} = 0.53$，$X'' = 0.13\sim0.2$ 时，则有 $E_0'' \approx 1 + （0.13\sim0.2）\times1\times0.53 = 1.07\sim1.11$。在计算中不能确定同步发电机短路前运行数据时，可取 $E_0'' = 1.08$。如在计算中忽略负荷影响时，即短路前空载状态，可将所有电源电势取 $E_0'' = 1$，而且各电势取同相位，使计算简化。

（2）异步电动机

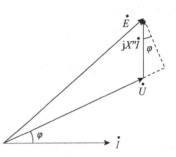

图 6-14　同步发电机的简化相

电力系统的负荷中有大量的异步电动机。异步电动机的定子和同步发电机类似，也由三相对称绕组构成，其转子为圆形磁导体，其上均匀布置着短接的绕组（鼠笼式 绕组），结构与同步发电机的阻尼绕组类似，因此，异步电动机相当于一个没有励磁绕组，仅有阻尼绕组的电机。由于异步电动机也是一个定转子绕组间有相互耦合的旋转电机，所以其短路瞬间的行为与同步发电机相似，根据短路瞬间转子绕组磁链守恒，异步电动机也可以用与转子绕组的总磁链或成正比的次暂态电动势以及相应的次暂态电抗来代表。异步电动机的次暂态电抗的额定值（标幺值）为：

$$X'' = 1/I_{st} \tag{6-28}$$

其中 I_{st} 是异步电动机起动电流的标幺值（以额定值为基准），一般取 4~7，因此，可近似认为 $X'' = 0.2$。图 6-15 所示为表示异步电机的次暂态参数的等值电路。由图 6-15 可得

$$X'' = X_\sigma + X_{r\sigma} // X_{ad} = X_\sigma + \frac{X_{r\sigma} \times X_{ad}}{X_{r\sigma} + X_{ad}} \tag{6-29}$$

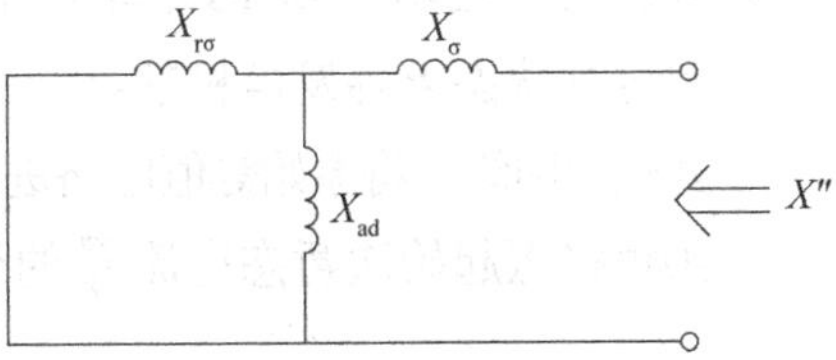

图 6-15　异步电机的次暂态参数的等值电路

式中，$X_{r\sigma}$——转子等值绕组漏抗；

　　　X_σ——定子绕组漏抗；

　　　X_{ad}——定子和转子间相互感抗。

异步电动机次暂态电势 $\dot{E}_{|0|}$ 可由正常运行方式计算而得，设正常时电动机端电压为 $\dot{U}_{|0|}$，吸收电流为 $\dot{I}_{|0|}$，则有

$$\dot{E}_{|0|}'' = \dot{U}_{|0|} - jX''\dot{I}_{|0|} \tag{6-30}$$

式（6-30）可用标量形式表示为

$$E_0'' = U_{|0|} - X''I_{|0|}\sin\varphi_{|0|} \tag{6-31}$$

由于异步电动机电阻较大，因而非周期分量衰减较快。考虑此因素，冲击短路电流为 $i_{sh}=K_{sh}\sqrt{2}I''$。冲击系数 K_{sh} 取得较小，如容量为 100kW 以上，异步电动机的 K_{sh} 取 1.7~1.8。

在实用计算中，对短路点附近且提供给短路电流较大的容量电动机才考虑异步电机的影响，以 $E''_{|0|}$ 和 X'' 构成等值电路。

（3）综合负荷

对于距短路点附近的大容量同步发电机或异步电动机作为提供起始次暂态电流处理，异步电动机的次暂态电抗可用式（6-29）计算，次暂态电势可用式（6-30）计算，或取 $E''_0=0.9$、$X''=0.2$。

对于连接在短路点的综合负荷，可以近似看成一台等值异步电动机，用 E'' 和 X'' 支路表示，取 $X''=0.35$（标幺值）。短路点以外的综合负荷，可近似地用阻抗支路表示，阻抗值用正常时的电压和功率计算，即

$$z=r+jx=\frac{U^2}{S^2}(P+jQ) \qquad (6-32)$$

式中，S 为该负荷的容量。更简略时可用纯电抗支路等值。电抗标幺值取 1.2。远离短路点的负荷甚至可以略去不计。

当以额定运行参数为基准，综合负荷的次暂态电势和电抗标幺值取 $E''_0=0.8$，$X''_0=0.35$。

（4）变压器、电抗器和线路的次暂态电抗

变压器、电抗器和线路都属于静止元件。它们的次暂态电抗都等于稳态时的正序电抗。

2. 短路电流 I'' 的求解

（1）I'' 的精确计算

①电力系统三相短路实用计算通常采用标幺制计算。取基准容量 S_B、基准电压为基本级的额定电压 $U_B=U_N$，按变压器的实际变比计算系统元件参数的标幺值。

②次暂态电动势 $E''_{|0|}$ 的计算。作系统短路前瞬间正常运行时的等值网络，并由故障前瞬间正常运行状态求各发电机的次暂态电势 $E''_{|0|}$。

③化简网络。将原始等值电路进行适当网络变换和化简，以求得电源到短路点的转移电抗。

④短路点起始次暂态电流 $\dot{I}''_k$ 的计算。计算公式如下：

$$\dot{I}''_k=\frac{\dot{E}''_\Sigma}{(Z_\Sigma+Z_f)}=\frac{\dot{U}''_{k|0|}}{(Z_\Sigma+Z_f)} \qquad (6-33)$$

式中 $\dot{E}''_\Sigma$ 为各发电机次暂态电动势的等值电动势；Z_Σ 为三相短路网络的等值阻抗；Z_f 为短路点接地的电弧阻抗；$\dot{U}''_{k|0|}$ 为短路点的正常运行电压；且 $\dot{E}''_\Sigma=\dot{U}''_{k|0|}$。

如果短路点接地电弧阻抗 $Z_f=0$，不计电阻，只计电抗，则式（6-33）可表示为

$$\dot{I}''_k=\frac{\dot{E}''}{Z_\Sigma}=\frac{\dot{U}''_{k|0|}}{Z_\Sigma} \qquad (6-34)$$

（2）起始次暂态电流 I'' 的近似计算

①系统元件参数计算。基准容量取 $S_B=100MVA$ 或 $S_B=1000MVA$，基准电压取基本级各级额定平均电压 $U_{B\cdot n}=U_{av\cdot n}$，按平均额定电压之比计算各元件参数的标幺值。

②对电动势、电压、负荷的简化。取各发电机次暂态电动势 $E''_0=1$，取短路点正常运行

电压，$\dot{U}''_{k|0} = 1$，略去非短路点的负荷，只计短路点大容量电动机的反馈电流。

③网络化简。作出三相原始网络，并进行网络化简。

④短路点起始次暂态短路电流 I'' 的计算式为：

$$\begin{cases} \dot{I}''_k = 1/(Z_\Sigma + Z_f) \\ \text{若} Z_f = 0，\text{则} \dot{I}''_k = \dfrac{1}{Z_\Sigma} \\ \text{若} R = 0，\text{则} \dot{I}''_k = \dfrac{1}{X_\Sigma} \end{cases} \tag{6-35}$$

3. 冲击电流和短路电流最大有效值

对于非无限大容量电力系统，同步发电机的冲击电流为：

$$i_{sh} = -\sqrt{2} K_{shG} I'' \tag{6-36}$$

式中 K_{shG} 为同步发电机回路冲击系数，I''_G 为同步发电机的起始次暂态短路电流。异步电动机的冲击电流为：

$$i_{sh} = \sqrt{2} K_{sh \cdot M} I''_M \tag{6-37}$$

式中 $K_{sh \cdot M}$ 为异步电动机（或综合负荷）的回路冲击系数，I''_M 为异步电动机起始次暂态短路电流。

在实用计算中，异步电动机（或综合负荷）的冲击系数见表 6-2。同步电动机的冲击系数与同步发电机大约相等。

表 6-2　异步电动机（或综合负荷）的冲击系数

异步电动机容量或综合负荷容量（kW）	200 以下	200~500	500~1 000	1 000 以上
冲击系数 $K_{sh \cdot M}$	1	1.3~1.5	1.5~1.7	1.7~1.8

注：功率在 800kW 以上，3~6kV 的电动机冲击系数也可以取 1.6~1.75。

当计及异步电动机或综合负荷的影响时，短路点的冲击电流为：

$$i_{sh} = \sqrt{2} K_{sh \cdot G} I''_G + \sqrt{2} K_{sh \cdot M} I''_M \tag{6-38}$$

同步发电机供出短路电流最大值为：

$$I_{sh \cdot G} = \sqrt{1 + 2(K_{sh \cdot G} - 1)} I''_G \tag{6-39}$$

异步电动机供出的短路电流最大值为：

$$I_{sh \cdot M} = \sqrt{\left(I''_M e^{\frac{0.01}{T_a}}\right)^2 + \left(\sqrt{2} I''_M e^{\frac{0.01}{T_a}}\right)^2} = \sqrt{3} I''_M e^{\frac{0.01}{T_a}} = \frac{\sqrt{3}}{2} K_{sh \cdot M} I''_M \tag{6-40}$$

上式中 $K_{sh \cdot M} = 2 e^{\frac{0.01}{T_a}}$ 称为异步电动机的冲击系数。

短路点总短路电流的最大有效值为：

$$I_{shk} = I_{shG} + I_{shM} = \sqrt{1 + 2(K_{shG} - 1)^2} I''_G + \frac{\sqrt{3}}{2} K_{shM} I''_M \tag{6-41}$$

上式中第一项为同步电动机向短路点供出的总短路电流的最大值，第二项为异步电动机向短路点供出的总短路电流的最大值。

【例题 6-4】如图 6-16（a）所示电力网络，已知各元件参数如下。

发电机 G $S_N=60\text{MVA}$，$x_d''=0.14$；

变压器 T $S_N=30\text{MVA}$，$U_k\%=8$；

线路 L $l=20\text{km}$，$x_1=0.38\Omega/\text{km}$。

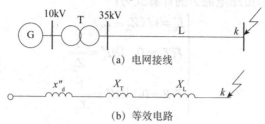

（a）电网接线

（b）等效电路

图 6-16   例 6-4 电网接线及等效电路

在 k 点发生三相短路时，试求此时的短路点的起始次暂态电流、冲击电流、短路电流最大有效值和短路容量等的有名值。

解：选 $S_B=100\text{MVA}$，$U_B=U_{av}$，则 $I_B=\dfrac{S_B}{\sqrt{3}U_B}=\dfrac{60}{\sqrt{3}\times 37}=0.936\text{kA}$

取 $E''=1.05$，$x_d''=0.14$，$X_T=\dfrac{U_k\%}{100}\times\dfrac{S_B}{S_N}=\dfrac{8}{100}\times\dfrac{60}{30}=0.16$

$$X_L=x_1 l\dfrac{S_B}{U_B^2}=0.38\times 20\times\dfrac{60}{37^2}=0.333$$

由图 6-16（b）所示等效电路求出短路点总阻抗为

$$X_\Sigma''=X_d''+X_T+X_L=0.14+0.16+0.333=0.633$$

①起始次暂态电流为

$$I_k''=\dfrac{E''}{X_\Sigma''}I_B=\dfrac{1.05}{0.633}\times 0.936=1.553\text{kA}$$

②冲击电流，取冲击系数 $K_{sh}=1.8$，有

$$i_{sh}=\sqrt{2}I''K_{sh}=\sqrt{2}\times 1.553\times 1.8=3.953\text{kA}$$

③短路电流最大有效值为

$$I_{sh}=I''\sqrt{1+2(K_{sh}-1)^2}=1.553\sqrt{1+2(1.8-1)^2}=2.345\text{kA}$$

④短路容量为

$$S_k''=\dfrac{E''}{X_\Sigma''}S_B=\dfrac{1.05}{0.633}\times 60=99.526\text{MVA}$$

或

$$S_k''=\sqrt{3}I''U_B=\sqrt{3}\times 1.533\times 37=99.53\text{MVA}$$

【例题 6-5】在图 6-17 所示简单网络中，一台发电机向一台同步电动机供电。发电机和电动机的额定功率均为 30MVA，额定电压均为 10.5kV，次暂态电抗均为 0.2。线路电抗以电机的额定值为基准的标幺值为 0.1，设正常运行时电动机消耗的功率为 20MW，功率因数为 0.8（滞后），端电压为 10.2kV。如在电动机端点 k 发生三相短路，试求短路后瞬间故障点的短路电流以及发电机和电动机支路中的短路电流。

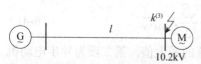

图 6-17   例 6-5 的简单网络

解：

解法 1：取基准值。$S_B = 30\text{MVA}$，$U_B = 10.5\text{kV}$，则 $I_B = \dfrac{S_B}{\sqrt{3}U_B} = \dfrac{30}{\sqrt{3} \times 10.5} = 1.65\text{kA}$ 首先

绘制短路前正常运行时等值电路如图 6-18（a）所示。

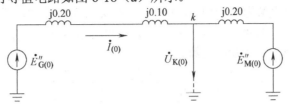

（a）正常情况时等值电路

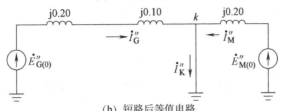

（b）短路后等值电路

图 6-18　等值电路

①根据短路前等值电路和运行情况，计算 $E''_{G|0|}$、$E''_{M|0|}$，以 $\dot{U}_{K|0|}$ 为参考相量，以标幺值计算，即

$$\dot{U}_{K|0|} = \frac{10.2}{10.5} \angle 0° = 0.97 \angle 0°$$

正常情况下电路工作电流为：

$$\dot{I}_{|0|} = \frac{P_1}{\sqrt{3}U_{K|0|}\cos\varphi} = \frac{20\angle -36.9°}{\sqrt{3} \times 10.2 \times 0.8} = 1.415\angle -36.9°$$

以标幺值表示则为：

$$\dot{I}_{*|0|} = \frac{\dot{I}_{|0|}}{I_B} = \frac{1.415}{1.650} \angle -36.9° = 0.86\angle -36.9° = 0.69 - j0.52$$

发电机次暂态电势为：

$$E''_{G|0|} = \dot{U}_{K|0|} + jX''_{d\Sigma}\dot{I}_{|0|} = 0.97 + j0.3(0.69 - j0.52) = 1.126 + j0.207$$

电动机次暂态电势为：

$$\dot{E}''_{M|0|} = \dot{U}''_{K|0|} - jX''_d\dot{I}_{|0|} = 0.97 - j0.2(0.69 - j0.52) = 0.886 - j0.138$$

②根据短路后等值电路计算各处电流。

发电机支路中电流为：

$$\dot{I}''_{*G|0|} = \frac{\dot{E}''_{G|0|}}{X''_{d\Sigma}} = \frac{1.126 + j0.207}{j0.3} = 0.69 - j3.75$$

$$\dot{I}''_{G|0|} = \dot{I}''_{*G|0|}I_B = (0.69 - j3.75)1.65 = (1.139 - j6.188)\ \text{kA}$$

电动机支路电流为：

$$\dot{I}''_{*M|0|} = \frac{\dot{E}''_{*M|0|}}{jX''_d} = \frac{0.866 - j0.138}{j0.2} = 0.69 - j4.33$$

$$\dot{I}''_{M|0|} = \dot{I}''_{*M|0|}I_B = (0.69 - j4.33)1.65 = (-1.139 - j7.145)\ \text{kA}$$

故障点处总的短路电流为：

$$\dot{I}''_{*k} = \dot{I}''_{*G|0|} + \dot{I}''_{*M|0|} = (0.69 - j3.75) + (-0.69 - j4.33) = -j8.08$$

$$\dot{I}''_k = \dot{I}''_{*k} I_B = -j8.08 \times 1.65 = -j13.33 (\text{kA})$$

或

$$\dot{I}''_k = \dot{I}''_{G|0|} + \dot{I}''_{M|0|} = -j13.33 (\text{kA})$$

解法 2：用叠加原理解题。如图 6-19 所示，在 k 点与地之间串联电动势 $\dot{U}_{K|0|}$ 和 $-\dot{U}_{K0}$，把短路网络分解为正常运行的等值网络和与故障分量等值网络，分别计算两种等值网络中的电流，叠加后即为所求 k 点的短路电流。

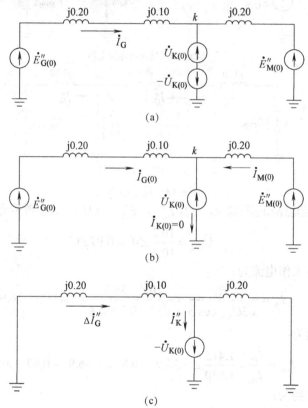

图 6-19 叠加原理的应用

前面已求得正常运行情况下的各支路电流为：

$$\dot{I}_{G|0|} = 0.69 - j0.52$$

$$\dot{I}_{M|0|} = -0.69 + j0.52$$

$$\dot{I}_{K|0|} = 0$$

故障点 k 的正常电压为：

$$\dot{U}_{K|0|} = 0.97 \angle 0°$$

求短路点电流的故障分量，将图 6-19（c）所示电路对 k 点用戴维南等效电路化简，求出整个电路对 k 点的戴维南等值阻抗为：

$$X_\Sigma = \frac{j0.3 \times j0.2}{j0.3 + j0.2} = j0.12$$

由此解得故障支路的短路电流为：

$$\dot{I}''_K = \frac{0.97\angle 0^\circ}{j0.12} = -j8.08$$

将此电流按阻抗分配到发电机和电动机支路去，得到相应短路电流的故障分量为：

$$\Delta \dot{i}''_G = -j8.08 \times \frac{j0.2}{j0.5} = -j3.23$$

$$\Delta \dot{i}''_M = -j8.08 \times \frac{j0.3}{j0.5} = -j4.85$$

将正常情况下的电流分量与故障情况下电流分量叠加，可得

$$\dot{I}''_G = \dot{I}_{G|0|} + \Delta \dot{i}''_G = (0.69 - j0.52) + (-j3.23) = 0.69 + -j3.75$$

$$\dot{I}''_M = \dot{I}''_{M|0|} + \Delta \dot{i}''_M = (-0.69 + j0.52) + (-j4.85) = -0.69 - j4.33$$

可见，采用叠加原理计算结果同直接用短路后等值电路计算结果相同。

6.4.2　应用运算曲线计算三相短路电流的周期分量有效值

电力系统三相短路后任意时刻的短路电流周期分量有效值的计算是非常复杂的，在工程上通常采用近似的实用计算。过去我国电力部门长期采用苏联制定的运算曲线，近年来，根据我国机组绘制了运算曲线。应用事先制定的三相短路电流周期分量的曲线进行短路电流计算称为运算曲线法。下面介绍运算曲线的制定和应用。

1. 运算曲线的制定

如图 6-20（a）所示为制作运算曲线的电路图。三相短路前发电机以额定电压和额定负荷运行，高压母线负荷 L 为 50%额定负荷运行，$\cos\varphi=0.9$（滞后）。另外 50%负荷接在短路点 k 以外，根据发电机的电抗可以方便地计算电动势 $E''_{q|0|}$、$E''_{d|0|}$、$E'_{q|0|}$ 和 $E_{q|0|}$。

图 6-12（b）为三相短路时等值电路图，其中负荷 L 用恒定阻抗 Z_L 表示，Z_L 为

$$Z_L = (U^2/S_L)(\cos\varphi + j\sin\varphi) \tag{6-42}$$

式中，U 为负荷节点电压，标幺值取 1，S_L 为发电机额定容量的 50%，取 0.5，$\cos\varphi=0.9$。电路中 X_T、X_L 均为发电机额定容量为基准的标幺值，用改变 X_L 的大小表示短路点的远近。

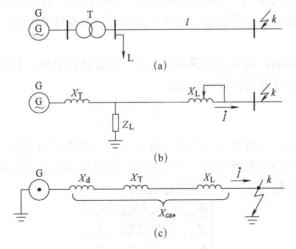

图 6-20　制作运算曲线的电路

根据图 6-20（c）所示等值电路，可以求出发电机外部网络的等值阻抗为 $X_T+X_L \times Z_L/(X_L+Z_L)$。将此阻抗加到发电机参数上，即可以用发电机短路电流周期分量随时间变化的公式计算任意时刻发电机送出的短路电流周期分量有效值。将此电流分流到 X_L 支路后即可得到 I_t 值。绘制运算曲线时，对于不同时刻，以计算电抗 $X_{ca}=X''_d+X_T+X_L$ 为横坐标。以该时刻 I_{*t} 为纵坐标作成曲线，即为运算曲线。

2. 运算曲线的应用

用运算曲线法计算短路电流周期分量有效值的步骤如下。

（1）绘制等值电路

首先进行网络化简，去掉系统中非三相短路点的负荷，因为在绘制运算曲线时已经考虑负荷的影响。对于三相短路点附近的大容量异步电动机必须考虑其反馈电流的影响。发电机电抗用次暂态电抗 X''_d，略去网络各元件电阻，输电线路的电容、并联电抗，忽略变压器的励磁支路。

系统元件参数计算，选取基准容量 S_B，基准电压 $U_B=U_{av \cdot n}$（各级额定平均电压），并按平均额定电压之比计算各元件电抗标幺值。

（2）电源分组

实际上系统中发电机台数可能很多，为了减少计算工作量，可以把短路电流变化规律大体相同的发电机合并成一台等值发电机。影响短路电流变化规律的主要因素有两个，一个是发电机的特性（即发电机的类型、参数），另一个是发电机对短路点的电气距离。在短路点很近的情况下，不同类型的发电机不能合并成一组，因为发电机特性不同引起的短路电流周期分量变化规律相差较大，在发电机距短路点电气距离较大时，不同类型发电机特性引起的短路电流周期分量变化规律相差较小，因此，可以把不同类型的发电机合并成一组。上述根据发电机类型和距短路点远近不同而分组计算，一般分 2~4 组，查运算曲线的方法称为个别变化法。

如果全系统发电机向短路点供出短路电流周期分量变化规律相似（所有发电机类型相同和距离短路点距离近似相等），可以把全系统所有发电机用一台等值发电机代替，查运算曲线计算。称为同一变化法。必须指出，当系统含有无限大容量电源时，应单独计算。

（3）计算电抗

①采用同一变化法时，将全部电源和并成为一个等值发电机，其容量为 $S_{N\Sigma}$，确定短路回路总电抗为 X_Σ，将 X_Σ 换算为计算电抗 X_{ca}。

$$X_{ca} = X_\Sigma \left(S_{N\Sigma} \Big/ S_B \right) \tag{6-43}$$

②采用个别变化法，一般将所有电源分为 2~4 组。对于电源支路直接与短路点连接情况下，可以直接计算各支路的短路电流，然后相加，求出短路点总的短路电流。如图 6-21 所示，以三个支路说明计算方法。计算电抗分别为：

$$\begin{cases} X_{ca \cdot 1} = X_{\Sigma \cdot 1}(S_{N\Sigma \cdot 1}/S_{B \cdot 1}) \\ X_{ca \cdot 2} = X_{\Sigma \cdot 2}(S_{N\Sigma \cdot 2}/S_{B \cdot 2}) \\ X_{ca \cdot 3} = X_{\Sigma \cdot 3}(S_{N\Sigma \cdot 3}/S_{B \cdot 3}) \end{cases} \tag{6-44}$$

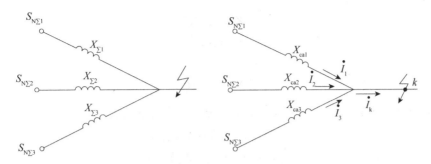

图 6-21　电源支路与短路点直接连接

对于电源各支路经公共电抗与短路点连接，首先要把公共电抗 X_{CO} 转移到各电源支路中去，使电源支路直接与短路点连接。等值变换的原则是各电源供给的短路电流不变,变换前后电路等值电抗相等。变换方法如下。

求系统总电抗：

$$\begin{cases} X_{D} = \dfrac{X_{1} \times X_{2}}{X_{1} + X_{2}} \\ X_{\Sigma} = X_{D} + X_{CO} \end{cases} \tag{6-45}$$

求电源支路的分布系数。

取短路点短路周期分量有效值时相对值作为单位，即 $I_{*} = 1$，并设所有电源电动势相等，则各电源支路中所供给的电流与短路点的电流比值称为分布系数。

根据基尔霍夫定律，可以写出下面两个方程式：

$$\begin{cases} I_{1} + I_{2} = I_{k} \\ \dfrac{I_{1}}{I_{2}} = \dfrac{X_{2}}{X_{1}} \end{cases} \tag{6-46}$$

可得每一支路的分布系数为：

$$\begin{cases} C_{1} = I_{1} = \dfrac{X_{2}}{X_{1} + X_{2}} = \dfrac{X_{D}}{X_{1}} \\ C_{1} = I_{1} = \dfrac{X_{2}}{X_{1} + X_{2}} = \dfrac{X_{D}}{X_{1}} \end{cases} \tag{6-47}$$

推广到 m 个支路有

$$C_{m} = \dfrac{X_{D}}{X_{m}} \tag{6-48}$$

各个支路分布系数之和应为 1，两个电源支路有 $G_{1}+G_{2}=1$，则 m 个支路有 $C_{1}+C_{2}+\cdots+C_{m}=1$。

如图 6-22 所示，变换后各电源支路与短路点之间的转移电抗（X_{1}'、X_{2}'）依照变换条件可以列出下面两个方程：

$$\begin{cases} X_{1}' \times X_{2}' / (X_{1}' + X_{2}') = X_{\Sigma} \\ X_{1}' / X_{2}' = I_{2} / I_{1} = C_{2} / C_{1} \end{cases} \tag{6-49}$$

解上面两个方程可得电源支路的转移电抗为：

$$\begin{cases} X'_1 = X_\Sigma / C_1 \\ X'_2 = X_\Sigma / C_2 \\ \quad\vdots \\ X'_m = X_\Sigma / C_m \end{cases} \tag{6-50}$$

如果只有两个电源支路，则可以用星变角公式计算转移电抗。即

$$\begin{cases} X'_1 = X_1 + X_2 + X_1 X_3 / X_2 \\ X'_2 = X_2 + X_3 + X_2 X_3 / X_1 \end{cases} \tag{6-51}$$

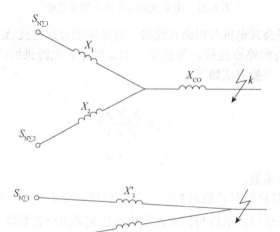

图 6-22　电源支路经过公共电抗与短路点连接

求出转移电抗后，可按与电源支路与短路点直接连接的方法求出各支路的计算电抗，然后由计算电抗查运算曲线求出各支路的任意时刻的短路电流标幺值，短路点短路电流由各支路电流叠加求得。即

$$I_{t\cdot k} = \sum_{i=1}^{n} I_{*ti} \times \frac{S_{N\Sigma \cdot i}}{\sqrt{3} U_{av\cdot k}} \tag{6-52}$$

【例题 6-6】如图 6-23 所示电力网络，系统 S 以火力发电厂为主，容量为 5 000MVA，X_S = 0.5，G1 和 G2 为水轮发电机，每台参数为 50MW，$\cos\varphi$=0.8，X''_d=0.208。变压器 T1、T2 数据为 120MVA，U_k%=10.5；T3、T4 为 15MVA，U_k%=10.5；T5、T6 数据为 63MVA，U_k%=10.5。线路 WL1、WL2、WL3 分别为 50km、25km 和 30km。

单位正序电抗为 0.4Ω/km。试求 k_1、k_2 点三相短路时的 I'' 和 i_{sh}，及 t=4s 时的周期分量有效值。

解：计算各元件基准电抗标幺值，取基准容量 S_B=100MVA，基准电压为各级额定平均电压 $U_{B\cdot n} = U_{av\cdot n}$。绘制等值电路并化简，如图 6-23（b）、（c）所示。

系统：
$$X_1 = X_S \left(S_B \Big/ S_S \right) = 0.5 \left(100 \Big/ 500 \right) = 0.1$$

发电机 G1、G2：
$$X_2 = X_3 = X''_d \left(\frac{S_B}{S_N} \right) = 0.208 \times \left(\frac{100}{50/0.8} \right) = 0.333$$

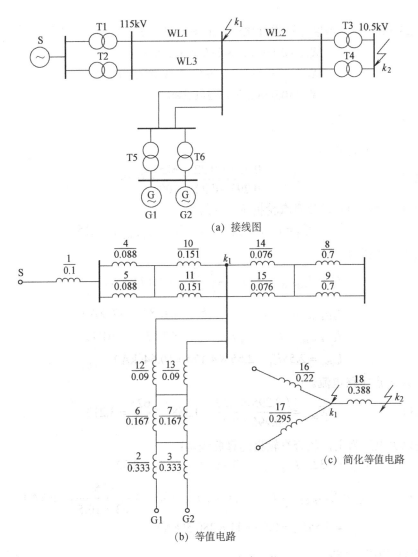

图 6-23　例题 6-6 电力网络

变压器 T1、T2：
$$X_4 = X_5 = \frac{U_k\%}{100} \times \frac{S_B}{S_N} = \frac{10.5}{100} \times \frac{100}{120} = 0.088$$

T3、T4：
$$X_8 = X_9 = \frac{U_k\%}{100} \times \frac{S_B}{S_N} = \frac{10.5}{100} \times \frac{100}{15} = 0.7$$

T5、T6：
$$X_6 = X_7 = \frac{U_k\%}{100} \times \frac{S_B}{S_N} = \frac{10.5}{100} \times \frac{100}{63} = 0.167$$

线路 WL1：
$$X_{10} = X_{11} = X_0 l \frac{S_B}{U_{av}^2} = 0.4 \times 50 \times \frac{100}{115^2} = 0.151$$

WL2：
$$X_{12} = X_{13} = 0.4 \times 30 \times \frac{100}{115^2} = 0.09$$

WL3：
$$X_{14} = X_{15} = 0.4 \times 25 \times \frac{100}{115^2} = 0.076$$

对图 6-23（b）所示等值电路进行化简，如图 6-23（c）所示。

$$X_{16}=0.1+0.088/2+0.151/2=0.22$$

$$X_{17}=（0.333+0.167）/2+0.09/2=0.295$$

$$X_{18}=0.076/2+0.7/2=0.388$$

1. 按同一变化法计算

（1）计算 k_1 点短路电流。

计算电抗：
$$X_{ca \cdot 1}=\frac{0.295 \times 0.22}{0.295+0.22} \times \frac{625}{100}=0.788$$

因系统以火电厂为主，故查汽轮机运算曲线得：

$$I''_{*k1}=1.33, \quad I_{*k1(t=4s)}=1.52, \quad I_{*k1(t=0.2s)}=1.15$$

短路电流有名值为：

$$I''_{k1}=I''_{*k1}I_{N\Sigma}=1.33 \times \frac{625}{\sqrt{3} \times 115}=4.174（kA）$$

$$I_{k1(t=4s)}=I_{*k1(t=4s)}I_{N\Sigma}=1.52 \times 3.138=4.77（kA）$$

$$I_{k1(t=0.2s)}=I_{*k1(t=0.2s)}I_{N\Sigma}=1.15 \times 3.138=3.61（kA）$$

$$i_{sh \cdot k1}=2.55I''_{k1}=2.55 \times 4.174=10.64（kA）$$

（2）计算 k_2 点短路电流。

计算电抗：
$$X_{ca \cdot 2}=\left(\frac{0.295 \times 0.22}{0.295+0.22}+0.388\right) \times \frac{625}{100}=3.213$$

因系统以火电厂为主，故查汽轮机运算曲线得：

$$I''_{*k2}=0.32, \quad I_{*k2(t=4s)}=0.32, \quad I_{*k1(t=0.2s)}=0.32$$

$$I''_{k2}=I_{k2(t=0.2s)}=I_{k2(t=4s)}=I''_{*k2}I_{N\Sigma}=0.32 \times \frac{625}{\sqrt{3} \times 10.5}=11（kA）$$

$$i_{sh \cdot k2}=2.55I''_{k2}=2.55 \times 11=280.5（kA）$$

2. 按个别变化法计算

k_1 点短路电流计算，分为系统电源支路和水电厂支路。

系统支路计算电抗为：
$$X_{ca \cdot 1}=X_{16}\frac{S_{N\Sigma \cdot 1}}{S_B}=0.22 \times \frac{500}{100}=1.1$$

查汽轮机运算曲线得短路电流标幺值为：

$$I''_{*1}=0.95, \quad I_{*1(t=0.2s)}=0.9, \quad I_{*1(t=4s)}=1.0$$

系统支路短路电流有名值为：

$$I''_1=I''_{*1}I_{B1}=0.95 \times \frac{500}{\sqrt{3} \times 115}=2.41（kA）$$

$$I_{1(t=0.2s)}=I_{*1(t=0.2s)}I_{B1}=0.9 \times 2.51=2.26（kA）$$

$$I_{1(t=4s)}=I_{*1(t=4s)}I_{B1}=1.0 \times 2.51=2.26（kA）$$

$$i_{sh \cdot 1}=2.55I''_1=2.55 \times 2.41=6.146（kA）$$

水电厂支路计算电抗为：

$$X_{ca\cdot 2} = X_{17}\frac{S_{N\Sigma\cdot 2}}{S_B} = 0.295\times\frac{62.5\times 2}{100} = 0.369$$

查水轮机运算曲线得短路电流标幺值为：

$$I''_{*2} = 3.1,\ I_{*2(t=0.2s)} = 2.8,\ I_{*2(t=4s)} = 2.9$$

水电厂支路短路电流有名值为：

$$I''_2 = I''_{*2}I_{B2} = 3.1\times\frac{62.5\times 2}{\sqrt{3}\times 115} = 1.95(kA)$$

$$I_{2\,(t=0.2s)} = I_{*2\,(t=0.2s)}I_{B2} = 2.8\times 0.6276 = 1.76(kA)$$

$$I_{2\,(t=4s)} = I_{*2\,(t=4s)}I_{B2} = 2.9\times 0.6276 = 1.82(kA)$$

$$i_{sh\cdot 2} = 2.55I''_2 = 2.55\times 1.95 = 4.973(kA)$$

k_1 点短路电流为两个支路电流之和，即

$$I''_{k1} = I''_1 + I''_2 = 2.41 + 1.95 = 4.36(kA)$$

$$I_{(t=0.2s)} = I_{1\,(t=0.2s)} + I_{2\,(t=0.2s)} = 2.26 + 1.76 = 402(kA)$$

$$I_{(t=4s)} = I_{1\,(t=4s)} + I_{2\,(t=40s)} = 2.51 + 1.76 = 4.33(kA)$$

$$i_{shk\cdot 1} = 2.55I''_{k1} = 2.55\times 4.36 = 11.12(kA)$$

k_2 点短路电流计算。因为电源不直接与短路点直接连接，故要把公共电抗转移到各电源支路中去，然后再计算电抗。

系统支路转移电抗　　$X'_{16} = 0.22 + 0.388 + 0.22\times 0.388/0.295 = 0.897$

计算电抗　　　　　　$X_{ca\cdot 1} = 0.897\times 500/100 = 4.485$

因为计算电抗大于 3.45，可按无限大容量电流计算短路电流

$$I''_1 = I_{B3}/X_{ca\cdot 1} = (500/\sqrt{3}\times 10.5)/4.485 = 27.49/4.485 = 6.13(kA)$$

$$I''_1 = I_{1(0.2s)} = I_{1(4s)}$$

$$i_{sh\cdot 1} = 2.55\times 6.13 = 15.63(kA)$$

水电厂支路转移电抗为 $X'_{17} = 0.295 + 0.388 + 0.295\times 0.388/0.22 = 1.2$

计算电抗　　　　　　$X_{ca\cdot 2} = 1.2\times 2\times 50/(0.8\times 100) = 1.5$

查水轮发电机运算曲线得：

$$I''_{*2} = 0.7,\ I_{*(0.2s)} = 0.65,\ I_{*(4s)} = 0.76$$

水电厂支路短路电流有名值

$$I''_2 = I''_{*2}I_B = 0.7\times\frac{62.5\times 2}{\sqrt{3}\times 10.5} = 4.81(kA)$$

$$I_{2(0.2s)} = I_{*(0.2s)}I_B = 0.65\times 6.873 = 4.467(kA)$$

$$I_{2(4s)} = I_{*(4s)}I_B = 0.76\times 6.873 = 5.223(kA)$$

$$i_{sh\cdot 2} = 2.55\times 4.81 = 12.27(kA)$$

k_2 点总的短路电流为

$$I''_{k2} = I''_1 + I''_2 = 6.13 + 4.81 = 10.94 (\text{kA})$$

$$I_{k2(0.2s)} = I_{1(0.2s)} + I_{2(0.2s)} = 6.13 + 4.467 = 10.6 (\text{kA})$$

$$I_{k2(4s)} = I_{1(4s)} + I_{2(4s)} = 6.13 + 5.223 = 11035 (\text{kA})$$

$$i_{sh \cdot k2} = 2.55 I''_{k2} = 2.55 \times 10.94 = 27.9 (\text{kA})$$

对以上两种计算方法的结果进行比较。

其结果见表 6-3，计算结果表明对于次暂态短路电流和冲击电流值相差很小，甚至相同，而对于 4s 时的周期分量有效值相差很大，随着短路点距电源距离增加，计算电抗加大，相差值减小，故当电源支路计算电抗较大时，可按同一变化法计算。

表 6-3　例 6-5 两种计算方法比较结果

短路点 计算方法	k_1				k_2			
	I''	$I_{(0.2s)}$	$I_{(4s)}$	i_{sh}	I''	$I_{(0.2s)}$	$I_{(4s)}$	i_{sh}
同一变化法	4.174	3.61	4.77	10.64	11	11	11	28.1
个别变化法	4.36	4.02	4.33	11.12	10.94	10.6	11.35	27.9
相差百分数	4.2	10.3	10	4.3	0.55	3.8	3.1	0.72

【例题 6-7】 按个别变换法计算图 6-24 所示电力网络中 k 点三相短路电流 I''、i_{sh} 和 S''。图中 G 为汽轮发电机，系统电源容量为无限大，其他数据标注在图中。

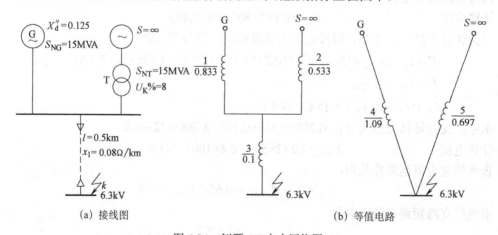

（a）接线图　　　　　　　（b）等值电路

图 6-24　例题 6-7 电力网络图

解： 按个别变换法计算。

选 $S_B = 100\text{MVA}$，$U_B = U_{av} = 6.3\text{kV}$，则 $I_B = \dfrac{S_B}{\sqrt{3}U_B} = \dfrac{100}{\sqrt{3} \times 6.3} = 9.16(\text{kA})$，计算各元件参数，绘制等值电路。各元件基准电抗标幺值如下。

发电机　　　　　　　　　　$X_1 = 0.125 \times 100/15 = 0.833$

变压器　　　　　　　　　　$X_2 = (8/100) \times (100/15) = 0.533$

电缆线路　　　　　　　　　$X_3 = 0.08 \times 0.5 \times (100/6.3^2) = 0.1$

计算 k 点短路电流 I''、$I_{0.2s}$ 和 i_{sh}。求转移电抗

$$X_D = X_1 X_2 / (X_1 + X_2) = 0.833 \times 0.533 / (0.833 + 0.533) = 0.325$$

$$X_\Sigma = X_D + X_3 = 0.325 + 0.1 = 0.425$$

$$C_1 = X_D / X_1 = 0.325 / 0.833 = 0.39$$

$$C_2 = X_D / X_2 = 0.325 / 0.533 = 0.61$$

$$X_4 = X_\Sigma / C_1 = 0.425 / 0.39 = 1.09$$

$$X_5 = X_\Sigma / C_2 = 0.425 / 0.61 = 0.697$$

无限大容量电源支路的短路电流为

$$I'' = I_B / X_5 = 9.16 / 0.697 = 13.14 \text{（kA）}$$

发电机电源支路的短路电流计算。

计算电抗　　　　　$X_{ca} = X_4 (S_{NG} / S_B) = 1.09(15 / 100) = 0.164$

由计算电抗 $X_{ca} = 0.164$，查汽轮机运算曲线得 $I''_{*2} = 6.7$，故发电机支路短路电流有名值为：

$$I''_2 = I''_{*2} I_{NG} = 6.7 \times \frac{15}{\sqrt{3} \times 6.3} = 9.21 (\text{kA})$$

k 点的短路电流为：

$$I''_k = I''_1 + I''_2 = 13.14 + 9.21 = 22.35 (\text{kA})$$

$$i_{sh \cdot k} = 2.55 I''_k = 2.55 \times 22.35 = 56.99 (\text{kA})$$

$$S''_k = \sqrt{3} \times 6.3 \times 22.35 = 243.9 (\text{MVA})$$

6.4.3　三相短路的计算机算法

大型电力系统由于结构复杂一般均采用计算机进行计算。在系统运行方式变化的情况下能够方便地计算出网络中任一节点发生三相短路后某一时刻的短路电流周期分量有效值，通常是计算起始次暂态电流 I'' 以及网络中电流和电压分布情况。

通常应用迭加原理进行计算，先作潮流计算得到各节点的正常电压 $\dot{U}_{i|0}$，然后对故障分量等值网络进行求解，得到各节点电压的故障分量 $\Delta \dot{U}_i$，最后根据各节点实际电压 $\dot{U}_i = \dot{U}_{i|0} + \Delta \dot{U}_i$。计算各支路的起始次暂态电流 I''。

计算短路电流 I''，实际上就是求解交流电路稳态值，其数学模型也就是网络的线性代数方程，一般用网络节点方程，即用节点阻抗矩阵或节点导纳矩阵描述的网络方程。

图 6-25 所示为计算三相短路电流 I'' 及其分布的等值网络。在该图中 G 代表发电机端电压节点（也可以包括某些大容量发电机），发电机等值参数为 $\dot{E}''$ 和 X''_d；D 代表负荷节点，以恒定阻抗代表负荷；k 点为短路点（经 Z_K 短路）。应用叠加原理，将图 6-25（a）分解为正常进行和故障分量的两个网络，如图 6-25（b）所示。其中正常运行方式的求解通过潮流计算求得，故障分量的计算由短路电流计算程序完成。在实际计算中不计负荷影响的等值网络如图 6-17（c）所示。

应用叠加原理，如图 6-25（d）所示。正常运行方式为空载运行，网络中各点电压为 1，故障分量网络中 $\dot{U}_{k|0} = 1$。这里只进行故障分量的计算。从图 6-25 的故障分量网络可见，

这个网络与潮流计算时网络的差别，在于发电机节点上多接了一对地电抗 X''_d，负荷节点上多接了对地阻抗 Z_D。

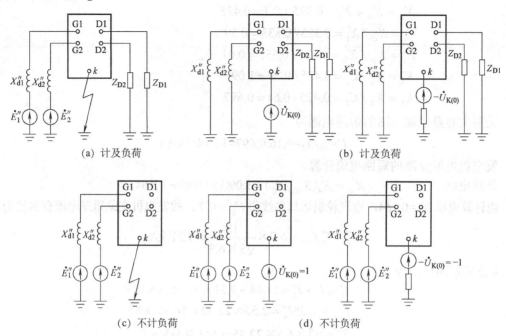

(a) 计及负荷　　　　　　　　　　　　　　　　(b) 计及负荷

(c) 不计负荷　　　　　　　　　　　　　　(d) 不计负荷

图 6-25　计算短路电流 I'' 的等值电路

如果在短路计算中可以忽略线路电阻和电纳，而且不计变压器的实际变比，则短路计算网络较潮流计算网络简化，而且网络本身是纯感性。

对于故障分量网络，一般用节点方程来描述，即网络的数学模型或者用节点阻抗矩阵或者用节点导纳矩阵。

在电力系统潮流计算的数学模型中网络方程即用节点导纳矩阵 Y 表示，Y 阵的元素与原始网络支路参数的关系简明，易于由网络电路图直观形成，接地阻抗矩阵 Z 是 Y 的逆矩阵，它的元素与短路电流直接相关，以下介绍 Z 阵元素进行短路电流计算的公式。

如图 6-25（c）所示网络的节点阻抗矩阵 Z_B，Z_B 中的对角元素 Z_{kk} 就是网络从 k 点看进去的等值阻抗。因此，根据图 6-25（c）或直接利用戴维南定理求得短路点的三相短路电流为：

$$\dot I_k = \frac{\dot U_{k|0|}}{Z_k + Z_{kk}} = \frac{1}{Z_k + Z_{kk}} \tag{6-53}$$

式中 Z_k 为三相短路时，短路点故障阻抗。如果金属性短路 $Z_k=0$，则：

$$\dot I_k = \frac{\dot U_{k|0|}}{Z_{kk}} \approx \frac{1}{Z_{kk}} \tag{6-54}$$

因此，一旦网络节点阻抗矩阵形成，任一点的三相短路时的三相短路电流即为该点自阻抗的倒数。

下面分析各节点电压及网络支路电流的计算。对于几个节点网络，各节点电压的故障分量为：

$$\begin{bmatrix} \Delta\dot{U}_1 \\ \vdots \\ \Delta\dot{U}_k \\ \vdots \\ \Delta\dot{U}_n \end{bmatrix} = \begin{bmatrix} Z_{11}\cdots Z_{1k}\cdots Z_{1n} \\ Z_{k1}\cdots Z_{kk}\cdots Z_{kn} \\ Z_{n1}\cdots Z_{nf}\cdots Z_{1n} \end{bmatrix} \begin{bmatrix} 0 \\ \vdots \\ -\dot{I}_k \\ \vdots \\ 0 \end{bmatrix} = \begin{bmatrix} Z_{1k} \\ \vdots \\ Z_k \\ \vdots \\ Z_{kn} \end{bmatrix}(-\dot{I}_K) \tag{6-55}$$

短路点电压故障分量为：

$$\Delta\dot{U}_k = -\dot{I}_k Z_{kk} = -\dot{U}_{k|0|} + \dot{I}_k Z_k \tag{6-56}$$

短路点电流 $\dot{I}_k$ 由式（6-44）计算。将 $\dot{I}_k$ 代入式（6-46）便可以求得任一点电压的故障分量，加上正常时电压，则可以求得 k 点短路后各节点电压。即

$$\begin{cases} \dot{U}_1 = \dot{U}_{1|0|} + \Delta\dot{U}_1 = \dot{U}_{|0|} - Z_{1k}\dot{I}_k \approx 1 - Z_{1k}\dot{I}_k \\ \vdots \\ \dot{U}_k = \dot{U}_{k|0|} + \Delta\dot{U}_k \approx -Z_{kk}\dot{I}_k \\ \vdots \\ \dot{U}_n = \dot{U}_{n|0|} + \dot{U}_{nk} = \dot{U}_{n|0|} - Z_{nk}\dot{I}_k \approx 1 - Z_{nk}\dot{I}_k \end{cases} \tag{6-57}$$

当 k 点发生三相短路时，$\dot{U}_k = 0(Z_k = 0)$ 可得：$\dot{I}_k = \dfrac{\dot{U}_k}{Z_{kk}}$

显然支路 ij 的电流为：

$$\dot{I}_{ij} = \frac{\dot{U}_i - \dot{U}_j}{z_{ij}} \tag{6-58}$$

如对支路电流作近似计算，（认为正常时 $\dot{U}_{i|0|} = \dot{U}_{j|0|}$），则：

$$\dot{I}_{ij} = \frac{\Delta\dot{U}_i - \Delta\dot{U}_j}{z_{ij}} \tag{6-59}$$

图 6-26 给出了用节点阻抗矩阵计算短路电流的原理框图。从图中可看出，只要形成了节点阻抗矩阵，计算任一点的短路电流和网络电压、电流的分布十分方便，计算工作量很小。但是形成阻抗矩阵的工作量较大，网络变化时修改比较麻烦，而且节点阻抗矩阵是满阵，需要计算机的存储量较大，针对这些问题，可以采用将不计算部分的网络化简的方法。

小　结

本章介绍了三相对称短路的基本概念，包括短路种类、产生原因及后果。分析了无限大容量电源三相对称短路的暂态过程，得出了短路电流包含周期分量和非周期分量，产生最大短路电流的条件及时间。

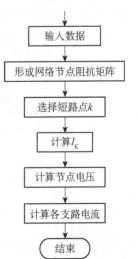

图 6-26　用节点阻抗矩阵计算短路电流的原理框图

建立了发电机暂态分析的简化模型，分析了发电机的暂态过程，发电机暂态过程可以用次暂态、暂态和稳态表示，虚构了次暂态电动势、暂态电动势和次暂态同步电抗、暂态同步电抗及稳态同步电抗，分析了发电机空载和负载对暂态过程的影响。

要求熟练掌握三相短路电流的实用计算方法，这是工程计算方法，是在一定假设条件下的近似计算方法。对于次暂态短路电流用标幺值计算，采用叠加原理计算，比较简单。

计算任意时刻的短路电流要用运算曲线计算三相短路电流的周期分量有效值。计算方法有同一变换法和个别变换法。对于大型复杂的电力系统，一般用计算机计算短路故障，可用节点阻抗矩阵计算，或用节点导纳矩阵计算。

思考题与习题

6-1 何谓电力系统的故障？如何分类？

6-2 何谓无限大容量电源？其供电系统三相短路时的短路电流包括几种分量？有什么特点？

6-3 何谓短路冲击电流？何谓最大有效值电流？它在什么条件下出现？冲击系数的含义是什么？如何取值？

6-4 T_d'' 是什么绕组在什么情况下的时间常数？

6-5 何谓暂态电势、次暂态电势？它在短路瞬间是否突变？

6-6 何谓起始次暂态电流 I''？精确计算步骤有哪些？在近似计算时又可采用哪些假设？

6-7 如何求任意时刻的短路电流？

6-8 同步发电机的稳态、暂态、次暂态时的电势方程，等值电路及相量图的形式是什么？

6-9 什么叫电流分布系数和转移阻抗？二者有何关系？用什么方法可以求电流分布系数？

6-10 三相短路电流如何用计算机算法进行计算？

6-11 同步发电机参数为：$X_d=1.20$，$X_q=0.8$，$X_d'=0.35$，$X_d''=0.2$，$X_q''=0.25$，如果负载的 $\dot{U}=1.0\angle30°$，$\dot{I}=0.8\angle-15°$。试计算 E_Q、E_q、E_q'、E'、E_q''、E_d''、E''的值。

6-12 如图 6-27（a）所示电力系统空载运行，发电机电压为额定值，电动势同相，发电机和变压器的电抗额定标幺值用百分比标注于图 6-27（b）中，忽略所有电阻，线路电抗为 16Ω。传输线路末端发生三相对称故障，求短路电流和短路容量。

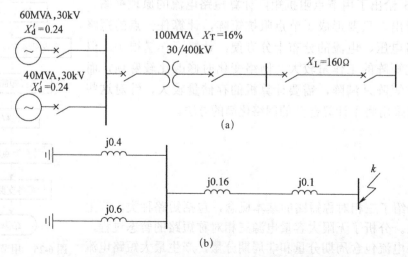

图 6-27 题 6-12 电力系统接线图及等效电路

6-13　如图 6-28 所示电力网络，各元件参数如下：发电机 G：60MVA，X''_d=0.14，E''=1。变压器 T：30MVA，$U_k\%$=8。线路 L：长 20km，x_1=0.38Ω/km。试求 k 点发生三相短路时起始次暂态电流、冲击电流、短路电流最大有效值和短路功率有名值。

图 6-28　题 6-13 电力网络接线图

6-14　如图 6-29 所示，简单电力系统，已知各元件参数如下。发电机 G1：60MVA，X''_d = 0.15，E'' =1.08。发电机 G2：90MVA，X''_d =0.2，E''=1.08。变压器 T1：600MVA，$U_K\%$=12。变压器 T2：90MVA，$U_K\%$=12。线路 L：每回线长 80km，x_1=0.4Ω/km。综合负荷 LD：120MVA，X''_{LD} =0.35，E''=0.8。

试分别计算 k_1 点发生三相短路时，起始次暂态电流和冲击电流有名值。

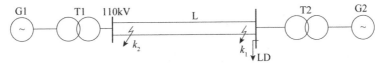

图 6-29　题 6-14 电力系统接线图

6-15　如图 6-30（a）所示四节点电力系统接线，发电机用暂态电抗和它背后的电动势表示。所有电抗用同一基准容量下的标幺值表示。为简化分析，忽略所有电阻和并联电容。发电机在额定电压下空载运行，电动势同相。节点 4 发生金属性三相故障。试求：
（1）利用戴维南定理求故障点的等效电抗并求故障电流（标幺值）；
（2）求故障时的节点电压和线路电流（标幺值）；
（3）求节点 2 发生三相故障，故障阻抗为 Z_f=j0.0225，计算（1）和（2）。

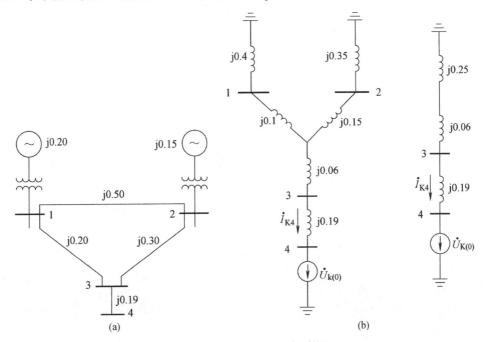

图 6-30　题 6-15 简单电力系统

6-16 电力系统接线如图 6-31 所示，已知各元件参数如下：汽轮发电机 G1、G2 为 60MVA，U_N=10.5kV，X_d''=0.15。变压器 T1、T2 为 60MVA，$U_K\%$=10.5，外部系统电源 S 为 300MVA，X_s''=0.5。系统中所有发电机组均装有自励调压器。k 点发生三相短路，试按下列三种情况计算 $I_{(0)}$、$I_{(0.2)}$ 和 $I_{(\infty)}$，并对计算结果进行比较分析。取 $I_{(\infty)}=I_{(4s)}$，外部系统电源按汽轮发电机考虑。

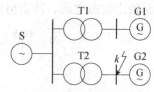

图 6-31 题 6-16 电力系统接线图

（1）发电机 G1、G2 及外部系统 S 各用一台等值发电机代替。

（2）发电机 G1 和外部电源 S 合并为一台等值机。

（3）发电机 G1、G2 和外部电源 S 全部合并为一台等值机。

第7章 电力系统不对称故障的分析计算

内容提要

本章首先介绍了对称分量法，建立序阻抗的概念，讲述对称分量法在不对称短路计算中的应用。系统讲解了各元件序电抗的参数和序网图的绘制原则。通过对三种典型不对称故障分析，得出正序等效定则。讲解了不对称短路故障点和非故障点的电流和电压的计算，还介绍了非全相运行的分析和计算。

电力系统对称运行方式遭到破坏时，三相电压和电流将不对称，而且波形也发生不同程度的畸变，除基波外，还含有一系列的谐波分量。在暂态过程中谐波成分更多，而且还会出现非周期分量。

本章只限于分析电压和电流的基波分量，并且在暂态过程中任一瞬间都当成正弦波对待。这样不对称运行方式下的分析可以简化为在正弦电动势作用下的三相不对称电路的分析，可以用相量法进行分析计算。

学习目标

①掌握对称分量法及其运用。

②理解三相不对称分量与序分量之间的分解和合成关系。

③掌握三种典型不对称故障（单相短路、两相短路、两相接地短路）分析与计算，绘制出复合序网图。

④掌握用正序等效定则计算不对称短路故障的计算方法。

⑤掌握在不对称短路时故障点和非故障点电流和电压的分析计算。

7.1 对称分量法及其应用

7.1.1 对称分量法

任意一组不对称的三相相量 $\dot{F}_a$、$\dot{F}_b$、$\dot{F}_c$，可以分解为三组相序不同的对称分量，正序分量 $\dot{F}_{a1}$、$\dot{F}_{b1}$、$\dot{F}_{c1}$，负序分量 $\dot{F}_{a2}$、$\dot{F}_{b2}$、$\dot{F}_{c2}$ 和零序分量 $\dot{F}_{a0}$、$\dot{F}_{b0}$、$\dot{F}_{c0}$，它们存在如下关系：

$$\begin{cases} \dot{F}_a = \dot{F}_{a1} + \dot{F}_{a2} + \dot{F}_{a0} \\ \dot{F}_b = \dot{F}_{b1} + \dot{F}_{b2} + \dot{F}_{b0} \\ \dot{F}_c = \dot{F}_{c1} + \dot{F}_{c2} + \dot{F}_{c0} \end{cases} \tag{7-1}$$

在对称分量中常用复数算符"a"：

$$\begin{cases} a = \mathrm{e}^{\mathrm{j}120°} = -\dfrac{1}{2} + \mathrm{j}\dfrac{\sqrt{3}}{2} \\ a^2 = \mathrm{e}^{\mathrm{j}240°} = -\dfrac{1}{2} - \mathrm{j}\dfrac{\sqrt{3}}{2} \\ a^2 + a + 1 = 0 \end{cases} \tag{7-2}$$

利用复数算符后，可以把各相正序、负序、零序分量分别用 a 相作基准相量表示，每一组对称分量之间的关系为：

$$\begin{cases} \dot{F}_{b1} = \mathrm{e}^{-\mathrm{j}120°}\dot{F}_{a1} = a^2\dot{F}_{a1} \\ \dot{F}_{c1} = \mathrm{e}^{\mathrm{j}120°}\dot{F}_{a1} = a\dot{F}_{a1} \\ \dot{F}_{b2} = \mathrm{e}^{\mathrm{j}120°}\dot{F}_{a2} = a\dot{F}_{a2} \\ \dot{F}_{c2} = \mathrm{e}^{-\mathrm{j}120°}\dot{F}_{a2} = a^2\dot{F}_{a2} \\ \dot{F}_{a0} = \dot{F}_{b0} = \dot{F}_{c0} \end{cases} \tag{7-3}$$

将式（7-3）代入式（7-1）可得：

$$\begin{bmatrix} \dot{F}_a \\ \dot{F}_b \\ \dot{F}_c \end{bmatrix} = \begin{bmatrix} 1 & 1 & 1 \\ a^2 & a & 1 \\ a & a^2 & 1 \end{bmatrix} \begin{bmatrix} \dot{F}_{a1} \\ \dot{F}_{a2} \\ \dot{F}_{a0} \end{bmatrix} \tag{7-4}$$

上式可简写为：

$$\dot{F}_{abc} = S\dot{F}_{120} \tag{7-5}$$

式中系数矩阵 S 是非奇异的，它的逆矩阵存在，可用下式表示：

$$\begin{bmatrix} \dot{F}_{a1} \\ \dot{F}_{a2} \\ \dot{F}_{a0} \end{bmatrix} = \frac{1}{3}\begin{bmatrix} 1 & a & a^2 \\ 1 & a^2 & a \\ 1 & 1 & 1 \end{bmatrix} \begin{bmatrix} \dot{F}_a \\ \dot{F}_b \\ \dot{F}_c \end{bmatrix} \tag{7-6}$$

上式可简写为：

$$\dot{F}_{120} = S^{-1}\dot{F}_{abc} \tag{7-7}$$

式（7-6）说明由三组对称的正序、负序和零序三相系统的相量也可以合成一组不对称三相系统相量，这就是对称分量法，如图 7-1 所示。

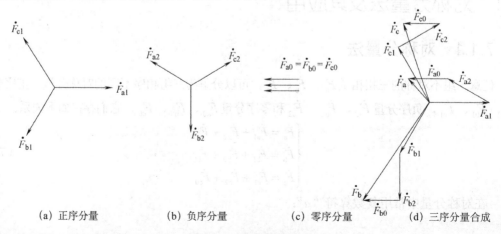

（a）正序分量   （b）负序分量   （c）零序分量   （d）三序分量合成

图 7-1 对称分量法说明

可以证明正序分量、负序分量的相量和均为零。

$$\dot{F}_{a1} + \dot{F}_{b1} + \dot{F}_{c1} = \dot{F}_{a1}(1 + a^2 + a) = 0$$

$$\dot{F}_{a2} + \dot{F}_{b2} + \dot{F}_{c2} = \dot{F}_{a2}(1 + a + a^2) = 0$$

上式说明正序系统和负序系统是平衡系统，而零序系统虽然是对称的，但不是平衡系统，因为零序系统相量和不为零。

$$\dot{F}_{a0} + \dot{F}_{b0} + \dot{F}_{c0} = 3\dot{F}_{a0} \neq 0$$

7.1.2　序阻抗的概念

下面以一个静止元件的输电线路三相电路为例说明序阻抗的概念，如图 7-2 所示，各相自阻抗分别为 Z_{aa}、Z_{bb}、Z_{cc}；相间互阻抗为 $Z_{ab}=Z_{ba}$，$Z_{bc}=Z_{cb}$，$Z_{ca}=Z_{ac}$。当元件通过三相不对称电流时，元件各相的电压降为：

$$\begin{bmatrix} \Delta\dot{U}_a \\ \Delta\dot{U}_b \\ \Delta\dot{U}_c \end{bmatrix} = \begin{bmatrix} Z_{aa} & Z_{ab} & Z_{ac} \\ Z_{ab} & Z_{bb} & Z_{bc} \\ Z_{ac} & Z_{bc} & Z_{cc} \end{bmatrix} \begin{bmatrix} \dot{I}_a \\ \dot{I}_b \\ \dot{I}_c \end{bmatrix} \tag{7-8}$$

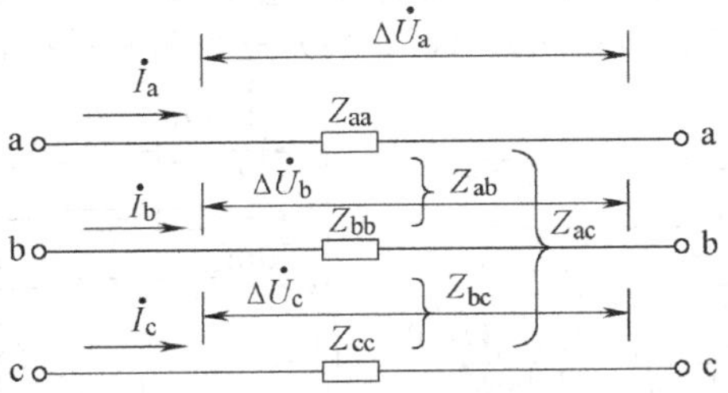

图 7-2　静止三相电路元件

上式可表示为：
$$\Delta\dot{U}_{abc} = Z\dot{I}_{abc} \tag{7-9}$$

应用式（7-4）和式（7-6）将三相相量变换为对称分量，可得：
$$\Delta\dot{U}_{120} = SZS^{-1}\dot{I}_{120} = Z_{sc}\dot{I}_{120} \tag{7-10}$$

式中，$Z_{sc} = SZS^{-1}$ 称为序阻抗矩阵。

当元件结构参数对称，即 $Z_{aa}=Z_{bb}=Z_{cc}=Z_s$，则 $Z_{ab}=Z_{bc}=Z_{ca}=Z_m$ 时：

$$Z_{sc} = \begin{bmatrix} Z_s - Z_m & 0 & 0 \\ 0 & Z_s - Z_m & 0 \\ 0 & 0 & Z_s + 2Z_m \end{bmatrix} = \begin{bmatrix} Z_1 & 0 & 0 \\ 0 & Z_2 & 0 \\ 0 & 0 & Z_0 \end{bmatrix} \tag{7-11}$$

上式为一对角线矩阵，将式（7-10）展开，得：

$$\left.\begin{aligned} \Delta\dot{U}_{a1} = Z_1\dot{I}_{a1} \\ \Delta\dot{U}_{a2} = Z_2\dot{I}_{a2} \\ \Delta\dot{U}_{a0} = Z_0\dot{I}_{a0} \end{aligned}\right\} \tag{7-12}$$

上式表明，在三相参数对称的线性电路中，各序分量具有独立性。即当电路中通过某序对称分量的电流时，只产生同一序分量的电压降。反之当电路施加某序对称分量电压时，电路也只产生同一序分量电流。这样，可以对正序、负序和零序分量分别计算。

根据上述分析，所谓元件序阻抗是指元件三相参数对称时，元件两端某一序的电压降与通过该元件同一序电流的比值，即：

$$\begin{cases} Z_1 = \Delta \dot{U}_{a1} / \dot{I}_{a1} \\ Z_2 = \Delta \dot{U}_{a2} / \dot{I}_{a2} \\ Z_0 = \Delta \dot{U}_{a0} / \dot{I}_{a0} \end{cases} \qquad (7\text{-}13)$$

式中，Z_1、Z_2 和 Z_0 分别称为该元件的正序阻抗、负序阻抗和零序阻抗。电力系统中每个元件的正、负和零序阻抗可能相同，也可能不同，由元件的结构而定。

7.1.3　对称分量法的应用

下面以一个简单电力系统为例说明应用对称分量法计算不对称短路的一般原理。

如图 7-3（a）所示，有一台发电机接于空载输电线路，发电机中性点经阻抗 Z_n 接地，故障前网络是三相对称的，如在线路某处 k 点发生 a 相接地短路，此时，由于 k 点三相对地阻抗不相等，导致三相电压和三相电流不对称。故障点以外的系统其余部分的阻抗参数仍然是对称的。图 7-3（a）可用图 7-3（b）等效，也就是将三相阻抗不相等处用一组三相不对称的电势源代替。再用对称分量法，将不对称电势 $\dot{U}_a$、$\dot{U}_b$、$\dot{U}_c$ 和不对称电流 $\dot{I}_a$、$\dot{I}_b$、$\dot{I}_c$ 按式（7-6）分解为正序、负序和零序三组对称分量，如图 7-3（c）所示。根据叠加原理，图 7-3（c）状态可以作出如图 7-3（d）、（e）、（f）三个图所示状态的叠加。

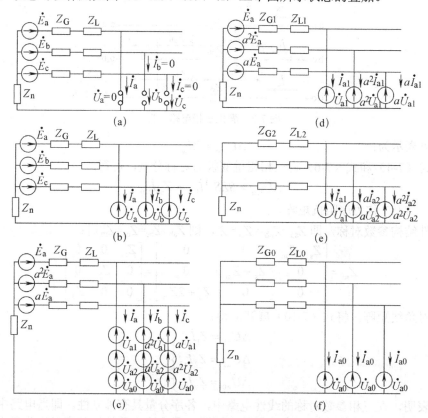

图 7-3　应用对称分量法分析不对称故障

对于图 7-3（d）所示的正序等效网络，各元件阻抗称为正序阻抗，即正常运行时的阻抗。根据戴维南定理可用一个等效电势 $\dot{E}_{a1}$ 和等效阻抗 Z_{R1} 代替，如图 7-3（e）、（f）分别称为负序网络和零序网络。因为发电机只产生正序电势，所以负序和零序网络中只有故障点的负序和零序分量电势，网络也只存在同一序的电流，表中也呈现出同一序的电抗。

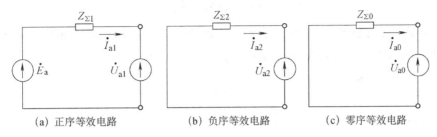

(a) 正序等效电路　　　　　(b) 负序等效电路　　　　　(c) 零序等效电路

图 7-4　简化后各序等效电路

图 7-4（b）、（c）所示为负序等效电路和零序等效电路。图 7-4 中各序网络的等效电路的序网方程为：

$$\begin{cases} \dot{U}_{a1} = \dot{U}_{k|0|} - \dot{I}_{a1}Z_{\Sigma1} \\ \dot{U}_{a2} = 0 - \dot{I}_{a2}Z_{\Sigma2} \\ \dot{U}_{a0} = 0 - \dot{I}_{a0}Z_{\Sigma0} \end{cases} \qquad (7\text{-}14)$$

式中，$\dot{U}_{k|0|}$——a 相正序等效电路的等效电势，它等于故障点故障前的对地开路电压；

$\dot{U}_{a1}$，$\dot{U}_{a2}$，$\dot{U}_{a0}$——分别为故障点 a 相的对地的正序、负序和零序电压；

$\dot{I}_{a1}$，$\dot{I}_{a2}$，$\dot{I}_{a0}$——分别为故障点 a 相的对地的正序、负序和零序电流分量，由故障点流入大地。

$Z_{\Sigma1}$，$Z_{\Sigma2}$，$Z_{\Sigma0}$——分别为正序、负序和零序等效网络对故障点每相的总阻抗。

式（7-14）是针对基准相（如选择 a 相）推出的，它与故障形式无关，反映了各种不对称短路的共性，即说明了当系统发生各种不对称短路故障时，各序网的序电压和同一序电流都应遵循的相互关系。式（7-14）只有三个方程，但有六个未知数，所以还要根据短路故障的边界条件找出另外三个方程才能加以联立求解。

7.2　电力系统各元件的序阻抗和等效电路

由于电力系统在正常稳态运行或发生对称短路故障时，系统各元件的参数是对称的，只有正序的各种运行参数存在，因此前面介绍的各种元件阻抗参数都是正序参数。

在短路电流实用计算中，一般只计及各元件的电抗，而略去电阻。

7.2.1　同步发电机的正序电抗、负序电抗和零序电抗

1. 同步发电机的序电抗和等效电路

①同步发电机的正序电抗。同步发电机对称运行时，只有正序电势和正序电流，此时的电抗参数就是正序参数，如前面介绍过的 X_d、X_q、X_d'、X_d''、X_q'' 等均属于正序电抗。发电机的正序等效电路如图 7-5（a）所示。

②同步发电机的负序电抗。同步发电机的负序电抗 X_2 为 X_d'' 和 X_q'' 的某种平均值，一般

取算术平均值计算,即:

$$X_2 \approx \frac{1}{2}(X_d'' + X_q'')$$

当 $X_d'' = X_q'' = X''$ 或相差不大时,$X_2 \approx X''$。定子负序电阻大于正序电阻,一般可忽略不计。发电机的负序等效电路如图7-5(b)所示。

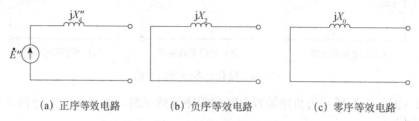

(a) 正序等效电路　　　　(b) 负序等效电路　　　　(c) 零序等效电路

图7-5　发电机正序、负序和零序等效电路

③同步发电机的零序阻抗和零序等效电路。同步电机的零序电抗的标幺值相差很大,一般 $X_0 = (0.15 \sim 0.6) X_d''$。同步电机的零序电阻与正序等效电阻相等。同步发电机的零序等效电路如图7-5(c)所示。表7-1列出同步电机的 X_0 和 X_2(标幺值)的大致范围。

表7-1　同步电机的 X_0 和 X_2(标幺值)的大致范围

电　抗	汽轮发电机	水轮机发电机	同步调相机和大型同步电动机
X_1	0.134~0.18	0.15~0.35	0.24
X_0	0.036~0.08	0.04~0.125	0.08

2. 异步电动机和综合负荷的负序阻抗及等效电路

电力系统的负荷主要是工业负荷,大多数工业负荷是异步电动机,因此,在电力系统不对称短路故障的分析计算中,可用异步电动机的各序电抗代替负荷电抗。

在不对称短路故障的实用计算中,以其自身额定容量为基准的正序标幺阻抗常取为 $Z_1 = 0.8 + j0.6$,如果用电抗代表负荷,其值可取 $X_1 = 1.2$。

异步电动机的负序阻抗为

$$Z_2 = \left(r_1 + \frac{r_2}{2-S}\right) + j\,(X_1 + X_2) \approx r_1 + \frac{r_2}{2} + jX'' \tag{7-15}$$

综合负序阻抗由各用电设备的负序阻抗和供电线路阻抗确定,随负荷成分不同而异。在实用计算中可近似取:

$$Z_2 = 0.18 + j0.24\ (6\sim10kV\ \text{母线})$$
$$Z_2 = 0.19 + j0.36\ (35kV\ \text{以上母线})$$

更粗略些,可取 $Z_2 \approx jX_2 = j0.35$,这些数据都是以负荷本身视在功率为基准的标幺值。

异步电动机及多数负荷常常接成三角形或不接地的星形,零序电流不能流通,相当于 $X_0 = \infty$,故零序网络中不用画出。

3. 电抗器的序电抗及其等效电路

电抗器是静止元件时,它的正序电抗等于负序电抗。电抗器是无铁芯的空心线圈,各相间互感很小,它的电抗主要由各相线圈的自感决定,因此,零序电抗可以认为也等于正序电抗,即 $X_1 = X_2 = X_0$。

7.2.2 变压器的零序阻抗及其等效电路

变压器是静止的元件,当加上正序或负序电压时,各侧各绕组之间的电压和电流关系,内部磁通分布情况,除了相序不同外,其他都相同,所以其正序、负序参数和等效电路完全相同。变压器加上零序电压时,则情况不同,这与变压器结构及三相绕组的接法有关。

图 7-6 为不计绕组电阻和铁芯损耗时的变压器零序等效电路。

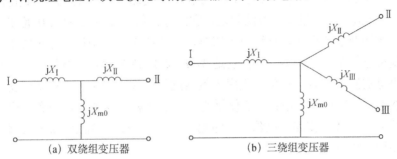

图 7-6 变压器零序等效电路

1. 普通变压器零序等效电路

变压器的零序励磁电抗与变压器的铁芯结构有关,图 7-7 所示为三种常见的变压器铁芯结构与零序磁通的路径。

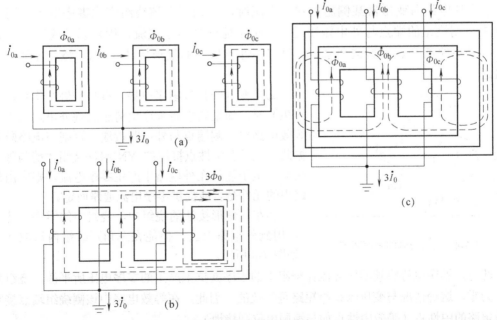

图 7-7 零序磁通的磁路

如图 7-7(a)所示,由三个单相变压器组成三相变压器组,每相的零序磁通与主磁通一样,都有独立的铁芯磁路。磁通分布情况与所加电压相序无关,所以零序和正序励磁电流一样小，可认为零序励磁电抗 $X_{m0}=\infty$。另外，零序漏抗和正序漏抗完全相同。

如图 7-7（b）所示，对于三相四柱或五柱式变压器零序磁通也能在铁芯中形成回路，磁阻很小，可认为 $X_{m0}=\infty$。即忽略励磁电流，把励磁支路断开。

对于三相三柱式变压器，各相铁芯连在一起，如图 7-7（c）所示。三相绕组加上正序或负序电压时，各相主磁通均在铁芯中形成回路，所以励磁电流很小，励磁电抗很大（标幺值约 50～200）。当三相绕组加上零序电压时，因为三相零序主磁通大小相等，相位相同，所以只能通过绝缘介质的外壳（铁箱）形成回路，因而零序励磁电流相当大。同时，零序主磁通致使铁箱中产生涡流电流，其效果相当于存在一个短路绕组，使零序励磁电流更大，因此 X_{m0} 为有限值，其值一般通过实验方法测定，它的标幺值 X_{m0} 在 0.3～1.0 范围内。此外，由于零序磁路的改变及铁箱等效短路绕组的影响，各相绕组的漏磁通分布也发生一些变化，因而零序等效漏抗也与正序有些不同。特别是 Y_0/Y 或 $Y_0/Y_0/Y$ 接法的变压器，两种漏抗差别更大一些。在没有实测数据时，仍可用正序等效漏抗代替零序漏抗。三相绕组变压器中若有一侧绕组接成△形，则零序等效电路中△侧绕组的漏抗总和 X_{m0} 并联，两者相比 X_{m0} 还是大得多，所以等效电路中 X_{m0} 支路可以除去。因此，只有 Y_0/Y、Y_0/Y_0 和 Y_0/Y 等接法的三相三柱式变压器需要计及数值有限的 X_{m0}。

2. 变压器零序等效电路与外电路连接

变压器零序等效电路与外电路的连接取决于零序电流的路径，因而与变压器三相绕组的连接方式和中性点是否接地也有关。不对称电路时，零序电压（或电势）施加在相线和大地之间，根据这一点可以从以下三个方面来讨论零序等效电路与外电路的连接情况。

①当外电路向变压器某侧施加零序电压时，如果能在该绕组产生零序电流，则等效电路中该侧绕组的端点与外电路接通；如果不能产生零序电流，则可以认为变压器该侧绕组与外电路断开。根据这个原则，只有中性点接地的星形接法（YN）绕组才能与外电路接通。

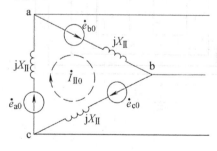

②当变压器具有零序电势（有另一侧绕组零序电流产生）时，如果它能将零序电势施加到外电路上去，则等效电路电流侧端点与外电路接通，否则与电路断开。据此，也只有中性点接地的 YN 接法绕组才能与外电路接通。至于能否在外电路中产生零序电流，则应由外电路中的元件是否能提供零序电流通路而定。

③在三角形接法的绕组中，绕组中的零序电势不能作用到外电路上去，但能在三角形线组内形成环流，如图 7-8 所示。

图 7-8　三角形侧的零序环流

此时，零序电势将被零序环流在绕组上的零序漏抗上产生的零序电压所平衡，绕组两端电压为零，这种情况与变压器绕组短路是等效的。因此，在等效电路中该侧绕组端点接零序等效电路的中性点（等效中性点如与地同电位则接地）。

根据以上三点原则，变压器零序等效电路与外电路的连接关系可用图 7-9 所示的开关电路表示。以上结论也同样适用于三绕组变压器。

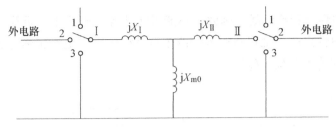

图 7-9　变压器等效电路与外电路连接

3. 变压器中性点经阻抗接地时的零序等效电路

变压器中性点经阻抗接地时，零序等效电路必须计及这一阻抗。如图 7-10（a）所示，YN、d 接线变压器Ⅰ侧中性点经阻抗 Z_n 接地，Ⅱ侧直接接地。假设不对称故障发生在Ⅰ侧（即Ⅰ侧加零序电压），为了正确地做出等效电路，首先分析零序电流分布情况，考虑到中性点阻抗流过三倍零序电流，则中性线上 Z_n 的电压为 $3\dot{I}_{10}Z_n$。可以绘制变压器零序等效电路图，如图 7-10（b）所示。其中 X_{m0} 支路可以除去（$X_{m0}=\infty$）。

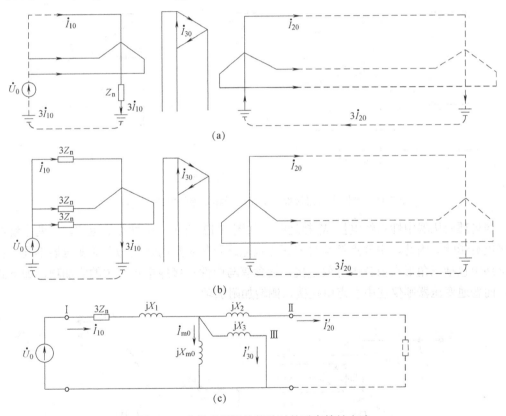

图 7-10　中性点经阻抗接地时的零序等效电路

4. 自耦变压器零序等效电路

自耦变压器一般用于联系两个中性点接地的电力系统，它本身的中性点一般也是接地的。中性点直接接地的自耦变压器的零序等效电路及其参数、等效电路与外电路的连接情况、短路计算中励磁电抗 X_{m0} 的处理等，都与普通变压器情况相同。但应注意，由于两个自耦绕组共用一个中性点和接地线，因此，不能直接从等效电路中已折算的电流值求出中性点的入地电流。中性点的入地电流应等于两个自耦绕组零序电流实际有名值之差的三倍，如图 7-11 所示，即 $\dot{I}_n = 3(\dot{I}_{10} - \dot{I}_{20})$。

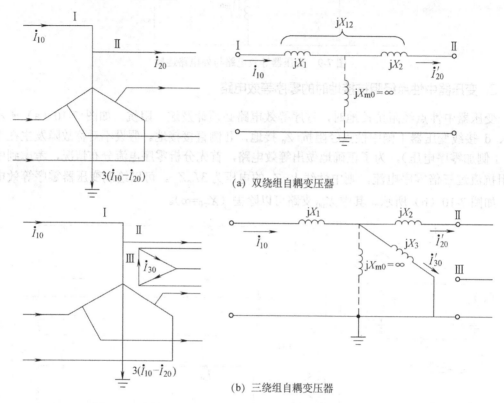

(a) 双绕组自耦变压器

(b) 三绕组自耦变压器

图 7-11　中性点直接接地自耦变压器零序等效电路（$X_{m0} \to \infty$）

当自耦变压器中性点经电抗 X_n 接地时，如图 7-12 所示，中性点的电位，受两个绕组的零序电流影响。因此，中性点接地时零序等效电路及其参数的影响与普通变压器不同。在等效电路中包括三角形在内各侧等效电抗，均含有与中性点接地电抗有关的附加项，如下式所示，而普通变压器则仅在中性点电抗接入侧增加附加项。

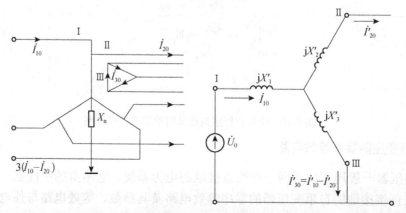

图 7-12　中性点电抗接地的自耦变压器及其等效电路

$$\begin{cases} X_1' = X_1 + 3X_n(1-k_{12}) \\ X_2' = X_2 + 3X_n k_{12}(k_{12}-1) \\ X_3' = X_3 + 3X_n k_{12} \end{cases} \tag{7-16}$$

式中 $k_{12}=U_{1N}/U_{2N}$，即 1、2 侧间变比。与普通变压器一样，自耦变压器中性点的实际电压也不能从等效电路中求得，须先求出两个自耦绕组的零序电流实际有名值才能求得中性点的电压，它等于两个自耦绕组零序电流实际有名值之类的 3 倍乘以 X_n 的有名值。

7.2.3　电力线路的零序阻抗及其等效电路

输电线路是静止元件，其正负序阻抗相等，仅仅零序参数和正、负序阻抗不一致。在三相架空线路中，各相零序电流大小相等，相位相同，所以各相间互感磁通是相互加强的，使一相的等效电感增大，故零序阻抗要大于正序阻抗。

在实用计算中，架空线路每一回路的每相各序电抗可采用表 7-2 给出的数值。

表 7-2　输电线路各序电抗值

线路种类	电抗值（Ω/km）		线路种类	电抗值（Ω/km）	
	$x_1=x_2$	x_0/x_1		$x_1=x_2$	x_0/x_1
无架空地线单回线路	0.4	3.5	有钢导线架空地线双回线路	0.4	4.7
有钢导线架空地线单回线路	0.4	3.0	有良导体架空地线双回线路	0.4	3.0
有良导体架空地线单回线路	0.4	2.0	35kV 电缆线路	0.12	4.6
无架空地线双回线路	0.4	5.5	6～10 kV 电缆线路	0.08	4.6

电缆线路是静止元件，它的正序电抗等于负序电抗。由于电缆的三相芯线的距离远比架空线路间距离小很多，所以，电缆线路的正序电抗小于架空线路的正序电抗。通常电缆的正序电抗由制造厂提供。

电缆的铅（铝）保护层在电缆的两端和中间一些点是接地的，电缆线路的零序电流同时经大地和铅（铝）保护层形成回路，零序电流在大地和保护层之间的分配与护层本身阻抗和它的接地阻抗有关，而后者又与电缆的敷设方式有关。因此准确计算电缆线路的零序阻抗比较困难。

一般电缆线路的零序电抗由试验确定。在近似计算中可采用表 7-2 给出的数值。

7.2.4　电力系统的序网图

应用对称分量法分析计算不对称故障时，应当做出电力系统的正序、负序和零序网络图。电力系统如图 7-13（a）所示，假设在 k 点发生某种形式不对称短路故障，除了抽出来的故障端口不对称外，从故障端口看原电力系统，其电路结构仍然是对称的，因此根据对称分量法，可以做出各序分量的电力系统等效网络。

作等效网络时，一般从故障点开始做起，逐一查明各序电流所能流通的路径，凡各序电流所经过的元件，都应包括在各序等效网络中。下面说明各序网络的制定。

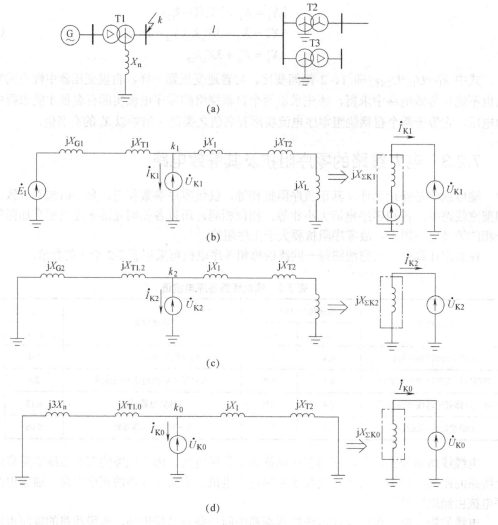

图 7-13 电力系统及各序等效电路

1. 正序网络的制定

正序网络是计算对称短路时所用的等效网络。除中性点接地阻抗、空载线路（不计导纳时）及空载变压器（不计励磁电流时）外，电力系统各元件均应包括在正序网络中，并用正序参数和等效电路表示，如图 7-13（b）所示。在图中不包括空载变压器 T3 和变压器 T1 的中性点阻抗 X_n。所有同步发电机和调相机，以及等效电源表示的综合负荷，都是正序网络的电源。此外，还必须在短路点引入代替故障条件的正序电势 $\dot{U}_{K1}$。从故障端口看正序网络，它是一个有源网络，可以用戴维南等效电路化简。

2. 负序网络的制定

负序电流通路与正序电流相同，因此组成负序网络的元件与组成正序网络的元件相同，只不过所有电源的负序电势为零，所有元件参数采用负序参数，在短路点引入代替故障元件的负序电势 $\dot{U}_{K2}$，便可得到负序网络，如图 7-13（c）所示。从故障端口看负序网络，它是一个无源网络，利用戴维南定理可将之简化。

3. 零序网络

零序网络中不包含电源电势。在不对称短路点施加代表故障的零序电势 $\dot{U}_{K0}$，查明零序电流通路，凡是零序电流能流通的元件都包括在零序网络中。零序电流的流通与网络结构、变压器的接线方式及中性点的接线方式有关。如图 7-13（d）所示，发电机没有零序电势源，零序电流不通过。变压器 T2 二次侧为 Y 接线，零序电流不能流通，当 $X_{m0}=\infty$ 时，该支路相当于断开。由于 T1 中性点经 X_n 接地能流通零序电流，所以包括在零序网络中。同样，从故障端口看零序网络，它也是一个无源网络，利用戴维南定理可简化。

【例题 7-1】 如图 7-14（a）所示电力系统，在 k 点发生不对称短路，系统各元件参数如下。

发电机 G：$S_{NG}=120\text{MVA}$，$U_N=10.5\text{kV}$，$E_1=1.67$，$x_1=0.9$，$x_2=0.45$

变压器 T1：$S_{NT\cdot1}=60\text{MVA}$，$U_K\%=10.5$ 变比 $K_{T\cdot1}=10.5/115$

　　　　T2：$S_{NT\cdot2}=60\text{MVA}$，$U_K\%=10.5$，$K_{T\cdot1}=115/6.3$

线路 L：$l=105\text{km}$，$x_1=0.4\Omega/\text{km}$，$x_0=3x_1$

负荷 LD－1：$S_N=60\text{MVA}$，$x_1=1.2$，$x_2=0.35$

负荷 LD－2：$S_N=40\text{MVA}$，$x_1=1.2$，$x_2=0.35$

选取基准功率 $S_B=120\text{MVA}$，基准电压 $U_B=U_{av}$，计算各序电抗标幺值，绘制各序等效电路。

解：①制定电力系统正、负和零序网络，如图 7-14（b）、（c）和（d）所示。

②计算各元件各序电抗在 S_B、U_B 下的标幺值。

发电机 G：

$$E_1 = 1.67\frac{U_{GN}}{U_B} = 1.67\times\frac{10.5}{10.5} = 1.67$$

$$X_{G1} = X_1\frac{U_{GN}^2/S_{GN}}{U_B^2/S_B} = 0.9\times\frac{10.5^2/120}{10.5^2/120} = 0.9$$

$$X_{G2} = X_2\frac{U_{GN}^2/S_{GN}}{U_B^2/S_B} = 0.45\times\frac{10.5^2/120}{10.5^2/120} = 0.45$$

变压器 T1：

$$X_{T1} = \left(\frac{U_K\%}{100}\times\frac{U_{NT1}^2}{S_N}\right)\bigg/\left(U_B^2/S_B\right) = \left(\frac{10.5}{100}\times\frac{10.5^2}{60}\right)\bigg/(10.5^2/120) = 0.21$$

变压器 T2：

$$X_{T2} = \left(\frac{U_K\%}{100}\times\frac{U_{NT2}^2}{S_N}\right)\bigg/(U_B^2/S_B) = \left(\frac{10.5}{100}\times\frac{6.3^2}{60}\right)\bigg/(6.3^2/120) = 0.21$$

线路 L：

$$X_L = x_1 l\frac{S_B}{U_B^2} = 0.4\times105\times\frac{120}{115^2} = 0.38$$

$$X_{L0} = 3X_L = 3\times0.38 = 1.14$$

负荷 LD-1：

$$X_{LD1\cdot1} = x_1\frac{S_B}{S_{LDN}} = 1.2\times\frac{120}{60} = 2.4$$

$$X_{LD1\cdot2} = x_2\frac{S_B}{S_{LDN}} = 0.35\times\frac{120}{60} = 0.7$$

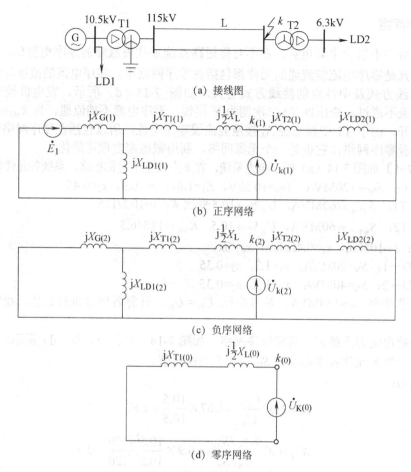

(a) 接线图

(b) 正序网络

(c) 负序网络

(d) 零序网络

图7-14　电力系统接线图及正、负和零序网络

负荷 LD-2：

$$X_{LD2.1} = x_1 \frac{S_B}{S_{LDN}} = 1.2 \times \frac{120}{60} = 2.4$$

$$X_{LD2.2} = x_2 \frac{S_B}{S_{LDN}} = 0.35 \times \frac{120}{60} = 0.7$$

7.3　电力系统简单不对称故障分析

7.3.1　不对称短路故障点的电流和电压计算

简单故障是指电力系统某一处发生一种故障的情况。简单不对称故障包括单相接地短路、两相短路和两相接地短路、单相断线和两相断线等。当发生简单不对称故障时，只有故障点出现系统结构不对称，而其他部分仍旧是对称的，因此，可以用对称分量法进行分析和计算。

当网络元件用阻抗表示时，序网络方程为：

$$\begin{cases} \dot{U}_{\mathrm{k|0|}} - \dot{I}_{\mathrm{k1}}Z_{\Sigma 1} = \dot{U}_{\mathrm{k1}} \\ 0 - \dot{I}_{\mathrm{k2}}Z_{\Sigma 2} = \dot{U}_{\mathrm{k2}} \\ 0 - \dot{I}_{\mathrm{k0}}Z_{\Sigma 0} = \dot{U}_{\mathrm{k0}} \end{cases} \tag{7-17}$$

这三个方程包含了 6 个未知量，因此，还必须根据不对称短路的具体边界条件写出另外三个方程式才能求解。下面就各种简单不对称短路逐一进行分析。

1. 单相接地短路

为分析问题方便，以下分析均以 a 相作为特殊相和基准相。a 相接地短路时，如图 7-15 所示，故障处的边界条件：

$$\begin{cases} \dot{U}_{\mathrm{a}} = \dot{U}_{\mathrm{a1}} + \dot{U}_{\mathrm{a2}} + \dot{U}_{\mathrm{a0}} = 0 \\ \dot{I}_{\mathrm{b}} = a^2 \dot{I}_{\mathrm{a1}} + a\dot{I}_{\mathrm{a2}} + \dot{I}_{\mathrm{a0}} = 0 \\ \dot{I}_{\mathrm{c}} = a\dot{I}_{\mathrm{a1}} + a^2 \dot{I}_{\mathrm{a2}} + \dot{I}_{\mathrm{a0}} = 0 \end{cases} \tag{7-18}$$

经整理后可用序分量表示的边界条件为：

$$\begin{cases} \dot{U}_{\mathrm{a1}} + \dot{U}_{\mathrm{a2}} + \dot{U}_{\mathrm{a0}} = 0 \\ \dot{I}_{\mathrm{a1}} = \dot{I}_{\mathrm{a2}} = \dot{I}_{\mathrm{a0}} \end{cases} \tag{7-19}$$

联立求解式（7-17）和式（7-19）可得：

$$\dot{I}_{\mathrm{a1}} = \dot{I}_{\mathrm{a2}} = \dot{I}_{\mathrm{a0}} = \frac{\dot{U}_{\mathrm{k|0|}}}{Z_{\Sigma 1} + Z_{\Sigma 2} + Z_{\Sigma 0}} \tag{7-20}$$

由式（7-20），根据式（7-18）和式（7-17）可求出短路点各序电压分量为：

$$\begin{cases} \dot{U}_{\mathrm{a1}} = \dot{U}_{\mathrm{k|0|}} - Z_{\Sigma 1}\dot{I}_{\mathrm{a1}} \\ \dot{U}_{\mathrm{a2}} = -Z_{\Sigma 2}\dot{I}_{\mathrm{a2}} \\ \dot{U}_{\mathrm{a0}} = -Z_{\Sigma 0}\dot{I}_{\mathrm{a0}} \end{cases} \tag{7-21}$$

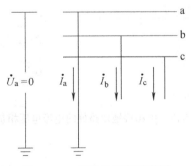

图 7-15　a 相接地短路示意图

根据序分量的边界条件 $\dot{I}_{\mathrm{a1}} = \dot{I}_{\mathrm{a2}} = \dot{I}_{\mathrm{a0}}$，可将各序回路在故障端口连接起来构成网络的复合序网，用复合序网（见图 7-16）进行计算可得出上述完全相同的结论，而且更为简捷。

短路点故障相电流，即单相接地短路电流为：

$$\dot{I}_{\mathrm{K}}^{(1)} = \dot{I}_{\mathrm{a}} = \dot{I}_{\mathrm{a1}} + \dot{I}_{\mathrm{a2}} + \dot{I}_{\mathrm{a0}} = 3\dot{I}_{\mathrm{a1}} = 3\dot{I}_0 \tag{7-22}$$

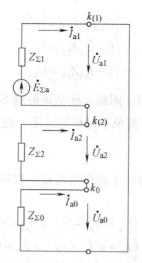

图 7-16 单相接地短路的复合序网

短路点各相电压为：

$$\dot{U}_a = 0$$
$$\dot{U}_b = a^2\dot{U}_{a1} + a\dot{U}_{a2} + \dot{U}_{a0} = \left[\left(a^2 - a\right)Z_{\Sigma 2} + \left(a^2 - 1\right)Z_{\Sigma 0}\right]\dot{I}_{a1}$$
$$\dot{U}_c = a\dot{U}_{a1} + a^2\dot{U}_{a2} + \dot{U}_{a0} = \left[\left(a - a^2\right)Z_{\Sigma 2} + \left(a - 1\right)Z_{\Sigma 0}\right]\dot{I}_{a1}$$

选取正序电流 $\dot{I}_{a1}$ 作参考相量，根据式（7-19）可以绘制短路点电流和电压的相量图，如图 7-17 所示。

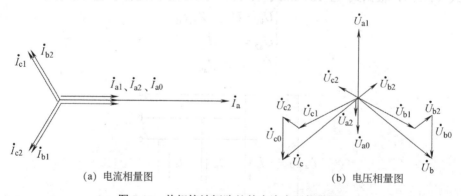

(a) 电流相量图　　　　　　　　　　(b) 电压相量图

图 7-17 单相接地短路处的电流电压相量图

2. 两相短路故障

假设电力系统某一点发生 b、c 两相短路时，如图 7-18 所示，故障处的三个边界条件为 $\dot{I}_a = 0$，$\dot{I}_b + \dot{I}_c = 0$，$\dot{U}_b = \dot{U}_c$。

用对称分量表示为：

$$\begin{cases} \dot{I}_{a1} + \dot{I}_{a2} + \dot{I}_{a0} = 0 \\ a^2\dot{I}_{a1} + a^2\dot{I}_{a2} + \dot{I}_{a0} + a\dot{I}_{a1} + a^2\dot{I}_{a2} + \dot{I}_{a0} = 0 \\ a^2\dot{U}_{a1} + a\dot{U}_{a2} + \dot{U}_{a0} = a\dot{U}_{a1} + a^2\dot{U}_{a2} + \dot{U}_{a0} \end{cases} \qquad (7\text{-}23)$$

经整理后可得 $\dot{I}_{a0}=0$，$\dot{I}_{a1}+\dot{I}_{a2}=0$，$\dot{U}_{a1}=\dot{U}_{a2}$。

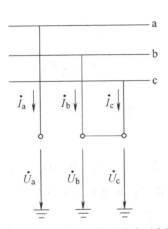

图 7-18　a、b 两相短路故障示意图

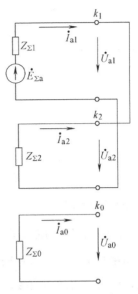

图 7-19　两相短路复合序网图

根据这些条件，可用正序网络和负序网络构成复合序网图，如图 7-19 所示。

利用复合序网可以求出：

$$\dot{I}_{a1}=\frac{\dot{U}_{k|0|}}{Z_{\Sigma 1}+Z_{\Sigma 2}} \tag{7-24}$$

$$\begin{cases} \dot{I}_{a2}=-\dot{I}_{a1} \\ \dot{U}_{a1}=\dot{U}_{a2}=-Z_{\Sigma 2}\dot{I}_{a2}=Z_{\Sigma 1}\dot{I}_{a1} \end{cases} \tag{7-25}$$

b、c 两相电流为：

$$\begin{cases} \dot{I}_{b}=a^2\dot{I}_{a1}+a\dot{I}_{a2}+\dot{I}_{a0}=(a^2-a)\,\dot{I}_{a1}=-\mathrm{j}\sqrt{3}\dot{I}_{a1} \\ \dot{I}_{c}=-\dot{I}_{b}=\mathrm{j}\sqrt{3}\dot{I}_{a1} \end{cases} \tag{7-26}$$

b、c 两相电流大小相等，方向相反，它们的有效值为：

$$I_{K}^{(2)}=I_{b}=I_{c}=\sqrt{3}I_{a1} \tag{7-27}$$

短路点各相对地电压为：

$$\begin{cases} \dot{U}_{a}=\dot{U}_{a1}+\dot{U}_{a2}+\dot{U}_{a0}=2\dot{U}_{a1}=2Z_{\Sigma 2}\dot{I}_{a1} \\ \dot{U}_{b}=a^2\dot{U}_{a1}+a\dot{U}_{a2}+\dot{U}_{a0}=-\dot{U}_{a1}=\frac{1}{2}\dot{U}_{a} \\ \dot{U}_{c}=\dot{U}_{b}=-\dot{U}_{a1}=-\frac{1}{2}\dot{U}_{a} \end{cases} \tag{7-28}$$

可见，两相短路电流为正序电流的 $\sqrt{3}$ 倍，短路点非故障相电压为正序电压的两倍，而故障相电压只有非故障相电压的一半且方向相反。

取正序电流 $\dot{I}_{a1}$ 为参考相量，可以做出短路点电流和电压的相量图，如图 7-20 所示。

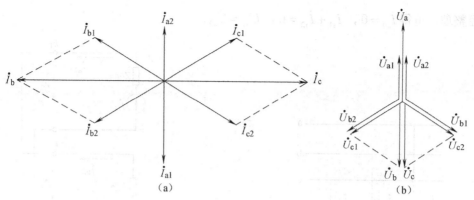

图 7-20 两相短路的短路电流电压相量图

3. 两相接地短路

设 b、c 两相接地短路如图 7-21 所示，故障处的边界条件为 $\dot{I}_a = 0$，$\dot{U}_b = 0$，$\dot{U}_c = 0$，这些条件与单相接地短路条件极为相似，只要把单相短路的边界条件中电压换为电流，电流换为电压，便可以得到两相接地短路用序分量表示的边界条件为：

$$\begin{cases} \dot{I}_{a1} + \dot{I}_{a2} + \dot{I}_{a0} = 0 \\ \dot{U}_{a1} = \dot{U}_{a2} = \dot{U}_{a0} \end{cases} \tag{7-29}$$

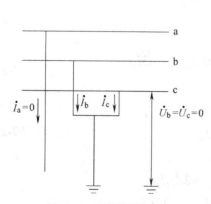

图 7-21 两相接地短路

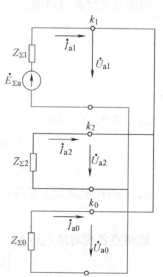

图 7-22 两相接地短路的复合序网图

可得到两相接地的复合序网，如图 7-22 所示。

根据复合序网图可得短路点各序电流和各序电压为：

$$\dot{I}_{a1} = \frac{\dot{U}_{k|0|}}{Z_{11} + Z_{\Sigma 2} // Z_{\Sigma 0}} = \frac{\dot{U}_{k|0|}}{Z_{\Sigma 1} + \dfrac{Z_{\Sigma 2} \times Z_{\Sigma 0}}{Z_{\Sigma 2} + Z_{\Sigma 0}}} \tag{7-30}$$

$$\begin{cases} \dot{I}_{a2} = -\dfrac{Z_{\Sigma 0}}{Z_{\Sigma 2} + Z_{\Sigma 0}} \dot{I}_{a1} \\[3mm] \dot{I}_{a0} = -(\dot{I}_{a1} + \dot{I}_{a2}) = -\dfrac{Z_{\Sigma 2}}{Z_{\Sigma 2} + Z_{\Sigma 0}} \dot{I}_{a1} \\[3mm] \dot{U}_{a1} = \dot{U}_{a2} = \dot{U}_{a0} = \dfrac{Z_{\Sigma 2} Z_{\Sigma 0}}{Z_{\Sigma 2} + Z_{\Sigma 0}} \dot{I}_{a1} \end{cases} \tag{7-31}$$

短路点故障相电流为：

$$\begin{cases} \dot{I}_{b} = a^2 \dot{I}_{a1} + a\dot{I}_{a1} + \dot{I}_{a0} = \left(a^2 - \dfrac{Z_{\Sigma 2} + aZ_{\Sigma 0}}{X_{\Sigma 2} + X_{\Sigma 0}} \right) \dot{I}_{a1} \\[3mm] \dot{I}_{c} = a\dot{I}_{a1} + a^2 \dot{I}_{a1} + \dot{I}_{a0} = \left(a - \dfrac{Z_{2\Sigma} + a^2 Z_{\Sigma 0}}{Z_{\Sigma 2} + Z_{\Sigma 0}} \right) \dot{I}_{a1} \end{cases} \tag{7-32}$$

可求得两相接地的故障相电流绝对值为：

$$I_{K}^{(1,1)} = I_{b} = I_{c} = \sqrt{3} \sqrt{1 - \frac{Z_{\Sigma 2} Z_{\Sigma 0}}{(Z_{\Sigma 2} + Z_{\Sigma 0})^2}} I_{a1} \tag{7-33}$$

短路点故障相电压为：

$$\dot{U}_{a} = 3\dot{U}_{a1} = \frac{3Z_{\Sigma 2} Z_{\Sigma 0}}{Z_{\Sigma 2} 2 + Z_{\Sigma 0}} \dot{I}_{a1} \tag{7-34}$$

选取正序电流 $\dot{I}_{a1}$ 作为参数相量，可作两相短路接地的故障点的电流和电压相量图，如图 7-23 和图 7-24 所示。从图中可见与单相接地短路后形式相似。

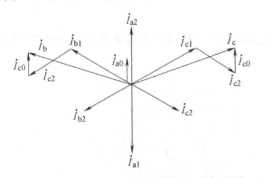

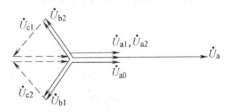

图 7-23　两相接地短路时短路处电流相量图　　图 7-24　两相接地短路时短路处电压相量图

4. 正序等效定则

以上应用对称分量法分析了电力系统单相接地、两相短路和两相短路接地，得出故障点短路电流正序分量计算公式，这些公式可用式（7-35）表示。

$$\dot{I}_{k1}^{(n)} = \frac{\dot{U}_{k|0|}}{Z_{\Sigma 1} + Z_{\Delta}^{(n)}} \approx \frac{\dot{U}_{k|0|}}{X_{\Sigma 1} + X_{\Delta}^{(n)}} \tag{7-35}$$

式中上标"n"表示短路类型；$X_{\Delta}^{(n)}$ 表示附加电抗，它的值取决于短路类型，见表 7-3。

表 7-3 各种短路故障的 $Z_\Delta^{(n)}$ 和 $m^{(n)}$

短路类型 $k^{(n)}$	$Z_\Delta^{(n)}$	$m^{(n)}$
单相短路 $k^{(1)}$	$Z_{\Sigma2}+Z_{\Sigma0}$	3
两相短路 $k^{(2)}$	$Z_{\Sigma2}$	$\sqrt{3}$
两相接地短路 $k^{(1,1)}$	$Z_{\Sigma2}//Z_{\Sigma0}$	$\sqrt{3}\sqrt{1-\dfrac{Z_{\Sigma2}Z_{\Sigma0}}{(Z_{\Sigma2}+Z_{\Sigma0})^2}}$
三相短路	0	1

式（7-35）表明在简单不对称短路时，短路点的电流的正序分量与在短路点每一相中加入附加阻抗 $Z_\Delta^{(n)}$ 而发生三相短路时的电流相等，这就是正序等效定则。因此，任一种简单不对称短路，其短路电流的正序分量可由图 7-25 求得，图 7-25 所示网络称为正序增广网络。

从短路点故障相短路电流计算式可以看出，短路电流的绝对值与它的正序分量的绝对值成正比，即：

图 7-25 正序增广网络

$$I_k^{(n)} = m^{(n)} I_{K\cdot1}^{(n)} \tag{7-36}$$

式中 $m^{(n)}$ 是比例系数，其值随短路类型不同而不同。各种简单不对称短路时的 $m^{(n)}$ 值见表 7-3。

以上所讨论的是金属性不对称短路，即短路点的各相之间或相与地之间没有过渡电阻而是直接短路。在实际的电力系统故障中，故障点往往是经过一定的过渡阻抗而短路的，一相或两相接地短路可能是经过铁塔或电弧而与大地短接的。因此，还要研究故障点经过过渡阻抗短路的分析计算。

5. 经过过渡阻抗的单相接地短路

如图 7-26（a）所示，a 相经过过渡阻抗 Z_f 接地，图 7-26（b）为等效电路，将短路点视为由 k 点转移到 k' 点，讨论其边界条件。

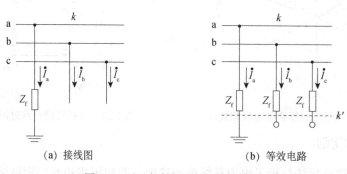

（a）接线图　　　　　　　（b）等效电路

图 7-26 经过过渡阻抗 Z_f 单相接地

故障点的边界条件为 $\dot{I}_a = 0$，$\dot{I}_c = 0$，根据对称分量法公式可得

$$\dot{I}_{a1} = \dot{I}_{a2} = \frac{1}{3}\dot{I}_a \tag{7-37}$$

故障点故障相电压，对于 k 点有

故障点故障相电压，对于 k 点有

$$\dot{U}_{ka} = \dot{I}_a Z_f \tag{7-38}$$

对于 k' 点有 $\dot{U}_{k'a} = 0$。将电流、电压均以 a 相的对称分量表示时，则有

$$\dot{U}_{ka1} + \dot{U}_{ka2} + \dot{U}_{ka0} = (\dot{I}_{a1} + \dot{I}_{a2} + \dot{I}_{a0}) \, Z_f \tag{7-39}$$

移相得　　$$\dot{U}_{ka1} - \dot{I}_{a1} Z_f + \dot{U}_{ka2} - \dot{I}_{a2} Z_f + \dot{U}_{ka0} - \dot{I}_{a0} Z_f = 0 \tag{7-40}$$

将对称分量法公式代入式（7-38）可得

$$\dot{U}_{k|0|} - \dot{I}_{a1}(Z_{\Sigma 1} + Z_f) + \left[-\dot{I}_{a2}(Z_{\Sigma 2} + Z_f) \right] + \left[-\dot{I}_{a0}(Z_{\Sigma 0} + Z_f) \right] = 0$$

即表示在 k' 点有

$$\dot{U}_{k'a} = \dot{U}_{k'a1} + \dot{U}_{k'a2} + \dot{U}_{k'a0} = 0 \tag{7-41}$$

根据故障点的边界条件 $\dot{I}_a = 0$，$\dot{I}_c = 0$，$\dot{U}_{k'a} = 0$，将正序网、负序网及零序网连成复合序网，如图 7-27 所示。由复合序网图可以求出各序分量电流和各序分量电压。

$$\dot{I}_{a1} = \dot{I}_{a2} = \dot{I}_{a0} = \frac{\dot{U}_{k|0|}}{Z_{\Sigma 1} + Z_{\Sigma 1} + Z_{\Sigma 1} + 3Z_f}$$

对于 k' 点有

$$\dot{U}_{k'a1} = \dot{U}_{ka(0)} - \dot{I}_{a1}(Z_{\Sigma 1} + Z_f)$$

$$\dot{U}_{k'a2} = -\dot{I}_{a2}(Z_{\Sigma 2} + Z_f)$$

$$\dot{U}_{k'a0} = -\dot{I}_{a0}(Z_{\Sigma 0} + Z_f)$$

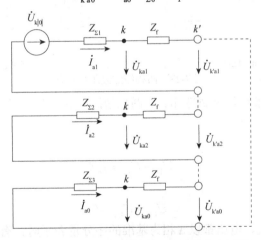

图 7-27　经过过渡阻抗 Z_f 单相接地负荷序网图

对于 k 点有

$$\dot{U}_{ka1} = \dot{U}_{k|0|} - \dot{I}_{a1} Z_{\Sigma 1}$$

$$\dot{U}_{ka2} = -\dot{I}_{a2} Z_{\Sigma 2}$$

$$\dot{U}_{ka0} = -\dot{I}_{a0} Z_{\Sigma 0}$$

k 点的各相电流、电压为

$$\dot{I}_a = 3\dot{I}_{a1} = \frac{3\dot{U}_{k|0|}}{Z_{\Sigma 1} + Z_{\Sigma 1} + Z_{\Sigma 1} + 3Z_f}$$

$$\dot{I}_b = 0$$

$$\dot{I}_c = 0$$

$$\dot{U}_{ka} = \dot{U}_{ka1} + \dot{U}_{ka2} + \dot{U}_{ka0} = 3\dot{I}_{a1}Z_f = \dot{I}_a Z_f$$

$$\dot{U}_{kb} = a^2\dot{U}_{ka1} + a\dot{U}_{ka2} + \dot{U}_{ka0} = \dot{I}_{a1}[\ (a^2 - a)\ Z_{\Sigma 2} + (a^2 - 1)\ Z_{\Sigma 0} + a^2 3Z_f]$$

$$\dot{U}_{ka} = a\dot{U}_{ka1} + a^2\dot{U}_{ka2} + \dot{U}_{ka0} = \dot{I}_{a1}[\ (a - a^2)\ Z_{\Sigma 2} + (a - 1)\ Z_{\Sigma 0} + a3Z_f]$$

6. 两相经过过渡电阻 Z_f 短路

如图 7-28（a）所示，假定 b、c 相经过 Z_f 短接，其等效电路如图 7-28（b）所示，短路点由 k 点转移到 k' 点。

根据故障点的边界条件

$$\dot{I}_a = 0 \ , \quad \dot{I}_b = 0$$

于是有

$$\dot{I}_{a1} = -\dot{I}_{a2} \ , \quad \dot{I}_{a0} = 0 \tag{7-42}$$

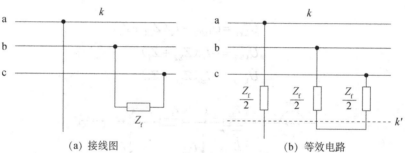

（a）接线图   （b）等效电路

图 7-28　两相经过渡阻抗短路

可见，电流的边界条件与金属性 b、c 两相短路时完全相同。因而两故障相电压差对 k 点和 k' 点是不相同的。

对 k 点有

$$\dot{U}_{kb} - \dot{U}_{kc} = \dot{I}_b Z_f \tag{7-43}$$

对 k' 点有

$$\dot{U}_{k'b} - \dot{U}_{k'c} = 0 \tag{7-44}$$

将式（7-43）中电流、电压都以 a 相为基准的序分量表示时，有

$$a^2\dot{U}_{ka1} + a\dot{U}_{ka2} - (a\dot{U}_{ka1} + a^2\dot{U}_{ka2}) = (a^2\dot{I}_{a1} + a\dot{I}_{a2})\ Z_f$$

移相整理得

$$(a^2 - a)\ \dot{U}_{ka1} - (a^2 - a)\ \dot{U}_{ka2} = (a^2 - a)\ \dot{I}_{a1}Z_f$$

可得

$$\dot{U}_{ka1} - \dot{U}_{ka2} = \dot{I}_{a1}Z_f$$

$$\dot{U}_{ka1} - \dot{I}_{a1}\frac{Z_f}{2} = \dot{U}_{ka2} - \dot{I}_{a2}\frac{Z_f}{2}$$

即相当于

$$\dot{U}_{k'a1} = \dot{U}_{k'a2} \tag{7-45}$$

根据式（7-42）和式（7-45）所表示的边界条件，将正序网和负序网连成复合序网，如图 7-29 所示。按复合序网求各序分量电流和电压。

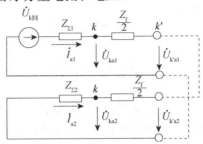

图 7-29　两相经过过渡阻抗 Z_f 短路复合序网图

$$\dot{I}_{a1} = \frac{U_{k|0|}}{Z_{\Sigma 1} + Z_{\Sigma 2} + Z_{\Sigma 0} + Z_f}$$

$$\dot{U}_{ka1} = \dot{U}_{k|0|} - \dot{I}_{a1} Z_{\Sigma 1} = \dot{I}_{a1}(Z_{\Sigma 2} + Z_f)$$

$$\dot{U}_{ka2} = -\dot{I}_{a2} Z_{\Sigma 2} = \dot{I}_{a1} Z_{\Sigma 2}$$

k 点的各相电流和电压为

$$\dot{I}_a = 0$$

$$\dot{I}_b = a^2 \dot{I}_{a1} + a\dot{I}_{a2} = (a^2 - a)\,\dot{I}_{a1} = -j\sqrt{3}\dot{I}_{a1}$$

$$\dot{I}_c = a\dot{I}_{a1} + a^2 \dot{I}_{a2} = (a - a^2)\,\dot{I}_{a1} = j\sqrt{3}\dot{I}_{a1}$$

$$\dot{U}_{ka} = \dot{U}_{ka1} + \dot{U}_{ka2} = \dot{I}_{a1}(Z_{\Sigma 2} + Z_f)$$

$$\dot{U}_{kb} = a^2 \dot{U}_{ka1} + a\dot{U}_{ka2} = \dot{I}_{a1}^2(Z_{\Sigma 2} + Z_f) + a\dot{I}_{a1} Z_{\Sigma 2} = \dot{I}_{a1}(a^2 Z_f - Z_{\Sigma 2})$$

$$\dot{U}_{kc} = a\dot{U}_{ka1} + a^2 \dot{U}_{ka2} = \dot{I}_{a1}(aZ_f - Z_{\Sigma 2} + Z_f)$$

7. 两相短路后经过过渡阻抗 Z_f 接地

如图 7-30（a）所示，假定 b、c 相短接后经过 Z_f 接地。故障点的边界条件为

$$\dot{I}_a = 0 \tag{7-46}$$

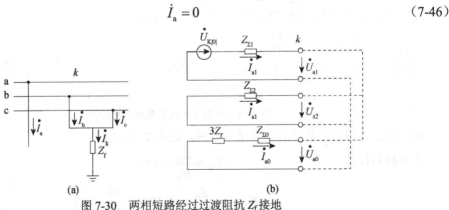

图 7-30　两相短路经过过渡阻抗 Z_f 接地

可得

$$\dot{U}_{a1} = \dot{U}_{a2} \tag{7-49}$$

由式（7-47）、式（7-49）可得

$$\dot{U}_b = a^2 \dot{U}_{a1} + a\dot{U}_{a2} + \dot{U}_{a0} = (a^2 + a)\,\dot{U}_{a1} + \dot{U}_{a0} = -\dot{U}_{a1} + \dot{U}_{a0}$$

$$\dot{U}_b = (\dot{I}_b + \dot{I}_c)\, Z_f = \dot{I}_k Z_f = 3\dot{I}_0 Z_f$$

利用上两式可以导出

$$-\dot{U}_{a1} + \dot{U}_{a0} = 3\dot{I}_0 Z_f$$

移相整理得

$$\dot{U}_{a1} = \dot{U}_{a0} - 3\dot{I}_0 Z_f$$

根据式（7-49）可得

$$\dot{U}_{a2} = \dot{U}_{a1} = \dot{U}_{a0} - 3\dot{I}_0 Z_f \tag{7-50}$$

根据式（7-48）和式（7-50）表示的边界条件，将正序网、负序网和零序网连成复合网络。

考虑故障点过渡阻抗的影响，利用正序等效定则计算时，可以参照表 7-5 进行，注意表中 m 值只适用于纯电抗的情况。

表 7-4 各种短路故障的 $Z_\Delta^{(n)}$ 和 $m^{(n)}$

短路类型 $k^{(n)}$	$Z_\Delta^{(n)}$	$m^{(n)}$
单相短路 $k^{(1)}$	$Z_{\Sigma 2} + (Z_{\Sigma 0} + 3Z_f)$	3
两相短路 $k^{(2)}$	$Z_{\Sigma 2} + Z_f$	$\sqrt{3}$
两相接地短路 $k^{(3)}$	$Z_{\Sigma 2} // (Z_{\Sigma 0} + 3Z_f)$	$\sqrt{3}\,\sqrt{1 - \dfrac{Z_{\Sigma 2}(Z_{\Sigma 0} + 3Z_f)}{(Z_{\Sigma 2} + Z_{\Sigma 0} + 3Z_f)^2}}$
三相短路	0	1

【例题 7-2】某电力系统如图 7-31 所示，试计算 k 点发生 a 相单相接地时短路处的电流和电压的标幺值。已知系统各元件参数如下：

发电机 G1：$S_{NG} = 62.5\text{MVA}$，$U_N = 10.5\text{kV}$，$E_{G1} = 11.025\text{kV}$，$x_1 = 0.125$，$x_2 = 0.16$

发电机 G2：$S_{NG} = 31.25\text{MVA}$，$U_N = 10.5\text{kV}$，$E_{G2} = 10.5\text{kV}$，$x_1 = 0.125$，$x_2 = 0.16$

变压器 T1：$S_N = 60\text{MVA}$，$U_K\% = 10.5$，$k_{T \cdot 1} = 10.5/121$

变压器 T2：$S_N = 31.25\text{MVA}$，$U_K\% = 10.5$，$k_{T \cdot 1} = 115/6.3$

线路 WL=40km，$x_1 = x_2 = 0.4\Omega/\text{km}$，$x_0 = 2x_1$

选取基准功率为 $S_B = 100\text{MVA}$ 和基准电压 $U_B = U_{aN}$。

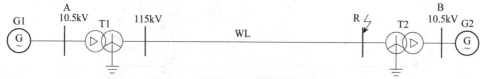

图 7-31 例题 7-2 电力系统的接线图

解：①计算网络参数并制作各序网络图，如图 7-32 所示。

发电机 G1：

$$E_A = \frac{E_{G1}}{U_B} = 1.05$$

$$X_{G1} = x_1 \frac{S_B}{S_{G1N}} = 0.125 \times \frac{100}{62.5} = 0.2$$

$$X_{G2} = x_2 \frac{S_B}{S_{G2N}} = 0.16 \times \frac{100}{62.5} = 0.256$$

发电机 G2：

$$E_B = \frac{E_{G1}}{U_B} = \frac{10.5}{10.5} = 1$$

$$X_{G2\cdot1} = x\frac{S_B}{S_{NG}} = 0.125 \times \frac{100}{31.25} = 0.4$$

$$X_{G2\cdot2} = x_2\frac{S_B}{S_{G1N}} = 0.16 \times \frac{100}{31.25} = 0.512$$

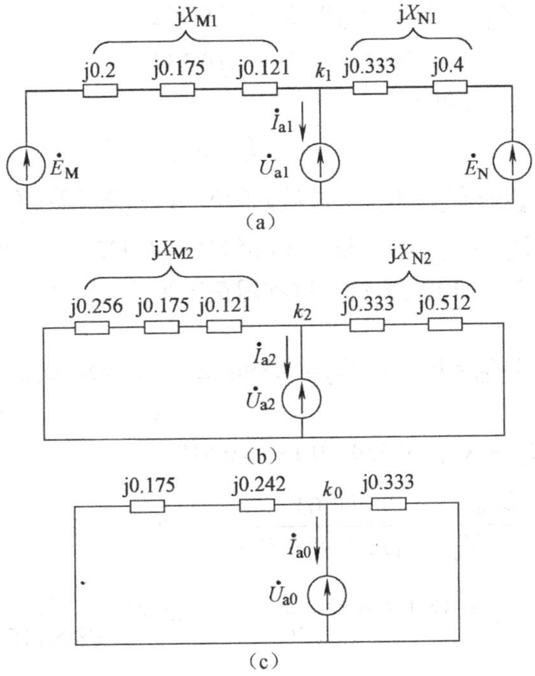

图 7-32　例题 7-2 的各序网络图

变压器 T1 和 T2：

$$X_{T1} = \frac{U_K\%}{100} \times \frac{S_B}{S_{NT\cdot1}} = \frac{10.5}{100} \times \frac{100}{60} = 0.175$$

$$X_{T2} = \frac{U_K\%}{100} \times \frac{S_B}{S_{NT\cdot2}} = \frac{10.5}{100} \times \frac{100}{31.5} = 0.333$$

线路 WL：

$$X_{WL\cdot1} = x_1 l\frac{S_B}{U_B^2} = 0.4 \times 40 \times \frac{100}{115^2} = 0.121$$

$$X_{WL\cdot0} = 2X_{WL\cdot1} = 2 \times 0.121 = 0.242$$

②计算两端口网络参数。

$X_{1\Sigma} = （0.2+0.175+0.121）// （0.333+0.4） = 0.496 // 0.733 = 0.296$

$X_{2\Sigma} = （0.256+0.175+0.121）// （0.333+0.512） = 0.552 // 0.845 = 0.334$

$X_{0\Sigma} = （0.175+0.242）// （0.333） = 0.185$

③计算短路处各序电流和各序电压，根据单相短路，复合序网图是三序网串联，设

$$\dot{U}_{k|0|} = \mathrm{j}1.03$$

$$\dot{I}_{a1} = \dot{I}_{a2} = \dot{I}_{a0} = \frac{\dot{U}_{k|0|}}{\mathrm{j}\,(X_{1\Sigma} + X_{2\Sigma} + X_{0\Sigma})} = \frac{\mathrm{j}1.03}{\mathrm{j}\,(0.296 + 0.334 + 0.185)} = 1.264$$

$$U_{k|0|} = (E_A X_{1B} + E_B X_{1A})/\,(X_{1A} + X_{1B}) = \frac{1.05 \times 0.733 + 1 \times 0.496}{0.496 + 0.733} = 1.03$$

$$\dot{U}_{a1} = \dot{U}_{k|0|} - \dot{I}_{a1} X_{\Sigma1} = \mathrm{j}1.03 - 1.264 \times \mathrm{j}0.296 = \mathrm{j}0.656$$

$$\dot{U}_{a2} = -\dot{I}_{a1} Z_{2\Sigma} = -1.264 \times \mathrm{j}0.334 = -\mathrm{j}0.422$$

$$\dot{U}_{a0} = -\dot{I}_{a1} Z_{0\Sigma} = -1.264 \times \mathrm{j}0.185 = -\mathrm{j}0.234$$

④求故障时短路处电流及电压。

$$\dot{I}_b = \dot{I}_c = 0, \quad \dot{I}_a = 3\dot{I}_{a1} = 3.792$$

$$\dot{U}_a = 0 \quad \dot{U}_b = a^2 \dot{U}_{a1} + a\dot{U}_{a2} + \dot{U}_{a0} = a^2 \times \mathrm{j}0.656 + a\,(-\mathrm{j}0.422) + (-\mathrm{j}0.234) = 0.997\mathrm{e}^{-\mathrm{j}20.6°}$$

$$\dot{U}_c = a\dot{U}_{a1} + a^2 \dot{U}_{a2} + \dot{U}_{a0} = a \times \mathrm{j}0.656 + a^2 \times (-\mathrm{j}0.422) + (-\mathrm{j}0.234) = 0.997\mathrm{e}^{-\mathrm{j}20.6°}$$

【例题 7-3】对例题 7-1 的电力系统，试利用正序等效定则计算 k 点发生各种不对称短路时的短路电流。

解：由例题 7-1 可知 $X_{\Sigma1} = 0.296$，$X_{\Sigma2} = 0.334$，$X_{\Sigma0} = 0.185$，$\dot{U}_{k|0|} = \mathrm{j}1.03$

①单相短路。

$$X_{\Delta}^{(1)} = X_{\Sigma2} + X_{\Sigma0} = 0.334 + 0.185 = 0.519$$

$$\dot{I}_{a1}^{(1)} = \frac{\dot{U}_{k|0|}}{X_{\Sigma1} + X_{\Delta}^{(1)}} = \frac{\mathrm{j}1.03}{\mathrm{j}0.296 + \mathrm{j}0.519} = \mathrm{j}1.264$$

$$\dot{I}_K^{(1)} = m^{(1)} \dot{I}_{a1} = 3 \times 1.264 \times \frac{S_B}{\sqrt{3}U_B} = 3 \times 1.264 \times \frac{100}{\sqrt{3} \times 115} = 1.904\,(\mathrm{kA})$$

②两相短路。

$$X_{\Delta}^{(2)} = X_{2\Sigma} = 0.334$$

$$\dot{I}_{a1}^{(2)} = \frac{\dot{E}_{a\Sigma}}{X_{1\Sigma} + X_{\Delta}^{(2)}} = \frac{\mathrm{j}1.03}{\mathrm{j}0.296 + \mathrm{j}0.334} = \mathrm{j}1.635$$

$$\dot{I}_K^{(2)} = m^{(2)} \dot{I}_{a1}^{(2)} = \sqrt{3} \times 1.635 \times \frac{100}{\sqrt{3} \times 115} = 1.422\,(\mathrm{kA})$$

③两相接地电路。

$$X_{\Delta}^{(1.1)} = \frac{X_{\Sigma2} X_{\Sigma0}}{X_{\Sigma2} + X_{\Sigma0}} = \frac{0.334 \times 0.185}{0.334 + 0.185} = 0.119$$

$$\dot{I}_{a1}^{(1.1)} = \frac{\dot{U}_{k|0|}}{X_{\Sigma1} + X_{\Delta}^{(1.1)}} = \frac{\mathrm{j}1.03}{\mathrm{j}\,(0.296 + 0.119)} = 2.482$$

$$\dot{I}_K^{(1.1)} = m^{(1.1)} \dot{I}_{a1}^{(1.1)} = \sqrt{3}\sqrt{1 - \frac{X_{\Sigma2} X_{\Sigma0}}{(X_{\Sigma2} + X_{\Sigma0})^2}} \times 2.482 \times \frac{S_B}{\sqrt{3}U_B}$$

$$= \sqrt{3}\sqrt{1 - \frac{0.334 \times 0.185}{(0.334 + 0.185)^2}} \times 2.482 \times \frac{100}{\sqrt{3} \times 115}$$

$$= 1.895\,(\mathrm{kA})$$

【**例题 7-4**】如图 7-15（a）所示三相系统中 k 点发生单相接地故障，已知 $\dot{U}_{k|0|}=\mathrm{j}1$，$Z_{\Sigma1}=\mathrm{j}0.4$，$Z_{\Sigma2}=\mathrm{j}0.5$，$Z_{\Sigma0}=\mathrm{j}0.25$，$Z_f=0.35$。求 a 相经过过渡阻抗 Z_f 接地短路时短路点的各相电流、电压，并绘制相量图（题中各参数均为标幺值）。

解：由单相接地复合序网图可知

$$\dot{I}_{a1}=\dot{I}_{a2}=\dot{I}_{a0}=\frac{U_{ka|0|}}{Z_{\Sigma1}+Z_{\Sigma2}+Z_{\Sigma0}+3Z_f}=\frac{\mathrm{j}1}{\mathrm{j}3\times0.354+\mathrm{j}0.5+\mathrm{j}0.25+3\times0.35}$$

$$=\frac{\mathrm{j}1}{1.05+\mathrm{j}1.15}=0.64\angle42.5°$$

$$\dot{I}_a=3\dot{I}_{a1}=3\times0.64\angle42.5°=1.92\angle42.5°$$

$$\dot{I}_b=\dot{I}_c=0$$

$$\dot{U}_{a1}=\dot{I}_{a1}(Z_{\Sigma2}+Z_{\Sigma0}+3Z_f)=0.64\angle42.5°(\mathrm{j}0.5+\mathrm{j}0.25+3\times0.35)$$

$$=0.64\angle42.5°\times1.29\angle35.5°=0.83\angle78°$$

$$\dot{U}_{a2}=-\dot{I}_{a2}Z_{\Sigma2}=-0.64\angle42.5°\times0.5\angle90°=0.32\angle-47.5°$$

$$\dot{U}_{a0}=-\dot{I}_{a0}Z_{\Sigma0}=-0.64\angle42.5°\times0.25\angle90°=0.16\angle-47.5°$$

$$\dot{U}_a=\dot{I}_aZ_f=1.92\angle42.5°\times0.35=0.67\angle-42.5°$$

$$\dot{U}_b=a\dot{U}_{a1}+a\dot{U}_{a2}+\dot{U}_{a0}=0.83\angle78°+240°+0.32\angle-47.5°+120°+0.16\angle-47.5°$$

$$=0.82-\mathrm{j}0.37=0.9\angle-24.5°$$

$$\dot{U}_c=a\dot{U}_{/a1}+a^2\dot{U}_{a2}+\dot{U}_{a0}=0.83\angle78°+240°+0.32\angle-47.5°+240°+0.16\angle-47.5°$$

$$=0.993-\mathrm{j}0.44=1.1\angle-156°$$

根据计算的各相电流、电压值，按一定比例绘制出短路点的电流，电压，如图 7-33 所示。

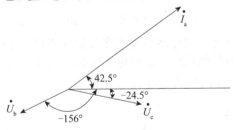

图 7-33　例题 7-4 相量图

7.3.2　不对称短路非故障点的电流和电压计算

在电力系统设计、运行和继电保护整定计算中，除了需要知道故障点的短路电流和电压外，还需要知道网络中某些支路和某些节点的电压。为此，需要先求出电压、电流的各序分量在网络中的分布，然后将相应各序分量进行合成求得各相电流和相电压。应当指出，电流和电压的各序分量经过变压器后，其相位可能发生移动，这是变压器的绕组连接组别不同造成的。

1. 对称分量经变压器后的相位变化

①Yy$_n$ 和 YNy$_n$ 连接的变压器。

如果待求电流或电压与短路点之间的变压器均为 Yy$_n$ 和 YNy$_n$ 连接，则从各序网求得的正、负和零序电流或电压，不必移动相位，就是所求的各序电流和电压。直接应用这些分量即可合成实际各项电流和电压，如图 7-34 所示，Yy$_n$ 连接的变压器的正序分量和负序分量情况下，两侧电压均为同相位，同理，两侧电流也同相位。

对于 YNy$_n$ 接线，且存在零序通路，则变压器两侧零序电流（或零序电压）亦是同相位的。因此电压、电流的各序分量经过 Yy$_n$、YNy$_n$ 连接变压器时，并不发生相位移动。

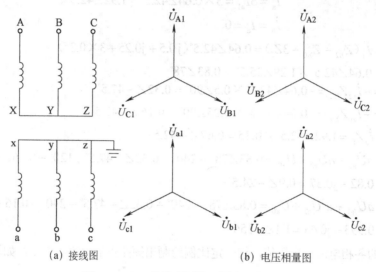

(a) 接线图   (b) 电压相量图

图 7-34　Yy$_n$ 接线变压器两侧电压相量图

②如果变压器为 Yd 连接，由序网求得的序分量要移动一定相位才是实际各序分量，如图 7-35 所示为 Yd11 变压器两侧正序、负序电压的相位关系，当非标准变比 $K_* = 1$ 时，变压器两侧电压的正序和负序分量的标幺值可表示为：

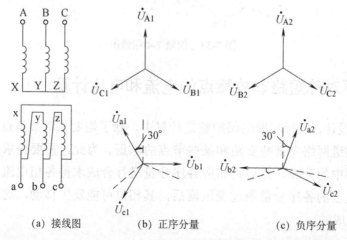

(a) 接线图   (b) 正序分量   (c) 负序分量

图 7-35　Yd11 接线变压器两侧的电压正序分量和负序分量相量图

$$\begin{cases} \dot{U}_{a1} = \dot{U}_{A1}e^{j30°} \\ \dot{U}_{a2} = \dot{U}_{A2}e^{-j30°} \end{cases} \tag{7-51}$$

式（7-51）表明，对于正序分量三角形侧电压相位较星形侧超前 30°，对负序分量则落后 30°。因为两侧功率相等，功率因数角也相等，因此，电流也有同样关系，即：

$$\begin{cases} \dot{I}_{a1} = \dot{I}_{A1}e^{j30°} \\ \dot{I}_{a2} = \dot{I}_{A2}e^{-j30°} \end{cases} \tag{7-52}$$

零序电流不可能从 Yd 接法变压器流出，所以不存在零序电流移相位的问题。

2. 网络中电流和电压分布的计算

对于正序网络，根据迭加原理可将其分解为正常情况和故障分量两部分，正常情况的网络支路是负荷电流，而故障分量的电源电势为零，网络中只有节点电流 $\dot{I}_{k1}$，由它可求得各节点电压和电流分布。

对于负序网络和零序网络，没有电源电势只有故障分量，可以与正序的故障分量一样，用电流分布系数计算电流分布，进而求出电压分布。

任一节点的电压各序分量为：

$$\begin{cases} \dot{U}_{i1} = \dot{U}_{i|0|} - j\,X_{ik1}\dot{I}_{k1} \\ \dot{U}_{i2} = -j\,X_{ik2}\dot{I}_{k2} \\ \dot{U}_{i0} = -j\,X_{ik0}\dot{I}_{k0} \end{cases} \tag{7-53}$$

式中 $\dot{U}_{i|0|}$ 为正常运行时该节点的电压，jX_{ik} 为各序网阻抗矩阵与故障点 k 相关的一列元素。

任一节点电流的各序分量为：

$$\begin{cases} \dot{I}_{ij\cdot1} = \dfrac{\dot{U}_{i\cdot1} - \dot{U}_{j\cdot1}}{Z_{ij\cdot1}} \\[2mm] \dot{I}_{ij\cdot2} = \dfrac{\dot{U}_{i\cdot2} - \dot{U}_{j\cdot2}}{Z_{ij\cdot2}} \\[2mm] \dot{I}_{ij\cdot0} = \dfrac{\dot{U}_{i\cdot0} - \dot{U}_{j\cdot0}}{Z_{ij\cdot0}} \end{cases} \tag{7-54}$$

只有各序分量在经过变压器时要考虑对称分量经过变压器后的相位移动，才能合成该处的相电流和相电压。

如图 7-36 所示为某一简单网络各种短路的各序电压有效值的分布情况，从图中可见：

①越靠近电源，正序电压越高；越靠近短路点，正序电压越低。三相短路时，短路点电压为零，系统各点电压降落最严重。两相接地短路时，正序电压降落数值仅次于三相短路。单相接地短路时，正序电压降低最小。

②越靠近短路点，负序和零序电压的有效值越高；越远离短路点，负序和零序电压数值越低，在发电机中性点上负序电压为零。

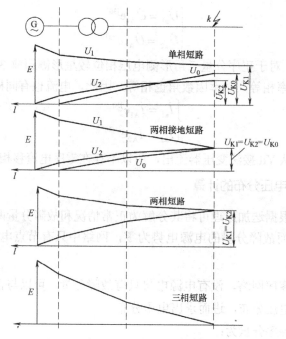

图 7-36　各种短路时各序电压的分布情况

7.3.3　非全相运行的分析和计算

以上所叙述的电力系统短路故障通常称为横向故障，它是指网络的短路点 k 和零电位点组成故障端口。电力系统另一类不对称故障是纵向故障，它是指网络中两个相邻节点 k 和 k'（非零电位节点）之间出现不正常断开或三相阻抗不相等的情况，也称非全相运行。造成非全相运行的原因很多，例如某一线路单相接地短路后，故障相开关跳闸，导线一相或两相断线，分相检修线路或开关设备以及开关合闸过程中三相触头不同时接通等。

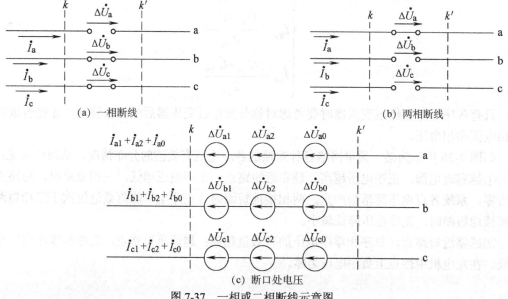

图 7-37　一相或二相断线示意图

应用对称分量法分析，纵向故障同横向故障一样，也只是在故障端口出现某种不对称状态，系统其他部分参数仍然是对称的。如图 7-37（a）、（b）所示电力系统在某处发生一相或二相断线情况。图 7-37（c）所示，在故障端口 $k\ k'$ 插入一组不对称电压源代替实际不对称状态，将不对称电压源分解为正序、负序和零序分量。利用迭加原理分别做出各序等效网络，如图 7-38 所示。并列出各序网络的故障端口电压方程式。

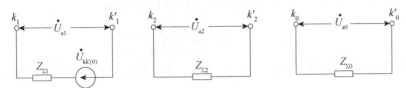

图 7-38　非全相运行时各序网络图

$$\begin{cases} \dot{U}_{kk'|0|} - Z_{\Sigma1}\dot{I}_{a1} = \dot{U}_{a1} \\ -Z_{\Sigma2}\dot{I}_{a2} = \dot{U}_{a2} \\ -Z_{\Sigma0}\dot{I}_{a0} = \dot{U}_{a0} \end{cases} \tag{7-55}$$

1. 一相断线

故障边界条件图 7-37（a）所示，由图中可知 $\dot{I}_a = 0$，$\dot{U}_b = \dot{U}_c = 0$。

用序分量表示整理可得：

$$\begin{cases} \dot{I}_{a1} + \dot{I}_{a2} + \dot{I}_{a0} = 0 \\ \dot{U}_{a1} = \dot{U}_{a2} = \dot{U}_{a0} \end{cases} \tag{7-56}$$

由此可得复合序网如图 7-39（a）所示，其断口各序电流为：

$$\begin{cases} \dot{I}_{a1} = \dfrac{\dot{U}_{kk'|0|}}{Z_{\Sigma1} + Z_{\Sigma2}//Z_{\Sigma0}} \\ \dot{I}_{a2} = \dfrac{Z_{\Sigma0}}{Z_{\Sigma2} + Z_{\Sigma0}}\dot{I}_{a1} \\ \dot{I}_{a0} = \dfrac{Z_{\Sigma2}}{Z_{\Sigma2} + Z_{\Sigma0}}\dot{I}_{a1} \end{cases} \tag{7-57}$$

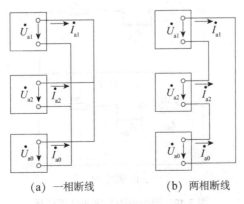

（a）一相断线　　　　（b）两相断线

图 7-39　断线故障的复合序网图

2. 二相断线

故障边界条件为 $\dot{U}_a = 0$，$\dot{I}_b = \dot{I}_c = 0$，用序分量表示为：

$$
\begin{cases}
\dot{I}_{a1} = \dot{I}_{a2} = \dot{I}_{a0} \\
\dot{U}_{a1} + \dot{U}_{a2} + \dot{U}_{a0} = 0
\end{cases}
\tag{7-58}
$$

由此可得复合序网，如图 7-40（b）所示，其断口各序电流为：

$$
\dot{I}_{a1} = \dot{I}_{a2} = \dot{I}_{a0} = \frac{\dot{U}_{kk'|0|}}{Z_{\Sigma 1} + Z_{\Sigma 2} + Z_{\Sigma 0}}
\tag{7-59}
$$

与横向故障一样，也可以用正序等效定则计算非全相运行的正序分量，对于一相断线时 $Z_\Delta = \dfrac{Z_{\Sigma 2} Z_{\Sigma 0}}{Z_{\Sigma 2} + Z_{\Sigma 0}}$，两相断线是 $Z_\Delta = Z_{\Sigma 2} + Z_{\Sigma 0}$。

对于图 7-40（a）所示两个电源并联的简单系统，当发生非全相运行时，其三序网络如图 7-40（b）、（c）、（d）所示。这时其中各序阻抗及开路电压为：

$$
\begin{cases}
Z_{\Sigma 1} = Z_{M1} + Z_{N1} \\
Z_{\Sigma 2} = Z_{M2} + Z_{N2} \\
Z_{\Sigma 0} = Z_{M0} + Z_{N0} \\
\dot{U}_{kk'|0|} = \dot{E}_M - \dot{E}_N
\end{cases}
\tag{7-60}
$$

（a）系统图

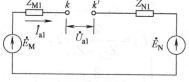

（b）正序图

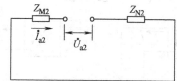

（c）负序图

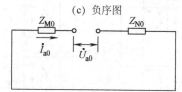

（d）零序图

图 7-40　两个电源系统非全相运行

【例题 7-5】 如图 7-41（a）所示电力系统，在双回线的线路 *I* 首端 a 相断线故障时，试计算断开相的断口电压和非断开相电流。系统各元件参数如下。

发电机 G：S_N=120MVA，U_N=10.5kV，E_G=1.67，X_1=0.9，X_2=0.45

变压器 T1：S_N=60 MVA，U_k%=10.5，变比 10.5/115

变压器 T2：S_N=60MVA，U_k%=10.5，变比 115/6.3

线路：长度*l*=105km，X_1=0.4Ω/km，$X_{I\,(0)}$=0.8Ω/km，$X_{I-II\,(0)}$=0.4Ω/km

负荷 LD1：S_N=60MVA，X_1=1.2，X_2=0.35

负荷 LD2：S_N=40MVA，X_1=1.2，X_2=0.35

解：取基准值S_B=120MVA，$U_B=U_{aN}$，做出故障后各序网图及复合序网图，如图7-41（b）所示。参数计算如下。

发电机正序电抗 X_1=0.9，负序电抗 X_8=0.45

变压器 T1 正序电抗 X_2，负序电抗 X_9，零序电抗 X_{15}

$$X_2 = X_9 = X_{15} = \frac{U_k\%}{100} \times \frac{S_B}{S_N} = \frac{10.5 \times 120}{100 \times 60} = 0.21$$

线路：

正序电抗：X_3、X_4

负序电抗：、X_{10}、X_{11}

$$X_3 = X_4 = X_{10} = X_{11} = 0.4 \times 105 \times \frac{120}{115^2} = 0.381$$

零序电抗：$X_{16} = X_{18} = \left[X_{I(0)} - X_{(I-II)0} \right] l \frac{S_B}{U_B^2} = (0.8 - 0.4) \times 105 \times \frac{120}{115^2} = 0.38$

$$X_{17} = X_{(I-II)0} l \frac{S_B}{U_B^2} = 0.4 \times 105 \times \frac{120}{115^2} = 0.38$$

负荷 LD1：

正序电抗：
$$X_6 = 1.2 \times \frac{120}{40} = 3.6$$

负序电抗：
$$X_7 = 0.35 \times \frac{120}{40} = 1.05$$

负荷 LD2：

正序电抗：
$$X_7 = 1.2 \times \frac{120}{60} = 2.4$$

负序电抗：
$$X_{17} = 0.35 \times \frac{120}{60} = 0.70$$

变压器 T2：正序电抗 X_5，负序电抗 X_{12}

$$X_5 = X_{12} = \frac{U_k\%}{100} \times \frac{S_B}{S_N} = \frac{10.5 \times 120}{100 \times 60} = 0.21$$

总正序电抗：　$X_{1\Sigma} = \left[(X_1//X_7) + X_2 + X_5 + X_6 \right] //X_4 + X_3$

$\qquad\qquad\qquad = \left[(0.9/2.4) + 0.21 + 0.21 + 3.6 \right] //0.38 + 0.38 = 0.734$

总负序电抗：　$X_{2\Sigma} = \left[(X_8//X_{14}) + X_9 + X_{12} + X_{13} \right] //X_{11} + X_{10} = 0.76$

总零序电抗：　$X_{0\Sigma} = X_{16} + X_{18} = 0.38 + 0.38 = 0.76$

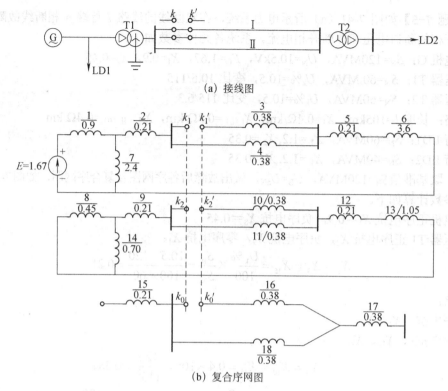

(a) 接线图

(b) 复合序网图

图 7-41 例题 7-5 电力系统接线及单相断线复合序网图

计算故障断口断开前电压：

$$\dot U_{kk'|0|} = \dot I_2 X_4 = \frac{(E/X_1)\cdot(X_1//X_7)}{(X_1//X_7)+X_2+X_5+X_6}\cdot X_4 = 0.0914$$

计算故障端口的正序、负序和零序电流，按图 7-42（b）所示的复合序网计算：

$$\dot I_{k1} = \frac{\dot U_{kk'|0|}}{j(X_{\Sigma1}+X_{\Sigma2}//X_{\Sigma0})} = \frac{j0.0914}{(0.734+0.692//0.76)} = j0.0835$$

$$\dot I_{k2} = -\frac{X_{\Sigma0}}{X_{\Sigma0}+X_{\Sigma2}}\dot I_{k1} = -0.0437$$

$$\dot I_{k0} = -(\dot I_{k1}+\dot I_{k2}) = -(0.0835+0.0437) = -0.0398$$

故障断口的电压：

$$\dot U_{kk'} = \dot U_{kk'\cdot1}+\dot U_{kk'\cdot2}+\dot U_{kk'\cdot0} = 3\dot U_{kk\cdot1} = j3\times(X_{\Sigma2}//X_{\Sigma0})\ \dot I_{k1}\times\frac{U_B}{\sqrt3}$$

$$= j3\times(0.692//0.76)\times0.0835\times\frac{115}{\sqrt3} = j6.02(kV)$$

非故障相电流为：

$$\dot I_{kb} = \frac{-3X_{\Sigma2}-j\sqrt3(X_{\Sigma2}+2X_{\Sigma0})}{2(X_{\Sigma2}+X_{\Sigma0})}\times\dot I_{k1}\times\frac{S_B}{\sqrt3U_B} = -0.0751e^{j61.6°}(kA)$$

同理可计算：

$$\dot I_{kc} = -0.0751e^{j61.6°}(kA)$$

7.3.4　应用运算曲线计算任意时刻的不对称短路电流

正序等效定则表明，不对称短路时短路点的正序电流与该点经 $X_\Delta^{(n)}$ 发生三相短路的电流周期分量相等。还可以证明它们随时间变化规律也近似相同，因此可认为在短路过程中任意时刻正序等效定则都适用，可以用三相短路运算曲线计算不对称短路后，任意时刻的正序电流值。

应用运算曲线计算不对称短路电流时，各元件的各序电阻均忽略不计，各序电抗的标幺值用平均额定电压近似计算。在正序网络中发电机电抗用 X_d'' 表示并忽略所有负荷，在负序网络中，各负荷仍用负序电抗（标幺值取 0.35）表示。近似计算时取发电机 $X_2=X_d''$，使 $X_{\Sigma 1}=X_{\Sigma 2}$。

做出三序网络和求出 $X_{\Sigma 1}$、$X_{\Sigma 2}$ 及 $X_{\Sigma 0}$ 后，根据短路类型计算 $X_\Delta^{(n)}$，然后作出正序增广网络，即可用运算曲线求得任意时刻短路点的正序电流值，最后求出短路点的故障相短路电流。如果还要计算该时刻的短路点附近的支路电流和节点电压，则可根据边界条件或复合序网，求出短路点各序电压和负、零序电流，然后根据分布规律回推到各支路和各节点，再用迭加原理把各支路的序电流各节点的序电压合成各支路电流和各节点电压。

【例题7-6】 如图7-42（a）所示电力系统，在 k 点发生金属性单相接地短路，试求 $t=0$，4s 时短路点的短路电流和非故障相电压。图中各双绕组变压器 $U_k\%=10.5$，三绕组变压器 $U_{k1}\%=12$，$U_{k2}\%=6$，各架空线 $x_1=0.4\Omega/km$，$x_0=3.5x_1$，双向线路 $x_0'=5.5x_1$。

解：取基准功率 $S_B=100MVA$，各级基准电压取平均额定电压 $U_{B\cdot n}=U_{av\cdot n}$。作正序网络，如图 7-42（b）所示，负序网络参数与正序网络相同，零序网络如图 7-42（c）所示。

正序网络中，发电机 G1 至 k_1 点的电抗：
$$x_A=x_1+x_3/2+x_{10}=0.629$$
发电机 G2 至 k_1 点电抗为：
$$x_B=x_2+x_5+x_7=1.0$$
系统至 k_1 点电抗为
$$x_s=x_6+x_9+x_B=0.32$$
$$x_{k1}=x_{k2}=x_A//\,x_B//x_S=0.175$$
零序网络
$$x_{k0}=0.215$$
单相接地的附加电抗
$$x_\Delta^{(1)}=x_{k2}+x_{k0}=0.39$$

在正序网络中 k_1 点与"地"之间接入 $X_\Delta^{(1)}$ 即成为正序增广网络，I_{k1} 相当于 $X_\Delta^{(1)}$ 后的 k' 三相短路电流。由于 $X_\Delta^{(1)}$ 较大，使发电机 G1 和 G2 对 k' 点的电气距离增加，所以可以合并作为一台汽轮发电机处理，总容量为 $S_C=43+75=118MVA$。

等效发电机至 k_1 点电抗：
$$x_{Gk1}=x_A//\,x_B=0.386$$
计算电抗
$$x_{ca}=\left(x_{k1}+x_\Delta^{(1)}+\frac{x_{Gk1}\Delta x}{x_S}\right)\frac{S_G}{S_B}=\left(0.386+0.39+\frac{0.386\times0.39}{0.32}\right)\frac{118}{100}=1.246\times\frac{118}{100}=1.47$$

由运算曲线查得 0.4s 时（在 $t=0.2s$ 和 $t=0.6s$ 两曲线之间内插），$I_{G1}=0.68$。

等效系统至 k' 的转移电抗
$$X_{Sk'}=x_s+x_\Delta^{(1)}+\frac{x_S x_\Delta^{(1)}}{x_{Gk1}}=1.03$$

等效系统提供的正序电流为：
$$I_{S1}=\frac{1}{1.03}=0.97$$

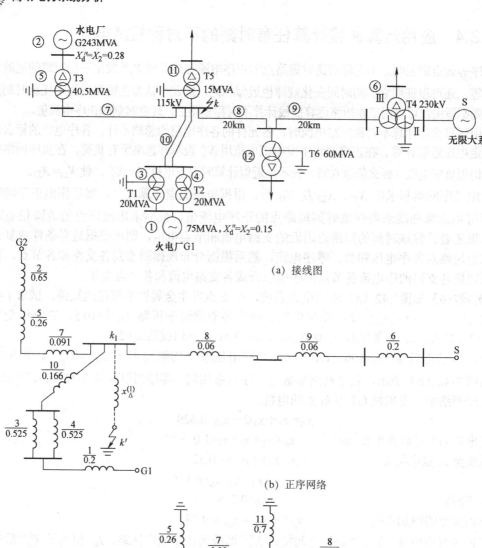

(a) 接线图

(b) 正序网络

(c) 零序网络

图 7-42　例题 7-6 电力系统及等效网络

$t=0.4s$ 时短路点故障相电流为：

$$I_{k(0.4s)} = 3\left(0.68 \times \frac{118}{\sqrt{3} \times 115} + 0.97\frac{100}{\sqrt{3} \times 115}\right) = 2.67\text{kA}$$

归算到 $S_B = 100\text{MVA}$ 的短路点正序电流标幺值为：

$$I_{k1} = 0.68 \times \frac{118}{100} + 0.97 = 1.771$$

取 $\dot{I}_{k1} = -1.77$，$0.4s$ 时短路点各序电压为：

$$\dot{U}_{k1} = -jx_{\Delta}^{(1)}\dot{I}_{k1} = 0.390 \times 1.77 = 0.69$$

$$\dot{U}_{k2} = -jx_{k2}\dot{I}_{k1} = -0.175 \times 1.77 = -0.31$$

$$\dot{U}_{k0} = -jx_{k0}\dot{I}_{k0} = -0.215 \times 1.77 = 0.38$$

设 a 相发生短路，0.4s 时 k 点 b、c 相电压为：

$$\dot{U}_{kb} = a^2\dot{U}_{k1} + a\dot{U}_{k2} + \dot{U}_{k0}$$

$$= 0.69\angle240° - 0.31\angle120° - 0.38 = 1.037\angle-123°$$

$$\dot{U}_{kc} = 0.69\angle120° - 0.31\angle240° - 0.39 = 1.037\angle123°$$

【例题 7-7】 如图 7-43 所示简单电力系统，每台发电机的中性点通过一个限流电抗器接地，电抗标幺值为 0.25/3p.u.（基准值为 100MVA）。同一基准容量下的系统各元件参数及阻抗标幺值见表 7-5。发电机在空载状态下（额定电压、额定频率）运行。求母线 3 各种故障时的工作电流，已知故障阻抗 Z_f=j0.1p·u。

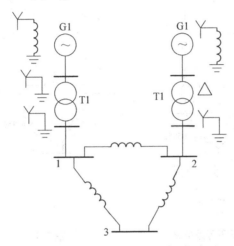

图 7-43　例题 7-7 简单电力系统接线图

表 7-5　例题 7-7 各元件参数及阻抗标幺值（基准容量 100MVA）

元件	额定电压（kV）	正序电抗 X_1	负序电抗 X_2	零序电抗 X_0
G1	20	0.15	0.15	0.05
G2	20	0.15	0.15	0.05
T1	20/220	0.10	0.10	0.10
T2	20/220	0.10	0.10	0.10
L1−2	220	0.125	0.125	0.30
L1−3	220	0.15	0.15	0.35
L2−3	220	0.25	0.25	0.712 5

解：系统正序等效电路如图 7-44 所示，将三角形连接母线变换成星形，求得从节点 3 看进去的戴维南等效阻抗。求得戴维南正序阻抗为：

$$Z_{3\Sigma1} = \frac{j0.285\,714\,3 \times j0.309\,523\,8}{j0.595\,238\,1} + j0.071\,428\,6 = j0.148\,571\,4 + j0.071\,428\,6 = j0.22$$

负序阻抗和正序阻抗相等：$Z_{3\Sigma2} = Z_{3\Sigma1}$

系统零序等效电路如图 7-45 所示。求得从节点 3 看进去的戴维南零序阻抗为

$$Z_{3\Sigma0} = \frac{j0.477\,064\,2 \times j0.256\,880\,7}{j0.733\,944\,9} + j0.183\,027\,5 = j0.166\,972\,5 + j0.183\,027\,5 = j0.35$$

① 母线 3 处发生三相对称短路故障。假设发电机空载运行，设电动势标幺值为 1，所以故障电流为

$$I_3^{(3)} = \frac{\dot{U}_{3|0|}}{Z_{3\Sigma1} + Z_f} = \frac{1.0}{j0.22 + j0.1} = -j3.125(\text{p.u.}) = 820.1\angle -90°(\text{A})$$

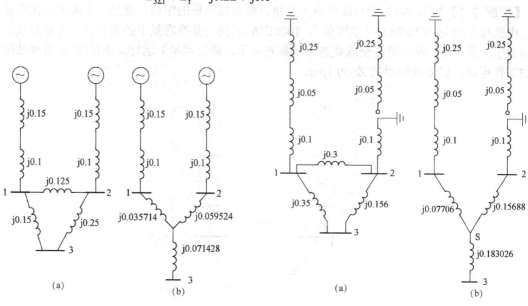

图 7-44　例题 7-7 系统正序等效电路　　图 7-45　例题 7-7 系统零序等效电路

② 母线 3 处单相接地故障，故障序分量相等，即 $I_{30} = I_{32} = I_{31}$。

由正序等效定则计算如下。

母线 3 处单相接地电流正序分量：

$$\dot{I}_{31} = \frac{\dot{U}_{3|0|}}{Z_{3\Sigma1} + Z_\Delta^{(1)}} = \frac{\dot{U}_{3|0|}}{Z_{3\Sigma1} + Z_{3\Sigma2} + Z_{3\Sigma0} + 3Z_f} = \frac{1.0}{j0.22 + j0.22 + j0.35 + 3 \times j0.1}$$

$$= -j0.9174(\text{p.u.})$$

$$\dot{I}_{30} = \dot{I}_{32} = \dot{I}_{31}$$

各相电流为

$$\begin{bmatrix} \dot{I}_{3a} \\ \dot{I}_{3b} \\ \dot{I}_{3c} \end{bmatrix} = \begin{bmatrix} 1 & 1 & 1 \\ a^2 & a & 1 \\ a & a^2 & 1 \end{bmatrix} \begin{bmatrix} I_{31} \\ I_{32} \\ I_{30} \end{bmatrix} = \begin{bmatrix} -j2.7523 \\ 0 \\ 0 \end{bmatrix}$$

母线 3 处单相接地电流为

$$I_3^{(1)} = 3I_{31} = 3 \times (0.917\,4) = 2.752\,3(\text{p.u.})$$

③ 母线 3 处两相短路故障，电流零序分量为零，即 $I_{30} = 0$。电流正序分量为

$$-\dot{I}_{32} = \dot{I}_{31} = \frac{\dot{U}_{3|0|}}{Z_{3\Sigma1} + Z_{\Delta}^{(2)}} = \frac{\dot{U}_{3|0|}}{Z_{3\Sigma1} + Z_{3\Sigma2} + Z_f} = \frac{1.0}{j0.22 + j0.22 + j0.1} = -j1.851\,9(\text{p.u.})$$

故障电流为

$$\begin{bmatrix} \dot{I}_{3a} \\ \dot{I}_{3b} \\ \dot{I}_{3c} \end{bmatrix} = \begin{bmatrix} 1 & 1 & 1 \\ a^2 & a & 1 \\ a & a^2 & 1 \end{bmatrix} \begin{bmatrix} -j1.851\,9 \\ j1.851\,9 \\ 0 \end{bmatrix} = \begin{bmatrix} 0 \\ -3.207\,5 \\ 3.207\,5 \end{bmatrix}$$

故障电流为

$$I_3^{(2)} = \sqrt{3}I_{31} = \sqrt{3}(1.851\,9) = 3.207\,5(\text{p.u.})$$

④母线 3 处两相接地故障。

故障电流正序分量为

$$\dot{I}_{31} = \frac{\dot{U}_{3|0|}}{Z_{3\Sigma1} + Z_{\Delta}^{(1,1)}} = \frac{\dot{U}_{3|0|}}{Z_{3\Sigma1} + \dfrac{Z_{3\Sigma2}(Z_{3\Sigma0} + 3Z_f)}{Z_{3\Sigma2} + Z_{3\Sigma2} + 3Z_f}} = \frac{1.0}{j0.22 + \dfrac{j0.22(j0.35 + 3 \times j0.1)}{j0.22 + j0.35 + 3 \times j0.1}}$$

$$= -j2.601\,7(\text{p.u.})$$

$$\dot{I}_{32} = -\frac{\dot{U}_{3|0|} - Z_{31}\dot{I}_{31}}{Z_{32}} = \frac{1 - j0.22 \times (-j2.601\,7)}{j0.22} = j1.943\,8(\text{p.u.})$$

$$\dot{I}_{30} = -\frac{\dot{U}_{3|0|} - Z_{31}\dot{I}_{31}}{Z_{30} + 3Z_f} = \frac{1 - j0.22 \times (-j2.601\,7)}{j0.22 + j0.3} = j0.657\,9(\text{p.u.})$$

各相电流为

$$\begin{bmatrix} \dot{I}_{3a} \\ \dot{I}_{3b} \\ \dot{I}_{3c} \end{bmatrix} = \begin{bmatrix} 1 & 1 & 1 \\ a^2 & a & 1 \\ a & a^2 & 1 \end{bmatrix} \begin{bmatrix} -j2.601\,7 \\ j1.943\,8 \\ j0.657\,9 \end{bmatrix} = \begin{bmatrix} 0 \\ 4.058\angle165.9° \\ 4.058\angle14.07° \end{bmatrix}$$

故障电流为

$$\dot{I}_3^{(1,1)} = \dot{I}_{3b} + \dot{I}_{3c} = 1.973\,2\angle90°$$

小　结

　　本章阐述了不对称故障的分析和计算方法。不对称短路故障采用对称分量法分析计算，对称分量法是将一组不对称的三相系统分解为三组对称的三相系统，即正序系统、负序系统和零序系统。正序系统和负序系统不但是对称系统，而且是平衡系统。零序系统是对称系统，但不是平衡系统。

　　通过分析三种典型的不对称短路故障模型（单相接地、两相短路、两相接地短路），总结出不对称短路故障简化的计算方法，即正序等效定则。对于不对称短路，作出各序网图，求出各序电抗，都可以用一个正序电抗串联一个附加电抗的正序增广网络的等效电路表示。求出故障点的正序电流，然后乘以短路类型系数即可以求出故障点的短路电流。然后，求出非故障点的电流、电压各序分量在网络中的分布，最后用各序分量合成各相的电流和电压。需要注意，正序和负序分量经过 Y/△接法的变压器时要改变相位。

电力系统不对称故障包括两种类型：横向故障和纵向故障。它们的分析、计算的原理和方法相同。但要注意，横向故障和纵向故障的端口是不相同的。

正序等效定则适用于短路的任意时刻，因此可以用三相短路电流运算曲线计算不对称短路故障。叠加原理同样适用于不对称短路故障。

思考题与习题

7-1 何谓对称分量法？正序、负序和零序分量各有什么特点？

7-2 简述单相短路、两相短路、两相接地短路的边界条件，如何转化为对称分量表示的边界条件？怎样根据边界条件做出复合序网图？

7-3 两相短路为什么没有零序分量？

7-4 何谓正序等效定则？

7-5 何谓非全相运行？它与电力系统不对称短路有何异同？

7-6 试绘制图 7-46 所示电力系统中 k 点发生单相接地，两相短路和两相接地短路时的复合序网图。

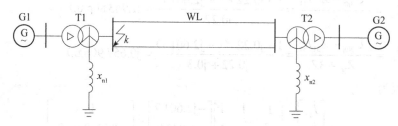

图 7-46　题 7-6 电力系统图

7-7 如图 7-47 所示电力系统，已知各元件参数如下：

发电机 G1：62.5MVA，$X_d''=0.125$，$X_2=0.16$

发电机 G2：31.25MVA，$X_d''=0.125$，$X_2=0.16$

变压器 T1：63MVA，$U_k\%=10.5$

变压器 T2：31.5MVA，$U_k\%=10.5$

线路 WL：$l=50$ km，$x_1=0.4\Omega/\text{km}$，$x_0=3x_1$

试求 k 点发生两相接地短路时，故障点的各相电流和各相电压。

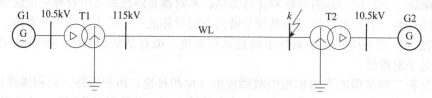

图 7-47　题 7-7 的电力系统接线图

7-8 简单电力系统如图 7-48 所示。已知各元件参数如下。

发电机 G：50MVA，$X_d''=X_2=0.2$，$E''=1.05$；

变压器 T：50MVA，$U_k\%=10.5$，Ynd11 接线，中性点接地电抗 $x_n=22\Omega$。k 点发生单相

接地或两相接地。试计算：

（1）短路点各相电流及电压的有名值。

（2）发电机端各相电流及电压的有名值，并画出其相量图。

（3）变压器低压绕组中各绕组电流的有名值。

（4）变压器中性点的电压有名值。

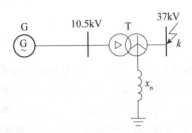

图 7-48　题 7-8 的电力系统接线图

7-9　如图 7-49 所示电力系统，已知各元件参数如下。

发电机 G：100MVA，$\cos\varphi=0.85$，$X_d''=0.18$，$X_2=0.22$。

变 压 器 T：120MVA，$U_{K\,(1-2)}\%=24.7$，$U_{K\,(2-3)}\%=8.8$，$U_{K\,(1-3)}\%=14.7$。输 电 线 路

WL：$l=160\text{km}$，$x_1=0.4\Omega/\text{km}$，$x_0=3.5x_1$。S 为无限大容量电源系统，内阻 $x_s=0$。

试计算 k 点单相接地短路时发电机母线 A 的线电压，并绘出相量图。

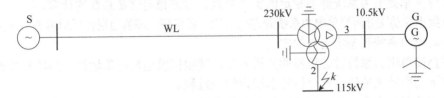

图 7-49　题 7-9 电力系统图

7-10　如图 7-50 所示简单电力系统，已知各元件参数如下。

发电机 G：$S_{NG}=300\text{MVA}$，$X_d''=X_2=0.22$。

变压器 T1 和 T2：$S_{NT}=360\text{MVA}$，$U_k\%=12$。线路每回路 120km，$x_1=0.4\Omega/\text{km}$，$x_0=3x_1$。

负荷 LD：$S_{LD}=280\text{MVA}$。当 k 点发生单相断线时，试计算各序电抗，并绘制复合序网图。

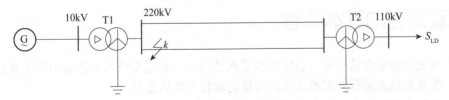

图 7-50　题 7-10 的电力系统接线图

第 8 章　电力系统的稳定性

内容提要

本章首先介绍了稳定性的基本概念，阐述了电力系统静态稳定性的分析方法，即实用判据和小扰动法，然后介绍了简单电力系统的静态稳定性分析及自动励磁调节对静态稳定的作用。

本章还讲述了简单电力系统在各种运行情况下的功角特性及简单电力系统受到大干扰后发电机转子的相对运动。介绍了定量分析暂态稳定性采用的等面积定则和发电机转子运动方程的数值解法，以及复杂电力系统的暂态稳定性，最后介绍了提高静态稳定性和暂态稳定的措施。

学习目标

①理解电力系统稳定的意义，掌握同步发电机的转子运动方程。

②理解功率角 δ 与惯性事间常数的物理意义。

③掌握简单电力系统中隐极式同步发电机和凸极式同步发电机的功角特性。

④理解并掌握电力系统静态稳定的实用判据、静态稳定储备系数的计算。

⑤掌握小扰动法分析简单电力系统静态稳定的一般步骤，理解阻尼作用对静态稳定的影响。

⑥理解电力系统暂态稳定性的定义。

⑦掌握简单电力系统暂态过程的分析方法，能根据发电机正常运行、故障和故障切除后三种状态下功率特性曲线定性分析暂态稳定物理过程。

⑧掌握等面积定则，掌握极限切除角计算方法。

⑨熟练掌握提高电力系统暂态稳定性的措施。

正常运行的基本条件是电力系统要安全稳定。所谓安全是指电力系统中所有电气元件必须不超过其允许的电压、电流和频率的条件下运行，否则会造成设备损坏。所谓稳定是指电力系统经受扰动后能继续向负荷正常供电的状态，即有承受扰动的能力。

8.1　稳定性的基本概念

电力系统的稳定性是指电力系统在遭受到扰动后，凭借系统本身固有的能力和控制设备的作用，恢复到稳态运行方式或达到新的稳定运行方式的能力。

电力系统运行时，有三种必须同时满足的稳定性要求，即同步运行稳定性、频率稳定性和电压稳定性。保证电力系统稳定是电力系统运行的必要条件，只有在保持电力系统稳定的条件下，电力系统才能不间断地向各类负荷提供合格质量要求的电能。

在上述三种稳定性中，最重要的是同步运行稳定性。电力系统的稳定性按照受干扰的大小一般分为静态稳定和暂态稳定。电力系统静态稳定是指电力系统在某一运行方式下受到一个小干扰后，能否恢复到它原来的运行状态和能力。电力系统的暂态稳定是指系统受到一个大干扰后，能否不失步地过渡到新的稳定状态或恢复到原来稳定运行状态的能力。

所谓小干扰或大干扰只是相对的有条件的区分，很难用具体数值给定。小干扰一般指正常的负荷和参数波动，如个别电动机的接入或退出，加负荷和减负荷等。电力系统大干扰主要有负荷的突然变化，如投入或切除大容量用户等；切除或投入系统的主要元件，如发电机、变压器及线路等，发生短路故障或断线故障。

除此之外，还有一种动态稳定。电力系统动态稳定是指当系统受到某种大干扰时将使系统失去稳定，当采用自动调节装置后，可将系统调节到不致丧失稳定。这种靠自动调节装置作用得到的稳定称为动态稳定。所谓动态稳定是指电力系统受到大干扰后，在计及自动调节装置和控制装置的作用下，保持系统稳定运行的能力。

8.1.1 同步发电机组的转子运动方程

1. 转子运动方程

分析和研究电力系统运行的稳定性，首先要研究电力系统的机电特性，即同步发电机的转子运动方程。

根据旋转物体的力学定律，同步发电机转子的机械角速度与作用在转子轴上的不平衡转矩之间有如下关系。

$$J\alpha = \Delta M \tag{8-1}$$

上式中 J 为转子转动惯量（$kg \cdot m \cdot s^2$）；α 为转子的机械角加速度（rad/s^2）；ΔM 为作用在转子上的不平衡转矩，或称为加速转矩（$kg \cdot m$），ΔM 是原电机的机械转矩 M_T 与发电机的电磁转矩 M_e 之差（$N \cdot m$）。

以 θ 表示从某一个固定参考轴 a 算起的机械角位移（rad），Ω 表示机械角速度，则有：

$$\Omega = \frac{d\theta}{dt}$$

$$\alpha = \frac{d\Omega}{dt} = \frac{d\theta^2}{dt^2}$$

转子运动方程为：

$$J\alpha = J\frac{d\Omega}{dt} = J\frac{d\theta^2}{dt^2} = \Delta M \tag{8-2}$$

机械角速度 Ω 和电角速度 ω 有如下关系：

$$\Omega = \frac{\omega}{p} \tag{8-3}$$

式中 p 为同步电机转子磁极的对数。

图 8-1 所示为同步发电机组转子的电角位移示意图。a 是空间静止时固定参考轴线，同步参考轴线是以同步角速度 ω_N 在空间旋转的轴线，转子 q 轴以角速度 ω 在空间旋转。同步发电机转子轴线 i 与固定参考轴 a 之间的夹角 θ_i 是绝对角位移，而与同步参考轴的夹角 δ_i 为相对角位移。如取发电机转子轴线 j 为同步参考轴，则发电机的 i 与 j 之间的夹角就是 i、j 转子之间的角位移 θ_{ij}。

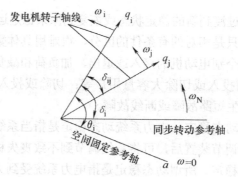

图 8-1 电角位移示意图

由图 8-1 可见 $\theta=\omega t$，$\delta=\omega t-\omega_N t$ 于是可得：

$$
\begin{cases}
\dfrac{\mathrm{d}\theta}{\mathrm{d}t}=\omega \\[2mm]
\dfrac{\mathrm{d}\theta^2}{\mathrm{d}t^2}=\dfrac{\mathrm{d}\omega}{\mathrm{d}t} \\[2mm]
\dfrac{\mathrm{d}\delta}{\mathrm{d}t}=\omega-\omega_N \\[2mm]
\dfrac{\mathrm{d}\delta^2}{\mathrm{d}t^2}=\dfrac{\mathrm{d}\omega}{\mathrm{d}t}
\end{cases}
\tag{8-4}
$$

将式（8-4）关系代入式（8-1）得：

$$
J\frac{\mathrm{d}\Omega}{\mathrm{d}t}=J\frac{\mathrm{d}\left(\dfrac{\omega}{P}\right)}{\mathrm{d}t}=J\frac{\mathrm{d}\omega}{P\,\mathrm{d}t}=\frac{J}{P}\frac{\mathrm{d}^2\delta}{\mathrm{d}t^2}=\Delta M=J\frac{\Omega_N}{\omega_N}\frac{\mathrm{d}^2\delta}{\mathrm{d}t}=\Delta M
$$

选基准转矩 $M_B=\dfrac{S_B}{\Omega_N}$，则上式两边除以 M_B 可得：

$$
\frac{J\Omega_N^2}{S_B\omega_N}\frac{\mathrm{d}^2\delta}{\mathrm{d}t^2}=\Delta M_*
$$

定义 $T_J=\dfrac{J\Omega_N^2}{S_B}$ 为发电机组的惯性时间常数，单位为秒，于是得到用转矩标幺值表示的发电机转子运动方程为：

$$
\frac{T_J}{\omega_N}\frac{\mathrm{d}^2\delta}{\mathrm{d}t^2}=\Delta M_*
\tag{8-5}
$$

如果认为发电机组的惯性较大，一般情况下机械角速度 Ω 变化不大，则可近似认为转矩的标幺值等于功率的标幺值，$\omega\approx\omega_N$，$\omega_*\approx 1$，$\Delta M_*\omega_*=\Delta P_*$，即：

$$
\Delta M_*=\frac{\Delta M}{S_B/\Omega_N}=\frac{\Delta M\Omega_N}{S_B}\approx\frac{\Delta M\Omega}{S_B}=\frac{\Delta P}{S_B}=P_{T*}-P_{e*}
\tag{8-6}
$$

于是式（8-5）可表示为：

$$
\frac{T_J}{\omega_N}\frac{\mathrm{d}^2\delta}{\mathrm{d}t^2}=P_{T*}-P_{e*}=\Delta P_*
\tag{8-7}
$$

式（8-7）中，当 $\omega_N=2\pi f_N$ 时，δ 的单位为弧度，当 $\omega_N=360f_N$ 时，δ 的单位为度（°），t 的

单位为秒（s）。

2. 惯性时间常数 T_J

电动机的惯性时间常数 T_J 是反映发电机转子机械惯性的重要参数，常以"s"作单位。由 T_J 的定义可知，它是转子在额定转速之下的动能的两倍除以基准功率。发电机额定容量为基准的惯性时间常数 $T_{JN} = \dfrac{J\Omega_N^2}{S_B}$，通常称为额定惯性时间常数。

选基准转矩 $M_B = M_N = \dfrac{S_N}{\Omega_N}$，在式（8-2）中两端除以 M_B 得：

$$T_{JN} \frac{d\Omega_*}{dt} = \Delta M_* \tag{8-8}$$

或者写为：

$$T_{JN} d\Omega_* = \Delta M_* dt$$

取 $M_{T*} = 1$，$M_{e*} = 0$ 即 $\Delta M_* = 1$，对式（8-8）从 $\Omega_* = 0$ 到 $\Omega_* = 1$ 积分可表示成下式：

$$T_{JN} \int_0^1 d\Omega_* = \int_0^t \Delta M_* dt = \int_0^t dt$$

于是可得到：

$$T_{JN} = t \tag{8-9}$$

上式说明，如果在发电机组的转子上施加额定转矩后，转子从静止状态（$\Omega_* = 0$）起加速到额定转速（$\Omega_* = 1$）所需的时间 t，就是发电机组的额定惯性时间常数 T_{JN}。

在电力系统稳定计算中，各发电机的额定时间常数 $T_{JN\cdot i}$ 要归算到系统统一的基准功率 S_B 下，即：

$$T_{Ji} = T_{JN\cdot i} \frac{S_{N\cdot i}}{S_B} \tag{8-10}$$

上式中下脚标 i 表示第 i 台发电机的量。简化分析中可将 n 台发电机合并为一台等效发电机，其惯性时间常数为各发电机归算到统一基准功率下的惯性时间常数之和，即：

$$T_{J\cdot\Sigma} = T_{JN1} \frac{S_{N1}}{S_B} + T_{JN2} \frac{S_{N2}}{S_B} + \cdots + T_{JN\cdot n} \frac{S_{N\cdot n}}{S_B} = \sum_{i=1}^n T_{J\cdot i} \tag{8-11}$$

一般汽轮发电机组的惯性时间常数为 8～16s，水轮发电机组的惯性时间常数为 4～8s，同期调相机的惯性时间常数为 2～4s。

8.1.2　同步发电机的功角特性

发电机输出的电磁功率和功率角的关系，称为发电机的功角特性。

1. 隐极式发电机的功角特性

隐极式发电机的转子是对称的，因而它的直轴同步电抗和交轴同步电抗是相等的，即 $X_d = X_q$，略去定子绕组的电阻，简单电力系统的等效电路和相量图如图 8-2 所示。

由图 8-2（a）知系统总电抗 $X_{d\Sigma} = X_d + X_{T1} + \dfrac{1}{2}X_L + X_{T2}$ 由图 8-2（b）可得空载电动势 E_q 和电抗 $X_{d\Sigma}$ 表示方程式如下：

$$\begin{cases} E_q = U_q + I_d X_{d\Sigma} \\ 0 = U_d - I_q X_{d\Sigma} \end{cases} \tag{8-12}$$

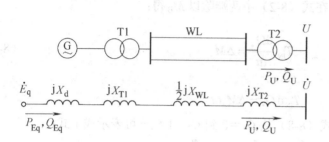

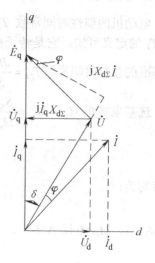

(a) 接线和等效电路　　　　　　　　　(b) 相量图

图 8-2　隐极发电机相量图

而发电机输出有功功率表达式为：

$$P_{Eq} = Re\left(\dot{U} \overset{*}{I} \right) = R_e\left[(U_d + jU_q)\ (I_d - jI_q) \right] = U_d I_d + U_q I_q \tag{8-13}$$

将式（8-12）代入式（8-13）可得：

$$P_{Eq} = U_d \frac{E_q - U_q}{X_{d\Sigma}} + U_q \frac{U_d}{X_{d\Sigma}} = \frac{E_q U}{X_{d\Sigma}} \sin \delta \tag{8-14}$$

式中，$U_d = U \sin \delta$

发电机输出的三相有功功率为

$$P_{(3\phi)Eq} \approx 3 \frac{U E_q}{X_{d\Sigma}} \sin \delta \tag{8-15}$$

同理，发电机输出的无功功率表达式为：

$$Q_{Eq} = Im\left(\dot{U} \overset{*}{I} \right) = U_q I_d - U_d I_q = U_q \frac{E_q - U_q}{X_{d\Sigma}} - U_d \frac{U_d}{X_{d\Sigma}}$$

$$= \frac{E_q U_q}{X_{d\Sigma}} - \frac{U_d^2 + U_q^2}{X_{d\Sigma}} = -\frac{U^2}{X_{d\Sigma}} + \frac{E_q U}{X_{d\Sigma}} \cos \delta = \frac{U}{X_{d\Sigma}} (E_q \cos \delta - U) \tag{8-16}$$

式中，$U_q = U \cos \delta$

当发电机电势 E_q 及电压 U 为定值，可以做出包含隐极式发电机的简单电力系统的功角特性曲线，如图 8-3 所示。从式（8-14）可知，发电机输出有功功率 P_{Eq} 与功角 δ 呈正弦变化，当 $\delta_{max} = 90°$ 时，发电机输出有功功率达到理论上最大值 $P_{max} = \dfrac{E_q U}{X_{d\Sigma}}$。如果从 $\delta = 0°$ 开始增加驱动转矩，发电机加速，转子磁势超前与气隙合成磁势，δ 角增大，电机发出电能。在

δ 角为某值时电机达到转矩平衡，此时输出电能等于增加的机械能。如继续增加驱动转矩使 δ 角超过 90°，输出电能会从最大值 P_{max} 开始减小。因此，过量的驱动转矩会使发电机持续加速而失去同步，这时继电保护装置动作，将发电机从系统中切除。P_{max} 值称为静态稳定极限。一般，稳定问题表示在功角小于 90° 的条件。同步发电机实现稳定运行，有功潮流的调节，即发电机输出有功功率的调节，通过调节发电机的调速器，通过功率频率控制通道进行。

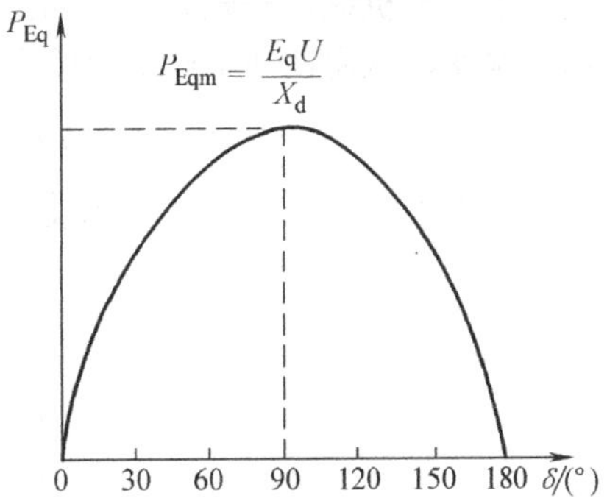

图 8-3 隐极发电机的功角特性曲线

从式（8-16）可知，发电机在稳定运行时功角 δ 较小，则 $\cos\delta$ 接近于 1，发电机输出的三相无功功率近似为

$$Q_{(3\phi)Eq} \approx 3\frac{U}{X_{d\Sigma}}(E_q - U) \tag{8-17}$$

由式（8-17）可得，当 $E_q > U$，发电机向系统输出无功功率，称为过励，功率因数滞后；如果 $E_q < U$，则发电机从系统吸收无功功率，称为欠励，功率因数超前。发电机通常工作在过励状态下，因为发电机是整个系统中感性负荷的主要无功功率电源。因此，无功功率主要由励磁电压与母线电压的差值来调节，即通过调节发电机的励磁来实现无功功率的调节。

当以交轴暂态电势 E_q' 和直轴电抗 X_d' 表示发电机时，有：

$$\begin{cases} E_q' = U_q + I_d X_d' \\ 0 = U_d - I_q X_d \end{cases} \tag{8-18}$$

将式（8-18）代入式（8-13）可得以 E_q 表示的功率特性为：

$$P_{E'q} = \frac{E_q' U}{X_{d\Sigma}}\sin\delta - \frac{U^2}{2}\left(\frac{X_d - X_d'}{X_d X_d'}\right)\sin 2\delta \quad (\delta_{Eqm} > 90°) \tag{8-19}$$

2. 凸极式发电机的功角特性

由于凸极转子是不对称的，因而它的直轴同步电抗和交轴同步电抗不相等，即 $X_d \neq X_q$。略去定子绕组电阻，凸极机在简单电力系统正常运行时的相量图如图 8-4 所示。

由式 $\dot{E}_Q = \dot{U}_q + j\dot{I}_d X_d$，$E_q = E_Q + (X_d - X_q)I_d$ 可得：

$$\begin{cases} E_q = U_q + I_d X_d \\ 0 = U_d - I_q X_q \end{cases} \tag{8-20}$$

将式（8-20）代入式（8-13），整理后可得：

$$P_{Eq} = \frac{E_q U}{X_d}\sin\delta + \frac{U^2}{2} \times \frac{X_d - X_q}{X_d X_q}\sin 2\delta \tag{8-21}$$

当发电机无调节励磁，E_q 等于常数时，凸极发电机为电源的简单电力系统的功角特性如图 8-5 所示。凸极机与隐极机相较，它多了一项与发电机电势无关的两倍功角的正弦项，该项

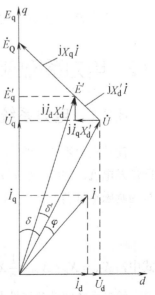

图 8-4 凸极式发电机相量图

是由于发电机纵、横轴磁阻不同而产生的，称为磁阻功率。由于磁阻功率的存在使功角特性曲线畸变，从而使功率极限有所增加，并且功率极限出现在 $\delta < 90°$。

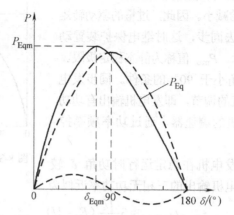

图 8-5　凸极式发电机的功角特性曲线

为简化计算，可以用发电机交轴同步电机 X_q 和这个电抗后的虚构电势 E_Q 表示发电机，此时功角特性可表示为：

$$P_{E_Q} = \frac{E_Q U}{X_q} \sin\delta \tag{8-22}$$

若给定运行条件（U、P_U、Q_U）下，E_Q 和 δ 按下式计算：

$$\begin{cases} E_Q = \sqrt{\left(\dfrac{U + Q_U X_q}{U}\right)^2 + \left(\dfrac{P_U X_q}{U}\right)^2} \\[4mm] \delta = \arctan \dfrac{P_U X_q / U}{U + Q_U X_q / U} \end{cases} \tag{8-23}$$

上式中 P_U、Q_U 是发电机输送到系统的功率。

8.2　电力系统的静态稳定

8.2.1　电力系统静态稳定性的分析

简单电力系统如图 8-6（a）所示，图中受端为无限大容量电力系统母线，送端为隐极式同步发电机，并略去所有元件的电阻和导纳。该系统的等效网络如图 8-6（b）所示，设发电机的励磁不可调，即 E_q 为常数，则系统的功角特性关系为：

$$P_{E_q} = \frac{E_q U}{X_{d\Sigma}} \sin\delta \tag{8-24}$$

式中，$X_{d\Sigma} = X_d + X_{T1} + \dfrac{1}{2} X_1 + X_{T2}$。

绘制系统的功角特性曲线，如图 8-6（c）所示。

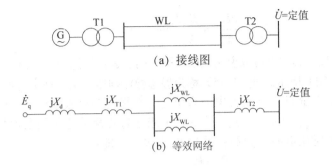

(a) 接线图

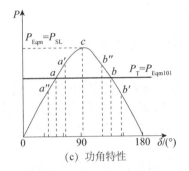

(c) 功角特性

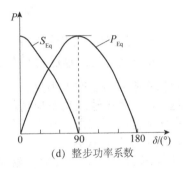

(d) 整步功率系数

图 8-6　简单电力系统

由图 8-7（c）分析，当输入发电机的机械功率 P_T 与发电机输出的电磁功率相平衡，即 $P_T = P_{Eq|0|}$ 条件时，在功角特性曲线上将有两个与运行点 a、b 相对应的功角 δ_a、δ_b。下面分别分析在 a 点和 b 点的运行情况。

在 a 点，当系统受到一个瞬时小干扰，使发电机功角产生一个微小增量 $\Delta\delta$ 时，使运行点由 δ_a 变到 δ_a'，电磁功率从 $P_{Eq|0|}$ 增加到 P_{Eqa}'产生 $\Delta P = P_{Eqa}' - P_{Eq|0|}$，由于原动机的机械功率 $P_T = P_{Eq|0|}$ 不变，因此电磁功率 P_{Eqa}'大于原动机的机械功率 P_T，根据转子运动方程的基本关系，可知发电机转子要减速，功角 δ 将减小，运行点向原始 a 点运行，经过衰减振荡后，发电机恢复到原来 a 点运行，同样，如果小干扰使功角 δ 减小 $\Delta\delta$，运行点移到 a''，这时电磁功率 P_{Eqa}''将小于原动机的机械功率 P_T，转子将被加速，功角 δ 增大，运行点同样向原始 a 点返回。由以上分析可见，在运行点 a，系统受到任何瞬时小干扰时均能自行恢复到原来的平衡状态，所以系统是静态稳定的，a 点是静态稳定运行点。

b 点运行情况则与 a 点完全不同，当稳定运行时输入的原动机机械功率与输出的电磁功率相互平衡，但在小干扰时使发电机产生一个 $\Delta\delta$ 增量时，由于电磁功率减小，电磁功率小于机械功率，将使发电机转子加速，使功角 δ 继续增大以至于发电机失去同步，即系统失去静态稳定，同样如果小干扰使功角 δ 减小，电功率增加 ΔP，由于电功率大于原动机机械功率，将使转子减速，使 δ 减小，结果是使运行点向 a 点趋近，最后在 a 点稳定运行。所以，在 b 点，电力系统是静态不稳定的，b 点不是静态稳定运行点。

根据上述分析可知，当功角 δ 在 $0°\sim90°$ 范围内，电力系统可保持静稳定运行，在此范围内有 $\dfrac{\mathrm{d}P_{Eq}}{\mathrm{d}\delta} > 0$，而 $\delta > 90°$ 时，电力系统不能保持静态稳定运行。此时有 $\dfrac{\mathrm{d}P_{Eq}}{\mathrm{d}\delta} < 0$，由此，可以得出电力系统静态稳定的实用判据为：

$$S_{\mathrm{Eq}} = \frac{\mathrm{d}P_{\mathrm{Eq}}}{\mathrm{d}\delta} = \frac{E_{\mathrm{q}}U}{X_{\mathrm{d\Sigma}}}\cos\delta > 0 \tag{8-25}$$

式中 S_{Eq} 称为整步功率系数，其大小可以说明发电机维持同步运行的能力，即说明静态稳定的程度。其特性曲线如图 8-6（d）所示。式（8-25）称为静态稳定判据，是一种实用判据。

为保证电力系统运行可靠性，不允许电力系统运行在稳定的极限附近。否则运行情况稍有变化或者受到干扰，系统便会失去稳定。为此，要求运行点离稳定极限要保持一定距离，称为稳定储备，其大小通常用静态稳定储备系数 K_{p} 来表示。即：

$$K_{\mathrm{p}} = \frac{P_{\mathrm{sl}} - P_{\mathrm{E_{q|0|}}}}{P_{\mathrm{E_{q|0|}}}} \times 100\% \tag{8-26}$$

式中，$P_{\mathrm{st}} = P_{\mathrm{Eqm}}$——静态稳定的极限功率（即功角特性曲线的顶点）；

$P_{\mathrm{E_{q|0|}}}$—— 正常运行时的输送功率 $P_{\mathrm{E_q|0|}} = P_{\mathrm{T}}$。

静态稳定储备系数 K_{p} 的大小反映了电力系统由功角特性所确定的静态稳定度。K_{p} 越大，稳定度越高，但系统输送功率受到限制。反之 K_{p} 过小，则稳定度过小，则稳定程度太低，降低了系统运行的可靠性。我国目前规定，正常运行时 $K_{\mathrm{p}}=15\%\sim20\%$；在故障时允许 K_{p} 短时降低，但不应小于 10%。

电力系统静态稳定计算的目的，就是按给定的运行条件，应用相应的稳定判据（如 $\frac{\mathrm{d}P_{\mathrm{Eq}}}{\mathrm{d}\delta} > 0$）确定稳定极限，从而计算出该运行方式下的静态稳定储备系数，检验它是否满足规定要求。

【例题 8-1】 系统接线和参数同例 8-1，试计算发电机无自动励磁调节 E_{q} 为常数时的静态稳定储备系数。

解：发电机无自动励磁调节 E_{q} 为常数时静态稳定极限由 $S_{\mathrm{Eq}}=0$ 确定，由此确定稳定极限功率 $P_{\mathrm{Eqm}}=1.429$，$P_{\mathrm{E_{q|0|}}} = P_{\mathrm{G|0|}} = 1$。于是：

$$K_{\mathrm{p}} = \frac{P_{\mathrm{E_{qm}}} - P_{\mathrm{E_{q|0|}}}}{P_{\mathrm{E_{q|0|}}}} \times 100\% = \frac{1.429 - 1}{1} \times 100\% = 42.9\%$$

【例题 8-2】 有一简单电力系统，其中发电机为隐极机，$X_{\mathrm{d}}=1.0$，$X_{\mathrm{TL}}=0.3$ 均以发电机额定功率为基准值。无限大系统母线电压 $\dot{U} = 1\angle 0°$，其等效电路如图 8-7 所示。如果在发电机端电压为 1.05 时，发电机向系统输送的功率为 0.8，没有进行励磁调节。试计算此时系统的静态稳定储备系数。

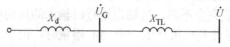

图 8-7 简单电力系统的等效电路

解：设发电机端电压 U_{G} 与无限大系统电压 U 之间夹角为 δ_{G0}。

①求 δ_{G0}。

据 $P_{\mathrm{UG}} = \frac{U_{\mathrm{G}}U}{X_{\mathrm{TL}}}\sin\delta_{\mathrm{G}}$ 得：

$$0.8 = \frac{1.05 \times 1}{0.3}\sin\delta_{\mathrm{G}}$$

$$\delta_{\mathrm{G\cdot 0}} = 13.21°$$

②求系统通过电流 $\dot{I}$ 。

$$\dot{I} = \frac{\dot{U}_G - \dot{U}}{jX_{TL}} = \frac{1.05\angle -13.21° - 1\angle 0°}{j0.3} = 0.808\angle -5.29°$$

③计算 $\dot{E}_q$ 。

$$X_{d\Sigma} = X_d + X_{TL} = 1.0 + 0.3 = 1.3$$

$$\dot{E}_q = \dot{U} + j\dot{I}X_{d\Sigma} = 1.0\angle 0° + j0.803\angle -5.29° \times 1.3 = 1.51\angle -5.29°$$

$$P_{E_{qm}} = \frac{E_q U}{X_{d\Sigma}} = \frac{1.51 \times 1.0}{1.3} = 1.16$$

$$K_P = \frac{P_{E_{qm}} - P_{E_{q|0|}}}{P_{E_{q|0|}}} \times 100\% = \frac{1.16 - 0.8}{0.8} = 45\%$$

8.2.2　用小干扰法分析电力系统的静态稳定

在研究复杂电力系统的静态稳定时，应利用小干扰法分析电力系统的静态稳定。小干扰法的基本原理是李雅普诺夫奠定的运动稳定性理论。列出描述电力系统各种有关元件的动态过程的状态方程式。由于干扰是微小的，所以状态方程可以线性化。判断静态稳定的方法是求出线性化状态方程的特征根。只要特征根中出现一个正实数或一对有正实部的复数，则系统就是不稳定的。读者可以参考有关书籍学习这方面内容。

8.2.3　调节励磁对电力系统静态稳定性的影响

前面分析了简单电力系统的静态稳定，没有考虑发电机自动励磁调节作用。实际上，现在电力系统中发电机上都装有各种各样的自动励磁调节器。下面用直流机励磁系统为例，用小扰动法分析它对静态稳定极限、稳定判据等方面的影响。

1. 不连续调节励磁对静态稳定性的影响

手动调节或机械调机器的励磁调节过程是不连续的，如图 8-8 所示。由图可见，随着传输功率 P 增大，功角 δ 将增大，发电机端电压 U_G 将下降。但由于这类调节器有一定的失灵区，只有在端电压 U_G 的下降超出一定范围时，才增大发电机励磁，从而增大它的空载电动势 P_{E_q} ，运行点才从一条功角特性曲线过渡到另一条曲线上，如图 8-7 中 $a- a'$-b 段。传输功率继续增大，功率角继续增大，发电机电压又下降。当电压下降又一次越出给定的范围时，又一次增大发电机励磁，从而增大它的空载电动势 P_{E_q} ，运行点又从第二条功角特性曲线过渡到第三条，如图 8-8（a）中 $b- b'$-c 段。依此类推，可见采用这类调节励磁方式时，运行点的转移，发电机端电压和空载电动势的变化将分别如图 8-8（a）、（b）中的折线 $a- a'$-b-b'-c-c'-d-d'-e 所示。

当传输功率增大到静稳定极限功率（P_{sl}），功率角 $\delta=90°$ 对应的 m 点时，这个传输功率不能再继续增大了，因 $\delta>90°$ 时，所有按 E_q 为定值条件绘制的功角特性曲线 A、B、C、D、E、F、G 等又都有下降趋势，从而在 m 点运行时，功率角的微增将使发电机组的机械功率大于电磁功率，发电机组将加速。虽然与此同时，发电机端电压下降，但在还没有来得及采取措施增大发电机励磁之前，系统已丧失了稳定。换言之，采用这一类不连续调节、有失灵区的调节励磁方式时，静稳定的极限就是图中的 P_{sl} ，与这个稳定极限相对应的功率角 $\delta_{sl}=90°$ 。

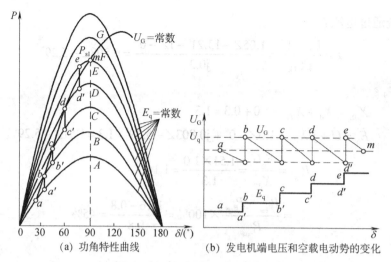

(a) 功角特性曲线　　　　　(b) 发电机端电压和空载电动势的变化

图 8-8　不连续调节励磁

应当指出，这类目前已不多见的调节方式虽然不能使稳定运行范围超出 $\delta=90°$ ，但就提高稳定极限的数值而言，作用仍很显著。

【例题 8-3】简单电力系统如图 8-9 所示，有如下的参变量，$X_d=X_q=0.982$，$X'_d=0.344$，$X_1=0.504$；$X_{q\Sigma}=X_{d\Sigma}=1.486$，$X'_{d\Sigma}=0.848$；$T_J=7.5s$，$T'_d=0.85s$，$T_e=2s$；$P_{E_{q|0|}}=1.0$，$E_{q|0|}=1.972$，$\delta_0=49°$，$U=1.0$。

试计算①励磁不可调时静态稳定极限和静态稳定储备系数；②不连续调节励磁时静态稳定极限和静态稳定储备系数。

解：①励磁不可调时。

由已知 $E_q=E_{q|0|}=1.972$，$U=1.0$，$X_{d\Sigma}=1.486$ 可得：

$$P_{E_q}=\frac{E_q\cdot U}{X_{d\Sigma}}\sin\delta=\frac{1.972\times1.0}{1.486}\sin\delta=1.325\sin\delta$$

按此可作图中功率特性曲线 I。当 $\delta=\delta_{sl}=90°$ 时，静态稳定极限 $P_{sl}=1.325$。

静态稳定的储备系数为：

$$K_p\%=\frac{P_{sl}-P_{E_{q|0|}}}{P_{E_{q|0|}}}\times100\%=\frac{1.325-1.0}{1.0}\times100=32.5\%$$

②不连续调节励磁时。

不连续调节励磁，但可维持发电机端电压 U_G 为定值时，首先需求取可维持的端电压值 $U_{G|0|}$。

由图 8-9 可见：

$$I_d=\frac{E_q-U\cos\delta}{X_{d\Sigma}}=\frac{1.972-1.0\times\cos49°}{1.486}=0.885$$

$$I_q=\frac{U\sin\delta}{X_{q\Sigma}}=\frac{1.0\times\sin90°}{1.486}=0.506$$

$$U_{Gq}=U\cos\delta+I_dX_1=1.0\cos49°+0.885\times0.504=1.102$$

$$U_{Gd}=I_qX_d=0.506\times0.982=0.498$$

$$U_{\text{G}} = U_{\text{G}|0|} = \sqrt{U_{\text{Gq}}^2 + U_{\text{Gd}}^2} = \sqrt{1.102^2 + 0.498^2} = 1.21$$

由图 8-9 还可见:

$$U_{\text{Gq}} = E_{\text{q}} - I_{\text{d}} X_{\text{d}} = E_{\text{q}} - \frac{X_{\text{d}}}{X_{\text{d}\Sigma}}(E_{\text{q}} - U\cos\delta)$$

从而,由 $U_{\text{G}}^2 = U_{\text{Gq}}^2 + U_{\text{Gd}}^2$ 可列出:

$$\left[E_{\text{q}} - \frac{X_{\text{d}}}{X_{\text{d}\Sigma}}(E_{\text{q}} - U\cos\delta)\right]^2 + \left(\frac{X_{\text{d}}}{X_{\text{q}\Sigma}}U\sin\delta\right)^2 = U_{\text{G}}^2 = U_{\text{G}|0|}^2$$

于是有:

$$E_{\text{q}}\left(1 - \frac{X_{\text{d}}}{X_{\text{d}\Sigma}}\right) = \sqrt{U_{\text{G}|0|}^2 - \left(\frac{X_{\text{d}}}{X_{\text{q}\Sigma}}U\sin\delta\right)^2} - \frac{X_{\text{d}}}{X_{\text{d}\Sigma}}U\cos\delta$$

得:

$$E_{\text{q}} = \frac{X_{\text{d}\Sigma}}{X_1}\sqrt{U_{\text{G}|0|}^2 - \left(\frac{X_{\text{d}}}{X_{\text{q}\Sigma}}U\sin\delta\right)^2} - \frac{X_{\text{d}}}{X_1}U\cos\delta$$

以不同 δ 值代入上式可得不同的与之对应的 E_{q}。

如 $\delta = 100°$ 时,$E_{\text{q}} = \dfrac{1.486}{0.504}\sqrt{1.21^2 - \left(\dfrac{0.982}{1.468}\times 1.0\times\sin 100°\right)^2} - \dfrac{0.982}{0.504}\cos 100° = 3.338$。

此时输出的电磁功率为:

$$P_{\text{Eq}} = \frac{E_{\text{q}}\cdot U}{X_{\text{d}\Sigma}}\sin\delta = \frac{3.338\times 1.0}{1.468}\times\sin 100° = 2.21$$

依此类推,取一 δ 便可求出一个 P_{Eq},最终可作出图 8-10 所示的曲线 Ⅱ。

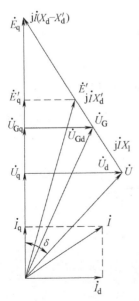

图 8-9　简单电力系统相量图

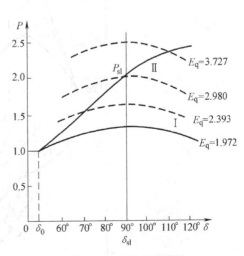

图 8-10　功角特性曲线

由图8-10可得，$\delta_{sl}=90°$ 时 $P_{sl}=2.01$（静态稳定极限值）那么，静态稳定的储备系数为：

$$K_p\% = \frac{P_{sl}-P_{E_{q|0|}}}{P_{E_{q|0|}}}\times100\% = \frac{2.01-1.0}{1.0}\times100\% = 101\%$$

从本例可见，不连续调节励磁对提高电力系统静态稳定性的作用仍相当显著。它可以使稳定极限由图 8-10 曲线Ⅰ上的最大值 1.325 提高为曲线Ⅱ上的 2.01。

2. 对电力系统静态稳定的综述

由上述分析表明，自动调节励磁能提高电力系统的静态稳定性。当电力系统中的同步发电机（或同期调相机）装设有自动调节励磁装置时，电力系统的静态稳定性与无自动调节励磁装置时不同。下面以简单电力系统为例，对电力系统的静态稳定性做简单综述。

（1）励磁不调节

无自动励磁装置的发电机，在运行情况缓慢变化时，发电机的励磁电流保持不变，发电机的空载电势 E_q 为常数，即 $E_q = E_{q|0|}=$ 常数。当发电机的励磁功率从原始条件 $P_{|0|}$ 慢慢增加，功率角 δ 逐渐增大时，发电机工作点将沿 $E_{q|0|}=$ 常数的曲线变化。电力系统静态稳定极限，将由 $S_{Eq}=0$ 确定，它与功率极限 P_{Eqmax} 相等，即由图 8-11 中 a 点确定。电力系统失去静态稳定的形式为非周期性的，即功率角 δ 将随时间 t 单调增大，如图 8-11 中 $\delta(t)$ 曲线所示。功率角从 δ_0 开始，随着 P 慢慢增加而增大，当达到 $S_{Eq}=0$ 时对应的功率角 $\delta_{Eq \cdot max}$（隐极式发电机的简单电力系统为 90°），图中的 i 点，电力系统将非周期性失去静态稳定性，功率角 δ 将沿 i–j–k 单调增大。在简化计算中发电机采用 E_q 为常数。

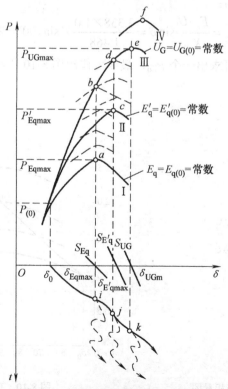

图 8-11　调节励磁对静态稳定的影响

（2）励磁不连续调节

发电机装有不连续调节装置时，静态稳定极限仍与 $S_{E_q}=0$ 的条件相对应。但如励磁的调节可维持端电压恒定，则静态稳定极限是设端电压 U_G 为定值时所作的功角特性曲线上与 $S_{E_q}=0$ 相对应的功率，如图 8-11 中曲线Ⅲ上的 b 点。

（3）励磁按某一个变量偏移调节

按偏移调节励磁时，如按 U_G、I_G、δ 三个变量中任意一个变量的偏移调节励磁电流时，静态稳定极限一般与 $S_{Eq}=0$ 条件相对应。其值为设交轴暂态电动势 E'_q 为定值时所做功角特性曲线上的最大值 $S_{E'_q \cdot max}$，如图 8-11 中曲线Ⅱ上 c 点。在简化计算中发电机均采用 E'_q 为常数的模型。

（4）励磁按变量偏移复合调节

按几个变量的偏移复合调节时，静态稳定极限仍与要 $S_{E'_q}=0$ 的条件相对应。但如按电压偏移调节的单元维持端电压恒定，则静态稳定性为设端电压 U_G 为定值时所做功角特性曲线上与 $S_{E'_q}=0$ 相对应功率值，如图 8-11 曲线Ⅲ上的 d 点。

（5）励磁按变量偏移导数调节

按导数调节励磁时，静态稳定极限一般可与 $S_{UG}=0$ 的条件相对应。当发电机装有强力磁或调解励磁时，可以维持发电机端电压 U_G 为定值，静态稳定极限可以提高到 $U_G=U_{G|0|}=$ 定值的功率极限 $P_{UG \cdot max}$，如图 8-11 中曲线Ⅲ上的 e 点。在简化计算中，发电机可以用 U_G 为定值的模型。

（6）励磁按变量导数调节，但不限于发电机端电压

如果按功率角或定子电流的导数调节，由于不控制发电机的端电压，在传输功率增大时，功率极限可能超过图 8-11 曲线Ⅲ中 e 点，而抵达曲线Ⅳ上的 f 点。在简化计算中可认为 f 点电压保持不变。

除没有调节励磁时一般只可能非周期性丧失稳定外，有了自动调节励磁后，不论它的调节方式如何，都可能非周期地，也可能周期地丧失稳定性，而且后者的可能性还相当大。

综上所述，自动调节励磁装置可以等效地减少发电机的电抗。当无调节励磁时，对于隐极式同步发电机的空载电动势 E_q 为常数，其等值电抗为 X_d。当按变量的偏移调节励磁时，可使发电机的暂态电动势 E'_q 为常数，其等值电抗为 X'_d。当按变量导数调节励磁时，且可维持发电机端电压 U_G 为常数，则发电机的等值电抗变为零。如最后调到图 8-11 曲线Ⅳ的 f 点电压为常数，此时相当于发电机的等值电抗为负值。如果曲线Ⅳ上 f 点为变压器高压母线上一点，则此时相当于把发电机和变压器的电抗都调到零。

最后应当指出，发电机的自动调节励磁不仅在提高发电机并列运行的稳定性方面有显著作用，在提高系统电压稳定性方面同样有显著的作用。

8.3　简单电力系统的暂态稳定性分析

电力系统的暂态稳定性是指系统受到大干扰后，各同步发电机保持同步运行并过渡到新的稳定运行方式或恢复到原有的稳定运行方式的能力。在各种大干扰中以短路故障最为严

重，所以通常以此来检验系统的暂态稳定性。电力系统在大干扰下的稳定性分析所描述电力系统运行状态的非线性微分方程不允许线性化，只能分段求数值解。

8.3.1 简单电力系统在各种情况下的功角特性

简单电力系统如图 8-12（a）所示，正常运行时发电机经过变压器和双回线路向无穷大系统送电，则电动势 E' 与无穷大系统间电抗为：

$$X_I = X'_d + X_{T1} + \frac{1}{2}X_{WL} + X_{T2}$$

根据给定运行条件和正常潮流计算，可以计算出短路前暂态电抗 X'_d 后的电动势 E'，并且 E' 为常数。正常运行时的功角特性方程式为：

$$P_I = \frac{E'U}{X_I}\sin\delta = P_{mI}\sin\delta \qquad (8-27)$$

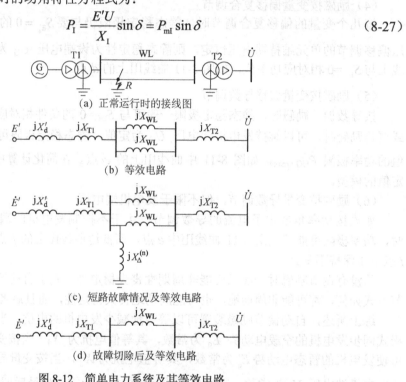

(a) 正常运行时的接线图

(b) 等效电路

(c) 短路故障情况及等效电路

(d) 故障切除后及等效电路

图 8-12　简单电力系统及其等效电路

其功角特性曲线如图 8-13 中 P_I 曲线所示。

如果突然在某一回路输电线始端发生不对称短路，根据正序等效定则，应在正常等效电路的短路点接入附加电抗 $X_\Delta^{(n)}$，等效电路如图 8-12（b）所示。此时，发电机与系统间转移电抗为：

$$X_{II} = X_I + \frac{(X'_d + X_{T1})\left(\frac{1}{2}X_{WL} + X_{T2}\right)}{X_\Delta^{(n)}}$$

显然 $X_{II} > X_I$，若是三相短路，则 $X_\Delta^{(n)}$ 为零，X_{II} 为无穷大，即三相短路截断了发电机与系统间的联系。

故障情况下发电机的功角特性为：

$$P_{\mathrm{II}} = \frac{E'U}{X_{\mathrm{II}}}\sin\delta = P_{\mathrm{mII}}\sin\delta \tag{8-28}$$

当故障线路切除后，如图 8-12（d）所示。发电机与无限大系统之间电抗为：

$$X_{\mathrm{III}} = X'_{\mathrm{d}} + X_{\mathrm{T1}} + X_{\mathrm{WL}} + X_{\mathrm{T2}}$$

此时功角特性曲线如图 8-13 曲线 P_{III} 所示。功角特性方程式为：

$$P_{\mathrm{III}} = \frac{E'U}{X_{\mathrm{III}}}\sin\delta = P_{\mathrm{mIII}}\sin\delta \tag{8-29}$$

一般情况下，$X_{\mathrm{I}} < X_{\mathrm{III}} < X_{\mathrm{II}}$，因此曲线 P_{III} 介于 P_{I} 和 P_{II} 之间。

8.3.2　简单电力系统受大干扰后发电机转子的相对运动

如图 8-13 所示，在正常运行时，发电机向无限大系统输送的有功功率为 P_0，则原动机输出的机械功率 $P_{\mathrm{T}} = P_0$，假设不计故障后几秒钟内调速器的作用，在图 8-13 中用一条直线表示，发电机工作点为 a，对应的功角为 δ_0。

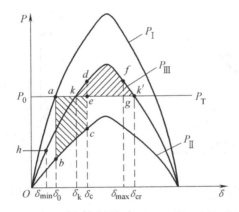

图 8-13　功角特性及等面积定则

短路瞬间，发电机运行点由曲线 P_{I} 突然降落为 P_{II}，由于发电机组转子机械运动的惯性，功角 δ 不能突变，则运行点从曲线 P_{I} 上 a 点下降到曲线 P_{II} 上的 b 点，到达 b 点后，由于原动机的机械功率 P_{T} 保持不变，则输入的机械功率 P_{T} 大于输出的电磁功率 $P_{\mathrm{II}\cdot\mathrm{b}}$，于是出现了过剩功率 $\Delta P = P_{\mathrm{T}} - P_{\mathrm{II}\cdot\mathrm{b}} > 0$，使转子加速，即 $\Delta\omega > 0$，功角 δ 开始增大，运行点将沿着曲线 P_{II} 由 b 移向 c 点，如故障永久存在下去，则发电机将不断加速，最终与无限大系统失去同步。但实际上，短路故障发生后继电保护装置将迅速动作切除故障线路。在运行点变动过程中，随着 δ 增大，发电机的电磁功率也在增大，即过剩功率不断减小，但过剩功率仍产生加速使 $\Delta\omega$ 不断增大。假设在 c 点时将故障切除，此时功角为 δ_c，在切除瞬间，由于功率 δ_c 不能突变，此时运行点则从 P_{II} 的 c 点跃升到 P_{III} 的 d 点。此时，发电机输出的电磁功率 $P_{\mathrm{III}\cdot\mathrm{d}}$ 大于原动机机械功率 P_{T}，则过剩功率 $\Delta P = P_{\mathrm{T}} - P_{\mathrm{III}\cdot\mathrm{d}} < 0$，转子开始减速，虽然相对转速 $\Delta\omega$ 开始减小，但它仍大于零，因此功率角 δ 继续增大，运行点沿 P_{III} 上的 d 点向 f 点移动，则发电机一直不断减速。到达 f 点，功角 $\delta_f = \delta_{\max}$ 达最大。

如果到达 f 点时，发电机恢复到同步转速，即 $\Delta\omega = \omega - \omega_{\mathrm{N}} = 0$，则功角 δ 抵达它的最大值 $\delta_{\max}$，虽然此时发电机恢复了同步，但由于 $\Delta P < 0$，所以不能在 f 点稳定运行，在 $\Delta P < 0$ 作

用下转速继续下降而低于同步转速，即 $\Delta\omega<0$，于是功角 δ 又开始减小，发电机运行点由 $P_{\mathrm{m}f}$ 点向 d、k 点移动。在 k 点有 $P_{\mathrm{T}}=P_{\mathrm{III}\cdot_{\mathrm{s}}}$，$\Delta P=0$，减速停止，则转子速度达到最小 $\omega_k=\omega_{\min}$，但由于机械惯性作用，使功角 δ 将继续减小，当过 k 点后，过剩功率 $\Delta P>0$，$\Delta\omega>0$ 转子又开始加速，加速到同步转速时，运行点到达 h 点，$\omega_h=\omega_N$，此时功角 $\delta_h=\delta_{\min}$，功角达到最小。随后功角又将开始增大，以后过程将又像前面分析那样又开始第二次振荡，如果振荡过程中不计阻尼的影响，则将是等幅振荡，不能稳定下来，但实际振荡过程中总有一定的阻尼作用，振荡过程中有能量损耗，振荡将逐渐衰减，最近停留在一个新的运行点 k 上稳定运行。k 点是曲线 P_{III} 与 P_{T} 的交点。上述过程表明系统受到大干扰后可以保持暂态稳定，如图 8-14 所示。

如果短路故障的时间较长，故障切除延迟，δ_c 将摆动更大，这样故障切除后，运行点在沿曲线 P_{III} 向功角增大方向移动的过程中，虽然转子也在逐渐地减速，但运行点达到曲线 P_{III} 上 k' 点，发电机转子转速还未减到同步转速时，过 k' 点后，情况发生变化，过剩功率 $\Delta P>0$，发电机转子又开始加速。此时发电机没有减到同步转速又开始加速，而且越来越快，则功角 δ 无限增大，发电机与系统之间将失去同步。上述过程表明系统在受到大干扰后暂态不稳定，如图 8-15 所示。

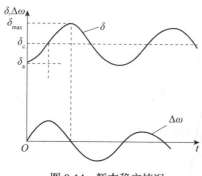

图 8-14　暂态稳定情况

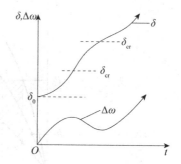

图 8-15　失去暂态稳定情况

综上所述，功角的变化特性，表明了电力系统受到大干扰后发电机转子之间的相对运动情况，若功角 δ 第一次增大到 $\delta_{\max}<180°$ 后即开始减小，以后振荡逐渐减小并最终稳定在某一个数值上，则系统是暂态稳定的，如功角 δ 在接近 $180°$ 时继续不断增大，则表明发电机之间已不同步，系统失去暂态稳定。因此，可用电力系统受到大干扰后功角随时间变化的特性（通常称为转子摇摆曲线）作为暂态稳定的判据。必须指出，快速切除故障是保证暂态稳定的有效措施。

8.3.3　等面积定则

当不考虑振荡中的能量损失时，可以在功角特性上根据等面积原则简便地确定最大摇摆角 $\delta_{\max}$，并判断系统的稳定性。从前面分析可知，在功角由 δ_0 变化到 δ_c 过程中，原动机输入的能量大于发电机输出的能量，多余的能量将使发电机转速升高并转化为转子动能而存储在转子中。当功角由 δ_c 变到 $\delta_{\max}$ 时，原动机输入的能量小于发电机输出的能量，不足部分由发电机转子降低转速而释放动能转化为电磁能来补充。

转子由 δ_0 到 δ_c 移动时，过剩转矩所做的功为：

$$W_a = \int_{\delta_0}^{\delta_c} \Delta M_a \mathrm{d}\delta = \int_{\delta_0}^{\delta_c} \frac{\Delta P_a}{\omega} \mathrm{d}\delta$$

用标幺值计算时，因为发电机转子偏离同步转速不大，$\omega \approx 1$，于是：

$$W_a \approx \int_{\delta_0}^{\delta_c} \Delta P_a \mathrm{d}\delta = \int_{\delta_0}^{\delta_c} (P_T - P_{\mathrm{II}}) \, \mathrm{d}\delta = A_{\mathrm{abcea}}$$

如图 8-13 所示，画着阴影的面积 A_{abcea} 称为加速面积，即为转子动能的增量。

当转子由 δ_c 变动到 $\delta_{\max}$ 时，过剩转矩所做的功为：

$$W_b = \int_{\delta_c}^{\delta_{\max}} \Delta M_a \mathrm{d}\delta = \int_{\delta_c}^{\delta_{\max}} \Delta P_a \mathrm{d}\delta = \int_{\delta_c}^{\delta_{\max}} (P_T - P_{\mathrm{III}}) \, \mathrm{d}\delta = A_{\mathrm{edfge}}$$

上式中面积 A_{edfge} 称为减速面积，转子动能增量为负值说明转子动能减少，转速下降，当功角为 $\delta_{\max}$ 时转子转速重新恢复到同步转速（$\omega = \omega_N$）。说明转子在加速期间动能增量已在减速过程中全部耗尽，即表明加速面积和减速面积必然相等，这就是等面积定则，即：

$$W_a + W_b \approx \int_{\delta_0}^{\delta_c} (P_T - P_{\mathrm{II}}) \, \mathrm{d}\delta + \int_{\delta_c}^{\delta_{\max}} (P_T - P_{\mathrm{III}}) \, \mathrm{d}\delta = 0 \tag{8-30}$$

也可写成：

$$|A_{\mathrm{abcea}}| = |A_{\mathrm{edfge}}| \tag{8-31}$$

将 $P_T = P_0$ 以及 P_{II} 和 P_{III} 用式（8-28）、式（8-29）表示代入式（8-30）可以求得 $\delta_{\max}$。

同理，根据等面积原则也可以确定摇摆的最小角度 $\delta_{\min}$，即：

$$\int_{\delta_{\max}}^{\delta_s} (P_T - P_{\mathrm{III}}) \, \mathrm{d}\delta + \int_{\delta_s}^{\delta_{\min}} (P_T - P_{\mathrm{III}}) \, \mathrm{d}\delta = 0 \tag{8-32}$$

由图 8-13 可知，在给定的计算条件下，当切除角 δ_c 一定时，有一个最大可能的减速面积 $A_{\mathrm{dfs'e}}$，如果这块面积数值比加速面积 A_{abcea} 小，发电机将失去同步。因为在这种情况下，当功角增至临界角 δ_{cr} 时，转子在加速过程中所增加的功能未完全耗尽，发电机转速仍高于同步转速，当功角继续增大越过 k' 点，过剩功率变成加速性的了，使发电机继续加速而失去同步。显然，最大可能的减速面积大于加速面积，是保持暂态稳定的必要条件。

8.3.4　极限切除角

如果在某一切除角，最大可能的减速面积正好等于加速面积，则系统处于稳定的极限情况，大于这角度切除故障，系统将失去稳定。这个角度称为极限切除角 $\delta_{\mathrm{c \cdot lim}}$。对应的切除时间称为极限切除时间 $t_{\mathrm{c \cdot lim}}$。应用等面积定则，可以方便地确定 $\delta_{\mathrm{c \cdot lim}}$。

$$\int_{\delta_0}^{\delta_{\mathrm{c \cdot lim}}} (P_0 - P_{\mathrm{mII}} \sin\delta) \, \mathrm{d}\delta + \int_{\delta_{\mathrm{c \cdot lim}}}^{\delta_{\mathrm{cr}}} (P_0 - P_{\mathrm{m \cdot III}} \sin\delta) \, \mathrm{d}\delta = 0 \tag{8-33}$$

求出上式积分并整理后可得：

$$\delta_{\mathrm{c \cdot lim}} = \arccos \frac{P_0 (\delta_{\mathrm{cr}} - \delta_0) + P_{\mathrm{m \cdot III}} \cos\delta_{\mathrm{cr}} - P_{\mathrm{mII}} \cos\delta_0}{P_{\mathrm{m \cdot III}} - P_{\mathrm{mII}}} \tag{8-34}$$

式中所有角度都用弧度表示。其中临界角为：

$$\delta_{\mathrm{cr}} = \pi - \arcsin \frac{P_0}{P_{\mathrm{m \cdot III}}} \tag{8-35}$$

为了判断系统暂态稳定性，可通过求解发电机转子运动方程确定出功角随时间变化特性 $\delta(t)$，此方程曲线称为摇摆曲线。当已知继电保护装置和断路器切除故障时间 t_c 时，可以由 $\delta(t)$ 曲线上找出对应的切除角 δ_c，如果 $\delta_c < \delta_{\mathrm{c \cdot lim}}$，系统是暂态稳定的，反之则是不稳定

的。也可以比较时间，在 $\delta(t)$ 曲线上找出极限切除角 $\delta_{c\cdot lim}$ 对应的极限切除时间 $t_{c\cdot lim}$，如果 $t_c < t_{c\cdot lim}$，系统是暂态稳定的，反之是不稳定的。

8.4 提高电力系统稳定性的措施

8.4.1 提高电力系统静态稳定性的措施

电力系统静态稳定性的基本性质表明，发电机可能输送的功率极限越高，则静态稳定性越高。从简单电力系统的功率极限表达式 $P_m = \dfrac{EU}{X_\Sigma}$ 来看，提高发电机的电动势、提高系统的电压和减少发电机与系统之间的联系电抗可以增加发电机的功率极限，具体措施如下。

1. 采用自动励磁调节装置

发电机装设自动励磁调节器后，可以提高功率极限。当发电机装设比例式励磁调节器时，发电机保持暂态电势 E'_q（或 E'）为常数的功角特性，相当于将发电机的电抗 x_d 减小为暂态电抗 x'_d。当采用按运行参数的变化率自动调节励磁，则可以维持发电机的端电压 U_G 等于常数，这相当于将发电机的电抗减小为零。发电机装设先进的励磁调节器，提高了发电机的电动势，相当于缩短了发电机与系统间的电气距离，从而提高了系统的静态稳定性。由于励磁调节器在投资中所占的比重很小，所以在各种提高稳定性的措施中，总是优先考虑装设自动励磁调节器。

2. 减小发电机之间的联系电抗

发电机之间的联系电抗由发电机、变压器和线路所组成。要减小发电机电抗，就必须增大发电机的尺寸，增加材料消耗和造价，而发电机的暂态电抗 x'_d 在系统总电抗中所占比例比同步电抗 x_d 要小很多，减少 x'_d 对静态稳定影响不大。变压器的电抗在系统中所占比例相对也不大。而且发电机变压器的电抗是漏抗，要减小很困难，技术、经济上不合理。以上分析表明，不能用减少发电机、变压器的电抗作为提高静态稳定的主要措施，但在选择发电机和变压器时，应注意选择具有较小电抗的设备以便有利于静态稳定。减小输电线路的电抗的措施有：

①采用分裂导线。高压输电线路采用分裂导线，可以避免发生电晕，同时可以减小线路电抗。

②提高输电线路额定电压等级。功率极限与电压的平方成正比，所以提高输电线路的电压等级可以提高功率极限。同时提高线路电压等级也可以减小线路电抗，因为线路电抗的标幺值与线路额定电压的平方成反比，所以提高线路电压相当于减小线路电抗。

3. 采用串联电容器

在线路上串联电容器以补偿线路电抗。在较低电压等级的线路上串联电容补偿主要用于调压，在较高电压等级输电线路上串联补偿则主要是用来提高系统的稳定性。采用多大的补偿度是这种方法所要解决的问题。所谓补偿度（K_c）是指串联电容器的容抗 X_c 与线路感抗 X_l 之比的百分数，即：

$$K_{c} = \frac{X_{c}}{X_{1}} \times 100\% \qquad (8-36)$$

补偿度过大，可能产生过电压、继电保护误动、次同步谐振、铁磁谐振等问题。通常经济补偿度为 25%～60%。串联电容补偿不仅可以提高系统稳定性，还可以用于调压。近年来采用控制串联补偿装置（TCSC）。

4. 改善系统结构和采用中间补偿设备

①改善系统结构。改善系统结构的目的是使电网结构更加紧凑，电气联系更加紧密，从而减小系统的电抗。

②采用中间补偿设备。如果在输电线路中间的降压变压器变电所内安装同期调相机。而且同期调相机配有先进的自动励磁调节器。则可以维持同期调相机端点电压甚至高压母线电压恒定。这样输电线路也等效分开为两段，系统的静态稳定性得以提高。

以上提高静态稳定性的措施均是从减少电抗这一点出发的，在正常运行中提高发电机的电动势和电网具有较高的电压水平，必须在系统中装设足够的无功功率电源。

8.4.2　提高电力系统暂态稳定性的措施

提高电力系统暂态稳定性的措施，一般首先考虑的是减少扰动后功率差额的临时措施，因为在大扰动后发电机组机械功率和电磁功率的差额是导致暂态稳定破坏的主要原因。因此，要提高系统暂态稳定性就要尽可能减小发电机轴上的不平衡功率、减小转子相对加速度以及减少转子相对动能变化量，从而减小发电机转子相对运动。

主要措施有以下几条。

1. 快速切除故障和自动重合闸

（1）快速切除故障

快速切出故障对于提高电力系统暂态稳定性有决定性的作用，根据等面积原则，快速切出故障即减少了加速面积，又增大了减速面积，因而提高了系统暂态稳定性。因此，减少故障切除时间，应从改善开关和继电保护两个方面着手，使用新型快速继电保护装置和快速动作的断路器。目前 220kV 系统故障切除时间为 0.1～0.15s，500kV 系统切除故障时间为 0.08～0.1s。

（2）采用自动重合闸装置

电力系统的故障特别是高压输电线路的故障大多是暂时性的，采用自动重合闸装置，在发生故障的线路上，先切除线路，经过一定时间再合上断路器，如故障消失则重合闸成功。重合闸的成功率可达 90% 以上。采用重合闸可以提高供电的可靠性。对于提高系统的暂态稳定性也有十分明显的作用。重合闸动作时间越短，对稳定越有利。

1）双回路的三相重合闸分析

简单电力系统如图 8-16（a）所示，双回路中有一回路发生了瞬间短路故障。有、无三相自动重合闸的运行情况变化如图 8-16（b）、（c）所示。

从图 8-16（b）可知，由于自动重合闸（在功角 δ_{k}）动作成功，使在功角特性 P_{III} 上运行点升到正常运行特性曲线 P_1 上，增加了最大减速面积，使原本不可能稳定的电力系统变为能够保持暂态稳定。由图 8-16（c）可知无三相重合闸时减速面积小于加速面积，故系统不稳定。

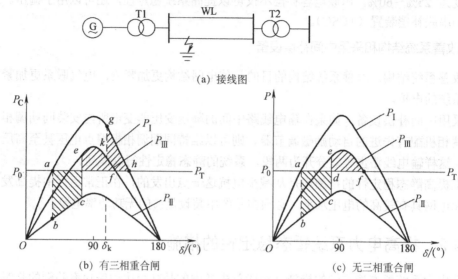

（a）接线图

（b）有三相重合闸 （c）无三相重合闸

图 8-16　三相重合闸作用

2）单回路的单相重合闸

如图 8-17（a）所示电力系统，单回路中发生瞬间短路故障。三相自动重合闸和单相自动重合闸的运行情况的比较如图 8-17（b）、（c）所示。从图 8-17（b）、（c）可知，当超高压输电线路单相短路时，在这些线路上采用单相重合闸，这种装置在切除故障相后经过一段时间再将该相重合。由于切除的只是故障相而不是三相，按相重合要躲过潜供电弧电流的时间。从切除故障相到重合闸前一段时间里，即使是单回路输电场合，送电端的发电厂与受电端系统也没有完全失去联系，故可以提高系统的暂态稳定。由图 8-17（c）可知，采用单相重合闸后，加速面积大大减少，有利于达到稳定条件。

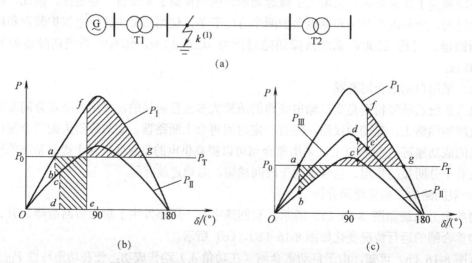

（a）

（b） （c）

图 8-17　三相自动重合闸及单相自动重合闸的作用

2. 提高发电机输出的电磁功率

（1）发电机快速强行励磁

当系统中发生短路故障时，发电机输出的电磁功率骤然降低，而原动机的机械输出功率来不及变化，则 $P_T > P_e$，过剩功率 ΔP 使转子加速。采用快速强行励磁，可以提高发电机的电动势、增加发电机的输出电磁功率，从而提高系统的暂态稳定性。现代同步发电机的励磁系统中都设有强行励磁装置，当系统故障使发电机的端电压低于 85%～90% 额定电压时，就迅速启动大幅度增加励磁。强行励磁的效果与强励倍数（强励倍数指最大可能的励磁电压与发电机额定电压之比）和强励速度有关。强励磁倍数越大，速度越快，效果就越好。

（2）发电机电气制动

电气制动是指当系统发生短路故障后，在送电端发电机上投入电阻，以消耗发电机输出的有功功率（即增大电磁功率），从而减小发电机转子上的过剩功率，以达到提高系统暂态稳定性的目的。投的电阻称为制动电阻。

电气制动的接线如图 8-18（a）所示，正常运行时 QF 处于断开状态。当发生短路故障后，立即闭合 QF，投入制动电阻 R，以消耗发电机组中过剩的有功功率。

电气制动的作用可用等面积定则解释。

如图 8-18（b）所示，假设故障后投入制动电阻 R，则故障后的功率特性将由原 P'_{II} 上升到 P_{II}，在故障切除角 δ_c 不变时，由于有了电气制动，减小了加速面积 bb_1c_1cb，使原来不能保持稳定的系统变为暂态稳定了。

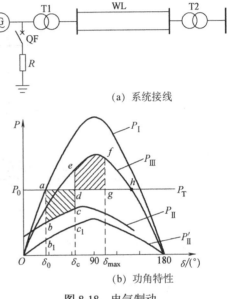

(a) 系统接线

(b) 功角特性

图 8-18　电气制动

采用电气制动时，制动电阻的大小及投切时间要选择适当，以防止欠制动和过制动。所谓欠制动是指制动作用过小（制动电阻小或制动时间短），发电机可能在第一个振荡周期失步；所谓过制动是指制动作用过大，发电机虽然在第一次振荡中未失步，却会在切除故障和制动电阻后的第二次振荡中失步。

（3）变压器中性点经小电阻接地

变压器中性点接地情况对发生接地短路时的系统暂态稳定性有很大影响。变压器中性点经小电阻接地时的作用原理与发电机电气制动非常相似。

如图 8-19 所示，变压器中性点经小电阻接地短路时，零序电流通过接地电阻 R_g 时要消耗有功功率，因而使发电机输出的电磁功率增加，使转轴上的不平衡转矩减小，从而减小了发电机的相对速度，提高了暂态稳定性。与电气制动要求相同，必须合理选择中性点接地电阻的大小。

3. 减小原动机输出的机械功率

（1）快速关闭气门

减少原动机输出的机械功率可以减少过剩功率。对于水轮机油动机时间常数不能过小，因此水轮发电机用调速系统提高系统的暂态稳定是不大可能的。这样对于水轮机组在暂态稳定中可认为机械功率等于常数。而对于汽轮机由于油动机时间常数不大于 0.1s，汽容时间常数也不大于 0.1s。因此可采用快速的自动调速系统或者快速关闭气门的措施。

如图 8-20 所示为汽轮机关闭气门作用时，汽轮机输出的机械功率减少，以减少加速面积，增大减速面积，保持系统的暂态稳定性。

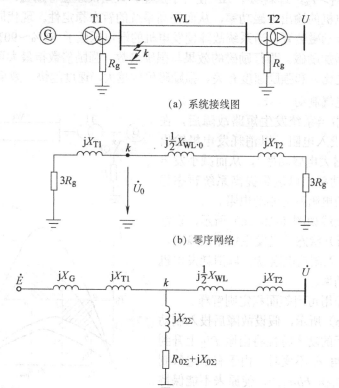

（a）系统接线图

（b）零序网络

（c）短路时的复合序网

图 8-19　变压器中性点经小电阻接地

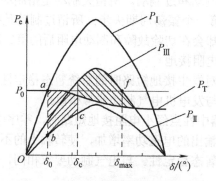

图 8-20　汽轮机快速关闭气门的作用

（2）采用单元接线方式

采用单元接线提高系统暂态稳定性，不需要增加设备投资，但这种措施运用范围有很大局限性。

单元接线和并联接线方式如图 8-21 所示。由图所见，它们的差别在于断路器 QF 的闭合和断开。

　　采用单元接线方式时，在某一回线的始端发生短路时，与这一回线同一单元的发电机固然要受很大干扰，但另一单元的发电机距短路点的电气距离较远，因此基本上不受干扰。故障切除后，与故障线路同一单元的，故障时受很大干扰的发电机与系统解列，自然不存在暂态稳定的问题。另一单元发电机因在故障时基本上没有受到干扰，也几乎不存在丧失暂态稳定的问题。所以可认为采用单元接线方式时，基本上防止了发电厂之间并列运行暂态稳定的破坏。

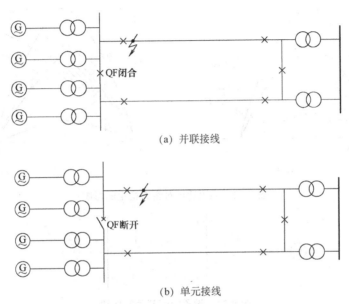

(a) 并联接线

(b) 单元接线

图 8-21　并联接线和单元接线

　　但采用单元接线方式时，故障线路切除后，电力系统失去了连接在故障单元上的所有发电机容量。如果整个系统有功备用容量不足，将导致故障后系统频率下降，严重时会引起系统频率崩溃，同样使系统稳定破坏。

　　(3) 连锁切机

　　连锁切机是单元接线方式派生的，是介于并联接线和单元接线之间的一种提高暂态稳定的措施，它可以提高电力系统暂态稳定性。当电力系统中备用容量不足，难以采用单元接线方式而必须采用并联接线方式时，可以采用连锁切机提高系统暂态稳定性。

　　连锁切机是指在某一回线发生故障而切除这回线同时连锁切除送端发电厂的部分发电机。如在图 8-22 (a) 中，切除送端发电厂一台发电机。采用连锁切机后，切除故障后的系统总阻抗虽然较不采用连锁切机时略大，以至于功角特性曲线最大值略减小（如图 8-22 (b) 中的 P'_{III}），但故障切除后原动机的机械功率却因连锁切机而大幅度减小，图 8-22 (b) 中，若切除一台发电机，原动机机械功率减小 1/4。从而，采用连锁切机后，暂态过程中的减速面积将大大增加，以致使原来不能保持暂态稳定的电力系统变为可以保持暂态稳定了。但必须指出，这种切机方法使系统少了一台发电机电源，对系统是不利的。

　　应当注意，由于切除了发电机，系统的频率和电压将会有所下降，如果切除发电机容量较大，有可能引起频率和电压大幅度下降，最终导致系统失去稳定。因此，在切机以后，可以连锁切除部分负荷，或者根据频率和电压下降的情况切除部分负荷。

（4）设置中间开关站

当输电线路很长，且经过的地区又没有变电所时，可以考虑设置中间开关站，如图 8-23 所示。这样可以在故障时只切除发生故障的一段线路，发电机与无限大系统之间电抗在切除故障后比正常运行时增加不大，使故障后的功率特性曲线升高，增加了减速面积，因而提高了暂态稳定性和故障后的静态稳定性。

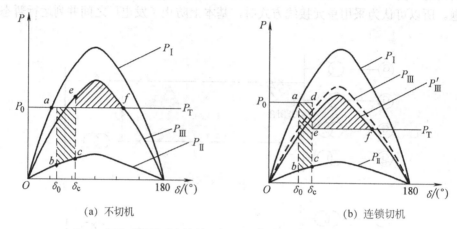

(a) 不切机   (b) 连锁切机

图 8-22　连锁切机对暂态稳定的影响

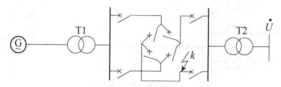

图 8-23　设置中间开关的接线

（5）输电线路强行串联补偿

对于为提高电力系统的静态稳定性已装有串联补偿电容的线路，可考虑为提高系统暂态稳定性而采用强行串联补偿。所谓强行串联补偿，就是对具有串联电容补偿的输电线路，在切除故障线路的同时切除补偿装置内部分并联的电容器组，以增大串联补偿电容的电抗，从而进一步提高补偿度，部分甚至全部抵偿由于切除故障线路而增加的感抗。

提高暂态稳定性，除采用上述措施外，还可以采用失步解列、改善设备参数（如增大发电机的惯性时间 T_J）、安装电力系统稳定器 PSS 等措施。另外，提高静态稳定的措施对提高暂态稳定也是有利的。

8.4.3　系统失去稳定的措施

1. 设置解列点

如果其他提高稳定的措施均不能保持系统的稳定性，可以有计划地手动或靠解列装置自动断开系统某些断路器，将系统分解成几个独立部分，这些解列点是预先设置的。应该尽量做到解列后的每个独立部分的电源和负荷基本平衡，从而使各部分频率和电压接近正常值，各独立部分相互之间不再保持同步。这种把系统分解为几个部分的措施是不得已的临时措施，一旦将各部分的运行参数调整好后，就要尽快将各部分重新并列运行。

2. 短期异步运行和再同步

电力系统若失去稳定，一些发电机处于不同步的运行状态，即为异步运行状态。异步运行可能给系统（包括发电机组）带来的严重危害，但若系统能承受短时的异步运行，并有可能再次拉入同步，这样可以缩短系统恢复正常运行所需要的时间。

小 结

本章介绍了电力系统的稳定性的基本概念。本章主要分析了同步运行的稳定性，按照电力系统受干扰的大小不同，分为静态稳定和暂态稳定。

电力系统的静态稳定性是指系统受到小干扰后恢复稳定的能力。通过发电机的功角特性建立发电机的功率极限的概念，得出静态稳定的判据。要求用小干扰法分析电力系统的静态稳定性。根据线性化微分方程的特征根均位于复数平面虚轴的左侧，则所研究的电力系统受到干扰后的运动是静态稳定的。发电机输送功率的极限越高则静态稳定性越高。减少发电机于系统之间的联系电抗就可以增加发电机的极限功率。

提高静态稳定性的措施有采用励磁调节器、减小元件电抗、改善系统结构和采用中间补偿设备。

电力系统的暂态稳定性是指系统受到大干扰后恢复稳定运行的能力。大干扰下的系统运行状态的非线性微分方程只能分段求解。发电机转子运动方程是非线性微分方程，只能用数值计算方法近似求解。

等面积定则是基于能量守恒原理导出的。发电机受到大干扰后转子将产生相对运动，当代表能量增加的加速面积与能量减少的减速面积相等时，转子加速为零。当已知切除故障的功角时，用等面积定则的基本原理可以判别该系统能否保持暂态稳定性。也可以用等面积定则的基本原理求得极限切除角 $\delta_{c \cdot lim}$。

提高电力系统暂态稳定性的措施，主要应从减小功率差额的方面考虑。可以用等面积定则的基本原理分析说明提高暂态稳定性的措施。

思考题与习题

8-1 何谓简单系统静态稳定性？

8-2 简单电力系统静态稳定的实用判据是什么？

8-3 何谓电力系统的静态稳定储备系数和整步功率？

8-4 提高电力系统静态稳定性的措施主要有哪些？

8-5 何谓电力系统的暂态稳定性？

8-6 何谓极限切除角、极限切除时间？

8-7 提高电力系统暂态稳定的措施有哪些？并简述其原理。

8-8 试述等面积定则的基本含义。

8-9 简单电力系统如图 8-24 所示，各元件参数如下：发电机 G，P_N=250MW，$\cos\varphi_N$=0.85，U_N=10.5kV，X_d=1.0Ω，X_q=0.65Ω，X'_d=0.23Ω；变压器 T1，S_N=300MVA，$U_k\%$=15，K_{T1}=10.5/242；

变压器 T2，S_N=300MVA，U_k%=15，K_{T2}=220/121；线路，l=250km，U_N=220kV，X_1=0.42Ω/km。运行初始状态为 $U_{|0|}$=115kV，$P_{|0|}$=220MW，$\cos\varphi_{|0|}$=0.98。

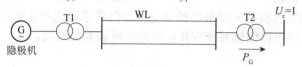

图 8-24　题 8-9 的简单电力系统接线图

（1）如果发电机无励磁调节，$E_q = E_{q|0|}$ = 常数，试求功角特性 P_{Eq}（δ），功率极限 $P_{Eq\cdot m}$、$\delta_{Eq\cdot m}$，并求此时的静态稳定储备系数 K_p%；

（2）如计及发电机励磁调节，$E'_q = E_{q|0|}$ = 常数，试做同样内容计算。

8-10　图 8-25 所示简单电力系统，如各元件参数标注在图中。正常运行情况，输送到受端的功率为 200MW，功率因数为 0.99，受端母线电压为 115kV。试分别计算当 E_q、E' 及 U_G 为恒定时，系统的功率极限和静态稳定储备系数。

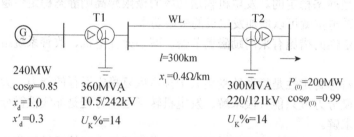

图 8-25　题 8-10 简单电力系统接线图

8-11　如图 8-26 所示简单电力系统，当在输电线路送端发生单相接地故障时，为保证系统暂态稳定，试求其极限角 δ_{cr}。

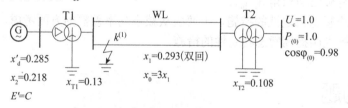

图 8-26　题 8-11 简单电力系统接线图

8-12　简单电力系统如图 8-27 所示，已知各元件标幺值为：发电机 X'_d=0.29，X_2=0.23。X_{T1}=0.13，X_{T2}=0.11，线路 WL 双回线路，X_{11}=0.29，X_{10}=3X_{11}。运行初始状态：$U_{|0|}$=1.0，$P_{|0|}$=1.0，$Q_{|0|}$=0.2。若在输电线路首端 k_1 点发生两相短路接地故障，试用等面积原则的基本原理，判别故障切除角 δ_{cr}=40°时，该简单系统能否保持瞬态稳定。

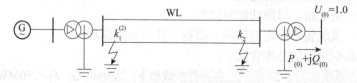

图 8-27　题 8-12 简单电力系统接线图

附录 A 短路电流运算曲线

汽轮发电机和水轮发电机短路电流运算曲线如附图1~附图9所示。

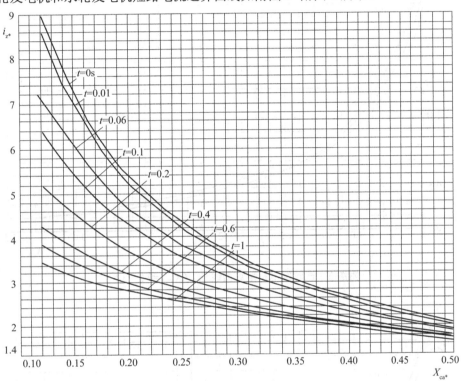

附图 1 汽轮发电机运算曲线一 （X_{ca*}=0.12~0.5）

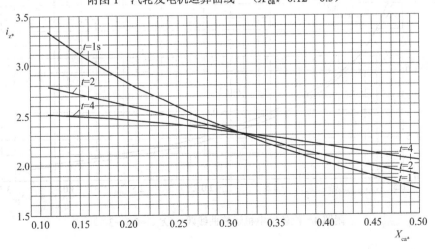

附图 2 汽轮发电机运算曲线二 （X_{ca*}=0.12~0.5）

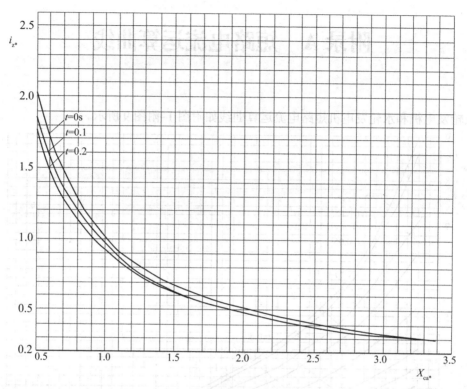

附图3 汽轮发电机运算曲线三 （X_{ca*}=0.5～3.5）

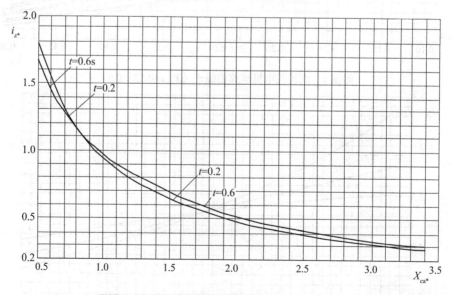

附图4 汽轮发电机运算曲线四 （X_{ca*}=0.5～3.5）

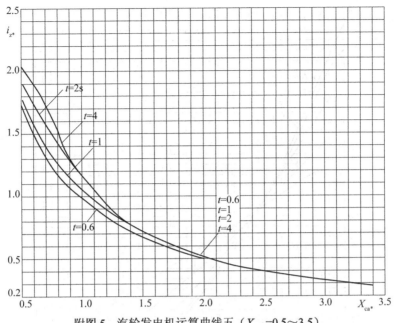

附图 5　汽轮发电机运算曲线五（$X_{ca*}=0.5\sim3.5$）

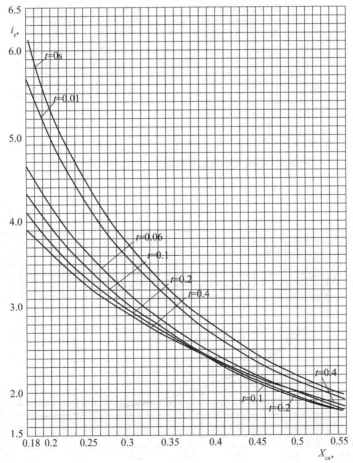

附图 6　水轮发电机运算曲线一（$X_{ca*}=0.18\sim0.56$）

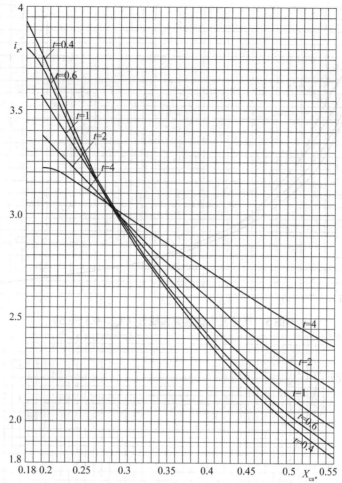

附图7　水轮发电机运算曲线二　（X_{ca*}=0.18～0.56）

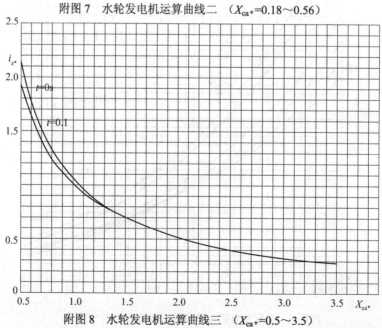

附图8　水轮发电机运算曲线三　（X_{ca*}=0.5～3.5）

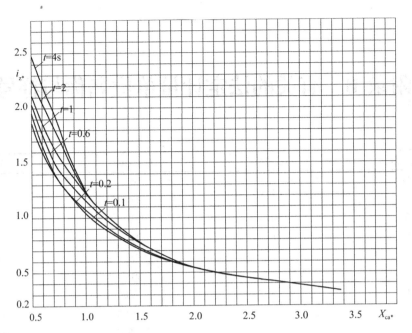

附图 9 水轮发电机运算曲线四（$X_{ca*}=0.5\sim3.5$）

注意：图中"X_{js*}"改为"X_{ca*}"

附录 B 有关的法定计量单位名称与符号

量的名称	量的符号	单位名称	单位符号
长度	l，（L）	米	m
		公里	km
质量	m	千克	kg
时间	t	秒	s
		分	min
		时	h
面积	A，（S）	平方米	m²
		平方厘米	cm²
		平方毫米	mm²
体积	V	立方米	m³
角度	α、β、γ、θ、δ、φ 等	弧度	rad
		度	（°）
角速度	ω	弧度每秒	rad/s
		度每秒	（°）/s
转速	n	转每分	r/min
频率	f，（γ）	赫［兹］	Hz
功	W，（A）	焦［耳］	J
能［量］	E，（W）	瓦［特］小时	W·h
		千瓦［特］小时	kW·h
		兆瓦［特］小时	MW·h
有功功率	P	瓦［特］	W
		千瓦［特］	kW
		兆瓦［特］	MW
无功功率	Q	乏	var
		千乏	kvar
		兆乏	Mvar
视在功率	S	伏安	VA
		千伏安	kVA
		兆伏安	MVA
电位，（电动势）	V，φ	伏［特］	V
电压	U	千伏［特］	kV
电动势	E	伏特	V
电流	I	安［培］	A
		千安［培］	kA
电流密度	J，（σ）	安［培］每平方米	A/m²

续表

量的名称	量的符号	单位名称	单位符号
		安［培］每平方毫米	A/mm^2
电容	C	法［拉］	F
		微法［拉］	μF（10^{-6}F）
		皮［克］法［拉］	pF（10^{-12}F）
介电常数	ε	法［拉］每米	F/m
磁通［量］密度	B	特［斯拉］	T
		高斯	Gs，G
磁通［量］	$\varPhi$	韦［伯］	Wb
电感	$L，M$	亨［利］	H
磁场强度	H	安［培］每米	A/m
磁导率	μ	亨［利］每米	H/m
电阻、电抗、阻抗	$R，X，Z$	欧［姆］	Ω
电阻率	ρ	欧［姆］米	Ω·m
导线材料电阻率	P	欧［姆］平方毫米每公里	Ω·mm^2/km
电导率	γ	西［门子］每米	s/m
电导、电纳、导纳	$G，B，Y$	西［门子］	S
摄氏温度	t	摄氏度	℃
角加速度	α	弧度每二次方秒	rad/s^2
		度每二次方秒	（°）/s^2
转动惯量	J	千克平方米	kg·m^2
转矩	M	牛顿米	N·m
大气压力	P	帕［斯卡］	Pa

附录C 常用网络变换的基本公式

变换名称	变换前网络	变换后等效网络	等效网络的阻抗
有源电动势支路的并联			$$z_{ep} = \cfrac{1}{\cfrac{1}{z_1} + \cfrac{1}{z_2} + \cdots + \cfrac{1}{z_n}}$$ $$\dot{E}_{ep} = z_{ep}\left(\frac{\dot{E}_1}{z_1} + \frac{\dot{E}_2}{z_2} + \cdots + \frac{\dot{E}_n}{z_n}\right)$$
三角形变星形			$$z_L = \frac{z_{ML} z_{LN}}{z_{ML} + z_{LN} + z_{NM}}$$ $$z_M = \frac{z_{NM} z_{ML}}{z_{ML} + z_{LN} + z_{NM}}$$ $$z_N = \frac{z_{LN} z_{NM}}{z_{ML} + z_{LN} + z_{NM}}$$
星形变三角形			$$z_{ML} = z_M + z_L + \frac{z_M z_L}{z_N}$$ $$z_{LN} = z_L + z_N + \frac{z_L z_N}{z_M}$$ $$z_{NM} = z_N + z_M + \frac{z_N z_M}{z_L}$$
多支路星形变为对角连接的网形			$$z_{AB} = z_A z_B \sum\frac{1}{z}$$ $$z_{BC} = z_B z_C \sum\frac{1}{z}$$ $$\vdots$$ 式中： $$\sum\frac{1}{z} = \frac{1}{z_A} + \frac{1}{z_B} + \frac{1}{z_C} + \frac{1}{z_D}$$

附录 D 部分习题参考答案

第 1 章

1-9 答案：

全年耗电量、日平均负荷和负荷率为

$$W_d = 1\,800\text{MW}\cdot\text{h}, \quad P_{av} = \frac{1\,800}{24} = 75\text{MW}, \quad \beta = \frac{75}{120} = 0.625$$

1-10 答案：

$$T_{max} = \frac{W_d}{P_{max}} = \frac{415\,200}{80} = 5\,190\text{h}$$

1-16 答案：

发电机：U_{GN}=10.5kV 变压器 T1：10.5/242；T2：220/121/38.5；T3：35/6.6

1-17 答案：

T1：+5%，254/10.5；T2：220/121/38.5；T3：−2.5%，35（1−2.5%）=34.125 34.125/6.6

1-18 答案：

T1：13.8/242kV；T2：13.8/04kV；T3：220/121/38.5kV；T4：110/11kV；T5：35/6.6kV。

第 2 章

2-6 答案：

（1）准确计算 K_Z、K_Y。

$$Y_1 = jb_1 = 4.05 \times 10^{-6} \angle 90° \qquad rl = \sqrt{Z_1 Y_1} \cdot l = 0.021\,46 + j0.633\,5$$

$$K_Z = \frac{\sinh rl}{rl} = 0.934\,5 \angle 0.27°$$

$$K_Y = \frac{2(\cosh rl - 1)}{rl \sinh rl} = 1.035 \angle -0.07°$$

$$Z' = k_2 Z = 1.258 \times 10^{-3} \angle 89.93° \approx j1.258 \times 10^{-3}\text{S}$$

（2）实用近似计算

$Z'=k_r r_1 l+jk_x x_1 l=0.866\times0.0187\times600+j0.933\times0.275\times600=9.72+j153.9\Omega$

$Y/2=j0.45\times10^{-6}\times300\times1.033=j1.255\times10^{-3}\text{S}$

波阻抗：

$$Z_C = \sqrt{\frac{Z_1}{Y_1}} = \sqrt{\frac{0.275\,6}{4.05 \times 10^{-6}}} \mathrm{e}^{j\,(86.11-90)\times\frac{1}{2}} = 260.87 \mathrm{e}^{j1.945}\Omega$$

自然功率：$P_e = \dfrac{U_N^2}{Z_c} = \dfrac{500^2}{260.87} = 958.33\text{MW}$

充电功率：$Q_c = U_N^2 b_1 l = 500^2 \times 4.05 \times 10^{-6} \times 600 = 607.5\text{MW}$

3. 不考虑分布参数的影响

$Z=r_1l+jx_1l=$（$0.018\ 7\times600+j4.05\times10^{-6}\times600$）$=$（$11.22+j165$）$\Omega=165.38e^{j86.1°}$

$$\frac{Y}{2}=\frac{jb_1l}{2}=\frac{j4.05\times10^{-6}\times600}{2}=j1.215\times10^{-3}S$$

近似值与准确计算比较，电阻误差-0.4%，电抗误差-0.12%，电纳误差-0.24%。

2-7 答案：

（1）短线路

$$Z=Z_1l=152\angle89.2°,\ \frac{Y}{2}=0$$

（2）中长线路

$$Z=Z_1l=152\angle89.2°\qquad\frac{Y}{2}=\frac{Y_1l}{2}=3.8\times10^{-4}\angle90°$$

（1）长线路

$$Z'=Z_C\sinh rl=147.6\angle89.6°\ \Omega,\ \frac{Y'}{2}=\frac{\cosh rl-1}{Z_C\sinh rl}=3.86\times10^{-4}\angle90.4°S$$

2-8 答案：

$R_T=2.093\Omega$，$X_T=39.67\Omega$；$G_T=6.4\times10^{-6}S$；$B_T=6.4\times10^{-5}S$

2-9 答案：

（1）以 110kV 为基本级，发电机 $X_G=11.57\Omega$，变压器 $X_{T1}=40.3\Omega$，$X_{T2}=77\Omega$

线路 $X_1=X_1l=j0.4\times100=j40\Omega$，电抗器 $X_R=13.86\Omega$。

（2）精确计算。取 $S_B=100$MVA，U_B（10.5）$=9.55$kV，U_B（6.6）$=6.6$kV，

$Z_B=121\Omega$

$X_G^*=1.044$，$X_{T1*}=0.403$，$X_{T2*}=0.7$。$X_{1*}=0.165$，$X_{p*}=0.318$。

（3）近似计算 取 $S_B=100$MVA $U_B=U_{av}$。

$X_{G*}=0.864$，$X_{T1*}=0.333$，$X_{WL*}=0.151$，$X_{P*}=0.523\ 6$。

2-10 答案：

（1）用电抗表示负荷 $R_L=\dfrac{110^2}{25^2}\times20=387.2\Omega$，$X_L=\dfrac{110^2}{25^2}\times15=290.4\Omega$

（2）用导纳表示负荷 $G_L=\dfrac{20}{110^2}=1.653\times10^{-3}S$，$B_L=\dfrac{15}{110^2}=1.24\times10^{-3}S$

（3）$Y_L^*=0.2+j0.15$

2-11 答案：

$Z=K_rR+jK_rX=K_rr_1l+jK_rx_1l=13.64+j170.5$（$\Omega$），$\dfrac{Y}{2}=j\dfrac{1}{2}K_bb_1l=j1158\times10^{-6}$（S）

2-12 答案：

$U_B=100V$，$Z_B=0.01\Omega$，$I_B=10^4A$

$$U_*=\frac{U}{U_B}=\frac{10}{100}=0.1,\ Z_*=\frac{0.01+j0.01}{0.01}=1+j1$$

$$I_*=\frac{U_*}{Z_*}=\frac{0.1}{1+j1}=0.070\ 7\angle-45°,\ I=I_*I_B=0.070\ 7\angle-45°\times10^4=707\angle-45°$$

2-13 答案：

节点 1 用等效负荷表示，变压器不计电阻，励磁导纳作为负荷功率并入发电机发出的功率中。

（1）计算节点 1 的等效负荷。

$$\dot{S}_1 = \dot{S}_{D1} + \Delta\dot{S}_{T3} = 80.548 + \text{j}53.2(\text{MVA})$$

（2）将各元件参数化为标幺值，取 S_B=100MVA，U_B=U_{avN}。

变压器 T1：

$$X_{T1} = \frac{U_k\%}{100} \times \frac{S_B}{S_N} = \frac{12}{100} \times \frac{100}{10.5^2} = 0.190\,5 , \quad k_{T1*} = \frac{U_{1N}/U_{1B}}{U_{2N}} = 1:1.052\,2$$

变压器 T2 同变压器 T1，X_{T2}=0.1905， $k_{T2*} = \dfrac{U_{1N}/U_{1B}}{U_{2N}} = 1:1.052\,2$ 。

输电线路 L1：

$$z_{1*} = r_{1*} + \text{j}x_{1*} = 0.02 + \text{j}0.06, \quad \frac{B_*}{2} = 0.5b_1l_1 \times \frac{U_B^2}{S_B} = 0.05$$

输电线路 L2：

$$z_{1*} = r_{1*} + \text{j}x_{1*} = 0.025 + \text{j}0.08, \quad \frac{B_*}{2} = 0.5b_1l_1 \times \frac{U_B^2}{S_B} = 0.07$$

负荷 D： $\dot{S}_{D1*} = 0.805\,5 + \text{j}0.532\,0$ ， $\dot{S}_{D2*} = 0.18 + \text{j}0.12$

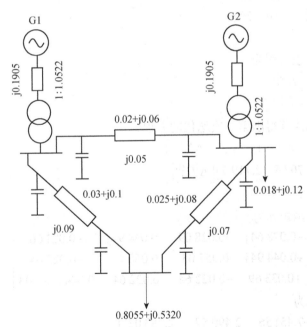

第 3 章

3-7 答案： $\dot{U}_A = 117.7\angle 5.25°\text{kV}$ ， $\tilde{S}_1 = 15.89 + \text{j}11.76$ 。

3-10 答案：首端电压、功率为 $112.1\angle 1.37°$（滞后），$10.14 + \text{j}0.638\text{MVA}$。

3-11 答案： $\dot{U}_1 = 35.64\angle 4.6°\text{kV}$ ， $\tilde{S}_1 = 10.1 + \text{j}7.594\text{MVA}$ 。

3-12 答案：

（1）略。（2）$U_A=115kV$，$U_B=108kV$，$U_C=107kV$。

3-13 答案：

$$\dot{U}_1 = 103.23\angle 1.98°，\quad \dot{U}_2 = 35.6\angle 1.64°，\quad \dot{U}_3 = 6\angle 0°。$$

第4章

4-8 答案：

$$\begin{bmatrix} -j7.5 & j5 & j2.5 \\ j5 & -j7.5 & j2 \\ j2.5 & j2 & -j4.75 \end{bmatrix}$$

4-9 答案：

$$\begin{bmatrix} -j27 & j2 & j5 \\ -j2 & -j24.5 & j2.5 \\ j5 & j2.5 & j12.5 \end{bmatrix}$$

4-10 答案：

（1）$U_2^{(1)} = 0.920\,00 - j0.099\,93$，$U_2^{(2)} = 0.902\,38 - j0.098\,08$

（2）略

（3）$J = \begin{vmatrix} H & N \\ M & L \end{vmatrix} = \begin{bmatrix} 20 & 10 \\ -10 & 20 \end{bmatrix}$

4-11 答案：

第一次迭代的修正方程为

$$\begin{bmatrix} -1.0 \\ -0.5 \end{bmatrix} = \begin{bmatrix} 4 & 3 \\ -3 & 4 \end{bmatrix} \begin{bmatrix} \Delta\delta_2^{(0)} \\ U_2^{(0)} \end{bmatrix}$$

重新计算雅克比矩阵得出第二次迭代的方程为

$$\begin{bmatrix} -0.212\,5 \\ -0.115\,6 \end{bmatrix} = \begin{bmatrix} 2.944\,4 & 1.415\,7 \\ -2.707\,5 & 2.719\,5 \end{bmatrix} \begin{bmatrix} \Delta\delta_2^{(1)} \\ \Delta\left|U_2^{(1)}\right| \end{bmatrix}$$

4-12 答案：

解：（1）节点导纳矩阵为

$$Y = \begin{bmatrix} 0.049\,75 & -0.078\,64j & -0.028\,09 & +0.044\,94j & -0.021\,66 \\ -0.028\,09 & +0.044\,94j & 0.057\,03 & 0.065\,7j & -0.022\,64 \\ -0.021\,66 & +0.033\,69 & -0.022\,64 & 0.022\,64 & 0.044\,3+0.03 \end{bmatrix}$$

（2）雅各比矩阵为

$$J = \begin{bmatrix} -5.44 & -7.451\,56 & 2.490\,57 & 2.283\,02 \\ -7.021\,2 & 5.720\,9 & 2.283\,02 & -2.490\,57 \\ 2.490\,57 & 2.283\,02 & -4.769\,3 & -6.157\,87 \\ 2.283\,02 & -2.490\,57 & -5.820\,93 & 4.981\,54 \end{bmatrix}$$

（3）三次迭代结果如下图所示。

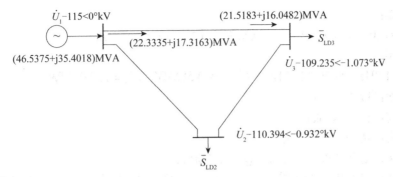

4-13 答案：

由初始值计算雅克比矩阵元素，第一次迭代时的线性方程式为

$$\begin{bmatrix} -2.860\,0 \\ 1.438\,4 \\ -0.220\,0 \end{bmatrix} = \begin{bmatrix} 63 & -21 & 0 \\ -21 & 41 & 0 \\ 0 & 0 & 39 \end{bmatrix} \begin{bmatrix} \Delta\delta_2^{(0)} \\ \Delta\delta_3^{(0)} \\ U_3^{(0)} \end{bmatrix}$$

对于第二次迭代，有

$$\begin{bmatrix} 0.226\,9 \\ -0.396\,5 \\ -0.521\,3 \end{bmatrix} = \begin{bmatrix} 61.191\,33 & 19.207\,2 & 2.834\,5 \\ -19.207\,2 & 37.561\,5 & 4.987\,1 \\ 2.616\,4 & 4.603\,5 & 33.154\,5 \end{bmatrix} \begin{bmatrix} \Delta\delta_2^{(1)} \\ \Delta\delta_3^{(1)} \\ U_3^{(1)} \end{bmatrix}$$

$$\left| \dot{U}_3^{(1)} \right| = 0.923\,1\,(\text{p.u})$$

$$\left| U_3^{(2)} \right| = 0.923\,1 + (-0.017\,5) = 0.905\,6\,(\text{p}\cdot\text{u})$$

第 5 章

5-15 答案：

$$\Delta f_* = -\frac{\Delta P_{L*}}{K'_{S*}} = -\frac{0.085}{23} = 0.003\,7, \quad \Delta f = \Delta f_* f_N = 0.003\,7 \times 50 = 0.185\text{Hz}$$

5-16 答案：

（1）f=49.72Hz，P_{GA}=500MW，P_{GB}=144.94MW

（2）f=50.117Hz，P_{GA}=470.75MW，P_{GB}=81.3MW

5-17 答案：

（1）$\Delta f = -\dfrac{\Delta P_L}{K_S} = -\dfrac{50}{150.54} = -0.332\,1\text{Hz}$

（2）P_{GA}=60+100×（−0.3321）=60+33.21=93.21MW

P_{GB}=80+50×（−0.3321）=80+16.61=96.61MW

5-18 答案：

（1）$K_{S*} = 1.026 \times \left(16.6 \times \dfrac{1}{4} + 25 \times \dfrac{1}{4} \right) + 1.5 = 1.026 \times 10.4 + 1.5 = 12.17$

（2）$f = f_N + \Delta f = 50 - 0.004\,108 = 49.995\,9\text{Hz}$

（3）$\Delta P'_{L*} = 0.048 \times 0.925 = 0.044\,4$

5-19 答案：

（1）P_{G1}=200（MW），P_{G2}=100（MW）；（2）ΔF=7.5（t/h）

5-20 答案：

Δf=0.221 7Hz，f=50.221 7Hz；P'_{GA}=444.58MW，P'_{GB}=160.09MW

5-21 答案：取 5%分接头。

5-22 答案：U_2=104.6kV

5-23 答案：选-2.5%分接头

5-24 答案：选择 35kV 主抽头，Q_C=3.27MVA

5-25 答案：（1）电容器容量 Q_C=80.9Mvar；（2）同步调相机容量 Q_C=14.72Mvar

5-26 答案：（1）54；（2）Q_C=2.16Mvar

第 6 章

6-11 答案：

E_Q=1.529，E_q=1.805，E'_q=1.203，E'=1.214，E''_q=1.096，E''_d=0.204，E''=1.119

6-12 答案：

取 $S_B=S_{N\Sigma}$=60+40=100MVA

I''=288.6kA，i_{sh}=1471.9kA，I_{sh}=438.7kA，$S''\approx$200MVA

6-13 答案：

I''=1.478kA，i_{sh}=3.77kA，I_{sh}=2.247kA，S''=94.7MVA

6-14 答案：

I''=3.852kA，i_{sh}=9.823kA，I_{sh}=5.855kA，S''=767.3kA

6-15 答案：

（1）$Z_{44} = \dfrac{j0.5 \times j0.5}{j0.5 + j0.5} + j0.06 + j0.19 = j0.5$

$I_4(F) = \dfrac{V_4(F)}{Z_{44}} = \dfrac{1.0}{j0.5} = -j2.0(\text{p.u})$

（2）节点电压：$V_1(F) = 0.6(\text{p.u})$，$V_2(F) = 0.65(\text{p.u})$，

$V_3(F) = 0.38(\text{p.u})$，$V_4(F) = 0(\text{p.u})$

线路电流：$I_{21}(F) = 0.1\angle-90°(\text{p.u})$，$I_{13}(F) = 1.1\angle-90°(\text{p.u})$

$I_{23}(F) = 0.9\angle-90°(\text{p.u})$，$I_{34}(F) = 2.0\angle-90°(\text{p.u})$

（3）略

6-16 答案：

（1）$I_{k(0)}$=42.97kA，$I_{k(0.2)}$=33.38kA

（2）$I_{k(0)}$=44.88kA，$I_{k(0.2)}$=34kA

（3）$I_{k(0)}$=42.72kA，$I_{k(0.2)}$=36.72kA

第 7 章

7-7 答案：

$$\begin{cases} \dot{I}_a = 1.962\text{kA}, & \dot{I}_b = \dot{I}_c = 0 \\ \dot{U}_a = 0, & \dot{U}_b = 64.7\angle -24.2°\text{kA}, & \dot{U}_c = 64.7\angle -155.8°\text{kA} \end{cases}$$

7-8 答案：

（1）$I_K^{(1)} = I_{K*}^{(1)} I_B = 2.498 \times \dfrac{38.5}{\sqrt{3} \times 115} = 2.498 \times 0.193\,3 = 0.482\,8\text{kA}$

$I_K^{(2)} = I_{K*}^{(2)} I_B = 2.394 \times 0.193\,3 = 0.4628\ \text{kA}$

（2）～（4）略

7-9 答案：

取 $S_B = 100\text{MVA}$，$U_B = U_{av}$ 计算各元件基准电抗标幺值。

$I_K^{(1)} = I_{K*}^{(1)} I_{BG} = 1.118 \times \dfrac{100}{\sqrt{3} \times 10.5} = 1.118 \times 5.5 = 6.147\text{kA}$

$U_G^{(1)} = U_{K*} U_B = 0.909 \times 10.5 = 9.54\text{kV}$

7-10 答案：

选基准值 $S_B = 300\text{MVA}$，$U_B = U_{aN}$ 计算各元件基准标幺值。

$X_{2\Sigma} = X_1 = 0.6067$ $X_{0\Sigma} = X_{30} + X_{40}//(X_2 + X_5) = 1.146$

第 8 章

8-9 答案：

（1）E_q 为常数，$P_{Eq} = 0.948\sin\delta$，$\delta_{Eq\cdot m} = 90°$，$P_{Eq\cdot m} = 0.948$，$K_p\% = 7.72\%$

（2）$E_q' = $ 常数，$P_{E'q} = 1.61\sin\delta - 0.28\sin2\delta$，$\delta_{Eq\cdot m} = 1111.04°$，$P_{E'qm} = 1.268$，$K_p = 44.1\%$

8-10 答案：

取 $S_B = 200\text{MVA}$，$U_B = 115 \times \dfrac{220}{110} = 209\text{kV}$。

（1）$E_q = 1.865$，$P_m = 1.302$，$K_p\% = 30.2$

（2）$E' = 1.35$，$P_m = 1.758$，$K_p\% = 75.8$

（3）$U_G = 1.17$，$P_m = 2.42$，$K_p\% = 142\%$

8-11 答案：

$\delta_{cr} = 88.9°$

8-12 答案：

$\delta_c = 40°$ 得 $\delta_c < \delta_{cm} = 79.2°$，该简单系统能保持暂态稳定。

附录 E 自测题

自测题 1

本试题须在【答题册】作答。（试题总分 100 分）

一、选择题（共 10 题，每小题 2 分，满分 20 分）

1. 采用分裂导线可以使线路阻抗（　　　）。

   A. 减小　　　　　　　　B. 增大　　　　　　　　C. 不变

2. 当无损线路末端的负载等于线路的特征阻抗时，线路上任一点的电压和电流的幅值（　　）。

   A. 不同　　　　　　B. 相同　　　　　　C. 不变　　　　　　D. 常数

3. 平衡节点已知（　　　）。

   A. 节点的电压幅值和相角　　　　　B. 已知有功功率和电压幅值

   C. 已知有功功率和无功功率　　　　D. 已知无功功率和电压幅值

4. 发生最大短路电流的时间是（　　　）。

   A. 0.1s

   C. 0.01s

   B. 0.2s

   D. 0.02s

5. 功率方程是（　　　）。

   A. 线性代数方程　　　　　　　　B. 线性微分方程

   C. 非线性代数方程　　　　　　　D. 非线性微分方程

6. 线路的正序电抗和零序电抗（　　　）。

   A. 相等　　　　　　　　　　　　B. 正序电抗小于零序电抗

   C. 零序电抗≥3 倍正序电抗

7. 三相对称短路包含（　　　）。

   A. 基频分量　　　　　　　　　　B. 直流分量

   C. 二倍频分量　　　　　　　　　D. 基频、直流和二倍频分量

8. 对称分量包括正序分量、负序分量和零序分量。正序分量是（　　　）。

   A. 是对称的　　　　　　　　　　B. 不对称的

   C. 平衡的　　　　　　　　　　　D. 对称且平衡的

9. 变压器的正序阻抗和负序阻抗（　　　）。

   A. 不相等　　　　　　　　　　　B. 相等

   C. 和零序阻抗相等　　　　　　　D. 与变压器接线方式有关

10. 发电机端串联电抗与无限大容量母线连接时功率极限（　　　）。

    A. 上升　　　　　　　　　　　　B. 下降

    C. 不变　　　　　　　　　　　　D. 为零

二、画图题（共 4 题，每小题 5 分，共 20 分）

1. 根据隐极发电机电压方程 $\dot{E}_q = \dot{U} + j\dot{I}X_d$，画出同步发电机功率因数超前的相量图。

2. 根据 $\dot{I}_{a1} = -\dot{I}_{a1}$，画出两相短路的复合序网图。

3. 在图 1 中画出长线路在传输功率大于自然功率 P_n 时的电压分布曲线，已知线路末端并联电力电容器补偿使末端电压和始端电压相等。

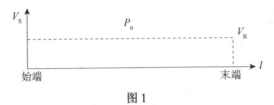

图 1

4. 根据发电机功角特性方程 $P_{Eq} = \dfrac{E_q U}{X_d}\sin\delta$，画出发电机功角特性曲线，静稳态极限功率为 $P_{max}=$（　　　），极限角 $\delta_{max}=$（　　　）。

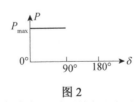

图 2

三、简答与分析题（共 4 题，每小题 5 分，满分 20 分）

1. 电力系统有几种主要调压措施？当电力系统无功功率不足，是否可以通过改变变压器变比调压？为什么？

2. 简述三相对称短路，产生最大短路电流的条件。

3. 简述用小扰动法判断系统稳定的方法。

4. 节点导纳矩阵有哪些特点？

四、计算题（每1小题10分，总共40分）

1. 已知日负荷曲线如图3所示，求：
1）最大负荷 P_{max}；
2）日耗电量 W；
3）最大负荷小时数 T_{max}。

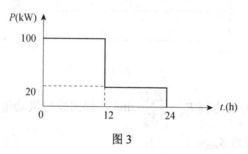

图3

2. 求图4所示简单电力网落的节点导纳矩阵。已知图中标示阻抗的标幺值。

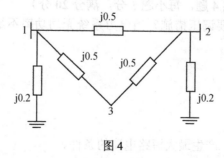

图4

3. 如图 5 所示电力系统，各元件参数标于图中，试求线路末端发生三相对称短路时，短路点的起始次暂态电流周期分量有效值 I''、冲击电流 i_{imp}、短路电流最大有效值值 I_{imp} 和短路容量 S_{kt} 等有名值。

提示：选择基准容量 $S_B=60MVA$，$U_B=U_{Nav}$，计算各元件基准电抗标幺值，画等值电路。

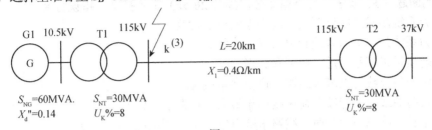

图 5

4. 如图 6 所示简单电力系统，其中发电机容量 $S_{NG}=60MVA$，$X_d''=0.2$；变压器额定容量 $S_{NT}=60MVA$，$U_K\%=10.5$；线路长度 10km，正序电抗 $X_1=0.4\Omega/km$，零序电抗 $X_0=3X_1$。T2 高压侧发生单相接地短路（金属性短路）。

试求：

1）选择基准容量 $S_B=60MVA$，基准电压 $U_B=U_{Nav}$，计算各元件基准电抗标幺值，画出各序等值短路，求出各序电抗。

2）用正序等效定则计算短路点正序电流和短路电流标幺值。

3）计算短路点短路电流有名值。

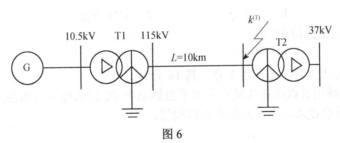

图 6

自测题 2

本试题须在【答题册】作答。（试题总分 100 分）

一、判断题（共 10 题，每小题 2 分，满分 20 分）正确打√，错误打×

1. 电力系统闭式接线比开式接线供电的可靠性高。（　　）

2. 电力系统是由动力系统和电力网组成的。（　　）

3. 电能质量指标是电压、频率和波形。（　　）

4. 采用分裂导线可以增大线路单位正序电抗 X_1。（　　）

5. 年负荷曲线有年持续负荷曲线和年最大负荷曲线。（　　）

6. 架空长线路满载运行时，线路末端电压低于首端电压。（　　）

7. 功率方程是非线性方程。（　　）

8. 电力系统中平衡节点（Vθ 节点）只有两个。（　　）

9. 电力系统的单位调节功率系数等于发电机的单位调节功率系数和系统负荷的频率调节效应系数之和。（　　）

10. 电力系统的无功电源只有发电机。（　　）

二、选择题（共 5 题，每小题 2 分，共计 10 分）

1. 电力系统有功功率过剩，系统的频率要（　　）。

   A. 不变　　　　　　　B. 升高　　　　　　C. 降低

2. 电力系统的有功电源包括（　　）。

   A. 发电机　　　　　　　　　　　　B. 变压器

   C. 电容器　　　　　　　　　　　　D. 发电机和补偿装置

3. 电力系统无功不足，系统各节点电压要（　　）。

   A. 不变　　　　　　　B. 升高　　　　　　C. 降低

4. 两相短路没有（　　）。

   A. 正序分量　　　　B. 负序分量　　　　C. 零序分量

5. 电压损失是指线路两端的（　　）。

   A. 数值差；　　　　B. 相量差；　　　　C. 相位差

三、画图题（共 2 题，每小题 5 分，共 10 分）

1. 在图 1 中画出长线路在传输功率大于自然功率 P_e 时的电压分布曲线，已知线路末端并联电力电容器补偿使末端电压和始端电压相等。

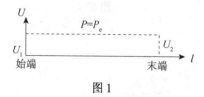

图1

2. 根据线路传输功率方程 $P = \dfrac{U_1 U_2}{X} \sin\theta$，在图 2 中画出线路角特性曲线，最大功率 $P_{\max}=$（　　　），极限角 $\theta_{\max}=$（　　　）。

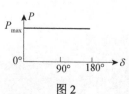

图2

四、简答与分析题（共 4 题，每小题 5 分，满分 20 分）

1. 简要说明频率调整的三种方法，指出各自特点。

2. 调整电压可以采取哪些措施？

3. 简述用小扰动法判断系统稳定的方法。

4. 说明等面积定则的基本含义。

五、计算题（1、2 小题各 10 分，3 小题 20 分，总共 40 分）

1. 电力网络如图 3 所示，求出发电机和变压器的额定电压。

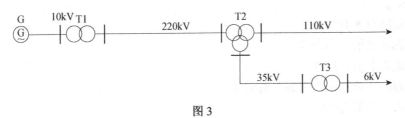

图 3

2. 求图 4 所示简单电力网络的节点导纳矩阵。已知图中各支路均为导纳的标幺值。

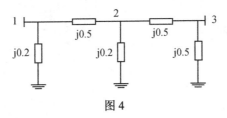

图 4

3. 如图 5 所示电力系统，各元件参数标于图中，试求线路末端发生三相对称短路时，短路点的起始次暂态电流周期分量有效值 I''、冲击电流 i_{sh}、短路电流最大有效值值 I_{sh} 和短路容量 S_k'' 等有名值。

已知 $E''=1$。

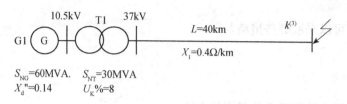

图 5

提示：选择基准容量 $S_B=60MVA$，$U_B=U_{av}=37kV$，计算各元件基准电抗标幺值，画等值电路。

解：（1）求各元件基准电抗标幺值

$X_G=?$

$X_{T1}=?$

$X_L=?$

$X_\Sigma=?$

$$I_B=\frac{S_B}{\sqrt{3}U_{B1}}=?$$

（2）求短路电流有效值

短路电流标幺值：$I_*''=?$

短路电流有名值：$I''=?$

（3）求短路电流冲击值和最大有效值

短路电流冲击值 $i_{sh}=?$

有效值：$I_{sh}=?$

（4）求短路容量

短路容量有名值：$S_k''=\sqrt{3}U_{av}I''=?$

自测题 3

本试题须在【答题册】作答。（试题总分 100 分）

一、判断题（共 10 题，每小题 1 分，满分 10 分）（只错误的打×，正确的不表示）

1. 现代电力系统由发电、高压输电及次高压输电、配电、负荷四部分组成。（　　）

2. 我国电力系统额定电压等级有 10kV、20kV、60kV、110kV、220kV、330kV 等。（　　）

3. 并联电抗器可以补偿线路末端电压升高，并联电容器可以补偿线路末端电压降低。（　　）

4. 当发电机 $|E|>|V|$ 时，发电机向母线输送出无功功率，称为欠励状态。（　　）

5. 变压器的接线方式有 Yy、Dd、Yd、Dy 接线。（　　）

6. 派克变换是一种坐标变换。（　　）

7. 同步发电机电枢末端短路，暂态过程分为次暂态、暂态和稳态。（　　）

8. $X_d''>X_d'>X_d$。（　　）

9. 两相短路没有零序分量。（　　）

10. 同步发电机出口发生三相对称短路时，短路电流包括周期分量和非周期分量。（　　）

二、选择题（共 10 题，每小题 2 分，满分 20 分）

1. 采用分裂导线可以使线路阻抗（　　）。

A. 减小　　　　　　　B. 增大　　　　　　　C. 不变

2. 当无损线路末端的负载等于线路的特征阻抗时，线路上任一点的电压和电流的幅值（　　）。

A. 不同　　　　　B. 相同　　　　　C. 不变　　　　　D. 常数

3. 平衡节点已知（　　）。

A. 节点的电压幅值和相角　　　　B. 有功功率和电压幅值

C. 有功功率和无功功率　　　　　D. 无功功率和电压幅值

4. 节点导纳矩阵的阶数是（　　）。

A. $n\times m$　　　　　　　　　　B. $n\times n$

C. $m\times m$　　　　　　　　　　D. $n\times(n-1)$

5. 潮流方程是（　　）。

A. 线性代数方程　　　　　　　　B. 线性微分方程

C. 非线性代数方程　　　　　　　D. 非线性微分方程

6. 雅克比矩阵是（　　）。

A. 非奇异的　　　　　　　　　　B. 对称的

C. $(n-1)(n-1)$ 阶的　　　　　　D. 稀疏的

7. 三相对称短路包含（　　）。

A. 基频分量　　　　　　　　　　B. 直流分量

C. 二倍频分量　　　　　　　　　D. 基频、直流和二倍频分量

8. 对称分量包括正序分量、负序分量和零序分量，正序分量是（   ）。

A. 对称的   B. 不对称的   C. 平衡的   D. 对称且平衡的

9. 变压器的正序阻抗和负序阻抗（   ）。

A. 不相等   B. 相等

C. 和零序阻抗相等   D. 和零序阻抗无关

10. 当线路传输功率小于波负载功率时，线路末端电压（   ）。

A. 升高   B. 降低   C. 不变   D. 为零

三、画图题（共 4 题，每小题 5 分共 20 分）

1. 根据发电机电压方程 $\dot{E} = \dot{U} + \dot{I}_a Z_s$，在图1上画出同步发电机功率因数超前的相量图。

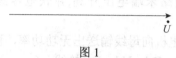

图 1

2. 根据线路电压方程 $\dot{U}_S = \dot{U}_R + \dot{I}_R Z$，在图2上画出短线路在功率因数超前负载时的相量图。

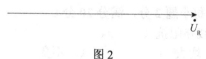

图 2

3. 在图 3 中画出长线路在传输功率大于波阻抗负载功率 P_e 时的电压分布曲线，已知线路末端并联电力电容器补偿使末端电压和始端电压相等。

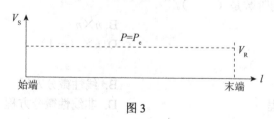

图 3

4. 根据发电机功角特性方程 $P_{(\phi)} = \dfrac{|\dot{E}\,\|\dot{U}|}{X_{\mathrm{S}}}\sin\delta$，在图 4 上画出发电机功角特性曲线，静稳态极限功率为 $P_{\max}=$（　　　），极限角 $\delta_{\max}=$（　　　）。

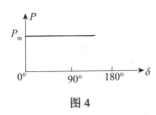

图 4

四、简答与分析题（共 4 题，每小题 5 分，满分 20 分）

1. 高压传输线采用分裂导线有什么优点？

2. 输电线路有几种模型？其等值电路有何不同？

3. 何谓波阻抗？说明其物理意义。

4. 节点导纳矩阵有哪些特点？

五、计算题（每小题 10 分，共 30 分）

1. 已知长线路方程为

$V_{\mathrm{S}}=11U_{\mathrm{R}}+\mathrm{j}5I_{\mathrm{R}}$　　　$I_{\mathrm{S}}=-24\mathrm{j}U_{\mathrm{R}}+11I_{\mathrm{R}}$

求出二端口网络参数 A、B、C、D。

2. 已知长线路的 π 型等值电路如图 5 所示，求出二端口网络参数 *A*、*B*、*C*、*D*。

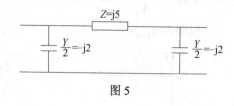

图 5

3. 如图 6 所示，已知一台发电机（100MVA、13.8kV）和一台变压器（13.8/220kV）连接，向 220kV 线路供电。同步发电机的电抗标幺值（以发电机额定容量为基准功率）为 $X_d'' = 0.12\text{p.u.}$ 变压器电抗标幺值（额定容量与发电机相同）为 0.2，短线路电抗标幺值（以发电机额定容量为基准功率）为 0.05，发电机空载且运行在额定电压条件下，在线路末端发生三相对称短路，等值电路如下。试求：

（1）求变压器一次和二次的次暂态电流标幺值和实际值；

（2）求短路故障开始时电流最大有效值的标幺值和实际值（发电机端）。

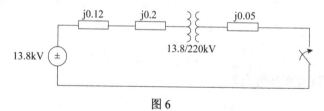

图 6

自测题 4

本试题须在【答题册】作答。（试题总分 100 分）

一、判断题（共 10 题，每小题 1 分，满分 10 分）（错误的打×，正确的用 √ 表示）

1. 电力系统产生最大短路电流的时间是 0.01s。（　　　）

2. 三相短路电流包括周期分量和直流分量。（　　　）

3. 并联电抗器可以补偿线路末端电压降低，并联电容器可以补偿线路末端电压升高。（　　　）

4. 当发电机 $|E| < |V|$ 时，发电机向母线输送出无功功率，称为过励状态。（　　　）

5. 长线路空载时，线路电流为充电电流，所以线路末端电压比始端高。（　　　）

6. 在暂态同步发电机电压方程是变系数微分方程，无法用拉氏变换求解。（　　　）

7. 同步发电机电枢末端短路，暂态过程分为次暂态、暂态和稳态。（　　　）

8. $X_d'' > X_d' > X_d$。（　　　）

9. 三相对称短路没有负序分量。（　　　）

10. 接地阻抗在零序网络中为 $3Z_n$。（　　　）

二、选择题（共 10 题，每小题 2 分，满分 20 分）

1. 变压器的阻抗、电压、电流的标幺值无论归算到一次侧还是二次侧都是（　　　）。

A. 一样　　　　　　　　　　　　　　B. 不一样

C. 一次侧较二次侧大　　　　　　　　D. 一次侧较二次侧小

2. 在潮流分析计算计算中，一般选取负荷节点的电压初始估计值为（　　　）。

A. $U_i = 1.0 \angle 0°$　　　　　　　　　　B. $U_i = 0.9 \angle 0°$

C. $U_i = 1.0 \angle 30°$　　　　　　　　　D. $U_i = 1.05 \angle 0°$

3. 三相零序系统是（　　　）。

A. 对称系统　　　　　　　　　　　　B. 平衡系统

C. 不平衡系统　　　　　　　　　　　D. 对称且不平衡系统

4. 节点导纳矩阵的阶数是（　　　）。

A. $n \times m$　　　　B. $n \times n$　　　　C. $m \times m$　　　　D. $n \times (n-1)$

5. 潮流方程是（　　　）。

A. 线性代数方程　　　　　　　　　　B. 线性微分方程

C. 非线性代数方程　　　　　　　　　D. 非线性微分方程

6. 雅克比矩阵是（　　　）。

A. 非奇异的　　　　B. 不对称的　　　　C. 对称的　　　　D. 不是稀疏的

7. 三相对称短路包含（　　　）。

A. 基频分量　　　　　　　　　　　　B. 直流分量

C. 二倍频分量　　　　　　　　　　　D. 基频、直流和二倍频分量

8. 对称分量包括正序分量、负序分量和零序分量，正序分量是（　　　）。

A. 对称的　　　　B. 不对称的　　　　C. 平衡的　　　　D. 对称且平衡的

9. 变压器的正序阻抗和负序阻抗（　　　）。

A. 不相等　　　　B. 相等　　　　C. 和零序阻抗相等　　　　D. 和零序阻抗无关

10. 当长线路空载时，线路末端电压比首端电压（　　　）。

A. 升高　　　　　　B. 降低　　　　　　C. 不变　　　　　　D. 相等

三、画图题（共4题，每小题5分共20分）

1. 根据发电机电压方程 $E=V+I_aZ_s$，在图1上画出同步发电机功率因数滞后的相量图。

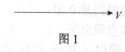

图1

2. 根据线路电压方程 $V_S=V_R+I_RZ$，在图2上画出短线路在滞后功率因数负载时的相量图。

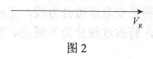

图2

3. 在图3上中画出长线路在超过额定载功率时，线路末端没有补偿时的电压分布曲线。

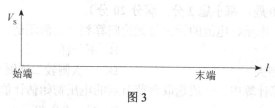

图3

4. 根据直轴暂态电抗公式 $X'_d = X_L + \left(\dfrac{1}{X_{ad}} + \dfrac{1}{X_f} \right)^{-1}$，画出暂态过程的等效电路图。

四、简答与分析题（共4题，每小题5分，满分20分）

1. 电力系统发生三相短路时产生最大短路电流的条件是什么？

2. 为什么要进行派克变换？

3. 何谓对称分量法？

4. 节点导纳矩阵有哪些特点？

五、计算题（每小题 10 分，共 30 分）

1. 求图 4 所示简单电力网络的节点导纳矩阵。图中标示了阻抗的标幺值。

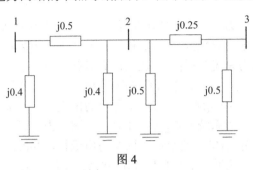

图 4

2. 系统接线如图 5 所示，变压器为 YNdl1（$Y_0/\triangle$-11）接线方式，当高压母线上 k 点发生两相接地短路时，选 A 相为基准相，当选择基准容量为 120MVA 时，高压侧电流对称序分量标幺值为 $\dot{I}_{A1}$=0.92，$\dot{I}_{A2}$=-0.36，基准相电压取 $U_{BP} = \dfrac{115}{\sqrt{3}}$ kV 时，短路点 k 处电压对称序分量标幺值 $\dot{U}_{A1}$=j0.42，$\dot{U}_{A2}$=j0.17，在同一基准下变压器电抗标幺值为 0.12。

试求发电机电压侧各相短路电流及电压有名值，并作其相量图。

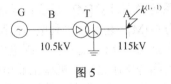

图 5

3. 某系统接线如图 6 所示，各元件的标幺值参数已标注于图中。点发生 B、C 两相接地短路时，试求发电机送出的各相电流标幺值及有名值。

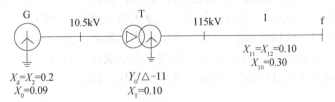

图 6

参考文献

[1]何仰赞，温增银. 电力系统分析[M]. 3 版. 武汉：华中科技大学出版社，2002.

[2]韩祯祥，吴国炎. 电力系统分析[M]. 杭州：浙江大学出版社，1997.

[3]孟祥萍，高嬿. 电力系统分析[M]. 北京：高等教育出版社，2004.

[4]陈怡，蒋平，万秋山，高山. 电力系统分析[M]. 北京：中国电力出版社，2005.

[5]韦钢. 电力系统分析基础[M]. 北京：中国电力出版社，2006

[6]于永源，杨绮雯. 电力系统分析[M]. 北京：中国电力出版社，2004.

[7]夏道止. 电力系统分析[M]. 北京：中国电力出版社，2004.

[8]于永源，杨绮雯. 电力系统分析[M]. 3 版.北京：中国电力出版社，2007.

[9]Hadi Saadat 王葵译. 电力系统分析[M]. 北京：中国电力出版社，2008.

[10]王葵译. 电力系统分析学习指导书[M]. 北京：中国电力出版社，2009.

[11]吴俊勇，徐丽杰，郎兵，刘平竹，陈力. 电力系统基础[M]. 北京：清华大学出版社，2009.

[12]刘天琪，邱晓燕. 电力系统分析理论[M]. 2 版. 北京：科学出版社，2012.

[13]陈珩. 电力系统稳态分析[M]. 3 版. 北京：中国电力出版社，2007.

[14]李光琦. 电力系统暂态分析[M]. 3 版. 北京：中国电力出版社，2007.

[15]西安交通大学，西北电力设计院，电力工业部西北勘探设计院. 短路电流实用计算方法[M]. 北京：电力工业出版社，1982.

[16]华智明，岳湖山. 电力系统稳态计算[M]. 重庆：重庆大学出版社，1991.

[17]刘万顺. 电力系统故障分析[M]. 北京：水利电力出版社，1986.

[18]韦钢. 电力系统分析要点及习题[M]. 北京：中国电力出版社，2008.

[19]徐政. 电力系统分析学习指导[M].北京：机械工业出版社，2003.

[20]刘学军，辛涛. 电力系统分析 [M]. 北京：机械工业出版社，2013.

[21]孙玉梅，刘学军，王晶晶. 电力系统分析学习指导[M]. 北京：中国电力出版社，2016.

[22]杨以涵.电力系统基础[M]. 2 版. 北京：中国电力出版社，2007.

[23]王晓茹，高仕斌. 电力系统暂态分析[M]. 北京：高等教育出版社，2011.

[24]韩学山，张文. 电力系统工程基础[M]. 北京：机械工业出版社，2008.

[25]商国才. 电力系统自动化[M]. 北京：天津大学出版社，1999.

[26]杨淑英. 电力系统概论[M]. 北京：中国电力出版社，2007.

[27]李庚银. 电力系统分析[M]. 北京：机械工业出版社，2011.

[28]房大中. 电力系统分析[M]. 北京：科学出版社，2010.